浮选技术问答

龚明光　编著

北　京
冶 金 工 业 出 版 社
2012

内 容 提 要

本书共有16章，围绕选别金属矿石的实际生产需要，介绍了金属矿物及其常见伴生矿物的泡沫浮选、枱浮和溜槽粒浮基本方法；还介绍了我国具有代表性的浮选企业近20年的重要成就、典型生产工艺以及处理难选矿、老尾矿再综合回收的经验；同时还收集了有关环保的基本知识和若干厂家处理选矿污水的经验。

本书可作为现场工作的工程技术人员和高等院校相关专业学生的参考书，也可作为培训教材或者自学浮选技术的人员的参考用书。

图书在版编目(CIP)数据

浮选技术问答/龚明光编著．—北京：冶金工业出版社，2012.10

ISBN 978-7-5024-6054-9

Ⅰ.①浮…　Ⅱ.①龚…　Ⅲ.①浮游选矿—选矿技术—问题解答　Ⅳ.①TD923-44

中国版本图书馆CIP数据核字(2012)第238693号

出 版 人　谭学余
地　　址　北京北河沿大街嵩祝院北巷39号，邮编100009
电　　话　(010)64027926　电子信箱　yjcbs@cnmip.com.cn
责任编辑　徐银河　美术编辑　彭子赫　版式设计　孙跃红
责任校对　石　静　责任印制　张祺鑫
ISBN 978-7-5024-6054-9
冶金工业出版社出版发行；各地新华书店经销；北京慧美印刷有限公司印刷
2012年10月第1版，2012年10月第1次印刷
169mm×239mm；22印张；428千字；334页
56.00元

冶金工业出版社投稿电话：(010)64027932　投稿信箱：tougao@cnmip.com.cn
冶金工业出版社发行部　电话：(010)64044283　传真：(010)64027893
冶金书店　地址：北京东四西大街46号(100010)　电话：(010)65289081(兼传真)

前　言

浮选作为化工或选矿的一个分支，在矿业、化工、环保等领域的应用中，都有着重要的地位，在近一百多年的时间内得到了飞速的发展。浮选过程基础与物理化学、有机化学，甚至微生物都有深刻的联系。其过程的效率与机械、自动化也有极大的关系。作为浮选专业技术人员，对相关知识了解越深、经验越多、借鉴越广，工作会越有成效。

受冶金工业出版社的委托，编写了本书。写这本书主要有两个目的：首先它能反映近年来我国浮选工业的进步，可供读者工作中参考使用；其次是介绍有关的基本知识。

为了读者能够理解浮选中的基本问题，书中简要地介绍了20世纪50~60年代美国和苏联浮选名著中最重要而且实用的基本理论和观点，避免了冗长的推导。重点介绍了我国有代表性的浮选药剂著作中仍然实用的东西，并用相当的篇幅介绍了近20年我国新研发的浮选药剂及其应用情况。

在浮选机械方面，介绍了国外有参考价值的OK型和WEMCO型浮选机，CPT型和KΦM型浮选柱。它们有的在机型构思上有创造性，得到了世界范围的效仿和广泛采用，有的在耐用质量上有值得借鉴的地方。另外，重点介绍了我国当前广泛采用的KYF型大小设备已用CLF浮选机。

本书取材围绕选别金属矿石的需要，介绍了金属矿物及其常见伴生矿物（磷矿因为对农业很重要也列入了）的泡沫浮选、枱浮和溜槽粒浮的基本方法；介绍了我国有代表性的浮选企业近20年的重要成就、有代表性的生产技术以及处理难选矿、老尾矿再综合回收的经验；

最后收集了有关环保的基本知识和若干厂家处理选矿污水的经验。

全书内容顺序遵循专业知识体系和由浅入深的认识逻辑，可作为有工作经验的工程技术人员和高等院校相关专业学生的参考书；也可作为教材，教师可以根据课时安排取材；也可作为自学者的学习参考用书。

本书参考使用的资料多且广泛，在此对原作者表示由衷的感谢。标注如有疏漏特表歉意，需要进一步了解的读者可从近年的矿冶、选矿类杂志中寻找原文；也希望采用新药剂的读者，从使用新药剂的生产单位、研究单位或药剂生产工厂寻找货源。

在此特别对朱建光老师、朱玉霜老师、周菁、朱一民等同志表示由衷的感谢，是他们及时给我提供了他们的新作，使我节省了许多收集资料的时间。

本人年事已高，行动不甚方便，近年下厂少，不妥之处望知之者不吝指教。

龚明光

2012 年 4 月

目　录

0 绪　论

0－1　浮选是什么？浮选有何用途？

浮选是利用物料被水润湿性不同的特点以分离物料的一种方法或过程。它使一部分物料选择性地富集在两相界面上，而另一部分物料则留在水中。这里所说的润湿性，是指物料对水亲和力的大小。浮选工作者从实践中得知：对水亲和力大的物料，亲水性大，疏水性小，亲油性也小。反过来说，对水亲和力小的物料，亲水性小，疏水性大。浮选时，一般是使亲油疏水性的物料富集在气－液界面或油－水界面上，而亲水性的物料则留在水中。

浮选在冶金、化工、环保、农业、生物等方面都有一定的用途。本书只着重讨论浮选在金属矿石原料分离方面的基本理论和生产知识。

0－2　浮选可以分为几种？

根据分离界面不同，可以把浮选分为3类。

（1）表层（薄膜）浮选。许多矿物具有天然疏水性或经人工处理后有疏水性。利用这些矿物的疏水性和水的表面张力的“阻隔”作用，使疏水性的矿物漂浮于水面，而亲水性的矿物被水润湿后沉入水中。

（2）多油（全油）浮选。将矿石质量分数为1%～50%的油，加入磨好的矿粉中搅拌，使疏水亲油的矿粒，穿过油－水界面进入油中，形成比水轻的集合体，漂浮于水面，或者形成质量较大的球团，沉在水中，再设法分离。

（3）泡沫浮选。泡沫浮选是现代浮选的主要方法，其主要特点是利用气泡的气－液界面，分离被水润湿性不同的物料。疏水的物料随气泡漂浮到水面上，形成含某种成分很高的泡沫层；而被水润湿的物料，沉于水中，因而可以将它们分开。浮选矿物的过程中也使用多种药剂以改变矿物表面的亲水性或疏水性，但所用浮选药剂的量则通常小于处理物料质量分数的0.25%。

0－3　浮选的发展史大体可以分为哪几个发展时期？

（1）浮选萌芽时期。很早以前，国外就有用鹅毛沾油从砂中选金之说。1637年，我国明朝著名学者宋应星著的《天工开物》一书中，已有关于浮选的若干记载。如“若砂质即嫩而烁视欲丹者，则取来时，入巨铁碾槽中，轧碎如微尘，然后入缸，注清水澄浸。过三日夜，跌取其上浮者，倾入别缸，名曰二朱，其下沉者，晒干即头朱也。”显然，这就是利用表层浮选，按物料颜色红白的程度不同，将辰砂分为两等。该书又说：“将嵌有金的木材‘刮削火化，其金仍藏，灰内滴清油数点，伴落聚底，淘洗入炉，毫厘无恙’。”这就是将嵌有金之木材，削下表层，烧成灰后进行多油浮选，使灰中的金进入油中。1578 年，李时珍编的《本草纲目》有关于云母浮选的记载：“每一斤用小地胆草、紫背天葵、生甘草、地黄汁各一镒（二十两），于瓷埚中安置，下天池水二镒，煮七日夜，以水猛投其中搅之，浮如蜗蜒者即去之，如此三度淘净。”这个工艺已经类似于现代的泡沫浮选。国外 1860 年就有用多油浮选硫化矿的专利。1877 年，德国有了多油浮选石墨的专利。

（2）浮选奠基时期。20 世纪初期，各种浮选得到了快速的发展，当时的澳大利亚、美国、英国有许多专利。下面介绍一些较重要的专利。

1902 年，阿色卡特摩尔（Arthur Cattermole）一项专利说，在用矿石质量的 4% ~6% 的油团聚硫化矿操作中，有大量要浮的矿物富集在激烈搅拌产生的泡沫中，用油质量减少到矿石质量 0.2% 左右，产生很多好的泡沫，但不发生团聚。这个认识，实际上是对今天泡沫浮选认识的基础。后来，人们也证实加入的油酸质量少于矿石质量的 1.0% 搅拌时，含矿的泡沫开始上升到矿浆表面。

在 1902 ~1926 年间，人们发现了许多泡沫浮选的重要药剂。这些重要药剂的专利如下：

专利发表年份	药剂名称	用　途
1908	硫化物	活化硫化矿（指轻微氧化的硫化矿）
1910	油加利油	促进起泡（并推荐碱性回路）
1912	重铬酸钾	抑制方铅矿
1913	二氧化硫	抑制闪锌矿
1918	氰化物	抑制闪锌矿和黄铁矿
1923	硫化钠	抑制闪锌矿和黄铁矿
1925	黄　药	作捕收剂
1927	黑　药	作捕收剂

澳大利亚卜落肯矿业公司在浮选的发展方面，作过重大贡献。1911 年，它的选矿厂同时采用了 4 种浮选方法，即化学生泡浮选、真空生泡浮选、机械搅拌浮选和薄膜浮选。对以上 4 种浮选还作了比较，这对泡沫浮选奠基显然有积极的作用。

1910 年，胡佛（T. J. Hoover）取得胡佛机械搅拌式浮选机的美国专利；1914 年，克罗（Callow）取得从多孔底导入空气的气升式浮选机的美国专利；1919 年，汤（Tom M.）和弗莱恩（Flynn S.）制成矿浆与空气对流的浮选柱。

（3）泡沫浮选全面发展时期 20世纪中后期泡沫浮选（以下简称为浮选）在全世界得到了推广，无论在处理矿种和生产规模上，都日新月异。现在全世界每年用浮选方法处理的矿石有近20亿吨。对铜、钼、磷、铁的矿石的处理量都很大。浮选的早期，浮选主要用于处理硫化矿，现在浮选几乎可用于处理各种金属矿和非金属矿，也广泛用于处理冶金半成品、炉渣、废料和环境污水。

现在，浮选药剂的品种已大大增加，已经开始试用微生物作调整剂及捕收剂。人们当初曾把浮选看作模糊的工艺，而今已把它看成系统精密的科学。对许多浮选问题可以做出精确的描述，甚至用数学模型进行计算和仿真。人们对浮选的认识随世界科学发展越来越深刻。

改革开放以来，我国国力飞速增长，高等院校和研究机构的设备仪表不断完善。浮选及浮选药剂工作者，在党改革开放精神的鼓舞下，发挥了充分的创造力，不断改革创新，对浮选药剂的研究日益广泛、深入，浮选药剂的品种远远超出改革开放以前。特别是对螯合剂、低温羟基捕收剂、金属硫化矿物与硫和砷分离的药剂、各类官能团的组合药剂的研究更为令人瞩目（可惜有的浮选剂成分未及时公开，代号太多，本书附录4收集的成分不明的药剂代号就达275个）；对难选矿石、低品位矿石和老尾矿资源的回收和综合利用越来越有成效；对于矿物表面电性、药剂作用机理和浮选动力学诸方面的研究，也不断深入。

在浮选力学性能的完善、品种和大型化方面，都取得了巨大的进步。20世纪初期，只有少数几种效率低下的浮选机，容积不过几个立方米。20世纪70年代机械搅拌式、充气搅拌式和压气式浮选机品种已经比较齐全，功能也比较完善。80年代以后，浮选机械向大型、高效、节能的方向发展，我国大型浮选机的容积已达320m^3，跻身世界前列。浮选过程的监控不断取得进展，选矿设备与过程的自动化在浮选工业中的应用不断增加。

1 与浮选相关的基本理化知识

浮选是一种物料分离方法。本书所讲述的主要是利用浮选分离不同的金属矿物和少数与国民经济关系较大的矿物。浮选过程中的物料主要有不同的矿物、水和空气（或油）3 个相。浮选的目的是利用水气（油）界面分离不同的矿物，通过浮选使亲水的矿物留在水中，疏水的矿物留在空气（油）或气泡的表面。它涉及一些基本的化学和物理化学知识，现在对有关的知识做些介绍。

1-1 原子间键和分子间键有哪几种?

任何物质的原子都由原子核和周围的电子构成，原子构成分子。原子间和分子间的作用力，分别称为原子键或分子键。原子键可分为 3 类：

（1）离子键（电价键）。当原子相互结合时，有使最外面的电子层形成最稳定的结构的趋向。若原子互相结合时，一个获得电子，一个失去电子，结果无论是失去电子或者是获得电子的原子，都会变成离子。失去电子的原子带正电荷，获得电子的原子带负电荷，带有相反电荷的离子互相吸引就成为分子。

例如：钠原子和氯原子它们的电子层构型为：

Na　$1s^22s^22p^63s^1$

Cl　$1s^22s^22p^63s^23p^5$

钠含有一个很松弛的电子 $3s^1$，氯原子对电子的亲力很大，在和钠互相作用时，获得钠原子放出的电子 $3s^1$，外层的 $3p^5$ 变成 $3p^6$。结果钠原子变成钠离子 Na^+，氯原子变成氯离子 Cl^-，互相吸引而成 NaCl 分子。

$$Na^+ + Cl^- \longrightarrow NaCl$$

具有纯粹离子键的化合物中的元素，在任何状态下都呈离子状态而不是中和的原子状态，周期系中的第一族和第七族中的元素，由于它们负电性的差别最大（即接受电子能力的差别最大，一个容易放出电子，一个容易接受电子），相互作用时生成典型的离子键。

（2）非极性键（纯共价键或同极键）。每个互相作用的原子，负电性相差不多时，就各拿出一个或多个电子形成电子对，大家共享。如两个氯原子互相作用时就是如下形式：

$$:Cl:Cl:$$

这种靠共用电子对把原子结合在一起的化学键称为共价键。而且共用电子在两个氯之间作对称分布。

（3）极性键。是介于纯离子键与共价键之间的一种过渡键，当相互作用的原子，彼此间的电负性的差异较共价键大，但还达不到纯离子键的程度时，就生成极性键。

氯化氢分子中，氯原子和氢原子也以一对共用电子结合成分子，但在 HCl 分子内的电子对就作不对称的分布，电子云偏于氯一侧。不像在纯共价键的氯分子中电子在两个氯原子间对称地分布：

$$H:Cl$$

若将上面已讲的3种键作比较，可以表示为如图1－1所示的形式。

Na^+	H	Cl	
… …e	… … e	… … …	电子云对称线
↓	H^+ $-Cl$ ↓		
Na^+Cl^- ↓			
Cl^-	Cl	Cl	
离子键	极性键	共价键	

图1－1 由共价键→极性键→离子键电子云逐渐向氯原子偏移

由于在某些化合物的分子中，电荷分布不均，在分子的一部分显现出的正电荷较多，而另一部分负电荷较多，形成了分子的极性。人们把由大小相等、符号相反、彼此相距 l 的电荷（e^+ 和 e^-）所组成的系统称为偶极。偶极矩如图1－2所示。

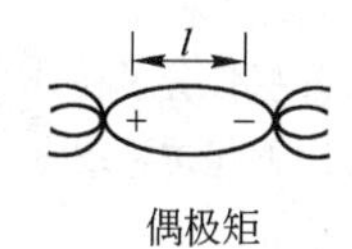

图1－2 偶极矩 μ 示意图

把电荷电量 e 和它们间的距离 l 的积称为偶极矩，常用 el 表示。简记为 $\mu = el$（德代单位：3.335×10^{-30} 库仑·米）。这种偶极矩不等于零、正负电荷重心不重合的分子通称为极性分子，相应的键称为极性键。与浮选有关的几种物质的偶极矩如下：

分子	O_2	CO_2	HCl	H_2O	C_nH_{2n+1}	CH_3COOH	C_2H_5OH
μ	0	1.03×10^{18}	1.03×10^{18}	1.84×10^{18}	0	1.73×10^{18}	1.70×10^{18}

特别值得指出的是水的极性很大，烃类的极性为零。

以上是分子内的作用键，分子间的作用键有范德华键。范德华键是作用于分子间的残余化学亲力，它由以下3种效应引起：

（1）诱导效应。非极性分子在外部电场（包括极性大的另一个分子）的作用下发生极化，正负电荷重心作相对位移，正电子和负电子间的偶极矩增大，使该分子向外电场靠近（见图1－3）。

（2）取向效应。极性分子在外电场的作用下，由于电性排斥和吸引的作用，可使本来不规则地排列的分子，产生规则的取向（见图1－4），将它们本身呈相反电荷的一端转向异性的外电场，接着还受外电场的诱导产生变形，结果两者进一步接近。

（3）分散效应。互相挨近的惰性气体原子，由于每个原子内电子的转动和原子核的振动，使其电子轨道和原子核之间产生瞬间的相对位移，形成临时的瞬间偶极（见图1－5），这些瞬间偶极又以自己的电荷影响附近的原子产生正负电重心的相对位移和取向，这就使非极性分子的原子，彼此瞬间产生较弱的相互吸引力。不断改变取向配位，这种作用称为分散效应（或色散作用）。

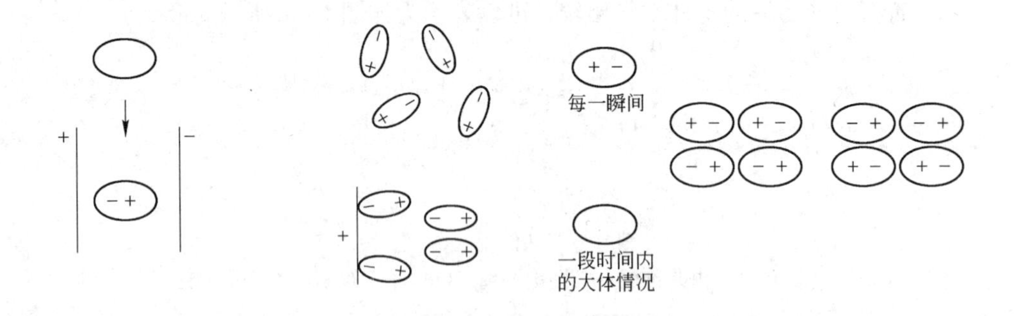

1－3 非极性分子在外场的作用下起诱导效应

图1－4 极性分子在外电场的作用下起取向效应

图1－5 非极性分子与非极性分子间的分散效应

图1－5左侧两个小图说明：非极性分子在一瞬间正负电中心是有相对位移的，但在一段较长的时间内没有明显的正负电偏离现象。

物质间的作用除了上述几种键以外还有下列3种键：

（1）氢键。氢原子在反应中所处的状态不同，反应的对象不同时，显现副价键的能力也不同。当它完全交出自己的电子处在正离子状态时，这种能力最大。当它和负电性最大的元素（氟、氯、氧、氮等）结合时，这种能力还很大。但当它和负电性较小的元素（碳、硅等）结合时，这种能力就减弱。当它和负电性很小的元素（如金属）化合时，氢原子就不可能有这种能力。浮选中的水（H_2O）和醇类（ROH）中，就可由氢键构成多分子群，如图1－6所示。

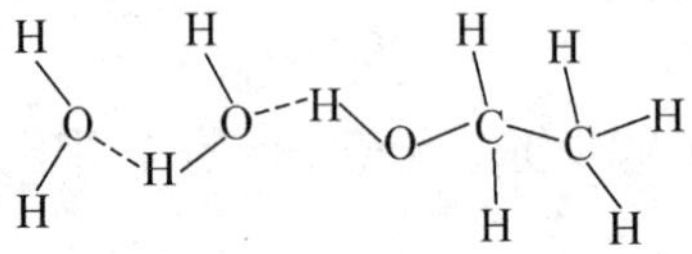

图1－6 水（左）和醇（右）以氢键相结合

（2）金属键。金属有和原子核联系松弛的

电子，起反应时，有付出电子的能力。金属当它以固体或液体状态存在时，它们那松弛地联系着的电子，可以围绕各个原子转动或者经常地快速地在原子间流动。这种流动的电子体现了它们原子间的键力，通称为金属键。金属键在某种意义上，像离子键（像在离子晶体中电子位于阴离子上），其电子在固态或液态金属中，可以处在为了各质点联系起来所必需的任何位置，但在金属中仅有较少的"浮动"电子，因此它兼有共价键的性质（原子状态互相吸引的性质）。金属键只是金属处于固态或液态时才有的特征，是个别质点聚合体的性质而不是个别质点的性质。

（3）配位键。元素的原子可有两种类型的价：主价和副价。在主价的参与下，生成一般的非配合物（初级的化合物，例如 Na_2SO_4、KCl、H_2O 等）。原子相互作用还可生成另一类化合物，其原子价不完全饱和，可能出现补充的价，称为副价。随着副价的参与作用于分子，可生成高一级的化合物，即配合物。其成键的两个电子，由一个原子提供。如铜氨配离子 $[Cu(NH_3)_4]^{2+}$ 的结构，其中每个氨分子的氮原子上各有一对孤对电子（即：NH_3）投入到 Cu^{2+} 的空轨道中，共形成4个配位键，从而结合成配离子 $[Cu(NH_3)_4]^{2+}$。

$$\left[\begin{array}{ccc} & H_3 & \\ & N & \\ & \cdot\cdot & \\ H_3N & :Cu: & NH_3 \\ & \cdot\cdot & \\ & N & \\ & H_3 & \end{array}\right]^{2+}$$

铜氨配离子结构式

配离子通常是由一个"简单"的正离子和一定数目的中性分子或负离子以配位键结合起来的复杂离子。正离子占据配离子的中心位置，通常把它称为中心离子。与中心离子结合着的中性分子或负离子称为配位体。在配位体中提供孤对电子的原子称为配位原子。在配离子中与中心离子以配位键结合的配位原子的数目称为中心离子的配位数。例如在配离子 $[Cu(NH_3)_4]^{2+}$ 中，中心离子是 Cu^{2+}，NH_3是配位体，NH_3中的 N 原子是配位原子，中心离子 Cu^{2+} 的配位数是4。

1-2 什么是同分异构原理？研究它对浮选工作者有什么意义？

在化学中，有机化合物是由不同的碳架和多种官能团组成的。例如：4个碳原子组成的碳链，称作丁烷，分子式为 C_4H_{10} 或 C_nH_{2n+2}，$n=4$。

当把其两端一个甲基移到不同的位置时，结构式有所不同，名称也不同。

正丁基烷 $CH_3—CH_2—CH_2—CH_3$ 异丁基 $—CH_2—CH(CH_3)—CH_3$

二级丁基 $—CH(CH_3)—CH_2—CH_3$ 三级丁基 $—C(CH_3)_2—CH_3$

当用一个—OH 基代替正丁基中的一个 H 就变成了正丁醇，放到异丁基的左边时就变成了异丁醇，这时—OH 变成了官能团。就是说—OH 对于丁醇的性质会起主导作用，它起的作用比—CH_3 移动的作用更大。将正丁醇与异丁醇分别加 NaOH 和 CS_2 合成正丁基黄药（$n-C_4H_9OCSSNa$）和异丁基黄药（$i-C_4H_9OCSSNa$），后者的捕收力要大得多。

官能团对有机化合物的性质影响较大，而碳架的组成和结构对有机物的性质有一定的影响，但比官能团小一些。当有机化合物分子式相同而结构不同时，有机物的性质有所不同，但差别不像官能团不同的药剂那么大。

人们把有相同分子式而结构不同的有机化合物之间的关系称为同分异构，有同分异构关系的物质互称为同分异构体。在同分异构体中有相同官能团只是烃基异构时，称为同系列同分异构。同系列同分异构体官能团相同，故性质基本相似。不是同系列同分异构体，只有相同的分子式，而没有相同的官能团，则化学性质相差较大，但其官能团相似时，化学性质也相似。这是有机化学中有关同分异构原理的主要论述。

人们认为，浮选药剂对矿物的浮选性能是它们的物理性质和化学性质的集中表现，因此有相同官能团的同系列同分异构体，其化学性质非常相似；非同系列的同分异构体，没有相同的官能团，但当其官能团相似时，对矿物也应有相似的浮选作用。有些浮选药剂选矿性能很好，但合成较难，或价格昂贵，或原料来源缺乏，或毒性较高时，往往得不到推广使用。而合成没有上述缺点或上述缺点较小的同分异构体，往往得到较好的浮选药剂，朱建光教授根据上述观点合成了一系列有选别使用价值，而没有上述缺点或上述缺点较小的同分异构的浮选药剂，成功地得到推广，如甲苯胂酸类药剂。

1-3 若干烷基的氢被取代基取代对它的溶解度有何影响?

从绪论中已经知道浮选是按分选物质对水的亲疏特性分选对象的工业。浮选药剂碳架中的氢被什么基团取代对它的用途影响巨大。下面列举了一些与浮选关系密切的取代基与其亲水性的关系。

25℃下与浮选关系密切的有机物，其烃基中的氢被某种取代基取代后的溶解度见表1－1，以mol/kg表示。为了方便比较和计算，其中大部分CH_2环节的总数和等于4，只限于某些属于R_2X和（R_2X）$_2$型的有机物。

表1－1　烃基中的氢被某种取代基取代后的溶解度

名　称	分子式	溶解度/mol·kg^{-1}
丁　烷	C_4H_9H	0.002
丁基醇	C_4H_9OH	1.07
戊　酸	C_4H_9COOH	0.345
戊　腈	C_4H_9CN	0.11
丁基硫醇	C_4H_9SH	0.0065
二乙醚	$(C_2H_5)_2O$	0.88
二丁醚	$(C_4H_9)_2O$	0.0027
二丁胺	$(C_4H_9)_2NH_2$	0.025
丁基甲酸酯	$HCOOC_4H_9$	0.064
二乙基二黄原酸	$(C_2H_5OCSS)_2$	1×10^{-5}
二－二乙基二硫代磷酸	$(C_2H_5O)_2PSS_2$	5×10^{-5}
苄　醇	$C_6H_5CH_2OH$	0.4
苄硫醇	$C_6H_5CH_2SH$	0.0022
硫　酚	C_6H_5SH	0.004
苯	C_6H_6	0.0278

表1－1中数据表明，极性基OH的水化能为最大。如果在饱和烃中原子H换为OH，则溶解度增大534倍（强氢键）。以SH基（硫醇）取代原子H时，溶解度只增大2.1倍（很弱的氢键，和硫原子尺寸一样大）。而芳族硫醇（硫酚）比它相应的烃（苯）溶解度弱6/7。

1－4　热力学第一定律和热力学第二定律的基本内容是什么？

能量守恒原理。它是人类经过长期实践，总结出的极其重要的经验规律之一。该原理指出能量有各种各样的形式，并能从一种形式转变为另一种形式，但在转变过程中总能量的数量不变。将能量守恒原理应用在以热与功进行能量交换的热力学过程，称为热力学第一定律。

自发过程及热力学第二定律。自然界中，很多过程不需外来作用（即不需消耗环境的功）就能自动进行。例如：重物自高处自动落到低处，水能从高处自动流向低处，热能自动从高温物体传至低温物体。肥皂泡为了降低表面能会自动破灭。人们将不需依靠环境做功就能自动进行的过程称为自发过程。

2 浮选的三相

2.1 浮选的气相和液相

2-1 浮选气相由什么组成？它有哪些与浮选有关的性质？

浮选的气相一般是指空气。空气的质量约为同体积水的1/800。因为水的密度为1000kg/m³，空气的密度为1.2kg/m³（温度为290K，压强为101.3kPa），水与空气密度之比即质量比为1000:1.2=833.3。所以空气泡在水中有良好的浮力，可将附着在它上面的矿粒带到矿浆表面。空气中除了含78%的氮和21%的氧以外，还含有少量的二氧化碳、二氧化硫及其他稀有气体。空气中的各种气体在水中的溶解度很不一致，一般地说，溶解度大小的顺序是：二氧化碳>氧气>氮气。在冶炼厂或化工厂附近，常含有工厂的废气成分。

只从浮力着眼，各种气体作为充填介质，对浮选的影响不大。而不同气体的化学性质，对浮选的影响较大而且是多方面的。在一般情况下，氧对浮选的影响最大。实验证明，新鲜的硫化矿物，初步吸附氧以后，表面由亲水变为疏水。但硫化矿物与氧作用时间较长，其表面就会被氧化变成亲水的氧化物。二氧化碳、二氧化硫溶于水中会生成相应的酸。碳酸对于黄铁矿、毒砂等矿物有活化作用。亚硫酸则对黄铁矿有抑制作用。空气中的氮，化学性质不活泼，故在浮选理论研究中，为了避免氧气和其他气体的影响，常用高纯度的氮气代替空气。个别工厂为了减少铜-钼混合精矿分离过程中氧气氧化硫化钠而增大硫化钠的消耗，将设备封闭用氮气浮选。在浮选铜-铅抑锌时，用氮气也可以节约硫化钠和硫酸锌用量。氮气对矿物的可浮性也有影响，例如用氮气调整含钛、锆矿的矿浆，钛的矿物受到抑制，而锆的矿物仍然可保持其可浮性。

2-2 浮选的液相有什么成分？它们对浮选有何影响？

浮选的液相，一般是稀的水溶液。其主要成分是水，还含有少量的矿物成分和浮选药剂。

（1）水的组成。水是由两个氢一个氧组成，它们的结合方式如图2-1所示。

水分子中3个原子核靠电子对在H—O之间运动，把三者连在一起。其作用半径为0.138nm、分子直径为0.276nm，氧在一端，两个氢在另一端。两个氢核

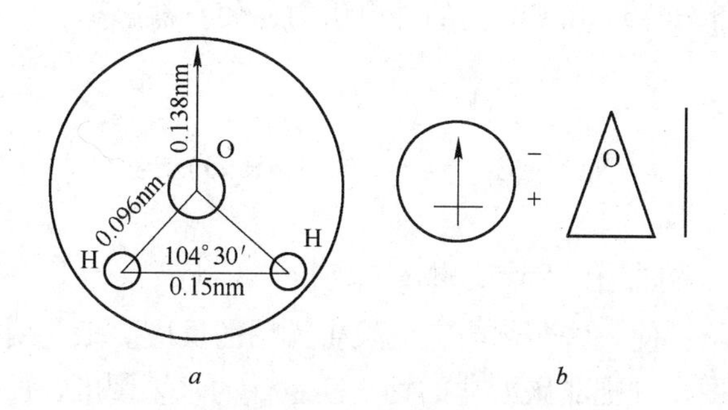

图2－1 水分子的结构示意图
a—水分子中H、O的相对位置；b—水偶极示意三例

因电荷相同而相互排斥，彼此相距0.15nm。三者之间构成104°30′，氧的原子各位于分子的一端，结果正电偏于一端，而负电偏于另一端，所以可把水分子看成一个偶极子。由于水是偶极子，而且一个分子中的氢和另一个分子中的氧之间有氢键的作用，所以水的分子经常缔合产生两分子水（$(H_2O)_2$）、三分子水（$(H_2O)_3$），甚至四分子水（$(H_2O)_4$）。由于水分子是偶极子，它在某些电场中，可以产生定向排列，对于大部分矿物有润湿能力，对于许多矿物和药剂，有很强的溶解能力。

（2）水中的离子。液体水中的水发生定向排列，也有一些分子发生破裂，变成H^+、OH^-。25℃的纯水呈中性，其氢、氧离子的浓度相等，$[H^+][OH^-]=10^{-7}$mol/L。因为在化学中将pH值定义为氢离子浓度的负对数，所以纯水的pH值为7。

水分子破裂产生的氢、氧离子，并不是孤立地存在的，而是和水分子结合成$(aH_2O\cdot H)^+$与$(bH_2O\cdot OH)^-$的水化离子形式存在。任何酸在水中解离放出H^+，都会与水结合成水合离子$2H_3O^+$。例如硫酸在水中按如下反应式解离：

$$2H_2O+H_2SO_4 = 2H_3O^+ + SO_4^{2-}$$

某些盐类本身由电荷的阴阳离子组成。在水中会吸引水分子在它周围进行定向排列。

如图2－2所示的石盐NaCl，其本身由Na^+和Cl^-组成，水偶极在它周围发生定向排列，加上水分子的介电常数很大

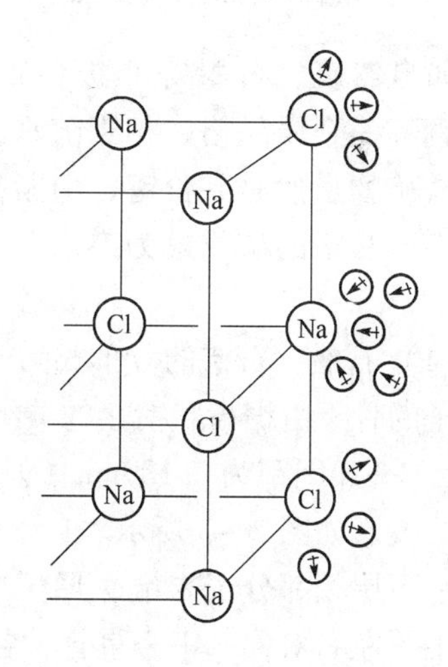

图2－2 水偶极在石盐周围的定向排列

($D=81$)，挡住部分 Na^+ 和 Cl^- 间的静电引力，使石盐解离，且溶解后的离子被水化。形式为：

$$(n+m)H_2O + Na^+ + Cl^- \longrightarrow (Na \cdot nH_2O)^+ + (Cl \cdot mH_2O)^-$$

天然水中，常含有 Ca^{2+}、Mg^{2+}、Fe^{2+}、Fe^{3+}、Al^{3+}、Mn^{4+}、CO_3^{2-}、SO_4^{2-}、Cl^- 等离子，使一些药剂与它们发生无用的反应。工业用水常按钙、镁离子含量来计算硬度；并把非碳酸盐的钙、镁量计为永久硬度，而碳酸钙镁的量计为暂时硬度（因为钙镁的酸式碳酸盐煮沸后，其钙镁变成固体碳酸盐沉淀，水质会变软）。对硬度的规定可以有不同的标准，一般规定硬度是：1L 水中硬度盐的含量与 10mg CaO 或 7.19mg MgO 相当。水的软硬等级按其总硬度的数量划分：硬度在 8 以下为软水，8 ~ 12 为中硬水，12 ~ 18 为硬水，18 ~ 30 为相当硬的水，大于 30 的为很硬的水。硬水中的 Ca^{2+}、Mg^{2+} 等离子对用脂肪类作浮选剂是有害的，硬度过高时，它消耗脂酸，降低浮选指标。为了节约用水和减少废水对环境的污染，选矿厂常常使用矿坑水和选矿厂尾矿坝的废水（称为回水）。这些废水中一般都是含有矿石溶解出的各种离子。如有色金属矿山的废水中，常含有 Cu^{2+}、Pb^{2+}、Zn^{2+}、Fe^{3+}，SO_4^{2-} 等离子。选矿厂的废水中还含有捕收剂、起泡剂和某些调整剂。为了使废水不扰乱正常的选矿过程，必须对回水进行定期而有针对性的分析，了解回水组成及其循环情况，并作相应的处理。

2.2 浮选的固相

2－3 矿物晶格有哪几种类型？与它们的可浮性有什么关系？

如自然硫、石墨等非极性矿物，属于分子晶格，最疏水。金属铂、金、银、铜等为金属晶格，相当疏水。硫化矿多为极性共价键，比较疏水。石英等硅酸盐矿物虽然是共价键，但断裂后含有氧的亲水断面，比较亲水。岩盐、钾盐等离子晶格的矿物最为亲水。下面进一步讨论几种矿物的结构和它们的亲水性。

(1) 石蜡。石蜡的分子式为 C_nH_{2n+2}，天然石蜡晶体基本的单元是分子，每个分子的骨干由锯齿状衔接的碳组成，碳原子间距为 0.154nm，每个碳上连着两个氢，C—H 间距为 0.109nm（但图 2－3 中未表示 H）。$C_{12}H_{26}$ 的石蜡结晶，分子轴向投影如图 2－3 所示。

上下层相邻分子末端碳原子中心的间距约 0.4nm。由于石蜡分子的正负电性，上下左右对称，中心重合，各原子间只有瞬间偶极，没有永久偶极，受力时分子不易破裂，所以和水偶极亲和力很小，疏水性大。

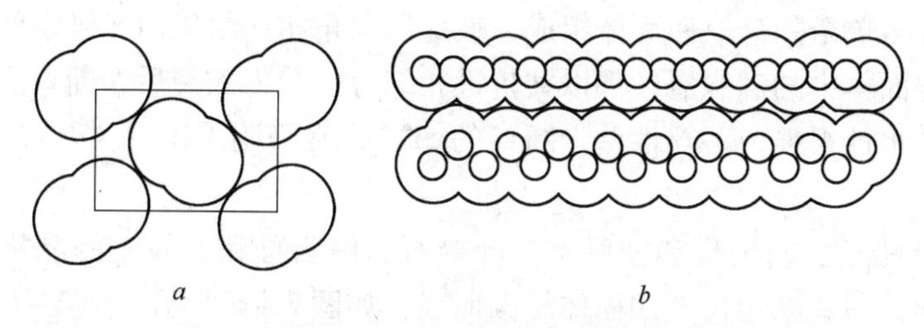

图2-3 石蜡晶体示意图

a—端部投影；*b*—纵向，烷基中碳原子的相对位置

（2）辉钼矿。辉钼矿（MoS_2）是典型的分子晶格矿物，其结晶构造如图2-4所示。它的钼原子处在同一个面网上，上下有两个硫原子层。钼原子与硫原子间的作用力是强的共价键。两层硫夹着一层钼组成一个厚层。厚层的上下表面都是硫离子，相距较远。上下层间靠微弱的分子键连接。受力时容易沿层面生成良好的解理面（沿虚线位置），面上只有较弱的残留分子键，和水的亲和力很小。但如果厚层被折断，断面会出现较强的残留共价键，和水的亲和力较大。所以辉钼矿的解理面疏水，而厚层的断面则亲水。但辉钼矿破裂时，总以疏水的面为主，所以人们认为辉钼矿是天然可浮性良好的矿物。

（3）石英。石英（SiO_2）是典型的共价晶格矿物，其结晶构造如图2-5所

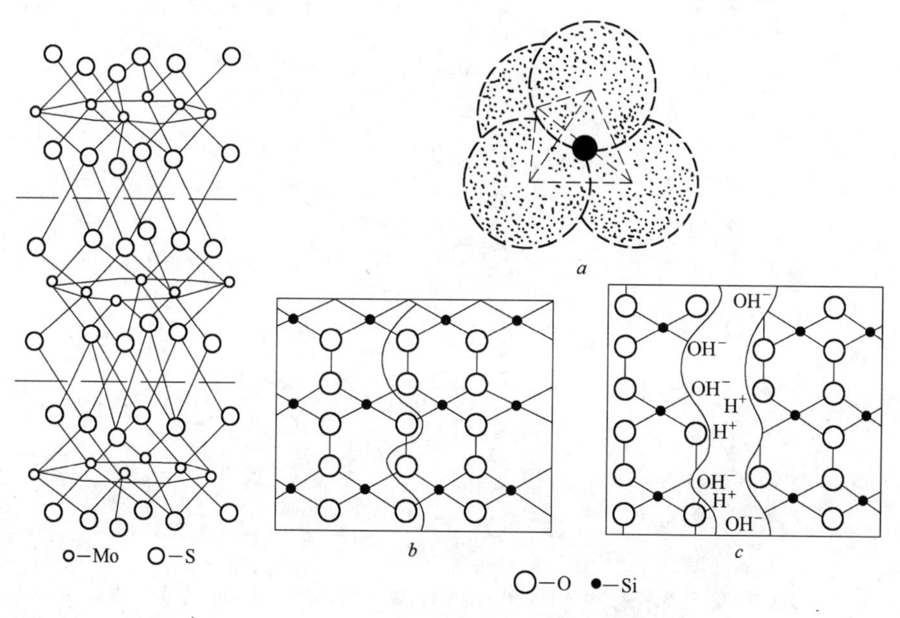

图2-4 辉钼矿的晶格

图2-5 石英的结晶构造

a—单个四面体的立体图；*b*—破裂前的石英晶格平面图；

c—破裂后的石英晶格平面图

示。它由许多单个的硅氧四面体组成，彼此以顶角相连组成向三维空间伸展的架状晶体。四面体中的硅和氧，都以共价键相结合。受力破裂后，断口上有残留的共价键，亲水性很强，可浮性差。断口的 Si^{4+}，常吸附 OH^-；断口的 O^{2-} 常吸附 H^+。

（4）叶蜡石、白云母和蒙脱土。叶蜡石、白云母和蒙脱土的晶格相似但成分稍有不同。三者都由硅氧四面体堆砌而成，如图 2-6 所示。图 2-6 中画了它们的 2~3 个小层。叶蜡石的 3 个小层成分是 Si—O/Al—OH/Si—O，白云母的 3 个小层成分是 Si(Al)—O/Al—OH(F)/Si(Al)—O，蒙脱土的 3 个小层成分是 Si—O/Al(Mg)—OH/Si^{4+}—O。

白云母的硅氧四面体中的 Si^{4+}，有些被 Al^{3+} 取代，中间小层中的 OH^- 被 F^- 取代，电性不能平衡，必须在大层间放置 K，因而白云母和水接触时，钾离子受水偶极的作用，溶入水中，表面出现负电场，容易被水润湿。

而蒙脱土的硅氧四面体中，Si^{4+} 部分被 Al-Mg 取代，电性不能平衡，必须在层间放置含阳离子的水层。蒙脱土因为含有带阳离子的水层，自然更为亲水容易润湿。只有叶蜡石整个晶体电性得到较好的平衡，亲水性最小。

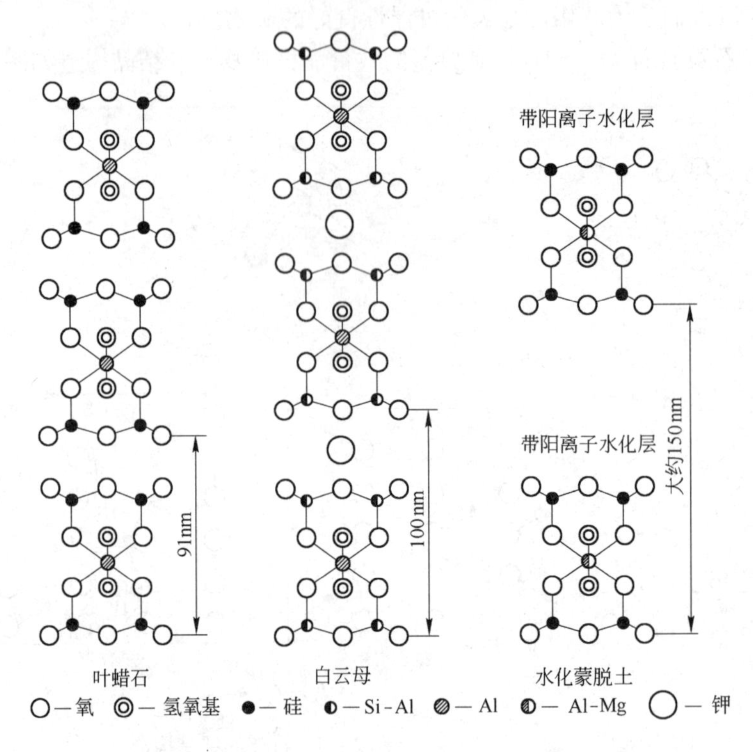

图 2-6 叶蜡石、白云母和蒙脱土层状构造的端部

2-4 矿物的成分与表面变化对浮选有何意义？

一般矿物都有一个分子式表示它的成分，可以认为那只是它的主要成分。实际上它的成分往往是不完全相同的，表面的物理性质，也千差万别。这可以从物理和化学两个方面来说明。

物理方面。矿物由于生成前后环境的温度、压力条件不同，使晶粒的形状、大小、结晶与否、晶粒的缺陷、镶嵌（如石英镶嵌在赤铁矿鲕状体中）关系都不同，矿粒中也可能产生空隙、裂缝、错位等等。经破碎、磨矿后，矿粒表面状态更是多种多样。因而进入浮选的矿粒表面，大都不能保持原有的晶形，表面凹凸不平，出现不同的边、棱、角。位于边、棱角上的原子，显示出的残留键力，各向千差万别，亲水性各有不同。

化学方面。天然矿物的化学计量，并不像化学分子量那样标准，常出现如图2-7所示的种种偏差。金属离子过量和非子空位呈电正性缺陷。而非金属离子过量和金属离子空位，则呈电负性缺陷。电正性缺陷点是电子引力的中心，而电负性缺陷点则是电子斥力的中心。它们都会改变矿物的表面性质。比如方铅矿存在铅金属空位以后（见图2-8），使方铅矿半导体的电状态改变，使空穴附近的硫离子，对电子有较强的吸引力，拉动附近铅的电子云，附近 Pb^{2+} 更显阳性，对黄药有更大的作用力。

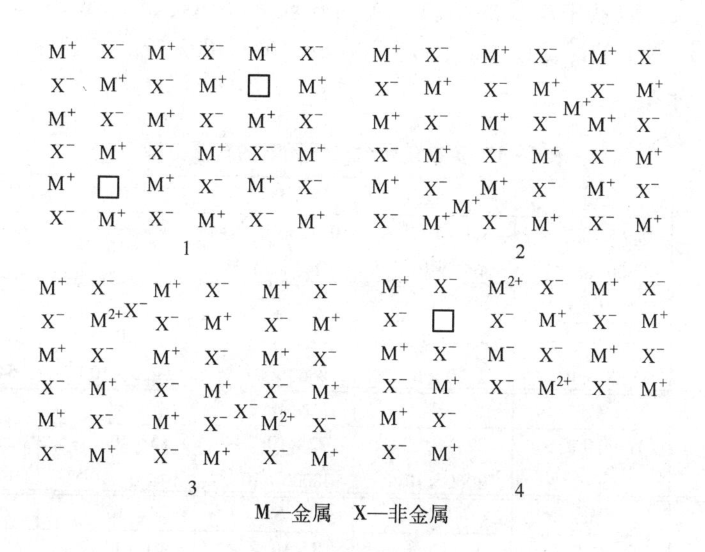

图2-7 非化学计量四种类

1—金属过量，带阴离子空位；2—金属过量，带间隙阳离子；
3—非金属过量，带间隙阴离子；4—非金属过量，带阳离子空位

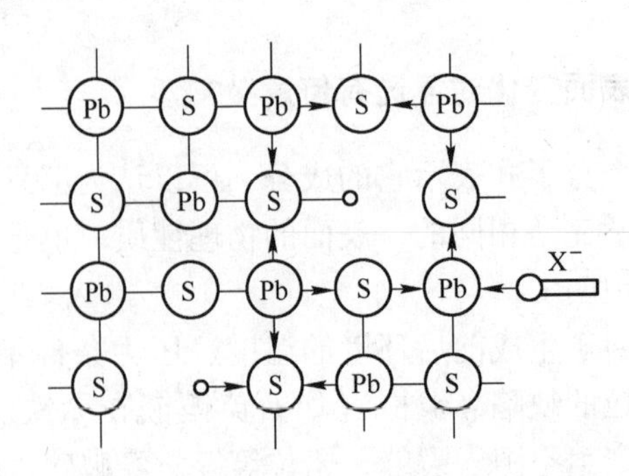

图2-8 方铅矿的晶格缺陷与黄药离子的反应示意图

又如闪锌矿中常常含有许多杂质，甚至使其因杂质而改变颜色。闪锌矿中的杂质有Fe、Cu、Cd、Sb、Pb、Sn、Ca、Ge等。这些杂质可以置换闪锌矿晶格中的锌，也可以以机械夹杂的形式存在。Zn^{2+}的半径是0.083nm，Fe^{2+}、Cu^{2+}、Cd^{2+}的半径分别是0.083nm、0.072nm、0.0103nm，和Zn^{2+}的半径比较接近，而锌原子的半径为0.132nm，镓原子和锗原子的半径分别为0.146nm和0.127nm，与锌原子的半径接近，所以它们容易发生晶格置换，硫化铜也可以乳浊状镶嵌在闪锌矿中，可以提高闪锌矿的可浮性，因为它们本身的可浮性比锌好。而铁可以降低锌矿的可浮性。

天然硫化矿中黄铁矿是比较普通的矿物，其主成分硫和铁的比例为2:1左右，变化不大。但其中所含的杂质，人们发现Ag、As、Au、Bi、Cd、Co、Cu、Pt、Hg、Mo、Ni、Pb、Pd、Ru、Sb、Se、Sn、Te、Tl和Zn等19种。各元素的含量范围见表2-1。

表2-1 黄铁矿所含杂质元素的含量范围 (%)

元素	Au	Ag	Pt	Pd	Ru
含量	0.9×10^{-6} ~ 3500×10^{-6}	$<1\times10^{-6}$ ~ 656×10^{-6}	0.41×10^{-6} ~ 244×10^{-6}	9×10^{-6}	40×10^{-6}
元素	Co	Ni	Pb	Zn	Cu
含量	26×10^{-6} ~ 21600×10^{-6}	106×10^{-6} ~ 2020×10^{-6}	27×10^{-6} ~ 8660×10^{-6}	9×10^{-6} ~ 9430×10^{-6}	2.5×10^{-6} ~ 54200×10^{-6}
元素	Cd	Hg	Mo	Sn	Tl
含量	14×10^{-6} ~ 52×10^{-6}	22×10^{-6} ~ 3000×10^{-6}	22×10^{-6} ~ 38000×10^{-6}	25×10^{-6} ~ 4000×10^{-6}	1.3×10^{-6} ~ 7830×10^{-6}
元素	As	Sb	Se	Te	Bi
含量	7900×10^{-6} ~ 96000×10^{-6}	8×10^{-6} ~ 5600×10^{-6}	8×10^{-6} ~ 7600×10^{-6}	$<1\times10^{-6}$ ~ 95×10^{-6}	$<1\times10^{-6}$ ~ 2300×10^{-6}

元素	As	Co	Sb	Au	Ni	Pb	Zn
含量	9.6	2.2	0.7	0.3	0.2	0.9	0.9

各种元素可以晶格置换、间隙充填、固溶体、包裹体、外延生长物等形式存在于黄铁矿中。这些杂质的存在，改变了黄铁矿的组成、组织结构、化学性质、电性和浮选性质。在电性方面可以描述为以下几点：（1）黄铁矿可显示 n 型和 p 型半导体的性质，个别的黄铁矿样本，可以同时显示 n 型和 p 型半导体的性质，因而称为 n－p 型黄铁矿。（2）p 型黄铁矿通常其 S/Fe 大于 2，而且常含有较多的 As，产于低温矿床。（3）n 型黄铁矿可能缺硫，S/Fe 小于 2，常产于高温矿床，可能含较多的 Co 和 Ni。（4）导电性变化很大，为 0.02 ~ 562Ω/cm 平均值为 48Ω/cm。p 型黄铁矿一般比 n 型黄铁矿低得多。（5）1969 年，Majima测定，黄铁矿的静电位比一般硫化矿物高，在 298K，黄铁矿的静电位对标准氢电极的电位差为 0.66。而白铁矿为 0.63，黄铁矿为 0.56，闪锌矿为 0.46，斑铜矿 0.42，方铅矿为 0.40，辉银矿为 0.28，辉锑矿为 0.12，辉钼矿为 0.11。黄铁矿浮选的 pH 值比一般硫化矿低（详见第 12 章硫化矿浮选）。

此外，应该指出许多矿物的杂质数量虽然不大，但其使用的价值很高，远远超过其主成分。例如闪锌矿中的镓、铟、锗，黄铁矿中的金、银，磁黄铁矿中铂族元素，辉钼矿中的铼等，其价值都大大地超过其主成分。

总的说来，矿物的表面是不均匀的，内部成分因矿床成因不同而不同。这使矿物表面电性、键力、可浮性、用途、价值都不一样，其可浮性也多少会受到影响。

3　润湿性、接触角与可浮性

3-1　固相的润湿和浸没可分为哪几个阶段？表面能有什么变化？

从绪论中知道，浮选分离的重要特点是一部分亲水性的物料被水润湿浸入水中，而疏水性的物料则留在界面。下面就讨论矿粒润湿、浸没的几个过程中表面自由能的变化。矿粒从空气落入水中，要经过图3-1所示的4个阶段。

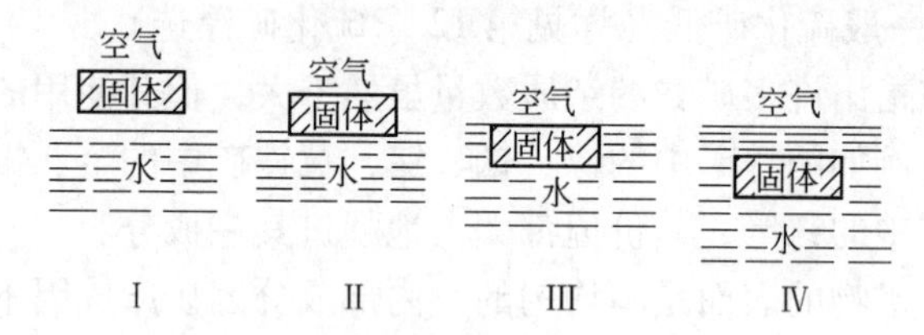

图3-1　润湿、浸没的4个阶段

这4个阶段体系自由能的变化见式（3-1）~式（3-3）。

阶段Ⅰ→Ⅱ：

$$\sigma_{gs}+\sigma_{gl}>\sigma_{sl} \tag{3-1}$$

阶段Ⅱ→Ⅲ：

$$\sigma_{gl}<\sigma_{sg} \tag{3-2}$$

阶段Ⅲ→Ⅳ：

$$\sigma_{gs}>\sigma_{sl}+\sigma_{gl} \tag{3-3}$$

式中　σ——界面自由能；

s，l，g——固相、液相和气相。

如果矿物的亲水性强，能充分满足上述3个公式的条件，就能浸入水中，这通常是人们希望脉石矿物应具备的条件；但如果矿物的疏水性强，它的表面能只能满足式（3-1）的条件，而不能满足式（3-2）的条件，它能很好地浮在水面上，这是最好的表层浮选；如果它能满足式（3-2）而不能满足式（3-3）的条件，它虽然大部分沉在水面下，但不会全部沉下去，这仍然符合表层浮选的要求。所以对于固相沉下去最重要的条件就是式（3-3）。

如果以油代替空气，上述关系也是正确的。只是当油和矿粒组成的球团平均密度大于水的密度时，可能因重力作用沉入水中，但那是另一种原因（浮力关系）。

3－2 什么是接触角？

如果将球形的液滴放在固体表面上，液滴受界面几个方向界面张力的作用，可能铺展成扁平的椭圆形、凸透镜形或薄膜的形态。例如雨点落在荷叶和芋叶上成扁平的椭圆形，落在有油的钢板上呈凸透镜形，落在一般的植物叶片上成为水膜，如图 3－2 所示。

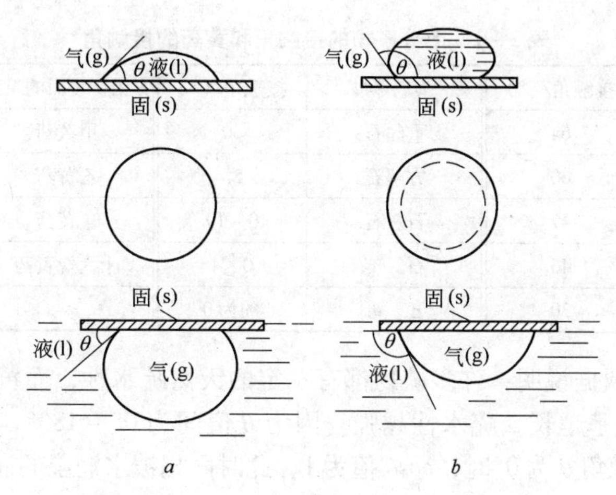

图 3－2 亲水性和疏水性表面的接触角

a—亲水性表面的接触角；*b*—疏水性表面的接触角

科学工作者常用杨氏（Young）方程式来描述液滴在固相表面铺展平衡形成小于 90°的接触角时，几个作用力之间的关系，如图 3－3 所示，相应的公式见式（3－4）和式（3－5）。

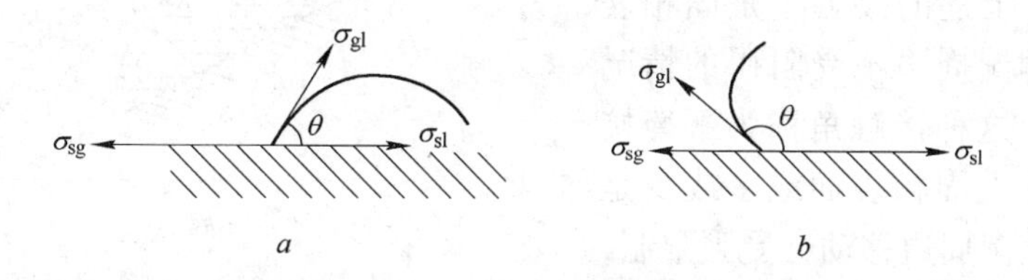

图 3－3 平衡接触角与界面张力的关系

a—$\theta < 90°$；b—$\theta > 90°$

$$\sigma_{sg} = \sigma_{sl} + \sigma_{gl}\cos\theta \quad (3-4)$$

即

$$\cos\theta = \frac{\sigma_{sg} - \sigma_{sl}}{\sigma_{gl}} \quad (3-5)$$

式中 σ_{sg}——固－气界面张力；

σ_{sl}——固－液界面张力；

σ_{gl}——气－液界面张力；

$\cos\theta$——润湿性指标；

θ——接触角。

一些有代表性的矿物和黄药的接触角见表3－1。

表3－1 部分矿物的接触角和黄药的接触角

矿 物	接触角/(°)	矿 物	接触角/(°)	方铅矿表面的黄药	接触角/(°)
滑石	64	重晶石	30	甲黄药	50
辉钼矿	60	方解石	20	乙黄药	60
方铅矿	47	石灰石	0～19	丁黄药	74
闪锌矿	46	石 英	0～4	十六烷黄药	100
黄铁矿	30	云 母	约为0		

表3－1中数据说明：许多矿物都有一定的天然疏水性，而黄药有明显的疏水作用，而且烃基越长，疏水性越强。因为θ值间为0°～180°，而对应的$\cos\theta$值为1～0。接触角θ为0°时，$\cos\theta$值为1，此时固相被水润湿的润湿性最大。所以，浮选工作者把$\cos\theta$称为润湿性指标。

在多油浮选时，亲油和亲气的方向是一致的。在图3－2所示接触角的图形中，只要将气相改为油相，将接触角的记号θ改为θ'，一切结论在原则上是相同的。

显然，上述的接触角是固相表面光滑、润湿周边不受阻碍的情况下形成的。这种接触角称为平衡接触角。实际上固相表面或多或少是粗糙的，润湿周边移动会受到限制，接触角不能达到理想的状态，这时形成的接触角称为阻滞接触角，如图3－4所示。

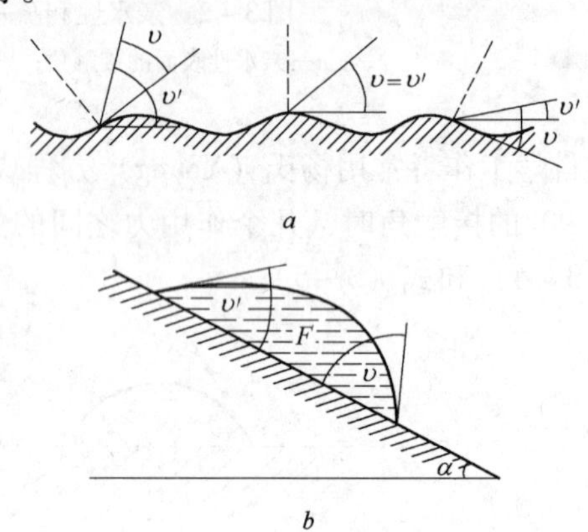

图3－4 阻滞接触角示意图

a—表面有微小不平时，各点形成的阻滞接触角不一样；
b—表面倾斜时，液滴上下边形成的接触角不一致

3－3 什么是可浮性指标（黏附功）？

矿粒能否附着在气泡上，取决于附着前后，体系自由能变化的多少，如图3－5所示。

矿粒在气泡上附着前的体系自由能总和见式（3－6）：

$$W_1 = S_{gl}\sigma_{gl} + S_{sl}\sigma_{sl} \quad (3-6)$$

而矿粒在气泡上附着后的体系自由能总和见式（3－7）：

$$W_2 = (S_{gl} - S_{gs})\sigma_{gl} + (S_{sl} - S_{gs})\sigma_{sl} + S_{gs}\sigma_{gs} \quad (3-7)$$

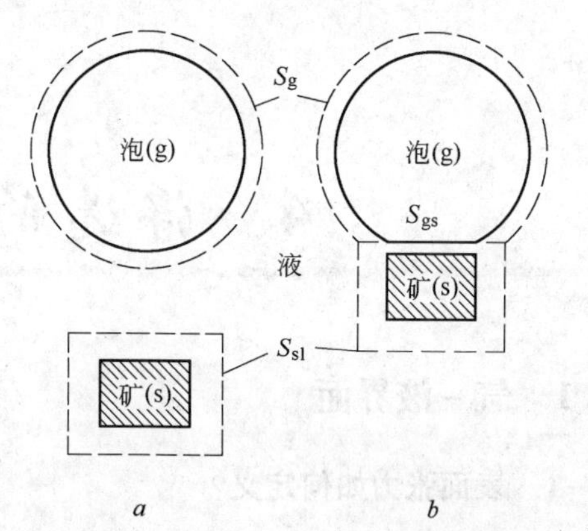

图 3－5　矿粒附着于气泡前后界面的自由能
a—附着前；b—附着后

式中　W_1——附着前体系的表面自由能总和；
W_2——附着后体系的表面自由能总和；
S_{sl}——固－液界面的界面面积；
S_{gl}——气－液界面的界面面积；
S_{sg}——固－气界面的界面面积；
σ_{sl}，σ_{gl}，σ_{sg}——固－液、气－液和固－气单位界面的界面自由能。

附着前后按单位附着面积计算体系自由能变化见式（3－8）：

$$\Delta W = \frac{W_1 - W_2}{S_{sg}} \quad (3-8)$$

将式（3－6）和式（3－7）等号的右端代入式（3－8）化简后得式（3－9）：

$$\Delta W = \sigma_{gl} + \sigma_{sl} - \sigma_{sg} = \sigma_{gl} - (\sigma_{sg} - \sigma_{sl}) \quad (3-9)$$

将式（3－4）的 $\sigma_{gl}\cos\theta$ 代入式（3－9）可得：

$$\Delta W = \sigma_{gl}(1 - \cos\theta) \quad (3-10)$$

对于固相沉下去最重要的条件就是式（3－3）。

这就是矿粒附着于气泡上后体系自由能降低的值，它的大小表示附着的难易程度。在气－液界面能不变时，它的值取决于（$1-\cos\theta$）的值，其值越大，附着越容易也越牢固。所以人们把 ΔW 称为可浮性指标或黏附功。

只有当 $\theta = 0°$，$\cos\theta = 1$，$\Delta W = 0$ 时，不能发生黏附和浮游；$\theta = 180°$，$\cos\theta = 0$，$\Delta W = 1$ 时，附着最容易，浮游也容易。

4 浮选的三相界面

4.1 气－液界面

4－1 表面张力如何定义？

气－液界面附近的液体分子，由于下面受到液体分子的引力较大，上面受到的气体分子引力较小，结果产生表面张力。表面张力是作用在液体表面单位长度上的力。它有将液体分子压向内部的趋势，使液体表面收缩。要扩大液体的表面积，必须外力做功。产生单位表面积所需的功，在数值上等于单位面积的表面自由能。表面张力或表面自由能，都用 σ 表示。20℃时纯水的表面张力 σ = 72.75mN/m（即 72.75dyn/cm^2）。

几种液体的表面张力见表 4－1。

表 4－1 几种液体的表面张力

物 质	温度/℃	表面张力 σ/mN · m^{-1}
苯	20	28.88
甘 油	20	63.4
水	20	72.75
苯水溶液	25	35
丁酸水溶液（0.05mol/L）	25	~40
蚁酸水溶液（0.05mol/L）	25	~60

图 4－1 所示为一系列醇类的表面张力与其浓度的关系，这关系说明了 3 点：

（1）为了使溶液的表面张力降到一定程度，醇的烃基越长所需的浓度越小。

（2）有支链的醇对表面张力的影响比无支链的醇大。

（3）同一醇类用量越大，表面张力降低越多。

醇类水溶液的表面张力如图 4－1 所示。

其中，（1）可以具体表示为：20℃时，若要保持表面张力为某同一数值，醇类烃基中每少一节—CH_2，需要的摩尔浓度必须提高 2.7～3.2 倍。也可以说，为了使表面张力降低同样多的数值，其烃链每增长一个—CH_2基，所需溶质的浓度可以减至 1/3。这就是特劳贝（Trube）定律。

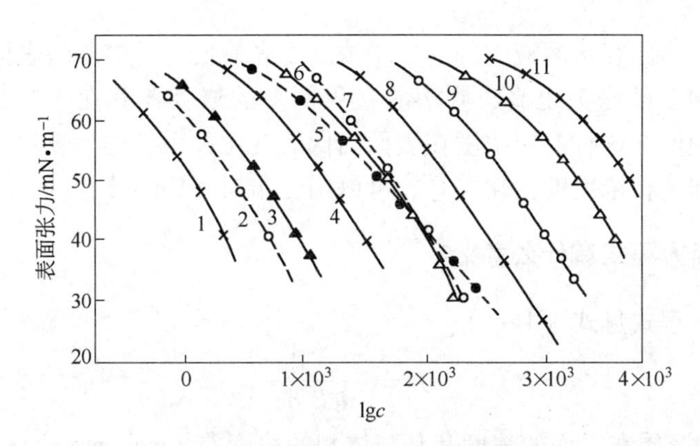

图4-1 醇类水溶液的表面张力

1—正辛醇；2—第二辛醇；3—正庚醇；4—正己醇；5—第三己醇；6—正戊醇；7—异戊醇；8—正丁醇；9—正丙醇；10—乙醇；11—甲醇

4-2 有机物分子在气-液界面如何分布？

从表4-1的数据可知，表面张力低的有机物溶于水中时，能够降低水溶液的表面张力。这与有机物较多地集中在水-气界面有关。如已醇 $C_6H_{13}OH$ 的分子，一端有非极性的烃基 $C_6H_{13}^-$，另一端有极性的羟基—OH。溶于水中时，因为其羟基和水分子 H—O—H 有相似的成分结构和极性，彼此通过氢键相互吸引，极性端被水吸引后紧接水面，而非极性端 R—被水排斥，力求伸入空气中。据测定，当醇的浓度为0.854mol/L时，丁醇的吸附密度是6.93mol/L。由此可以算出每个分子所占面积为0.274nm²，长链羧酸和长链醇每个分子所占面积为0.216nm²。此时它们在水面上的排列接近单分子层。由于醇分子在水-气界面的定向排列，形成水和空气的过渡层，使界面上下的引力差减小，故溶液的表面张力下降。

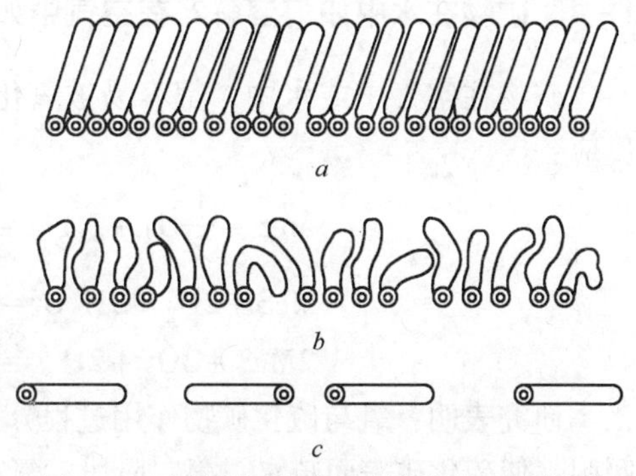

图4-2 异极性物质在水溶液表面的排列

a—溶质在水表面的浓度高时；
b—溶质在水表面的浓度低时；
c—溶质在水表面的浓度最低时

醇类（ROH）、羧酸（RCOOH）等物质，一端是极性物质，另一端是非极性物质，称为异极性物质。它们在界面浓度高时，常成紧密直立排列的单分子层；它们在界面浓度低时，分子间的距离较大，分子可以直立、倾斜或横躺在水面上，如图4-2所示。

试验证明，表面张力低的溶质，在水中有降低表面张力的作用，则此溶质在界面上浓度将比在水溶液内部的平均浓度要高。反之，溶质的表面张力高，与水所成溶液的表面张力也高，则溶质在界面上的浓度比其在水内部（叫体相）的平均浓度要低。这种溶质浓度在表面高低的变化关系，称为吸附。表面张力与溶质在表面和体相浓度的变化关系，可以用吉布斯（Gibbs）方程式表示。

4-3 吉布斯方程式有什么意义？

吉布斯方程式见式（4-1）：

$$\Gamma = -\frac{c}{RT}\frac{d\sigma}{dc} \tag{4-1}$$

式中 Γ——溶质在界面的浓度和其与体相的浓度差，mol/cm^2；

c——溶质在溶液中的浓度，mol/L；

R——气体常数，$R=80315J/kmol$；

T——绝对温度，K；

$d\sigma/dc$——表面张力随浓度 c 变化的关系。

通常把 $d\sigma/dc$ 称为表面活性，当溶质在溶液中的浓度 c 增大时，表面张力 σ 反而减小。即 $d\sigma/dc<0$ 时，由于等式的右边有负号，$\Gamma>0$，此时溶质在表面的浓度大于体相浓度，也就是溶质的表面活度大，向表面吸附的能力强，人们把这种物质称为表面活性物质（如醇类、羧酸和胺类等起泡剂和捕收剂），把这种吸附称为正吸附；与此相反，当吸附发生时，$d\sigma/dc>0$，$\Gamma<0$，溶质在表面的浓度比在体相的浓度低，这种吸附称为负吸附，这种物质叫做非表面活性物质，如无机盐、无机酸、碱等。

4.2 固-液界面

4-4 矿物在水中如何溶解？在空气中如何氧化？

矿物在空气中或水中，都容易被氧化。尤其是硫化矿物氧化后可以产生如下反应：

$$MeS+\frac{1}{2}O_2+2H^+ = Me^{2+}+S^0+H_2O$$

$$MeS+2O_2+2H_2O = Me(OH)_2+H_2SO_4$$

$$2MeS+2O_2+2H^+ = 2Me^{2+}+S_2O_3^{2-}+H_2O$$

研究表明：氧与硫化矿物作用过程分3个阶段进行。第一阶段：氧在矿物表面吸附，使硫化矿表面疏水；第二阶段：氧在吸收硫化矿物的电子时发生离子化；第三阶段：离子化的氧气在硫化矿上发生化学吸附，和硫化矿生成各种硫氧基。

氧在方铅矿等硫化矿上的吸附速度，随氧的初始浓度增大而增大；水中氧离子浓度增大可以加速矿物的氧化；矿物粒度越小氧化的速度越大。此外，氧化与相邻矿物接触处产生的接触电位有关，因为在接触的矿物之间会产生电位差，电位较低的矿物比电位较高的矿物氧化更快。常见的硫化矿物氧化由快到慢的顺序是：白铁矿 > 辉银矿 > 黄铜矿 > 铜蓝 > 黄铁矿 > 斑铜矿 > 方铅矿 > 辉铜矿 > 辉锑矿 > 闪锌矿。称为彼尤契列尔－戈特萨利克序列。

4－5 常见矿物的溶度积和溶解度是多少？

矿物在水中是否易溶解，与矿物本身的结构类型和它们与水作用力的大小有关。如共价键的矿物，晶格质点间作用力强，与水偶极作用力小，不易溶解，像辉钼矿、石英等。而方解石等成盐矿物溶解度就大一点，石盐（NaCl）等可溶盐类矿物溶解度最大，易溶解。某些常用矿物的溶度积和溶解度见表 4－2。

表 4－2 某些常见矿物的溶度积和溶解度

矿物名称	化学式	溶度积	温度/℃	溶解度/mol·L^{-1}
方铅矿	PbS	3.4×10^{-28}	18	1.85×10^{-14}
闪锌矿	ZnS	1.1×10^{-24}	25	2.63×10^{-13}
辉铜矿	Cu_2S	2.0×10^{-47}	18	4.5×10^{-24}
黄铁矿	FeS_2	3.7×10^{-32}		6.1×10^{-10}
锡　石	SnO_2	5.0×10^{-26}		2.22×10^{-13}
铅　矾	$PbSO_4$	1.8×10^{-8}		1.34×10^{-4}
白铅矿	$PbCO_3$	1.5×10^{-13}	25	3.88×10^{-7}
菱锌矿	$ZnCO_3$	6.0×10^{-11}		7.75×10^{-6}
重晶石	$BaSO_4$	0.87×10^{-10}		9.32×10^{-6}
方解石	$CaCO_3$	9.9×10^{-9}		9.95×10^{-5}
孔雀石	$CuCO_3\cdot Cu(OH)_2$	2.36×10^{-16}		1.54×10^{-8}

4－6 固－液界面双电层的结构与电位如何描述？

浸在水中的矿粒，受到水和水中物质的作用，界面附近会产生双电层，由于库仑力的作用，矿粒附近的异号离子受吸引，而同号离子被排斥，结果矿粒周围生成双电层。双电层的一半紧密地附着在矿粒表面，形成所谓的斯特恩层。此层包含单层离子及其水化壳和矿粒表面溶剂化的水化层，厚度约为零点几纳米。矿粒运动时紧跟矿粒一起运动，水化壳厚度可达 0.1μm，包括几百个水分子（见图 4－3）。而双电层的异号离子，在斯特恩层外，由密到稀向溶液中分布，组成扩散层。矿粒运动时，扩散中的异号离子保留在溶液体相一侧。所以矿粒带斯特恩层运动时，表面产生电动电位，用 ζ 表示（ζ 读作 zeta）。

设 AgI 溶液中的定位离子（Ag^+ 或 I^-）的浓度为 c_0 和 c_n，对应的双电层的热力学电位为 Ψ_0 和 Ψ_n，它们的对应关系见式（4－2）：

$$\Psi_n - \Psi_0 = \frac{kT}{Ze_0}\ln\frac{c_n}{c_0} \tag{4-2}$$

式中 k——玻耳兹曼常数，$k=1.381\times10^{-23}$J/K；

T——绝对温度；

Z——离子价数；

e_0——电子电荷。

当 Ψ 为0时，c_0为零电点的对应浓度；当 $Z=1$，$T=298$K（25℃）时，见式（4-3）：

$$\frac{KT}{Ze_0}\doteq 25(\mathrm{mV}) \tag{4-3}$$

表面电位（mV）可以见式（4-4）：

$$\Psi_n \doteq 25\ln\frac{c_n}{c_0} = 58\ln\frac{c_n}{c_0} \tag{4-4}$$

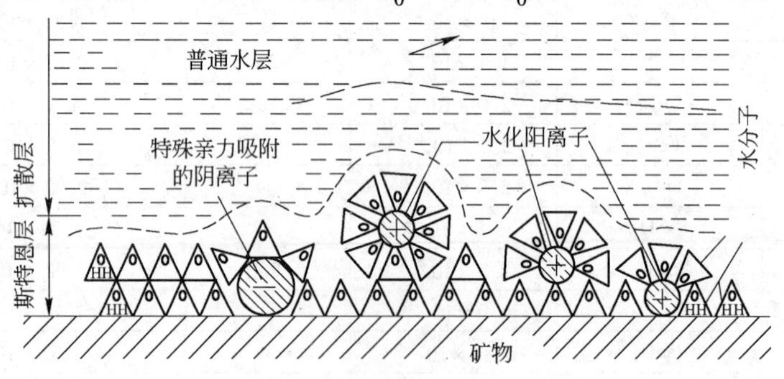

图4-3 斯特恩层中的水分子及水化离子示意图

当有外电场存在时，矿粒表面双电层的离子（溶液中的自由离子和附着在矿粒表面离子电荷相反）将相对于反号离子做相对运动，产生电泳或电渗的现象。电泳时固体表面是运动的，溶液是固定的；电渗时，情况相反。这时电动电位 ζ 和运动速度 v，与产生的电位梯度 E（V/cm）有如下关系，见式（4-5）：

$$\zeta = 141v/E \tag{4-5}$$

式中 ζ——电动电位，mV；

v——运动速度，nm/s。

扩散层相当厚，在稀溶液中其厚度可达0.1nm以上，其离子密度随到界面的距离增加而成指数地减少，如图4-4所示。而电位也因位置而变化，颗粒表面的表面电位为 Ψ_n，斯特恩层边界的电位为 Ψ_s，附着层的电位为 ζ，扩散层最外边的电位为0。几个电位有下面的关系，见式（4-6）~式（4-9）：

$$\Psi_s = (\Psi_n + \zeta)/2 \tag{4-6}$$

例如：石英的零电点在pH值为3.7附近：

$$c_0^+ = c_{H^+} = 10^{-3.7} = 2 \times 10^{-4}$$

当 pH 值为 7，$c_n^+ = 10^{-7}$

$$\Psi_n = 25\ln\frac{10^{-7}}{2\times10^{-4}} = -190\ (\text{mV}) \tag{4-7}$$

而且

$$\zeta = -72\text{mV} \tag{4-8}$$

在斯特恩层边界上：

$$\Psi_s = (\Psi_n + \zeta)/2 = -131\ (\text{mV}) \tag{4-9}$$

扩散层的厚度，最好以具有同一静电效应的假想层厚度 d 表示。即假想一个厚度为 d 的扩散层中，包含反号离子在内具有相同的静电效应。定义的厚度与浓度的关系见式（4-10）。

$$d = 9.7/c \tag{4-10}$$

式中 d——扩散层厚度，nm；

c——浓度，mmol/L。

例如在特定浓度的溶液中，d 的厚度约为 0.3nm；在浮选实用的溶液浓度中，d 的厚度约为 10nm；在蒸馏水具有的浓度溶液中，d 的厚度约为 300nm。

ζ-电位不仅取决于表面电位 Ψ_n 的大小，Ψ_n 值一定时，它也取决于扩散层中配衡离子在溶液中的浓度。如果配衡离子浓度增加，扩散层被压缩，ζ 减小，$\zeta_2 < \zeta_1$，如图 4-4b 所示。

未水化的定位离子，在表面的吸附密度 μ(mol/cm^2)及其在溶液中的浓度 c (mol/L)有如下的关系，如图 4-4 所示。

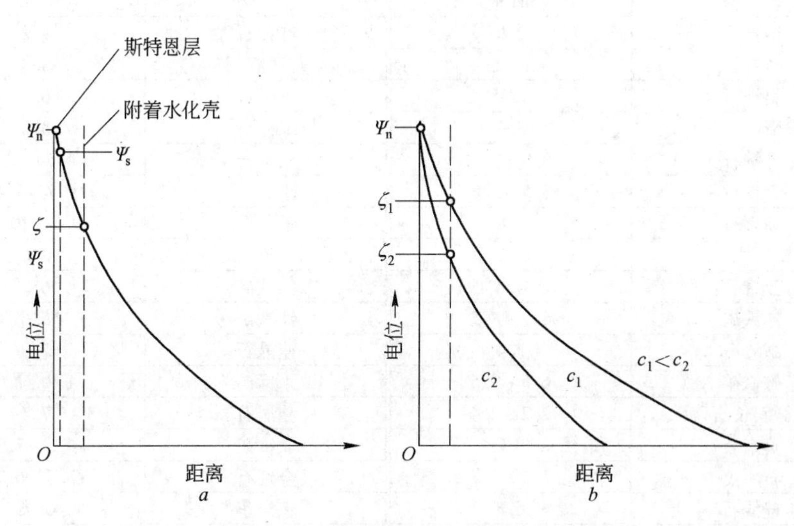

图 4-4 电位和双电层厚度的关系

a—ζ-电位随其到表面的距离不同而变化；b—异号离子浓度对 ζ-电位的影响

4-7 何谓矿物的定位离子？它与矿物零电点的 pH 值有什么关系？

斯特恩层中吸附的任何离子，都对表面电荷 Ψ_n 和零电位有影响。惰性电解质(indifferent electrolyte) 的离子，对矿物表面无特殊亲和力，它在双电层中决定于它具有的静电力。矿物的定位离子在前面的示意图中，把双电层内层占优势的离子，称作定位离子。这是指特定条件下，占优势的离子。在一般情况下，矿物解离、水解过程中生成的成分以及水中的 H^+、OH^-，对于双电层的电位都有影响，而且随着彼此相对量的变化，决定占优势的离子。所以，通常把相关的离子都称作定位离子。比如方铅矿的定位离子可以是 Pb^{2+}、S^{2-}、HS^-、H^+、OH^- 等；赤铁矿的定位离子可以是 Fe^{3+}、$Fe(OH)^{2+}$、$Fe(OH)_2^+$、OH^-、H^+ 等；方解石的定位离子可以是 Ca^{2+}、CO_3^{2-}、H^+、OH^- 等。但从表 4-4 可看出许多氧化矿物的定位离子实际上是 H^+ 和 OH^-，是 pH 值。并把表面电荷为零的 pH 值称为零电点，可记为 ZPC。一些矿物的零电点及对应的 pH 值见表 4-3 和表 4-4。

表 4-3 若干以 H^+ 和 OH^- 为定位离子的矿物的零电点

矿　物	零电点	矿　物	零电点
石　英	2~3.7	赤铁矿	6.7
刚　玉	9.4	针铁矿	6.7
锡　石	4.5	镁铁闪石	5.2
金红石	6	高岭土	3.4

表 4-4 一些矿物零电点的 pH 值

矿　物	pH 值	矿　物	pH 值
钠长石	2.0	红柱石	7.2
磷灰石	4.1~6.4	普通辉石	3.4
斜锆石	6.05	重晶石	6.1
膨润土	3.3	绿柱石	3.0
方解石	8.0~9.5	锡　石	4.5~7.3
天青石	3.5~3.8	刚　玉	6.7~9.4
顽辉石	3.8	萤　石	9.3~10.0
镁橄榄石	4.1	方铅矿	3.0
三水铝石	4.8	针铁矿	6.7
赤铁矿	6.7~8.5	钛铁矿	5.6
高岭石	3.4	蓝晶石	7.9
磁铁矿	6.5~9.5	水锰矿	1.8~2.0
微斜长石	2.2~2.4	独居石	7.1
莫来石	8.0	软锰矿	4.5~7.3
石　英	1.5~3.7	金红石	3.5~6.7
硅线石	6.8	钨　华	0.43
晶质铀矿	4.8~6.6	红锌矿	9.1
锆　石	5.0~6.5		

4-8 矿物的零电点对它们的浮选有何重要性?

矿物的表面电位与矿粒表面荷电状况、表面张力、捕收剂的选择与可浮性都有关系。图4-5所示为赤铁矿溶液界面双电层与电位和$\Delta\sigma$的关系。图4-5*a*所示pH值为6.5时赤铁矿表面荷负电；图4-5*b*所示pH值为10.5时赤铁矿表面荷正电；图4-5*c*所示在pH值为8.5时，不管药剂的浓度如何，水溶液的表面张力σ都具有最大值。

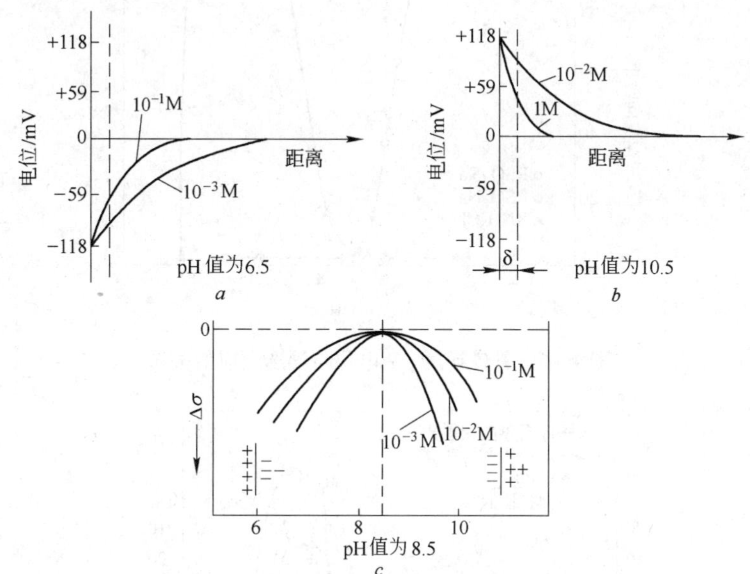

图4-5 赤铁矿溶液界面双电层与电位和$\Delta\sigma$的关系
（M为加有KNO_3后的离子强度）
a—pH值为6.5时，荷负电；*b*—pH值为10.5时，荷正电；
c—pH值为8.5时，表面张力具有最大值

图4-6所示为NaCl浓度和针铁矿的动电位ζ及pH值、ZPC（零电点）与捕收剂类型和浮选回收率的关系。该图表明浮选针铁矿时，当pH值大于6.7，针铁矿表面电位ζ的负值逐渐增大，应该用阳离子捕收剂胺类RNH_3Cl捕收，其回收率由近于零逐渐增大至最大值。而在pH值小于6.7时，针铁矿表面的电位ζ的正值逐渐增大，应该用烃基硫酸钠RSO_4Na作捕收剂捕收，其回收率从零附近逐渐增大至最大值。

图4-7所示为用十二烷基醋酸胺4×10^{-5}M浮选石英，在不同的pH值下测出的矿物表面电位ζ与捕收剂在矿物表面上单层吸附的覆盖面积A有关，捕收剂在矿物表面吸附的覆盖面积A增大，可以增大矿物表面的疏水性，能增大矿物表面的接触角θ，因而可以提高矿物的浮选回收率ε。图4-7中曲线的最高点就是接触角θ、ζ-电位、捕收剂覆盖面积A和回收率ε都最大的位置。

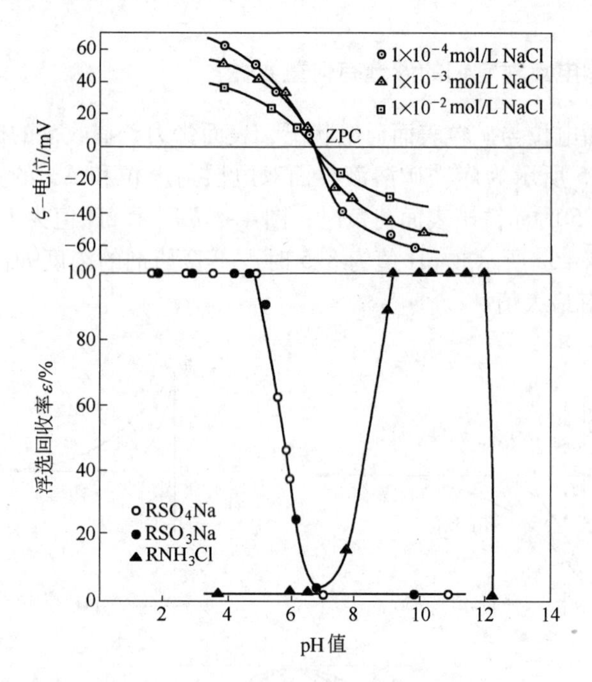

图4-6 针铁矿的ζ-电位与浮选效应的关系

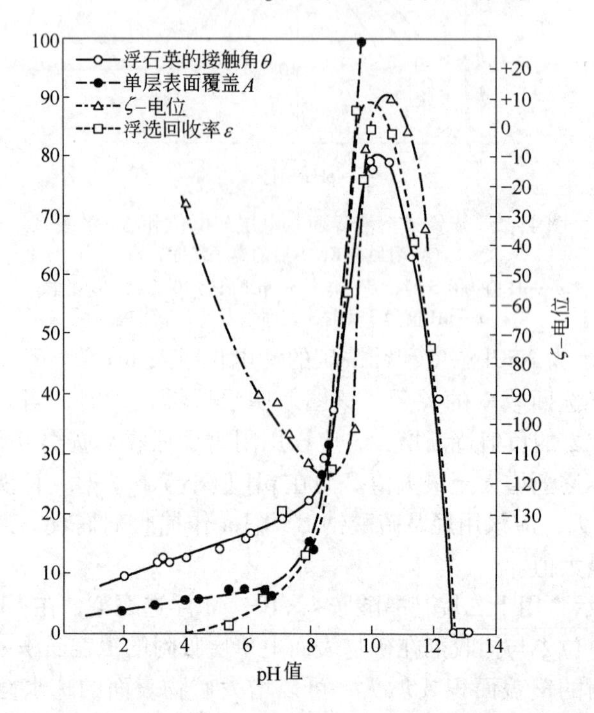

图4-7 用十二烷基醋酸胺4×10^{-5}M浮选石英，在不同的pH值下测得的θ、ζ、A、ε曲线

（浮选在哈得蒙德Halimond管中进行，M为加有KNO_3后的离子强度）

4.3 细泥的分散、凝聚和絮凝

4-9 细泥的分散与凝聚间有什么样的引力和斥力?

选矿工作者一般都把直径小于10~20μm的矿粒称为细泥。选矿时处理好细泥往往是提高选矿效率的一条重要途径。

矿浆中的细泥常与水、水中的药剂、水中离子和其他矿粒间有相互作用，以致表面荷电。细泥表面的电荷不仅影响它与浮选药剂的作用，还影响细泥在水中的分布状态，即细泥的分散或凝聚。所谓分散是指细泥在水中受水分子的撞击，再加上细泥之间表面带有相同的电荷相互排斥，能够稳定地悬浮在水中，长时间不会分成不同密度层的现象。如果向悬浮液中加入高价的反号离子（如向荷负电的硅酸盐矿泥悬浮液中加入Al^{3+}），反号离子在微粒表面吸附以后，使微粒表面的ζ-电位等于零或接近于零，可以使分散的细泥体系转变为凝聚。

胶体化学研究证明，微粒的分散与凝聚，主要与颗粒间的静电斥力和引力有关。颗粒间的斥力起源于颗粒扩散层中同种电荷的相互排斥。颗粒间的引力，起源于分子间的范德华力，其值反比于距离的6次方。微细矿粒是分子的集合体，彼此间也有引力，作用距离较远，引力大小反比于粒子距离的2~3次方，为了表示质点间的引力大小，有人使用哈马克（Hamaker）常数表示。哈马克常数值为10^{-19}~10^{-20}J。其表达形式较多，若以A_{W-W}表示两滴水间的引力，以A_{M-M}表示在水和颗粒间的引力，水中两个同种颗粒之间引力的哈马克常数可以表达如下形式，见式（4-11）：

$$A_{M-W-M} = (A_{M-M}{}^{1/2} - A_{W-W}{}^{1/2})^2 \quad (4-11)$$

为了简单起见，将颗粒间的静电斥力笼统地表示为ϕ_e，将颗粒间的引力表示为ϕ_a，其斥力和引力之差表示为ϕ_m，即

$$\phi_m = \phi_e - \phi_a \quad (4-12)$$

显然，ϕ_m为正值时，颗粒处于分散状态；ϕ_m为负值时，颗粒处于凝聚状态。

因为颗粒凝聚可分为同相颗粒间的凝聚和异相颗粒间的凝聚，下面分别讨论。

当胶体颗粒的表面电位符号和大小都相同时，产生的凝聚称为同相凝聚。它们凝聚时，能的变化与颗粒间距离的关系，如图4-8所示。

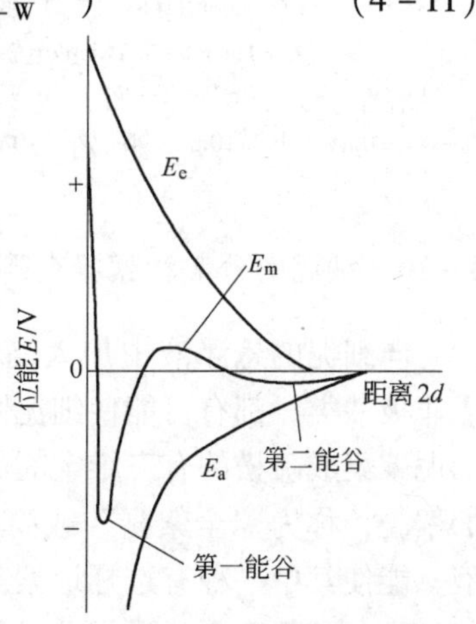

图4-8 同相颗粒凝聚的位能曲线
E_e—斥力势能；E_a—引力势能；
E_m—合力势能

设颗粒的斥力势能为E_e和引力势能为E_a，

合力势能为E_m。图4-8的纵坐标表示两个板块（颗粒）间的斥力、引力和合力的势能，横坐标表示两个板块的距离。可以看出：两个板块相距很远时没有进入两者引力、斥力的范围，位能为零。当外力使两者进入扩散层相互接触的范围后，引力和斥力都逐渐增大，斥力和引力互相作用形成合力势能，合力势能曲线E_m上有两个能谷，都是引力占优势，可以发生凝聚的位置。但第二能谷凝聚不稳定，第一能谷位能最低，凝聚最稳定。过了第一能谷，颗粒间的斥力迅速增大，这意味着粒间的水膜无法去除。

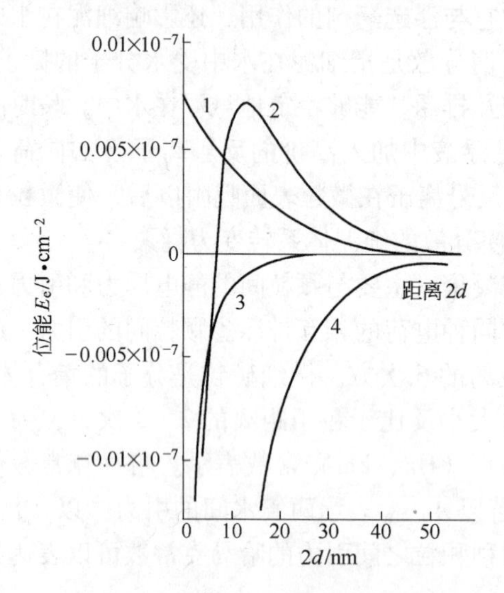

图4-9 异相粒子双电层间相互作用位能（E_e）与粒子表面距离（2d）的关系

（C=1mmol/L，1:1型电解质）

1—$\Psi_1=\Psi_2=10$mV；2—$\Psi_1=10$mV，$\Psi_2=30$mV；3—$\Psi_1=0$mV，$\Psi_2=10$mV；4—$\Psi_1=10$mV，$\Psi_2=-30$mV

异相凝聚是指两个粒子表面电位符号不同或符号相同但数值不等的粒子间的互相凝聚。互相凝聚位能曲线如图4-9所示。曲线4两个颗粒的电位符号相反，相互作用力总是引力；曲线3一个电位为0，一个电位不大，相互作用力也是引力；曲线2的两个粒子，电位符号相同，但大小不同，在一定的距离内，高电位的粒子可能诱导低电位的粒子的电位符号反转，将斥变为引力。只有曲线1，两个粒子的电位符号和数值都相同，两者始终保持互斥。

但有的测定表明：当ζ的绝对值小于14~20mV时，粒子会发生凝聚现象；或者溶质浓度和离子强度很大，双电层被压缩，扩散层变薄甚至消失，粒子也会发生凝聚。

4-10 细泥的分散和絮凝有哪几种形式？

向细泥的悬浮液中加入高分子絮凝剂（如淀粉、纤维素和聚丙烯酰胺等）或非极油类，都有可能使细泥团聚。但一般说来，絮凝是指用高分子絮凝剂，使细泥聚集成疏松的有三维空间的絮团。如果絮凝是对各不同成分的颗粒无选择性的絮凝，称为“全絮凝”或简单地称为絮凝。如果对于有多种成分细泥的悬浮液，能使其中一种有选择地絮凝，则称为选择性絮凝（见图4-10）。

高分子絮凝剂，通常分子量很大，有一个以上的功能基。它们与细泥可以发生多种相互作用，如通过静电引力、范德华力、共价键、配位键、氢键等和细泥相互作用，黏在细泥面，然后借助高分子的骨架将两颗以上的细泥连接起来。这种通过高分子把细泥连接起来的作用称为桥联作用。

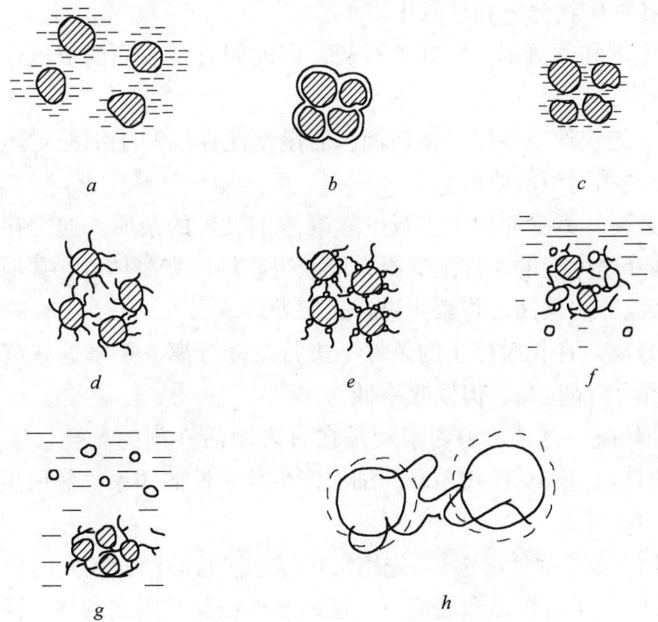

图 4－10 细泥的分散、凝聚和絮凝状态

a—分散（粒子表面有大的同号电位）；*b*—凝聚粒子（表面无电荷）；
c—凝聚（双电层被压缩）；*d*—非极性烃链引起团聚；
e—异极性捕收剂引起团聚（包括剪切絮凝）；*f*—无选择的异相絮凝；
g—选择絮凝；*h*—桥联作用

4－11 对细泥浮选有哪些特殊的方法？

在叙述有关问题之前，先把由分子量较小、链长较短的药剂造成粗细不等的矿粒聚集的现象定义为团聚，以表示矿粒这种聚集和絮凝的不同。这里叙述的方法有以下几种：

（1）疏水性油类团聚。全油浮选时用大量疏水性油类与矿浆搅拌，使密度较小的油矿团聚物漂浮在矿浆表面，而亲水的脉石矿物留在矿浆中。

（2）异极性捕收剂团聚。在重选厂的粒浮（在溜槽中选矿和在摇床上选矿，见第 14 章）中，用黄药类（有时也加烃类油）捕收剂作用于硫化矿表面，使它们成疏水性的团粒漂浮于水面，而脉石矿物保留在水中。

（3）选择性絮凝。在钾盐、煤泥、铁矿石的选矿中加絮凝剂，使钾盐和煤等矿物絮凝，脉石矿物仍然分散在矿浆中。为了得到较好的选矿结果，要做好以下 5 个环节：

1）分散。为了防止非目的矿物夹杂在絮凝体中，应该只使目的矿物絮凝而非目的矿物仍然分散在矿浆中。在加絮凝剂之前，要先加分散剂（如 NaOH 或 Na_2SiO_3）使各种矿物分散在矿浆中。

2）加调整剂和絮凝剂，例如加石灰，以削弱石英表面的负电性，以促进阴离子絮凝剂吸附。

3）搅拌。先快速搅拌以分散药剂，后慢慢搅拌以利于细泥对药剂的吸附及絮凝，同时要使用适当的浓度。

4）选择絮凝。絮凝时应力求减少絮凝体中夹带的杂质。通常在浓度小、絮团不太大、沉降速度慢的条件下絮凝，能获得较纯的絮凝体。必要时还可以使用微小的上升水流冲洗絮团或将絮团进行二次处理。

5）沉降分离。在相对静止的条件下进行沉降分离，要掌握好沉降时间。沉降时间短，絮凝体品位高，但回收率低。

（4）剪切絮凝-浮选。剪切絮凝是在有表面活性剂的场合，施加很大的剪切力（强力搅拌），使0.5～10μm 的细泥产生疏水性的团聚。然后用常规药剂进行泡沫浮选。

（5）载体浮选（背负浮选）。先用常规浮选法将易浮而较大的矿粒加捕收剂浮出，作为载体，然后在强烈湍流下，使疏水性细粒黏附在载体上浮选。载体可以是相同的矿物，也可以是不同的矿物，用不同的矿物作载体，则需要进一步分离。

4.4 浮选药剂在矿物表面的吸附和反应

4-12 浮选药剂在矿物表面有哪些作用形式？

浮选药剂在矿物表面作用的形式很多，见表4-5。

表4-5 浮选药剂在矿物表面上的作用形式

分类方法	吸附形式	被吸附物
按吸附物的形态分	离子吸附	被吸附的是离子
	分子吸附	被吸附的是分子
	半胶束吸附	被吸附的是二维的胶束
	胶束吸附	被吸附的是三维胶束
按被吸附物的层数分	单层吸附	被吸附物只有一层
	多层吸附	被吸附物有多层，甚至数十个分子层
按吸附的位置区分	内层吸附	被吸附在双电层内层
	外层吸附	被吸附在双电层外层（包括在紧密层的吸附及在扩散层的吸附）

续表 4-5

分类方法	吸附形式	被 吸 附 物
按吸附作用的方式和性质分	交换吸附	某种离子与矿物表面性质相近的离子互相交换产生的吸附 （溶液中的离子与矿物表面上另一种同名离子发生等当量交换而吸附在矿物表面的吸附称为一次交换吸附，溶液中的离子与双电层外层的离子发生交换的吸附称为二次交换吸附）
	竞争吸附	性质相近的离子在矿物表面吸附时相互竞争
	特性吸附	非静电力以外的作用力造成的吸附，如化学力和烃链缔合产生的吸附
	非特性吸附	离子靠静电力作用产生的吸附
按吸附的作用力分	物理吸附	分子间力，作用力弱，无选择性，吸附时放热小，吸附速度快
	化学吸附	作用力是非分子间力，为化学键，有电子转换，有选择性。吸附只在活性中心发生，吸附时放出的热量大，吸附速度慢，不可逆，单层吸附
	化学反应	是化学吸附的继续。由化学键将反应物结合，有电子转换和化学吸附的各种特征

现在就几个重要概念作些综合的论述。

4-13 物理吸附有什么特点？

矿粒经过粉碎，表面的不同部位具有或多或少的残留分子键，是矿粒发生物理吸附的基础。像矿粒在浮选过程中，表面能吸附各种气体，非极性的烃油（煤油类）可以在辉钼矿表面发生吸附，其性质都是物理吸附。烷基磺酸盐和胺类在氧化矿上的吸附，可以分为两个以上的阶段（见图 4-11）。

如十二烷基磺酸钠在氧化铝上的吸附，在低浓度（小于 5×10^{-5} mol/L，Ⅰ区段）下，与矿物只有静电相互作用，磺酸盐离子只在斯特恩层中与阴离子相交换，是单个离子的吸附，速度较慢；当十二烷基磺酸盐的吸附密度达到一定值以后，烃基间以分子间的色散力相互缔合，吸附速度加快，转为半胶束吸附，疏水性和吸附量显著增加，浮选效果显著提高（Ⅱ区段）；当吸附继续进行，最后因紧密分子间的静电作用抵消特性吸附效应，吸附速度变慢（Ⅲ区段）。捕收剂在水溶液中，其烃基也会受到水偶极的排挤，被挤向气-液或固-液界面，这有

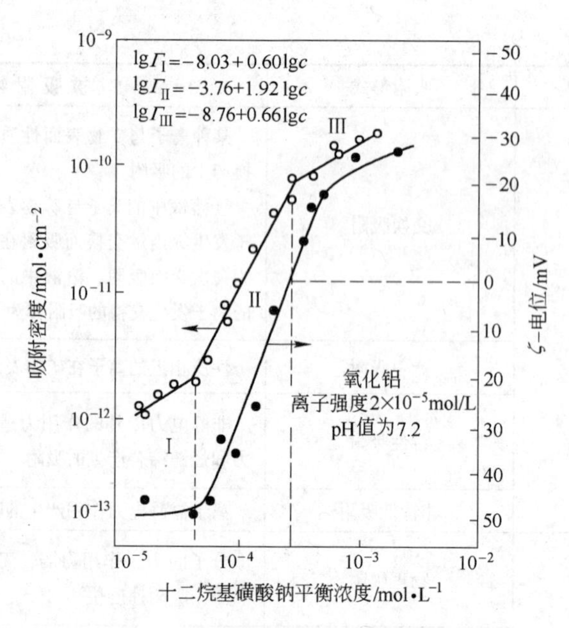

图 4-11　十二烷基磺酸钠在氧化铝上的吸附等温线

助于捕收剂在矿物表面吸附。矿物和药剂之间也能发生氢键作用，当一个分子中有 H^+、OH^-、F^- 等元素存在，H 原子可以和另一个分子中的相似元素以氢键相吸附，其强度一般在 3×10^4 J/mol 以下，低于化学键的强度 4×10^4 J/mol。此外，双电层外层的吸附、二次交换吸附等，都属于物理吸附。

4-14　化学吸附有什么特点？

化学吸附是由反应物间的化学键引起的，其吸附强度大而且有选择性。如黄药阴离子 $ROCSS^-$ 在方铅矿（PbS）表面发生的吸附，是由黄药阴离子 $ROCSS^-$ 中的 S^{2-} 与方铅矿中的 Pb^{2+} 之间的化学键引起吸附。黄药只能与铜、铅、锌、铁等金属的硫化矿物发生化学吸附，却不能与方解石、石英等矿物发生化学吸附，因为 S^{2-} 与 Ca^{2+} 和 SiO_2 间不能发生化学键。所以化学吸附是有选择性的。然而，油酸及其皂类的阴离子 $RCOO^-$ 与 Ca^{2+}、Fe^{3+} 等离子可以发生化学键，所以萤石（CaF_2）、方解石（$CaCO_3$）和赤铁矿（Fe_2O_3）对油酸阴离子的吸附是化学吸附，是双电层内层（一次交换吸附）的吸附。

当然，物理吸附和化学吸附在一定的条件下是互相转换的。如油酸在赤铁矿表面作用，先是化学吸附，后来发生烃基缔合的物理吸附；又如在常温下，木炭表面对氧发生物理吸附，在较高的温度下，有了活化能，碳和氧原子间产生共价键，发生化学吸附并进一步发生化学反应（燃烧）。

4-15 化学反应有什么特点？

化学反应是化学吸附的继续。化学吸附可以在药剂浓度较低时发生，而且药剂在矿物表面吸附以后不产生新的化合物，不破坏固相原有的晶格。化学反应必须在药剂浓度较高时才能发生，化学反应后使原有的晶格被破坏，产生晶格质点重排现象。如加入硫化钠使白铅矿产生下列反应：

$$\underset{\text{白铅矿界面}}{PbCO_3]}\ \underset{\text{白铅矿表层}}{PbCO_3} + S^{2-} \longrightarrow \underset{\text{白铅矿界面}}{PbCO_3]}\ \underset{\text{硫化后的表层}}{PbS\downarrow} + CO_3^{2-}$$

反应时，S^{2-}和Pb^{2+}的浓度积必须大于PbS在水中的溶度积（即$[Pb^{2+}][S^{2-}] > 1.1\times10^{-29}$）才能在白铅矿的表面生成PbS的薄膜，后来白铅矿表面晶格中的CO_3^{2-}相继被S^{2-}置换，白铅矿原有的晶格被置换，形成有一定厚度的PbS外层（新相），甚至改变了白铅矿的颜色。

4.5 气泡的矿化过程

4-16 什么是浮选的基本行为？气泡能在矿粒表面析出吗？

有人把矿粒与气泡接触而黏附（附着）的过程称为浮选的基本行为，因为它是矿粒浮选的第一步。浮选时气泡在矿浆中矿化，原则上有两条途径：（1）气泡直接在矿粒表面析出；（2）矿粒和气泡经碰撞而黏附，也可能两者同时存在。

气泡可以在矿粒表面析出，其过程是：空气进入机械搅拌式浮选机以后，和矿浆混合，流到叶轮的前方，由于叶轮转动，其叶片拨动矿浆和空气的混合物，力图把它甩入叶轮周围的矿浆中，而矿浆与空气的混合物，受到外部矿浆静水压头的阻碍，必须被压到比周围静水压头更大的压强才能排出。此时叶轮前方的气体因受压而部分溶解，这种溶有空气的矿浆，转到外压较低的地方，空气就会在疏水的矿粒表面析出，生成小泡。这种小泡长大或与大泡兼并，就可以负载矿粒浮选。

4-17 矿粒与气泡还有哪些黏附方式？

矿粒与气泡碰撞的途径很多，如矿粒下降气泡上升，矿粒受离心力的作用甩向气泡，矿粒被气泡尾部涡流吸引向气泡移动，都可以使两者发生碰撞，但要使两者黏附牢固，必须排除两者间的水层，经历一段时间，称作接触时间或感应时间（见图4-12），约为5~8ms。

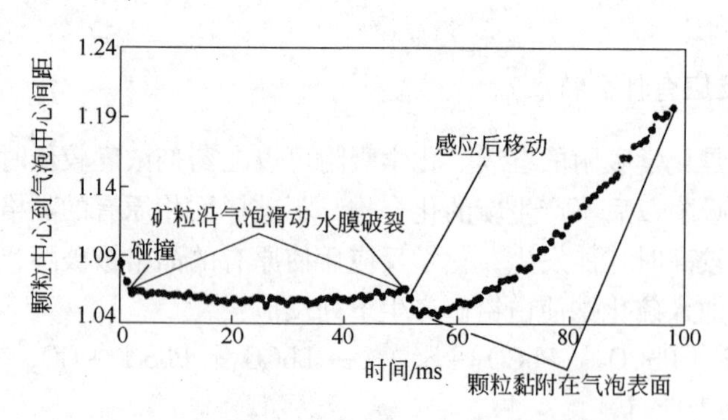

图 4-12 矿-泡接触前后矿泡中心距离与时间的关系

矿-泡成功完成接触之所以要感应时间使水膜破裂，是因为矿粒在水中、表面都有厚度不同的水化分子层（见图 4-13）。水化分子层又分 3 层，紧靠矿粒表面的一层受矿粒表面力场的影响，水分子排列整齐、紧密而牢固。距矿粒较远的第二层，其定向排列主要由水层间水分子的相互作用力造成，矿物晶格键力对它的影响较小，所以排列较松散而混乱。最外面与普通水相邻的一层，排列最为松散混乱。

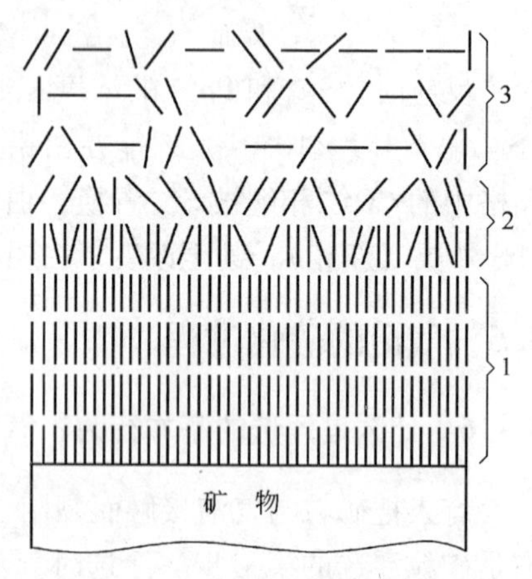

图 4-13 矿粒表面的水化层排列示意图
1—紧密层；2—较松散层；3—最松散层

由于上述水化层的排列，气泡与矿粒接近最后生成接触角的自由能变化过程，与前面讨论的颗粒凝聚过程相似。在较大的范围内，相互作用一般是静电斥力，后来是相互吸引，与矿粒表面的微泡、表面氧化成的元素硫等不均匀缺陷、表面电荷和气泡电荷反号等因素有关。但水化层破裂后，矿物和气泡之间发生了附着，它们之间也还存在所谓的残留水化膜。这一层水化膜受到矿物晶格键力的吸引，结构极为牢固，只有消耗很大的能量才能除去，一般情况下它总留在矿粒和气泡之间。由于气泡向矿粒黏附时通过水化层那一段有阻力，必须有相反的外力加以克服，好像劈柴一样要将水化层劈开，所以简单地把那阻力称为劈分压力或楔压。

在矿浆中加入浮选药剂以后，矿物表面的疏水性发生变化，水化层的厚度和稳定性不同，可能出现 3 种典型的体系自由能变化曲线，如图 4-8 所示。其中曲线 E_e 为极端亲水性矿物表面，曲线 E_a 为极端疏水性矿物表面，E_m 为前面讨论的典型曲线。曲线 E_m 外形与图 4-14 所示的曲线 2 相似，当加入捕收剂时，曲线 2 可能变为曲线 3 的形态；当加入抑制剂时，曲线 2 可能变为曲线 1 的形态。加入捕收剂和抑制剂对体系自由能变化的影响如图 4-14 所示。

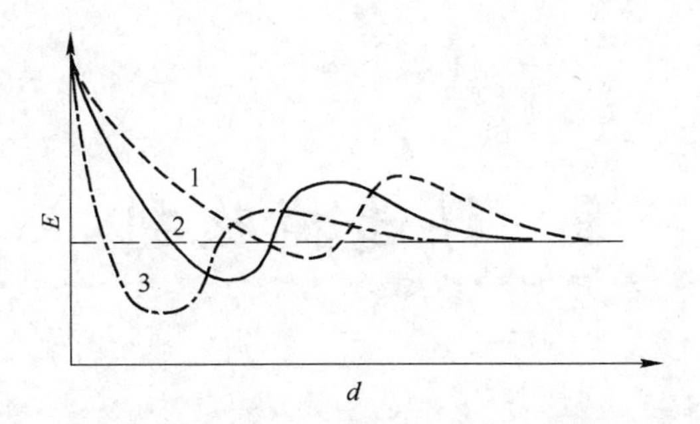

图 4-14 加入捕收剂和抑制剂对体系自由能变化的影响

1—加抑制剂；2—不加药剂；3—加捕收剂

5　浮选捕收剂

5.1　浮选工艺因素

浮选是一项影响因素较多的技术，影响它的因素可以分为3类。第一类是化学因素：捕收剂、起泡剂、活化剂、抑制剂、pH值调整剂、水的成分和矿石性质；第二类是机械因素：浮选机类型、空气流动状态、矿浆流动状态和槽列组成；第三类是操作因素：给矿速度、磨矿细度、矿浆浓度、矿浆温度、泡沫层厚度和槽列控制等。

矿物中，虽然许多矿物有一定的天然可浮性，但是，为了保证较高的技术指标，在浮选工业中，常常添加3~5种药剂，以改善浮选矿物表面的性质和浮选环境，提高浮选指标。

常用的浮选药剂品种及其作用如下：

（1）捕收剂：用以提高矿物疏水性和可浮性的药剂；

（2）起泡剂：用以增强气泡稳定性和寿命的药剂；

（3）活化剂：用以促进矿物和捕收剂的作用或者消除抑制剂作用的药剂；

（4）抑制剂：用以增大矿物亲水性、降低矿物可浮性的药剂；

（5）pH值调整剂：用以调节矿浆酸碱度的药剂；

（6）分散剂：用以分散矿泥的药剂；

（7）絮凝剂：用以促进细泥絮凝的药剂。

后面（3）~（7）5类药剂可以统称为调整剂。不过药剂的作用是在一定的条件下发生的，某些药剂的功能，可以因为使用的具体条件而变，如硫化钠用量少时是铜、铅氧化矿物的活化剂，用量大时就可以变成它们的抑制剂。

5.2　捕收剂概述

5-1　捕收剂有哪些类别？

根据捕收剂极性基的类别及组成，捕收剂的类型见表5-1。

各类捕收剂的亲固基不同，能够捕收的矿物质类型有别。硫氢基捕收剂及其酯主要用于捕收硫化矿物；羟基捕收剂主要用于捕收氧化矿物；胺类捕收剂主要用于捕收硅酸盐类矿物；非极性捕收剂主要用于捕收非极性矿物，也常用作辅助捕收剂；两性捕收剂可用于捕收氧化矿物，目前实用性不大。

表5－1 捕收剂的类型

硫氢基捕收剂	黄药类 ROCSSM	羟基捕收剂	烃基硫酸类 RSO_4M
	黑药类 $(RO)_2PSSM$		胂酸类 $RAsO_3H_2$
	硫氮类 R_2NCSSM		膦酸类 RPO_3H_2
	硫醇类 RSH		羟肟酸类 RC(OH)NOM
	硫氨酯类 ROCSNHR	胺类捕收剂	伯胺类 RNH_2
	硫氮腈酯类 $R_2NCSSRCN$		醚胺类 $RO(CH_2)_3NH_2$
	双硫化物类 $(ROCSS)_2$	两性捕收剂	胺基羧酸
羟基捕收剂	羧酸类 RCOOM		
	烃基磺酸类 RSO_3M		胺基磺酸

5－2 捕收剂的亲固基的组成、命名及其对应用的影响如何？

捕收剂是最重要的浮选药剂，种类繁多。现以丁黄药为例，对它的各部分加以命名，各部分对应名称如图5－1所示。

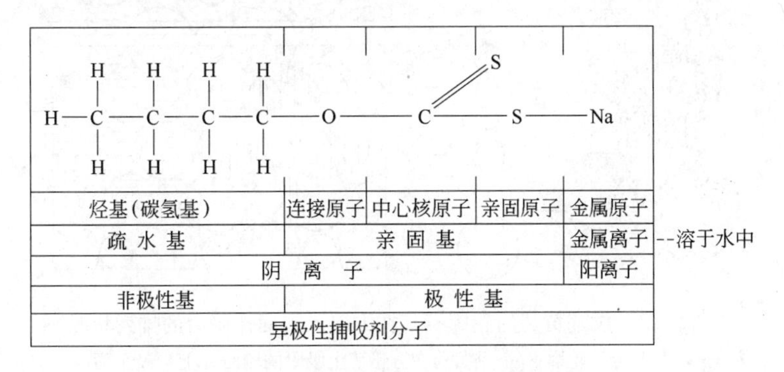

图5－1 异极性捕收剂分子各部分的名称

黄药中各种元素的电负性如下：

H 2.1　C 2.5　O 3.5　S 2.5　Na 0.9

与烃基中的氢、碳电负性差值相比，捕收剂的亲固基中各个元素的电负性相差较大，所以也称作极性基。其组成和结构，决定它所能捕收的矿物类型和选择性。从表5－1可以看出，各种捕收剂的类型都是由其亲固基决定的。极性捕收剂在水中离解后，亲固基中的亲固原子主要是S、O和NH_3^+。一般地说，当捕收剂的亲固原子和矿物中的某元素同名时，可以对它发生捕收作用。例如以硫为亲固原子的捕收剂，主要用于捕收硫化矿物；以氧为亲固原子的捕收剂，主要用于捕收氧化矿物；以氨基为亲固原子的捕收剂，主要用于捕收硅酸盐矿物。因为药剂的亲固原子和晶格原子同名，就和晶格中的异号离子有较大的亲和力；因而容易穿过固－液界面在固相表面吸附和反应。胺类捕收与硅酸盐或可溶盐类矿物作用，是靠水化矿物表面的定位 H^+ 和 RNH_3^+ 相交换。而且捕收可溶盐类矿物时，要求它和可溶盐矿物的阳离子半径接近。

捕收剂的烃基起疏水作用。捕收剂水解后，失去阳离子，而烃基连着亲固基构成阴离子的捕收剂，称为阴离子捕收剂。像黄药阴离子 $ROCSS^-$ 和油酸阴离子 $RCOO^-$ 都是。它们的捕收作用主要靠阴离子发生。而胺类捕收剂水解后变成带烃基的阳离子，靠阳离子起捕收作用，称为阳离子捕收剂。

捕收剂分子是有一定长、宽、高的实体，可以在矿粒与水分子之间起屏蔽作用。如正戊基黄药宽 0.7nm，长 1.22nm，而水分子的直径不超过 0.276nm。戊基黄药本身的轮廓和它在方铅矿表面作用后的排列状况如图 5－2 所示。

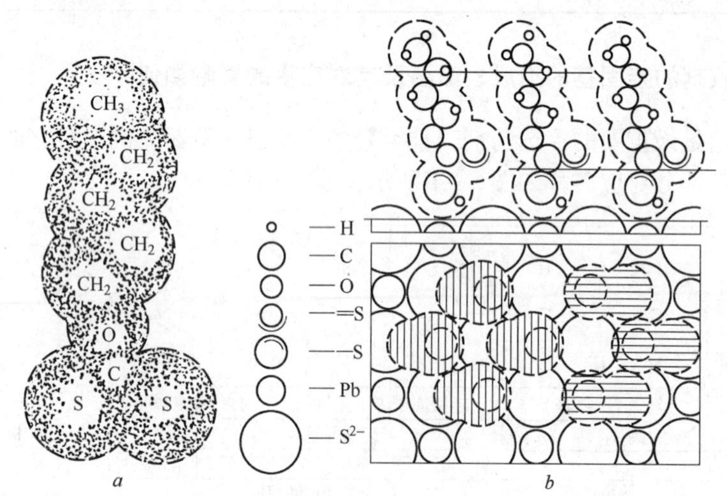

图 5－2 戊基黄药的轮廓及其在方铅矿表面作用后的排列状况

a—戊基黄药分子轮廓；*b*—戊黄药在方铅矿上吸附的侧面（上）及平面（下）

捕收剂作用于矿物表面后，使矿物表面好像长了“捕收剂毛”，使矿粒表面疏水性增大，其原因包括：（1）亲固基与矿粒作用以后，抵消了矿物表面一部分残留键力，降低了矿粒表面的亲水性；（2）疏水基能降低矿粒表面水化层的厚度和稳定性。因为矿粒表面质点与水分子的作用力与距离的高次方成比例。

5－3 亲固基中硫和氧对捕收剂的用途有何大的影响？

由于氧的电负性比硫大得多，吸引电子的负诱导效应比硫大，使含氧多的极性基的电子云分布比较偏于左侧，含硫的捕收剂，其亲固原子与金属的电子云分布比较偏于右侧，对硫化矿中金属的键合力更强，对应金属盐的溶度积更小，故其捕收力更强。由于氧与水形成氢键的能力比硫大，含氧多的捕收剂其离子的亲水性更大。下面以几种药剂为例来说明亲固基中硫和氧的影响。

（1）羧酸皂：

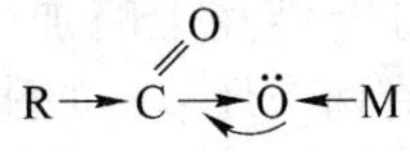

$$R \rightarrow \overset{\overset{\displaystyle O}{\|}}{C} \rightarrow \ddot{O} \leftarrow M$$

（2）烃基一硫代碳酸盐：

$$R \rightarrow \ddot{O} \leftarrow \overset{\overset{\displaystyle O}{\|}}{C} \leftarrow \ddot{S} \leftarrow M$$

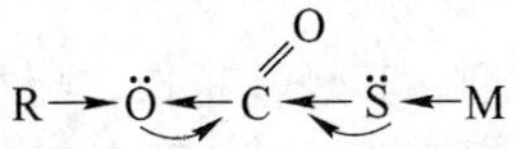

（3）烃基二硫代碳酸盐（黄药）：

$$R \rightarrow O \leftarrow \overset{\overset{\displaystyle S}{\|}}{C} \leftarrow \ddot{S} \leftarrow M$$

（4）烃基三硫代碳酸盐：

$$R \rightarrow S \leftarrow \overset{\overset{\displaystyle S}{\|}}{C} \leftarrow \ddot{S} \leftarrow M$$

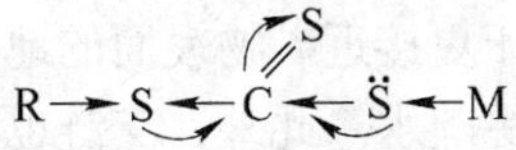

烃基中碳原子数相同时，以上几种捕收剂极性基的疏水性大小顺序是：(4) > (3) > (2) > (1)。(1) 中羧酸皂类捕收剂，其极性基的亲水性，比（3）中黄药类捕收剂极性基的亲水性要大得多，所以黄药类捕收剂烃中的碳原子数只要 2 ~ 6 个就能使其捕收的矿粒浮游，而羧酸类的捕收剂，烃基中至少要 10 ~ 12 个以上的碳原子，才有足够的捕收力，否则只能作起泡剂。（4）中的三硫代碳酸盐只用于浮选辉钼矿，而且少用。但近年来发现亲固基中只有一个 S 的烃基一硫代（硫逐）氨基甲酸酯类捕收剂，在要浮含金、银等贵金属的铜矿物而又要抑制硫化铁矿物时，有很大的优越性（见 5 – 13 问）。

电负性 $X_O = 3.5$，$X_S = 2.5$。诱导效应是指邻近的原子，由于电负性不同，电子沿分子中的键向电负性大的元素依次传递的作用，如以上结构式中键上的箭头所示。共轭效应是指共轭体系中，相邻 π 电子和 P 电子相互影响，使共轭体系中各键上的电子云密度发生平均化的现象。上述结构式中 O、S 顶上的两个点表示未键合的 P 电子对，弯箭头表示电子转移的方向。本书在捕收剂讨论中涉及的 3 个基团，给电子的正共轭效应递减顺序为：$R_2N > RO > RS$。（请参考俞凌羽编《基础理论有机化学》第 3 章。）

5 – 4 捕收剂的疏水基由什么组成？

捕收剂的疏水基是非极性的烃基，由电负性相差不大的碳和氢组成，彼此以共价键相结合，正负电中心偏离不明显，所以是非极性基。通常用 R^- 表示，链状的烃基可以 C_nH_{2n+1} 表示，式中的 n 表示烃基中的碳原子数，如戊基的碳原子数为 5，C_n 的 $n = 5$。由于烃链有直链和支链之分，一般以 $n - C_nH_{2n+1}$ 表示正某基，以 $i-C_nH_{2n+1}$ 表示异某基。当然 R^- 也可以代表芳香基或者包含烯基。许多药剂研究工作者，为了制造出捕收性和选择性性能略有差异的捕收剂，在烃基的碳原子个数或芳基与烷基的成分或结构上略加变换，可以制成不同的捕收剂（见1-2问）。有的捕收剂可以有两个烃基，如酯类捕收剂，它除了有一个较长的烃基以外，还有一个烃基在极性基与氧相连接的金属离子位置上（取代金属离子）。

一般说来，同系列的捕收剂，其烃基越长，疏水性越大，捕收力越强。但由于其捕收力强，可以将比较难浮而不希望它浮的矿物也浮出来，所以选择性会下降，这是选矿工作者所不愿见到的。所以选择捕收剂时总希望它能捕收目的矿物而不会浮起非目的矿物。如黄药的烃基一般为2~6个碳原子。许多事实证明，有支链的捕收剂，其捕收性比同碳数的直链捕收剂捕收力更强。这是因为捕收剂在矿物表面吸附的时候，其烃基直链部分可破坏矿物表面的水化层，增大矿物表面的疏水性；其烃基支链的 CH_3—位于更接近矿物表面的地方，可以破坏矿物表面附近更牢固的水化层，所以矿物变得更疏水。此外，支链也能增大矿物的疏水面积。如果烃基中含有烯基，则能降低药剂的凝固点，增大药剂的溶解度和选择性。烃基中的氢被其他基团取代后引起的亲水性变化可参考第1章与浮选相关的基本理化知识。

5.3 黄药、双黄药和黄原酸酯

5-5 黄药如何命名？

黄药是浮重金属硫化物和自然金属矿物最重要的捕收剂。黄药学名烃基黄原酸盐，可将它看作烃基二硫代碳酸盐，化学结构式如下：

$$\mathrm{H{-}O{-}\underset{\underset{O}{\|}}{C}{-}O{-}H} \qquad\qquad \mathrm{R{-}O{-}\underset{\underset{S}{\|}}{C}{-}S{-}M}$$

碳酸　　　　　　　　烃基二硫代碳酸盐

在ROCSSM的通式中，R一般为烷基 C_nH_{2n+1}，$n=2\sim6$，极少数情况下含有芳香基，M为Na或K，工业品多为Na，若为K，黄药更稳定，价格也更贵。黄药全名为某基黄原酸钠或钾。简称为某黄药。如乙基钠黄药简称乙黄药，正丁基钠黄药简称丁黄药。

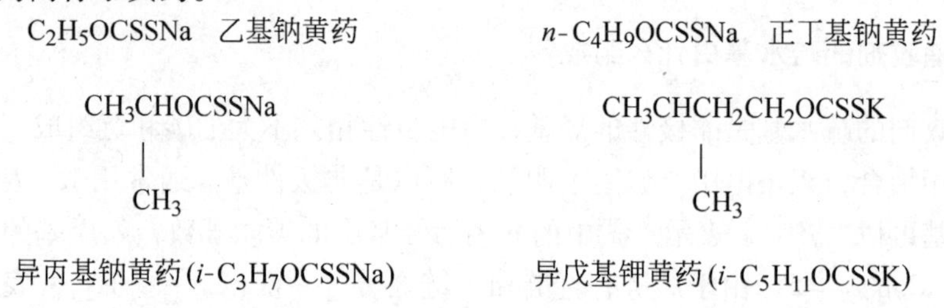

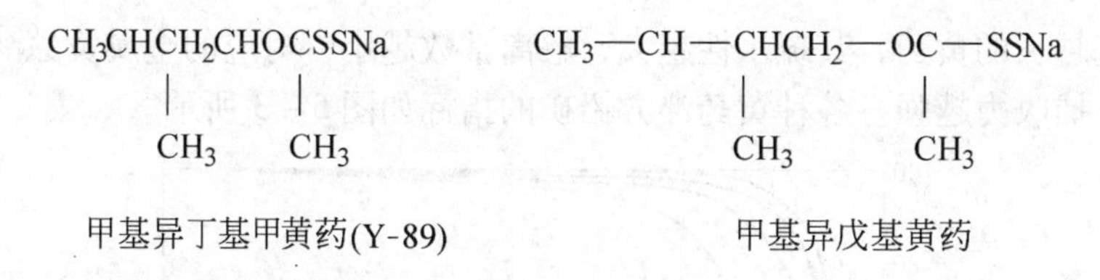

甲基异丁基甲黄药(Y-89)　　　　甲基异戊基黄药

$R_2NCH_2CH_2OCSSK$　胺醇甲黄药

5-6　黄药如何合成?

黄药一般用氢氧化钠（或氢氧化钾）、二硫化碳和不同的醇合成，最简单的办法是把三种原料按一定的比例（醇过量）放在混捏机中搅拌完成。化学反应式如下：

$$NaOH + CS_2 + ROH \longrightarrow ROCSSNa + H_2O$$

但为了提高产品的转化率的质量，不同的黄药合成的方法有些不同。如高级黄药合成时一般分两步进行。化学反应式如下：

$$ROH + NaOH \longrightarrow RONa + H_2O$$

$$RONa + CS_2 \longrightarrow ROCSSNa$$

曹宪源等人用原料甲基异丁基甲醇、氢氧化钠、二硫化碳合成甲基异丁基甲黄药（Y-89）时，原料摩尔比=1.0:(0.5~2.0):(0.5~2.0)，先加醇，再加碱，最后加二硫化碳，反应完后减压干燥即得产物。加料温度为20~30℃，反应温度25~35℃。

5-7　黄药有哪些性质?

黄药为黄色固体粉末，有的压成条状，有臭味。钾黄药比较稳定，钠黄药则易吸水分解。黄药受潮可以分解成CS_2、ROH、NaOH、Na_2CO_3，Na_2CS_3（三硫代碳酸钠）分解出的气体CS_2等对神经系统有害，应注意防护。黄药在空气中或溶液中能氧化成双黄药。

$$2ROCSS^- \longrightarrow (ROCSS)_2 + 2e$$

黄药阴离子　　　　双黄药

黄药易溶于水，水溶液呈弱碱性，在水中解离见如下反应：

$$ROCSSNa + H_2O \longrightarrow ROCSSH + Na^+ + OH^-$$

$$ROCSSH + OH^- \longrightarrow ROCSS^- + H_2O$$

几种黄药的解离常数为：

乙黄药　2.9×10^{-2}　　丙黄药　2.5×10^{-2}

丁黄药　2.3×10^{-2}　　戊黄药　1.9×10^{-2}

异丙基黄药　2.0×10^{-2}　　异丁基黄药　2.5×10^{-2}

烃基越长的黄药，其疏水性越大，解离常数越小，对应的金属黄原酸盐溶解度越小，捕收力越强。各种黄药浮方铅矿的指标如图 5－3 所示。

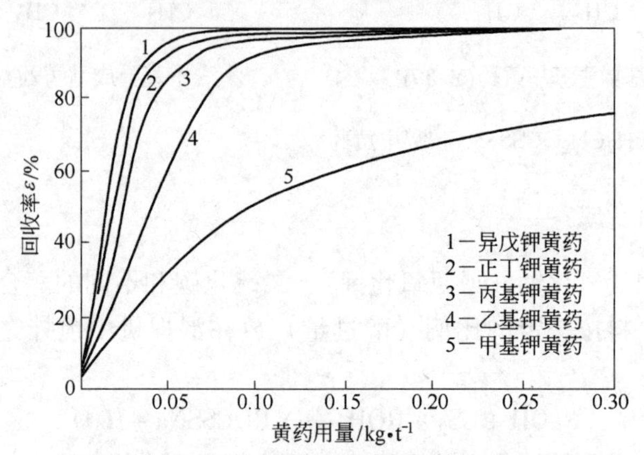

图 5－3　各种黄药浮方铅矿的指标

（粒度 －0.15～0.28mm，松油 25g/t，碳酸钠 25g/t，

黄药如图示，用量 0.454kg/t）

这里需要指出：广州有色金属研究院推出的新黄药 Y－89（甲基异丁基甲醇制品），经过 20 多年的生产证明是非常优异的捕收剂，目前已经发展成为系列产品，它对于含金、银硫化铜矿的浮选，有明显的经济效益，毒性比丁黄药小。在某些情况下，不仅有较强的捕收力，而且有良好的选择性，价格比普通黄药高一点。

矿浆中 OH^- 浓度适当，可以产生较多的有效黄药阴离子，使黄药充分发挥作用，但过量的 OH^-，将因它与黄药阴离子在矿物表面竞争吸附，而使黄药的捕收力下降。矿浆酸性过大，可以产生黄原酸分子 ROCSSH，甚至使黄药分解失效，化学反应式如下：

$$ROCSSH \longrightarrow CS_2 + ROH$$

例如：25℃，pH 值为 5.6 时，乙黄药的半衰期为 1023min；pH 值为 4.6 时，半衰期为 115.5min；而 pH 值为 3.4 时，半衰期为 10.5min。故黄药在酸性介质中容易失效。

黄药与重金属和贵金属离子作用能生成金属黄原酸盐沉淀，如以下化学反应式所示：

$$2ROCSS^- + Cu^{2+} \longrightarrow (ROCSS)_2Cu\downarrow \text{（或写成 } CuX_2\downarrow\text{）}$$

乙黄药与常见的金属盐的溶度积见表 5－2。

黄药对各种矿物的捕收能力和选择性，与其金属盐的溶解度有密切的关系。按乙基黄酸盐的溶度积大小和实际浮选情况，可把常遇到的金属矿物分为 3 类。

表 5-2 金属乙基黄酸盐与对应硫化物的溶度积

金属阳离子	乙基黄酸盐	金属硫化物
Hg^{2+}	1.15×10^{-38}	1×10^{-52}
Ag^{+}	0.85×10^{-18}	1×10^{-49}
Bi^{3+}	1.2×10^{-31}	—
Cu^{+}	5.2×10^{-20}	$10^{-44}\sim10^{-38}$
Cu^{2+}	2×10^{-14}	1×10^{-36}
Pb^{2+}	1.7×10^{-17}	1×10^{-29}
Sb^{3+}	约 10^{-15}	—
Sn^{2+}	约 10^{-14}	—
Cd^{2+}	2.6×10^{-14}	3.6×10^{-29}
Co^{2+}	6×10^{-13}	—
Ni^{2+}	1.4×10^{-12}	1.4×10^{-24}
Zn^{2+}	4.9×10^{-9}	1.2×10^{-23}
Fe^{2+}	0.8×10^{-8}	—
Mn^{2+}	小于 10^{-2}	1.4×10^{-15}

(1) 金属黄酸盐溶度积小于 4.9×10^{-9} 的金属有金、银、汞、铜、铅、镉、铋等。黄药对它们的自然金属和硫化矿物捕收力最强，如金、铜矿物和方铅矿。

(2) 金属黄酸盐的溶度积在 $4.9\times10^{-9}\sim7\times10^{-2}$ 的金属有锌、铁、锰等。黄药对它们的矿物有一定的捕收能力，但比较弱，使它们在某些条件下，容易与前一类矿物分离。必须指出钴、镍等金属的黄酸盐，溶度积虽然属于第一类，但在自然界中它们常混在铁的硫化矿物中，与铁的硫化矿物一起浮游。

(3) 金属黄酸盐的溶度积大于 1×10^{-2} 的金属有钙、镁、钡等。由于它们的黄酸盐溶解度太大，在一般浮选条件下，它们的矿物表面不能形成有效的疏水膜，黄药对它们无捕收作用，所以在选别碱土金属矿物、氧化矿物和硅酸盐矿物时都不用黄药。黄药只用于浮选硫化矿物和自然金属矿物。

从表 5-2 可以看出，一般硫化矿物的溶度积比对应的黄酸盐溶度积小，按化学原理，黄药的阴离子 X^- 是不可以与硫化矿物反应取代其硫离子 S^{2-} 的。只有金属硫化矿轻微氧化后，S^{2-} 离子被 OH^-、SO_4^{2-}、$S_2O_3^{2-}$、SO_3^{2-} 等取代后，黄药金属盐的溶度积小于对应金属氧化物的溶度积时，黄药才能取代对应的阴离子。

5-8 黄药与硫化矿如何发生作用?

试验证明，方铅矿在无氧的水中磨矿时，不能与黄药作用，不能用黄药浮游。在有氧的情况下，黄药是方铅矿的优良捕收剂。氧的作用有两个方面：

（1）生成可以和黄药作用的半氧化物。由于黄酸铅的溶度积小于硫化铅的溶度积，方铅矿表面的 S^{2-} 不能直接被黄药阴离子 X^- 取代。然而试验证明，在一般浮选条件下，溶液中的黄药阴离子 X^- 会被矿物吸附，而且水中的各种 $S_xO_y{}^{2-}$ 离子随着矿物表面吸附的黄药阴离子 X^- 量的增大而增大，表明存在下列置换反应：

$$PbS]Pb^{2+}\cdot 2A^- + 2X^- \longrightarrow PbS]Pb^{2+}\cdot 2X^- + 2A^-$$

式中的 A^- 可以是 SO_4^{2-}、SO_3^{2-}、CO_3^{2-} 等，可以认为氧使方铅矿表面在吸附 X^- 之前，一部分 S^{2-} 先转化成上述的阴离子，然后黄药阴离子 X^- 再置换它们，生成溶解度较小的 PbX_2。

（2）但是实践证明，氧化过深的方铅矿，表面生成很厚的 $PbSO_4$ 皮壳，具备了被 X^- 置换的条件，其回收率却比未经深度氧化的方铅矿还低，故认为这是因为硫酸铅的溶解度太大，矿物表面生成的 PbX_2 容易因为硫酸铅的溶解度太大，随 $PbSO_4$ 溶解而脱落，所以其可浮性差。原生方铅矿，在磨矿、浮选过程中只生成所谓的半氧化物 $PbS]\ PbSO_4$，其可浮性更好。为了便于理解，现把相关化合物写成下列形式：

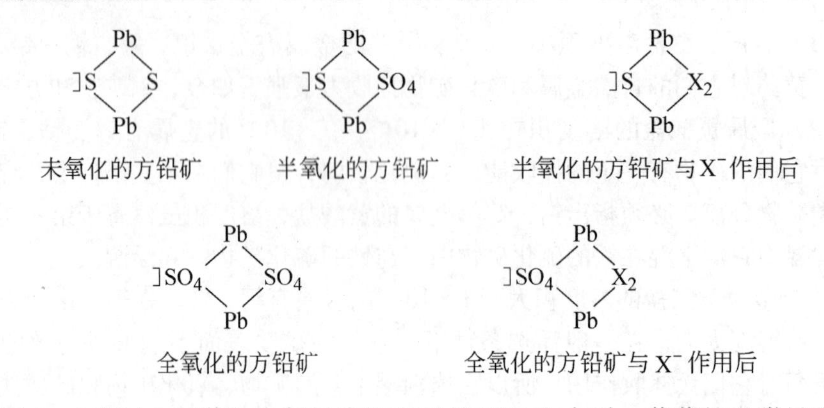

图5－4所示，矿浆的含氧量为饱和量的20%左右时，黄药的吸附量和分解出的元素硫量都达到了最大值。

研究证明（Mustafa S，2004），乙黄药在黄铜矿表面的吸附分为两步：

第一步，黄铜矿氧化发生下列反应：

$$2CuFeS_2 + 6H_2O + 6O_2 \longrightarrow 2Fe(OH)_3 + Cu_2S + 3SO_4^{2-} + 6H^+$$

第二步，乙黄药作用于矿物表面：

$$CuS(s) + 2X^- + 2O_2 \longrightarrow 2CuX(s) + SO_4^{2-}$$

这种机理，为黄药 X^- 吸附时放出的 SO_4^{2-} 所证实。在温度293K，浓度为 $5\times10^{-5}\sim1\times10^{-3}$ mol/L 的范围内，黄药阴离子 X^- 的吸附量随 pH 值向 8～10

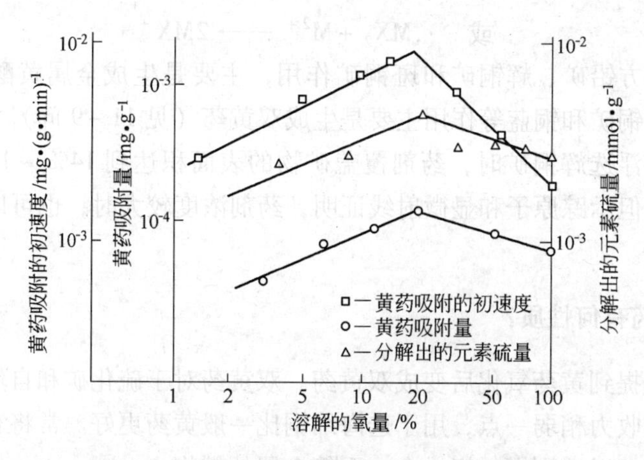

图 5-4 矿浆被氧饱和度对黄药作用的影响

增大而增大，但到 pH 值为 11 时则减小。吸附一般在 10min 内达到平衡。

5-9 黄药在矿物表面有哪些可能的作用形式？

黄药在矿物表面可能有以下 5 种作用形式，如图 5-5 所示。

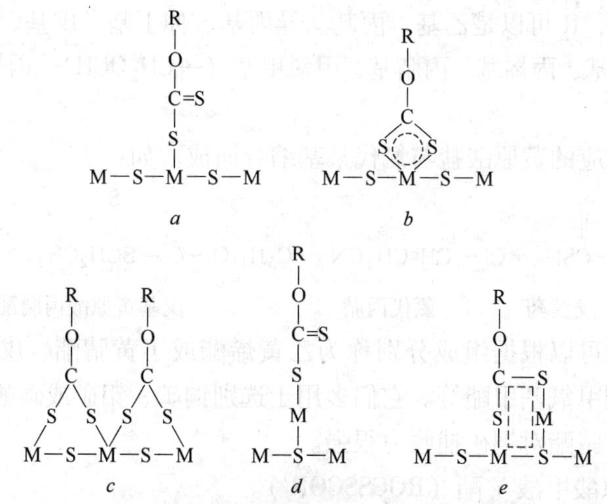

图 5-5 黄药在矿物表面的作用形式示意图

a—单配位式；*b*—螯合式；*c*—桥式；*d*—1:1 的分子吸附式；*e*—1:1 的离子吸附式（六员螯合式）

黄药与硫化矿的作用主要是化学吸附和化学反应，在矿物表面除了生成金属黄酸盐以外，过量的黄药也与金属生成沉淀和配阴离子，见下列反应式：

$$nX^- + M^{n+} \longrightarrow MX_n$$

$$MX_2 + 2X^- \longrightarrow MX_4^{2-}$$

$$\text{或} \quad MX_2 + M^{2+} \longrightarrow 2MX^{+}$$

乙黄药与方铅矿、辉铜矿和斑铜矿作用，主要是生成金属黄酸盐；与黄铁矿、毒砂、黄铜矿和铜蓝等作用主要是生成双黄药（见11-9问）。

用戊黄药浮选辉铜矿时，药剂覆盖矿物的表面积达到14%~15%，就可以使矿物浮游。但示踪原子和显微射线证明，药剂浓度较大时，也可以生成5个以下的单分子层。

5-10 双黄药有何性质？

前面已经提到黄药氧化后变成双黄药。双黄药对于硫化矿和自然金属仍有捕收力，只是捕收力稍弱一点，用于选海绵铜比一般黄药更好。常将它与其他硫化矿捕收剂共用，以选别铜、银、金、汞等金属的矿物。

5-11 黄原酸酯如何命名？有何用途？

为了改善黄药的捕收性能，可以将黄药酯化，制成黄原酸酯。这里说的黄原酸酯，包括下列两类：

（1）X黄原酸Y酯（ROCSSR′）。

ROCSSR′中，R可以是乙基、丙基、异丙基、仲丁基、戊基、丁基。

R′可以是乙基、丙烯基、丙腈基、甲氧甲基（—CH_2OCH）、丙烯腈基（CH═CHCN）。

它们是由相应的黄原酸盐与氯代某基缩合而成。如：

$$\underset{\text{戊黄药}}{C_5H_{11}O-\overset{\overset{\displaystyle S}{\|}}{C}SNa} + \underset{\text{氯代丙腈}}{Cl-CH_2CH_2CN} \rightarrow \underset{\text{戊基黄原酸丙腈酯}}{C_5H_{11}O-\overset{\overset{\displaystyle S}{\|}}{C}-SCH_2CH_2CN} + \underset{\text{氯化钠}}{NaCl}$$

它们组合后可以根据组成分别称为乙黄烯酯或丁黄腈酯、戊基黄原酸丙腈酯、丁基黄原酸甲氧基甲酯等。它们多用于选别铜矿、钼矿或碳酸铜矿物。如异丙基黄原酸丙烯腈酯对铜矿捕收力很强。

（2）X黄原酸甲酸Y酯（ROCSSCOR′）。

它们的结构式是：

$$R-O-\overset{\overset{\displaystyle S}{\|}}{C}-S-\overset{\overset{\displaystyle O}{\|}}{C}-O-R'$$

ROCSSCOOR′中R可以是甲基、乙基、丁基。

R′可以是甲基、乙基。

它们是由相应的黄原酸和适当的氯甲酸酯合成的，如下列反应式：

$$C_2H_5OCSSM + ClCOOCH_3 \rightarrow C_2H_5OCSS - COOCH_3 + MCl$$

乙基黄原酸　　氯甲酸酯　　乙基黄原酸甲酸甲酯　　氯化物

黄原酸甲酸酯是淡黄色油状液体，透明，密度为1.13～1.18g/cm^3。在水溶液中的溶解度很低，远低于双黄药（低于10mg/L），捕收力强而没有起泡性，储藏不当可以分解成H_2S、CS_2等有毒的物质。浮选铜矿能获得良好的指标，有关药剂选冬瓜山铜矿石所得的对比指标见表5-3。

表5-3　乙黄甲酯与几种捕收剂选铜矿物的比较

药　剂	pH值	用量/g·t^{-1}	品位/%	回收率/%
丁黄药	10.5	20	15.81	88.82
23硫氨酯（Z-200）	10.5	20	16.32	89.00
丁黄腈酯（OSN-43）	10.5	20	20.46	86.26
乙黄甲酸酯	10.5	20	18.25	88.12
	11.5	24	18.14	88.47

5.4 硫化氨基甲酸类（硫氮类及硫氨酯）

5-12 二烷基二硫代氨基甲酸钠（或酯、硫氮类）是什么成分？有何特性和用途？

它们的通式是：

$$R-NH-\overset{\overset{O}{\|}}{C}-O-H \qquad R-NH-\overset{\overset{S}{\|}}{C}-S-R'$$

氨基甲酸　　二硫代氨基甲酸酯

国内常见的二硫代氨基甲酸钠或酯（硫氮类）有下列两种：

$$(C_2H_5)_2N-\overset{\overset{S}{\|}}{C}-SNa \qquad (C_2H_5)_2N-\overset{\overset{S}{\|}}{C}-SCH_2CH_2CN$$

乙硫氮(SN-9，二乙胺基二硫代甲酸钠)　　硫氮腈酯(酯105)

乙硫氮是由二乙胺、硫化碳和苛性钠反应的产物，其反应式为：

$$(C_2H_5)_2NH + CS_2 + NaOH \longrightarrow (C_2H_5)_2NCSSNa + H_2O$$

乙硫氮为白色结晶，无味，易溶于水及酒精，在酸性介质中易分解，在空气中能吸潮分解。对铅、铜的硫化矿物，有良好的选择性及捕收力。比黄药用量低，浮选速度快，可以在较高的pH值下发挥作用，能改善铜-硫、铅-锌的分离效果。是仅次于黄药而广泛使用的硫化矿的捕收剂。

乙硫氮和黄药的比较具体如下：

（1）从它们的结构式可以看出，乙硫氮的连接原子为氮，有两个烃基，而黄药的连接原子为氧，只有一个烃基。

$$R_2\ddot{N} \rightarrow C(=S)S^- \qquad R-\ddot{O} \rightarrow C(=S)S^-$$

硫氮离子　　　　黄药离子

因为 $X_n = 3.0 < X_0 = 3.5$，故氮的负诱导效应比氧小。又由于在同一周期中，元素的原子序氮为7，氧为8，正共轭效应减小，因此 R_2N—的给电子共轭效应比 RO—大。这两个因素都使硫氮的电子云更偏于 SM 一侧。硫氮类对铅、铋、锑、铜等金属的硫化矿物有更强的捕收力，但对硫化铁的捕收力较弱。

(2) 乙硫氮在使用上有以下几个特点：

1) 选择性比黄药强，在弱碱性介质中对黄铁矿的捕收力尤其弱。

2) 浮铅矿物的适宜 pH 值比用黄药和黑药高（pH 值为 9.0 ~ 9.5）。

3) 用量只是黄药的 1/5 ~ 1/2。

4) 浮选速度快，泡沫不如黑药黏。但对不同矿山的矿石，捕收性差别较大。

硫氮与矿物表面的作用机理是：开始，有人认为硫氮的阴离子，是靠荷负电的硫与氮的孤电子对形成螯状配合物，但后来的光谱研究证明，它与金属离子的作用与黄药相似，是—S^-、—S 与金属离子作用形成配合物。它与金属离子的反应可以写成：

$$2R_2NCSS^- + M^{2+} \longrightarrow (R_2NCSS)_2M \downarrow$$

二甲基二硫代氨基甲酸酯（简称 DMDC），用它浮选含 Pt 族金属的铜镍矿的研究和实践证明，用 DMDC 代替异丙基甲基硫逐氨基甲酸酯（ITC）和丁基黄药，浮选含 Pt 族金属的铜镍矿能增加 Pt 族金属的回收率并降低药剂消耗。

二甲基氨基二硫代甲酸钠（$(CH_3)_2NCSSNa$）应用在俄罗斯的诺里尔斯克矿业公司的铜矿物和镍矿物的选择性浮选过程中，采用二甲基氨基二硫代甲酸钠和丁基黄药作捕收剂，进入铜精矿中的磁黄铁矿量减少 30%，进入镍精矿的磁黄铁矿量减少 50%。研究表明两种药剂混用时二甲基氨基二硫代甲酸钠吸附在磁黄铁矿表面上，由于烷基太短，只有微弱的疏水性，但它的吸附，却占据了矿物表面的相当位置，大大降低了丁基黄药的吸附，因而使磁黄铁矿浮游力降低，于是进入铜精矿和镍精矿中的磁黄铁矿大量降低。

5-13 一硫代（硫逐）氨基甲酸酯（硫胺酯）是什么组成？有何特点和用途？

一硫代氨基甲酸酯药剂全名可称为 O—烷基—N—烷基硫逐氨基甲酸酯。其通式如下：

$$R-NH-\overset{\displaystyle S}{\overset{\|}{C}}-O-R'$$

一硫代(硫逐)氨基甲酸酯

通式中，R 可以是乙基、丙基或丁基；R′也是类似的基。在具体的药剂中，R 和 R′中的基可以相同也可以不同，如简称乙丙硫氨酯、丙硫氨酯、丁硫氨酯。近年来还出现更复杂的取代基。下面是已发现的浮选含贵金属的铜矿物而要抑制硫化铁矿物时有其独特优点的几种硫逐类捕收剂，它们的结构式和名称如下：

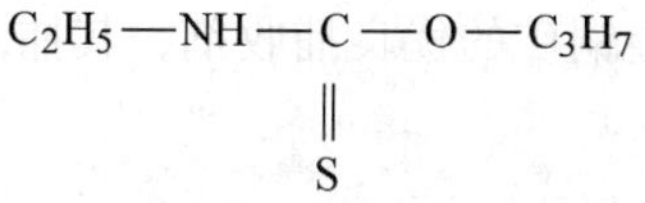

$$C_2H_5—NH—\underset{\underset{S}{\|}}{C}—O—C_3H_7$$

Z-200，乙丙硫氨酯

$$CH_3\underset{\underset{CH_3}{|}}{C}HCH_2—O—\underset{\underset{S}{\|}}{C}—\underset{\underset{H}{|}}{N}—CH═CHCH_3$$

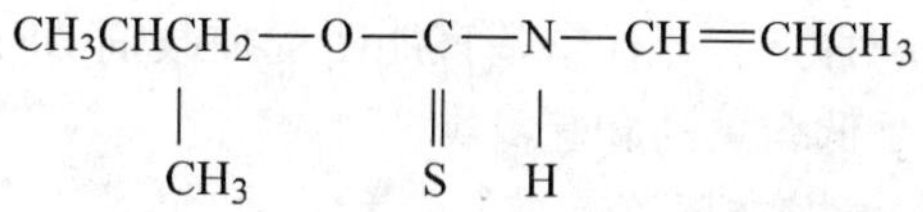

PAC，N—烯丙基—O—异丁基硫逐氨基甲酸酯

$$RO\underset{\underset{S}{\|}}{C}—NH—\underset{\underset{O}{\|}}{C}—OC_2H_5$$

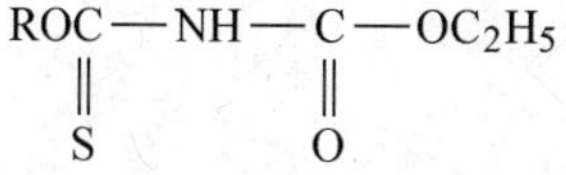

ECTC，乙氧基羰基硫代氨基甲酸酯

$$CH_3—(CH_2)_5═\underset{\underset{CH_3}{|}}{C}H—O—\underset{\underset{S}{\|}}{C}—NH—\underset{\underset{O}{\|}}{C}—OC_2H_5$$

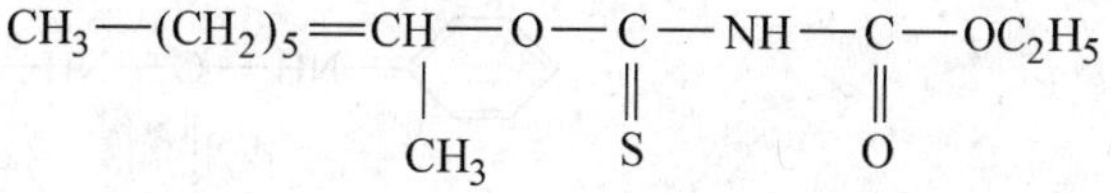

乙氧基硫逐氨基甲酸异辛酯

A 乙丙硫氨酯（Z-200）

乙丙硫氨酯为淡黄色油状透明液体，密度为 0.996g/cm^3，溶解度为 2.6g/L。是选择性良好的铜矿物捕收剂，用量约为 10~20g/t，但价格比丁黄药高 3~4 倍。它是铜、锌硫化物的有效捕收剂。但实践证明，它在铜矿物表面的吸附并不牢固，多次精选时容易脱落。

混合使用时，黑药对硫化矿的捕收效果比较好，将 O—异丙基 N—乙基硫代氨基甲酸酯与黑药按 1∶1 混合使用效果最好。

B PAC

PAC（promotom & collector）的主成分为 N—烯丙基 O—异丁基硫逐氨基甲酸酯。它为琥珀色的透明液体，不溶于水，溶于醇、酯和醚中，低温下不凝固，加热到 120℃不分解，对黄铁矿和磁黄铁矿捕收力弱，对矿石中伴生的金、银捕收力强。凤凰山矿用 PAC 代替丁黄丙腈酯（OSN-43，分子式为 $C_4H_9OCSSCH_2CH_2CN$）浮选铜矿石，铜精矿品位提高 1.27%，回收率提高 1.65%，金和银在铜精矿中的回收率分别提高 7.43% 和 4.33%。

C 乙氧基羰基硫代氨基甲酸酯（ECTC）

ECTC 是选择性良好的硫化铜矿物捕收剂，由于在 pH 值为 8.5 时对黄铁矿的捕收力弱，因此可以在 pH 值为 8.5 时浮黄铜矿（用丁黄药的 pH 值为 12.5~13.0，用 Z-200 的 pH 值为 10）。其优点是可节约大量石灰，同时能提高铜和伴生金、银的回收率，工业生产证明：用 8g/t ECTC 在 pH 值为 8.5 时浮铜，可从含量铜 0.64% 的给矿中得到铜品位 23.81%、回收率 87.99% 的铜精矿。用

ECTC 和用丁基黄药相比，精矿铜品位提高 0.674%，铜、金、银的回收率分别提高 2.61%、8.33% 和 9.08% 显然对后面浮硫也有利。

D 乙氧基硫逐氨基甲酸异辛酯

乙氧基硫逐氨基甲酸异辛酯的成分为 $i-C_8H_{17}OCSNHCOOC_2H_5$，在 pH 值为 8.5 时，浮含金、银的铜矿物，抑黄铁矿时比丁黄药更好。

另一种含有硫代羰基官能团的捕收剂 QF，也是金铜矿的优良捕收剂，其捕收力高于低级黄药和硫氮类。

E 二苯硫脲（白药）

二苯硫脲成分结构与前面几种有所不同，但也可算一硫代氨基类药剂。二苯硫脲是苯胺与二硫化碳缩合的产物，其结构如下：

$$C_6H_5-NH-C(=S)-NH-C_6H_5$$

二苯硫脲

二苯硫脲 $(C_6H_5NH)_2CS$ 是白色结晶粉末，使用时可以用苯胺配成 10% ~ 20% 的溶液（T-T 混合物），也常与 25 号药混合组成 31 号黑药（25 号黑药 + 6% 白药）使用，或直接加入球磨机中。二苯硫脲是方铅矿和贵金属的优良捕收剂，对于闪锌矿有良好的选择性，但价格较贵，很少单独使用。

5.5 黑药及次膦酸

5-14 黑药的成分、命名和性质如何描述？

黑药是重要性仅次于黄药的硫化矿捕收剂，其成分为烃基二硫代磷酸盐，常见的几种结构式如下：

$$(R-O)_2P(=S)-S-Me$$

Me为Na或K，黑药通式

$$(CH_3-C_6H_4-O)_2P(=S)-S-Na$$

甲酚黑药（二甲酚基二硫代磷酸钠）

$$(C_4H_9-O)_2P(=S)-S-NH_4$$

丁铵黑药（丁基二硫代磷酸铵）

$$(C_6H_5-NH)_2P(=S)-S-H$$

苯胺黑药（苯胺基二硫代磷酸）

黑药的主要合成反应式为:

$$\underset{\text{五硫化二磷}}{P_2S_5} + \underset{\text{醇或酚}}{4ROH} \longrightarrow \underset{\text{醇或酚黑药}}{2(RO)_2PSSH} + H_2S$$

甲酚黑药有4种:

(1) 15号黑药。制造时加入五硫化二磷为原料量的质量分数的15%。由于加入的五硫化二磷较少,成品中未与P_2S_5起作用的残留甲酚较多,比25号黑药的起泡性大,捕收力弱。

(2) 25号黑药。制造时加入的五硫化二磷为原料量的质量分数的25%。其捕收力比15号黑药强,是最常用的甲酚黑药。

(3) 31号黑药。它是在25号黑药中加入质量分数6%的白药。其捕收性有较大的变化,可用于捕收闪锌矿和金银矿,也用于浮选硅孔雀石。

(4) 近年我国研制成36号黑药。它是铅锌矿的优良捕收剂,在达到相同浮选指标的情况下,其用量比现场使用的25号黑药用量降低13.5%~30%,锡铁山铅锌矿工业试验结果表明,36号黑药可作25号黑药的更新代用产品。

甲酚黑药为暗绿色油状液体,有难闻的臭味,密度1.1g/cm³,难溶于水。因含有游离甲酚,对皮肤有腐蚀性,有起泡性。

丁铵黑药($(C_4H_9O)_2PSSNH_4$)。其合成反应分两步进行:

$$4CH_3CH_2CH_2CH_2OH + P_2S_5 \longrightarrow 2(CH_3CH_2CH_2CH_2O)_2PSSH + H_2S$$

$$(CH_3CH_2CH_2CH_2O)_2PSSH + NH_3 \longrightarrow (CH_3CH_2CH_2CH_2O)_2PSSNH_4$$

丁铵黑药为白色粉末,固体,无味,易溶于水,腐蚀性和臭味比25号黑药小。选择性好,有起泡性,可在较低的pH值中浮铜、铅,可减少起泡剂、石灰和其他调整剂用量,降低药剂费用。缺点是溶于水后产生黑色沉淀(杂质)容易堵塞管道,使用前水溶液要过滤,除去杂质。

此外,我国也试用过苯胺黑药、甲苯胺黑药和环已胺黑药。

黑药在水中会解离成黑药阴离子$(RO)_2PSS^-$和阳离子Na^+或NH_4^+。其阴离子可以和重金属离子生成沉淀,并通过这种反应起捕收作用,化学反应式如下:

$$\underset{\text{黑药}}{2(RO)_2PSS^-} + M^{2+} \rightarrow \underset{\text{或记为}MA_2}{[(RO)_2PSS]_2M\downarrow}$$

5-15 黑药与黄药的成分、性质和用途有何区别?

黑药与黄药的成分和性质的比较如下:

(1) 对比它们的分子式可以看出:

	黄 药	黑 药
	R—O—C—SSM	$(R—O)_2PSSM$
连接原子	O 一个	O 两个
中心核原子	C 四价，电负性为2.5	P 五价，电负性为2.1
	共价半径0.077nm	共价半径0.110nm
烃基 R	一个	两个

（2）黑药与锌、铁等金属盐的溶度积比黄药低很多，溶度积数值对比如下：

$$L_{黄-锌}=4.9\times10^{-9} \qquad L_{黑-锌}=1.2\times10^{-5}$$

黑药对于硫化铁矿物的捕收力比黄药低很多。黑药的捕收力低、选择性强，其亲固原子与金属的键合力比黄药差。在复杂的硫化矿分离中，因为黑药有较好的选择性，被广泛采用。在抑制硫化铁的场合使用黑药，可以减少石灰用量。在浮选铅、铜等矿物中，也常与黄药共用。在与金、银有关的浮选中，丁铵黑药和苯胺黑药都有较好的纪录。

（3）由于甲酚黑药有较难溶于水的疏水基，比黄药黏，难溶于水。使用时常把它配成1%的悬浊液加入较远的地点，或将其原液加入球磨机中。

（4）黑药有一定的起泡性。游离甲酚越多起泡性越强且泡较黏。丁铵黑药则泡厚大而且较脆。

（5）合成黑药产生 H_2S，对于轻微氧化的矿石，有硫化作用，对回收有利。

（6）黑药比黄药稳定性好，较难氧化，但也能氧化成双黑药。在酸性介质中较难分解，在酸性介质中用它较为适宜。

（7）黑药中有游离甲酚，性质较稳定而有毒，对皮肤有腐蚀性，对环境污染较大。

5-16 烃基二硫代膦酸和烃基二硫代次膦酸类的成分和用途如何？

这类药剂与黑药有些相似。有以下几种：

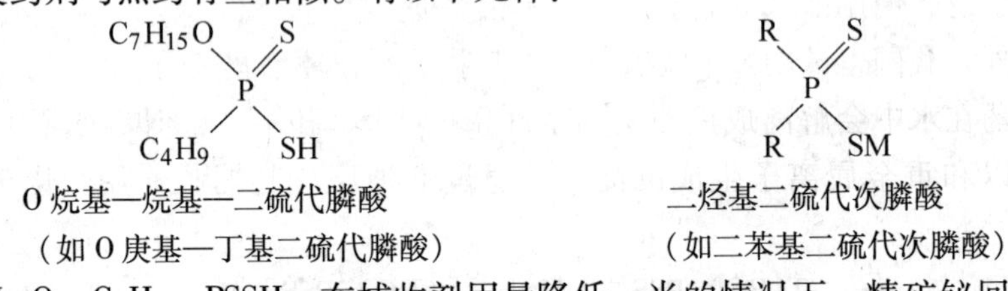

O 烷基—烷基—二硫代膦酸（如 O 庚基—丁基二硫代膦酸）　　二烃基二硫代次膦酸（如二苯基二硫代次膦酸）

$C_7H_{15}O—C_4H_9-PSSH$，在捕收剂用量降低一半的情况下，精矿铋回收率大幅度提高。

二苯基二硫代次膦酸（$(C_6H_5)_2PSSH$）作捕收剂浮选汞矿石，获得含 Hg 6.43%的汞精矿，回收率93.6%，而采用同一流程用丁黄药200g/t作捕收剂，汞精矿 Hg 品位低于3.81%；用450g/t二苯基二硫代次膦酸钠浮铅矿时，获得含铅56.4%，回收率为94.20%的铅精矿，与用黄药相比，在精矿品位提高的同时，铅回收率提高 2.21%。

二异丁基二硫代次膦酸钠，被推荐用于浮选含黄铁矿高的铅、铜矿石和贵金属矿石。墨西哥已在选矿中，用它代替黄药，能使铅精矿中含银品位从 10kg/t 提高到 30kg/t。该药剂对方铅矿中 Pb^{2+} 亲和力大，对方铅矿选择性好，如矿浆中有 Pb^{2+}、Fe^{2+} 或 Fe^{3+} 离子，会吸附在黄铁矿表面，降低浮选的选择性。

5.6 非硫化矿捕收剂综述

非硫化矿捕收剂主要用于浮选各种氧化矿物、碱土金属成盐矿物和硅酸盐矿物。如刚玉、石英、萤石、磷灰石、锂辉石、绿柱石等。这类捕收剂的特点是亲固基中不含硫，而含有下列极性基（除了胺以外都有—OH 基）：

—COOH（羧基） —HSO_4（硫酸基） —HSO_3（磺酸基）

—AsO_3H_2（胂酸） —H_2PO_4（膦酸） —CX（PO_3H_2）$_2$（某基双膦酸）

—COHNOH（羟肟酸）

—NH_2（第一胺） ═NH（第二胺） ≡N（第三胺）

5-17 临界胶束浓度（CM，CMC）有何性质？

氧化矿的捕收剂，它们的非极性基多数为长链的烃基，烃基中或多或少含有双键。长链的非极性基，由于疏水，在浓度较高时，容易通过彼此间的色散力互相缔合形成二维半胶束或柱状、球状胶束。

羧酸、胺类等长链捕收剂，在低浓度时在固相表面成单个离子吸附（见图 5-6*a*）；浓度较高时，它们在固相表面可以成单层离子半胶束吸附（见图5-6*b*）；浓度更高时，它们的吸附量超过单个离子层，就呈多层吸附的胶束（见图 5-6*c*）。

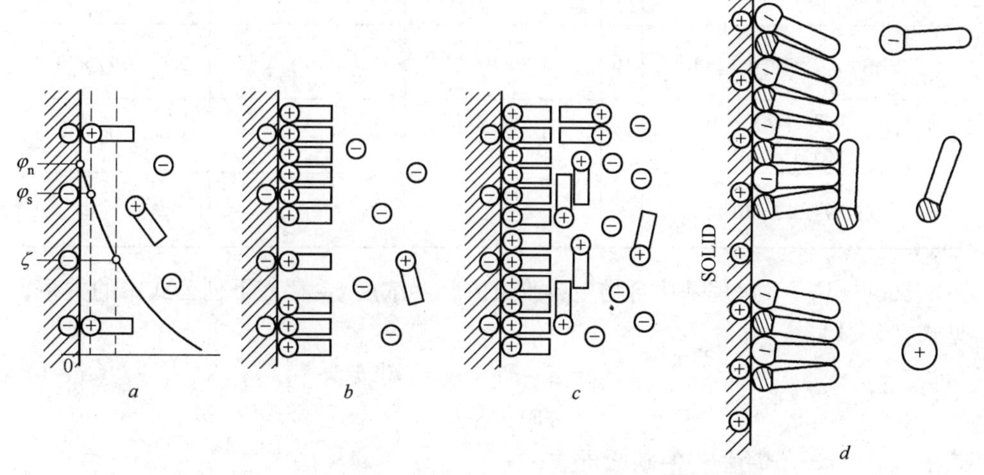

图 5-6 长链药剂离子在矿物表面的吸附状态随浓度升高而变化

a—单个离子；*b*—半胶束；*c*—胶束；*d*—阴离子捕收剂和中性有机分子的共吸附

矿物表面带圆圈的离子为矿物的定位离子。当溶液中有长链的阴离子和长链的中性分子同时存在时，可以互相穿插地吸附在固相或液相表面（见图5-6d）。

有机物的离子或分子在水中形成球状胶束（或称作胶团）时，烃基向着烃基互相穿插在一起，极性基向着水。球状胶束的半径接近分子的链长，柱状胶束的直径约等于两个分子。表面活性剂在水气界面则以其极性基向着水，非极性基向着空气。表面活性剂组成的胶束，则被其亲水基组成的壳将它本身和水隔开。要形成胶束，必须大分子有机物的浓度超过某一临界浓度，即某一最低浓度 c_M（临界胶束浓度别的文献中也常用 CMC 表示）。胶束的大小取决于烃链的长度、组成链的碳原子数以及极性基的性质。典型的胶束约由50~100个分子组成。表面活性剂在矿物-水的界面的解离度小于在气-水或油-水界面，能减少离子化的作用，促进范德华力的缔合。所以，在有机物的浓度低于胶束临界浓度时，也可以在矿物表面形成胶束。某些长链阴离子捕收剂和阳离子捕收剂形成临界胶束的浓度见表5-4。

表5-4 长链阴阳离子捕收剂形成胶束的临界浓度

形成胶束临界量浓度 c_M/mol·L^{-1}				
羧酸皂	n	R_nNH_3Cl	$R_nN(CH_2)_3Cl$	R_nSO_4Na
$R_{11}COONa$ 3.6×10^{-2}（20℃）	8	4.5×10^{-1}		1.0×10^{-1}
$R_{11}COOK$ 2.3×10^{-2}（20℃）	10	$(3.2\sim5.4)\times10^{-2}$	6.1×10^{-2}	3.3×10^{-2}
$R_{16}COONa$ 3.4×10^{-3}（70℃）	12	$(1.2\sim1.6)\times10^{-2}$	1.7×10^{-2}	$(5.8\sim9.9)\times10^{-2}$
$R_{17}COONa$ 4.0×10^{-4}	14	$(2.8\sim4.5)\times10^{-3}$	4.5×10^{-3}	$(1.5\sim3.1)\times10^{-3}$
油酸钠 2.7×10^{-3}（20℃）	16	8.8×10^{-4}		$(3.8\sim9.9)\times10^{-4}$
油酸钾 $(0.7\sim1.2)\times10^{-3}$（26℃）	18	3.0×10^{-4}	—	$(1.0\sim3.0)\times10^{-4}$
反油酸 2.5×10^{-3}				

长链（$C_n>8$）烷基化合物生成胶束的临界浓度 c_M 存在下列公式中的关系，见式（5-1）。

$$\lg c_M \doteq A - B_n = \lg a - n\lg b \tag{5-1}$$

$$CM \doteq a/b^n$$

式中 n——烃基中的碳原子数；

A，B，a，b——取决于亲水基的性质、数目与温度的常数。对于单离子分子 B

约为 lg2 =0.3，表 5 –5 列举了某些 A、B 值。

表 5 –5 长链化合物 $\lg c_M \doteq A - B_n$ 式中的常数 A 和 B 值

捕收剂	温度/℃	A	B
钠 皂	20	2.41	0.341
钾 皂	25	1.92	0.290
	45	2.03	0.292
烷基（Alcane）磺酸盐	40	1.59	0.294
	50	1.63	0.294
烷基硫酸盐	25	1.27	0.280
	45	1.42	0.295
氯化烷基铵	25	1.25	0.265
	45	1.79	0.296
烷基溴化三钾基铵	60	1.77	0.292

5 –18 油水度、临界胶束浓度和克拉夫第点有何性质？

油水度（F. HLB）按英文原意为亲水亲油平衡。对于许多兼有极性基和非极性基的表面活性剂，可以利用其极性基和非极性基的强度，按戴维斯（Davis）公式计算出其合力 F，得出表征该药剂亲水和疏水特性的总概念。戴维斯公式见式（5 –2）（在我国浮选文献中常用 HLB 表示油水度，为了便于利用下面有关表中的数据和计算，在此仍用 F 表示油水度）。

$$F = \sum(\text{亲水基强度}) - 2(\text{疏水基强度}) + 7 \quad (5-2)$$

式中，亲水基和疏水基的强度值也叫基团值，可以从表 5 –6 查出。

表 5 –6 常见的极性基和非极性基基团值

极性基	基团值	极性基	基团值	非极性基	基团值
$—SO_4Na$	38.7	—O—	1.3	$—CH_2—$	0.475
—COOK	21.1	—COOH	2.1	$—CH_3$	0.475
—COONa	19.1	$—SO_3H$	4.5	—C═C	-0.475
≡N（季胺）	9.4	$—PO_3H$	1.1	$—(CH_2—CH_2—O)—$	0.33
$—NH_2$	1.6	$—AsO_3H$	0.6		
—OH	1.9	$—Na^+$	17		
酯	6.8				

由下面的公式，可以看出 F 和 c_M 有密切的关系，见式（5 –3）：

$$\lg c_M = \alpha + \beta F \quad (5-3)$$

式中，系数 α、β、A、B 等有下列关系，见式（5 –4）和式（5 –5）：

$$B/\beta = 0.475 \tag{5-4}$$

$$A - \alpha/\beta = \sum(\text{疏水基强度}) + 7 \tag{5-5}$$

即是说，对于任何同系物，其 F 值可以从 c_M 值推出。例如就 R_nCOONa 皂而言，其中 $A=2.41$，$B=0.341$，$\beta=0.718$，$\alpha=-16.33$。

代入其值即见式（5-6）：

$$\lg c_M = -16.33 + 0.718F \tag{5-6}$$

25℃时，烷基硫酸盐的有关值见式（5-7）：

$$\lg c_M \doteq 25.73 + 0.590F \tag{5-7}$$

45℃时，烷基硫酸盐的有关值见式（5-8）：

$$\lg c_M \doteq -26.96 + 0.621F \tag{5-8}$$

表5-7所示为烃基羧酸钠皂和烷基硫酸盐在25℃和45℃的 c_M 与 F 值。

表5-7 烃基羧酸钠皂和烷基硫酸盐的 c_M（mol/L）与 F 值

C_n	R_nCOONa（20℃）		R_nSO_4Na（20℃）		R_nSO_4Na（45℃）		t_k
	c_M	F	c_M	F	c_M	F	℃
8	—	—	1.07×10^{-1}	41.9	1.0×10^{-1}	41.9	
10	1.0×10^{-1}	21.35	2.95×10^{-2}	41.0	2.9×10^{-2}	40.9	
12	2.4×10^{-2}	20.40	8.13×10^{-3}	40.0	7.5×10^{-3}	40.0	8
14	4.4×10^{-3}	19.45	2.24×10^{-3}	39.2	1.9×10^{-3}	39.0	20
16	9.0×10^{-4}	18.50	6.16×10^{-4}	38.1	5.0×10^{-4}	38.1	31
18	1.8×10^{-4}	17.55	1.70×10^{-4}	37.4	1.3×10^{-4}	37.1	41

溶液的当量电导率（The equivalent conductivity of a solution）在胶束生成的临界浓度点突然中断。温度对临界浓度的影响明显，溶解度在某一温度——克拉夫第（t_k - Kraft）点之前慢慢增加，过了该点，发生急剧变化，浓度与温度的关系如图5-7所示。在 t_k 点，分子分散和胶束分散相沿 c_M 线的平衡被打乱，过了 t_k 点有利于形成胶束。$R_{12}NH_3Cl$ 和 $R_{18}NH_3Cl$ 的克拉夫第点分别在23℃和55℃附近。某些正烷基硫酸钠的克拉夫第点列于表5-7中。碳链中含奇数碳原子的 R_nSO_4Na，其克拉夫第点在下一个偶数的烷基硫酸钠的附近。

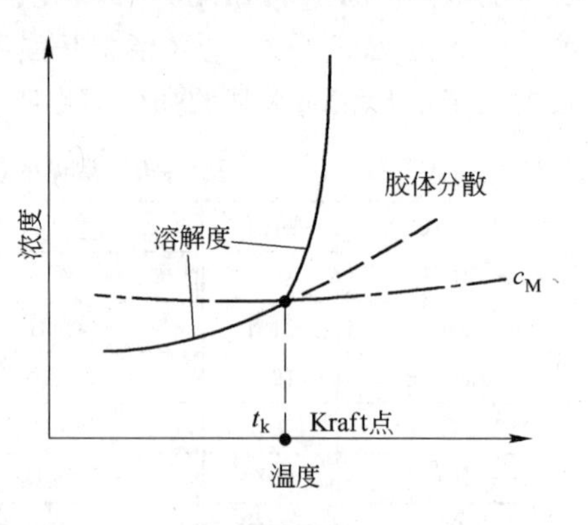

图5-7 克拉夫第点附近药剂的浓度与温度的关系

水溶液的表面张力在临界浓度点 c_M 最低，向低浓度迅速增加，向高浓度变化缓慢。与此类似，矿粒表面吸附捕收剂在c_M点最大，在c_M点以上，矿物的可浮性减弱或迅速停止。例如油酸浮方解石的上限约为$3c_M$。用阳离子（胺）或阴离子（皂）浮选某些硅酸盐，其上限实际上可以低到一个c_M附近。像浮选Mg、Fe或Mn的金属硅酸盐M_2SiO_4，它们与油酸作用反应如下：

$$\overset{\displaystyle OH}{\overset{|}{M_2}}SiO_4 + Ol^- \longrightarrow \overset{\displaystyle Ol}{\overset{|}{M_2}}SiO_4 + OH$$

式中，M_2上方之OH，表示与金属作用的羟基；后面的Ol^-及Ol^-表示油酸离子$C_{17}H_{33}COO$—及其反应后的形式。

当pH值为8.5时，油酸浓度为0.07～0.77mol/L时可以浮镁橄榄石；油酸浓度为0.10～0.86mol/L时可以浮铁橄榄石；油酸浓度为0.58～0.77mol/L时可以浮锰橄榄石。pH值为8.5时，油酸的c_M为0.86mol/L。当pH值较低时，c_M下降，但可浮的浓度上限仍然升高。例如，当pH值为6时，上述3个硅酸盐的可浮浓度分别为c=0.07～1.00mol/L、0.10～1.20mol/L、0.65～1.15mol/L。按上述3种矿物浮选所需的油酸浓度，镁矿物<铁矿物<锰矿物，可浮浓度低者表示其可浮性好。

形成临界胶束的浓度，可以因无机离子和中性长链有机分子的吸附而减少，无机盐的离子可以成为胶态离子的抗衡离子，并减少ζ-电位；而中性长链有机分子被吸附于胶束中（见图5-6d），减少了异极性离子极性基的斥力。例如，加入NaCl 0.05mol/L或癸醇2.8×10^{-4}mol/L，可使氯化十二烷基胺的临界胶束浓度由1.3×10^{-2}mol/L降到6.8×10^{-3}mol/L。

极性分子，如醇类C_nH_2OH和石蜡C_nH_{2n+2}，与异极性捕收剂的相互作用如图5-8所示。

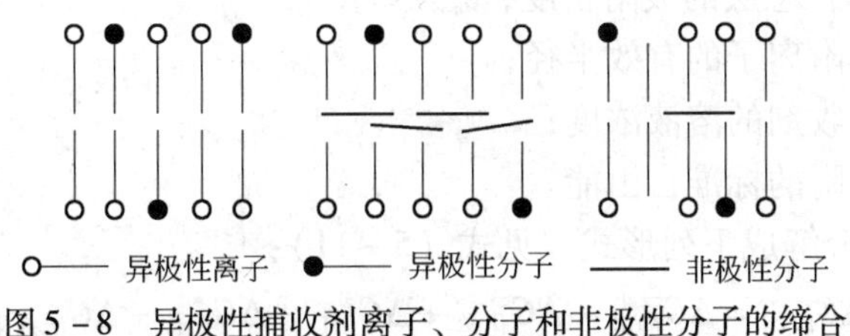

图5-8 异极性捕收剂离子、分子和非极性分子的缔合

抗衡离子浓度c和形成胶束临界浓度c_M的关系是

$$c_M \doteq K/c_i^P \tag{5-9}$$

式中 K，P——常数，P=0.4～0.6。

5-19 双键的影响有哪些？

烃基中的双键具有较大的极性，减少了链的疏水性，结果使其溶解度和c_M

都升高。这就是不饱和脂肪酸的水解倾向小于相应的饱和酸的原因。非极性基缔合的倾向也是如此。弱电解质水解形成中性分子的溶解度，也取决于烃链的长度。表5－8列出了不同烷基的几种捕收剂的金属化合物在水中的溶解度（mol/L），其中包括氯化第一铵（RNH_3Cl）分子、未解离的饱和羧酸分子和正烷基磺酸的钠、镁、钙盐。

表5－8 不同烷基的几种捕收剂的金属化合物在水中的溶解度

C_n	RNH_3Cl 溶解度 /mol·L^{-1}	RCOOH 溶解度 /mg·kg^{-1}		RSO_3M 溶解度/g·kg^{-1} 25℃		
	25℃	20℃	60℃	Na^+	Mg^{2+}	Ca^{2+}
10	$3\times10^{-4}\sim5\times10^{-4}$	155	270	45.5	2.68	1.55
12	$1.2\times10^{-5}\sim2\times10^{-5}$	55	87	2.53	0.33	0.11
14	$1\times10^{-6}\sim1.1\times10^{-6}$	20	34	0.41	0.033	0.014
16	6×10^{-7}	7.2	12	0.073	0.012	0.005
18	3×10^{-7}	2.9	5	0.010	0.010	0.006

烃基中的双键对其熔点有明显的影响，双键越多熔点越低，在低温水中容易分散，对浮选的效果越好。

5－20 长链捕收剂吸附的自由能有哪几种？

长链捕收剂在氧化矿和硅酸盐表面斯特恩层的吸附密度，可以用斯特恩－格雷厄姆方程式描述，见式（5－10）：

$$\Gamma_{\delta}=2rc\exp(-\Delta G_{吸附}/RT) \tag{5-10}$$

式中 Γ_{δ}——斯特恩层的吸附密度；

r——吸附离子的有效半径；

c——捕收剂的溶液浓度；

$\Delta G_{吸附}$——吸附的标准自由能。

$\Delta G_{吸附}$可以分解成下列形式，见式（5－11）：

$$\Delta G_{吸附}=\Delta G^{\ominus}_{静电}+\Delta G^{\ominus}_{化学}+\Delta G^{\ominus}_{CH_2}+\Delta G^{*}_{CH_2}+\Delta G^{\ominus}_{溶剂化} \tag{5-11}$$

式中 $\Delta G^{\ominus}_{静电}$——矿物表面与捕收剂以静电相互作用的自由能；

$\Delta G^{\ominus}_{化学}$——捕收剂离子与矿物表面形成共价键的自由能；

$\Delta G^{\ominus}_{CH_2}$——界面上吸附的捕收剂离子烃链相互缔合的自由能；

$\Delta G^{*}_{CH_2}$——烃链与疏水矿物表面相互作用的自由能；

$\Delta G^{\ominus}_{溶剂化}$——捕收剂极性基与矿物溶剂化作用对吸附影响的自由能。

式（5－11）除了静电相互作用自由能一项以外，都可以合并为特性吸附自由能，即式（5－12）所示：

$$\Delta G^{\ominus}_{特性} = \Delta G^{\ominus}_{化学} + \Delta G^{\ominus}_{CH_2} + \Delta G^{*}_{CH_2} + \Delta G^{\ominus}_{溶剂化} \quad (5-12)$$

因而有式（5－13）：

$$\Delta G^{\ominus}_{吸附} = \Delta G^{\ominus}_{静电} + \Delta G^{\ominus}_{特性} \quad (5-13)$$

特性吸附的表达式表明它包括了化学吸附，也包括了非静电以外的疏水缔合。这里的化学吸附是指捕收剂离子与矿物离子间由共价键形成的吸附。如果说捕收剂离子与矿物的吸附作用只是由静电力和疏水缔合而产生的，则这种吸附称为物理吸附。

迄今，认为因静电作用产生的吸附的自由能可以表达为如下形式，见式（5－14）：

$$\Delta G^{\ominus}_{静电} = zF\psi \quad (5-14)$$

式中 z——离子价数；

ψ——表面电位；

F——法拉第常数。

捕收剂浓度高于临界胶束浓度时，捕收剂离子在范德华力的作用下生成二维的聚合体，称为半胶束。其生成自由能见式（5－15）：

$$\Delta G^{\ominus}_{CH_2} = n\phi \quad (5-15)$$

式中 n——捕收剂烃基中 CH_2 基团数；

ϕ——经缔合作用从水中排除 1mol CH_2 基团的标准自由能，其值约为 $-1.0RT$。

5.7 脂肪酸类捕收剂综述

5－21 脂肪的成分是什么？如何命名？

脂肪酸的重要来源是天然植物油脂。一分子油脂经过水解处理后，产生一分子甘油和三分子脂肪酸（又称羧酸，RCOOH）。天然的脂肪酸所含烷基中的碳原子数都是偶数，并且所含的绝大多数烷基都是直链。脂肪酸按其碳链 R 的饱和程度可分为饱和脂肪酸和不饱和脂肪酸两大类，在浮选工业上，不饱和酸更好用。

在动植物油脂中，常见的饱和脂肪酸有已酸（C_6）、辛酸（C_8）、癸酸（C_{10}）、月桂酸（C_{12}）、豆蔻酸（C_{14}）、软脂酸（C_{16}）及硬脂酸（C_{18}）等。自癸酸以下的，习惯上称为低级脂肪酸；月桂酸以上的通称高级脂肪酸。一些饱和酸的物理化学常数见表 5－9。

表 5－9 一些饱和脂肪酸（RCOOH）的物理化学常数

名 称	己 酸	辛 酸	癸 酸	月桂酸	豆蔻酸	软脂酸	硬脂酸
烷基 R	C_5H_{11}—	C_7H_{15}—	C_9H_{19}—	$C_{11}H_{23}$—	$C_{13}H_{27}$—	$C_{15}H_{31}$—	$C_{17}H_{35}$—
相对分子质量	116.09	144.12	172.16	200.19	228.22	256.25	284.28
凝固点/℃	−3.2	16.3	31.2	43.9	54.1	62.8	69.3

续表 5-9

名 称	己 酸	辛 酸	癸 酸	月桂酸	豆蔻酸	软脂酸	硬脂酸
熔点/℃	-3.4	16.7	31.6	44.2	53.9	63.1	69.6
密度（80℃）/$g \cdot cm^{-3}$	0.8751	0.8615	0.8477	0.8477	0.8439	0.8414	0.8390
水溶度/$mol \cdot L^{-1}$	8.3×10^{-2}	4.7×10^{-3}	8.7×10^{-4}	2.7×10^{-4}	8.8×10^{-5}	2.8×10^{-5}	1.0×10^{-5}
临界胶团浓度/$mol \cdot L^{-1}$	1.0×10^{-1}	1.4×10^{-1}	2.4×10^{-2}	5.7×10^{-2}	1.3×10^{-2}	2.8×10^{-3}	4.5×10^{-4}
临界胶团浓度（钠盐）/$mol \cdot L^{-1}$	7.3×10^{-1}（20℃）	3.5×10^{-1}（25℃）	9.4×10^{-2}（25℃）	2.6×10^{-2}（25℃）	6.9×10^{-3}（25℃）	2.1×10^{-3}（50℃）	1.8×10^{-3}（50℃）
临界胶团浓度（钾盐）/$mol \cdot L^{-1}$	1.49×10^{-3}	0.4×10^{-3}	0.97×10^{-4}	0.24×10^{-4}	0.6×10^{-5}		
HLB（亲油水平衡）	6.7	5.8	4.8	3.8	2.9	2.0	1.0
钙盐溶度积（K_{SP}）上C356		2.7×10^{-7}	3.8×10^{-10}	8.0×10^{-13}	1.0×10^{-15}	1.6×10^{-16}	1.4×10^{-18}

在动植物油脂中常见的不饱和脂肪酸包括油酸（$C_{17}H_{33}COOH$）、异油酸（$C_{17}H_{33}COOH$）、亚油酸（$C_{17}H_{31}COOH$）、亚麻酸（$C_{17}H_{29}COOH$）和蓖麻酸（$C_{17}H_{22}HCOOH$），其结构式如下：

$$CH_3(CH_2)_7\overset{H}{\overset{|}{C}}{=}\overset{H}{\overset{|}{C}}(CH_2)_7{-}COOH$$ 油酸

$$CH_3(CH_2)_7\overset{H}{\overset{|}{C}}{=}\underset{H}{\underset{|}{C}}(CH_2)_7{-}COOH$$ 异油酸

$$CH_3(CH_2)_4CH{=}CHCH_2CH{=}CH(CH_2)_7{-}COOH$$ 亚油酸

$$CH_3CH_2CH{=}CHCH_2CH{=}CHCH_2CH{=}CH(CH_2)_7{-}COOH$$ 亚麻酸

$$CH_3(CH_2)\underset{OH}{\underset{|}{C}}HCH_2CH{=}CH(CH_2)_7{-}COOH$$ 蓖麻酸

油酸中有一个双键，异油酸是油酸的异构体，又叫反油酸，它和一般油酸结构式的不同是双键两侧两个氢的排列方位不同（参考结构式），油酸的两个氢排在双键同一侧，反油酸的两个氢分别排在双键的两侧，使它的一些性质发生变化，用它浮选方解石的效果下降50%左右。

亚油酸有两个双键，亚麻酸有三个双键，蓖麻酸分子中除了有一个双键，还有一个羟基。

不饱和酸的物理化学常数见表5－10。

表5－10 一些不饱和酸的物理化学常数

常数名称	油酸	异油酸	亚油酸	亚麻酸	蓖麻酸
烯烃基R—	$C_{17}H_{33}$—	$C_{17}H_{33}$—	$C_{17}H_{31}$—	$C_{17}H_{29}$—	$C_{17}H_{22}$—OH—
相对分子质量	282.44	282.44	280.44	287.42	298.45
熔点/℃	13.4	43.7	－5.2～－5	－11.3～－11	5
烃基断面积/nm^2	0.566		0.599	0.682	
酸值	198.63	198.63	200.06	201.51	187.98
理论碘值	89.87	89.87	181.03	273.51	85.04
水溶度/$mol\cdot L^{-1}$					
临界胶团浓度/$mol\cdot L^{-1}$	1.2×10^{-3}	1.5×10^{-3}			
临界胶团浓度（钠盐）/$mol\cdot L^{-1}$	25℃ 2.1×10^{-3}	40℃ 1.4×10^{-3}	0.15g/L	0.20g/L	0.45g/L
	25℃ 2.7×10^{-3}	40℃ 2.5×10^{-3}			
临界胶团浓度（钾盐）/$mol\cdot L^{-1}$	8.0×10^{-4}（25℃）				
HLB（亲水亲油平衡）	$19^{4.5}$(Na)				
pL_{Ca}（20℃）	12.4	14.3	12.4	12.2	

从表5－9和表5－10可以得到以下的规律：

（1）饱和脂肪酸的烃基越长，其凝固点越高，脂肪酸的凝固点和熔点是相近的；

（2）饱和脂肪酸的烃基越长，其水溶度和临界胶束浓度越小；

（3）饱和脂肪酸的钠盐的临界胶团浓度比对应钾盐的临界胶团浓度大；

（4）饱和脂肪酸钙盐的浓度积，也随烃链长度增大而减小；

（5）对于不饱和脂肪酸，双键对熔点和临界胶团浓度的影响比链长的影响大，而且双键越多，熔点越低，临界胶团浓度越大，对于浮选越有利。

5－22 羧酸有哪些性质?

低级羧酸是有臭味的无色液体，高级羧酸是无色无味的蜡状固体。羧酸在水中解离出羧基中的H^+使溶液呈弱酸性。

$$RCOOH \rightleftharpoons RCOO^- + H^+$$

其解离常数见式（5－16）。

$$K_a = \frac{[RCOO^-][H^+]}{[RCOOH]} \tag{5-16}$$

今以 A 表示 $RCOO^-$，以 HA 表示 RCOOH，则见式（5－17）和式（5－18）：

$$K_a = \frac{[A^-][H^+]}{[HA]} \tag{5-17}$$

$$\frac{K_a}{[H^+]} = \frac{[A^-]}{[HA]} \tag{5-18}$$

式（5－18）两边取对数，可得式（5－19）：

$$pH - pK_a = \lg \frac{[A^-]}{[HA]} \tag{5-19}$$

解离常数的负对数常用 pK_a 表示，即 $pK_a = -\lg K_a$。从表面看 pK_a 的值大小与 K 相反，pK_a 的值越小，其酸性越强。对于阴离子捕收剂，解离常数、离子浓度、分子浓度和 pH 值存在下列关系，见式（5－20）：

$$pH = pK_a + \lg \frac{[A^-]}{[HA]} \tag{5-20}$$

式中 $[A^-]$——已解离的捕收剂阴离子浓度；

$[HA]$——未解离的捕收剂分子浓度。

如果 $[A^-]$ 和 $[HA]$ 相等，则见式（5－21）：

$$pH = pK_a \tag{5-21}$$

如果阴离子捕收剂是以静电力和矿物相作用，需要两方面的条件：一方面药剂在水中解离有足够量的阴离子，它受 pH 值的控制；另一方面矿物表面必须荷正电，它与矿物表面的零电点（ZPC）或等电点（IEP）有关。要满足前一条件，就要求 $pH > pK_a$，要满足后一条件，就要求 $pH < ZPC$

即

$$pK_a < pH < ZPC$$

羧酸解离以后，原来与氢相连的氧带负电荷，此负电荷排斥电子，有将电子云与羰基共享的趋势，即将电子云平均分摊在两个氧和一个碳之间，这可以表示为如下形式：

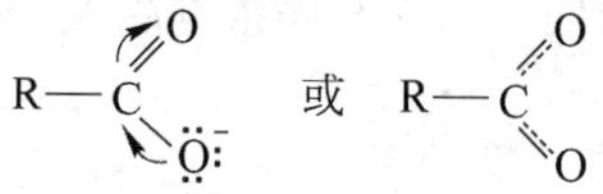

R—C(=O)—Ö:⁻（箭头表示电子移动）　或　R—C(O)(O)（电子云平均化）

羧酸解离电子云的平均化

左式箭头表示电子的移动方向，黑点表示氧外层的孤电子对，“－”表示阴离子的负电荷。右式表示荷负电的氧的电子云转移以后，两个氧上的电子云分布非常接近，但强度并不完全相等。由于这种转移，它的负电荷在矿浆中与 H^+ 的作用减弱，使负离子能处于较稳定的状态，有利于药剂的溶解和分散。

羧酸在不同的 pH 值溶液中，能以多种形式存在，各种离子、分子的 lg$c$ 与 pH 值的关系如图 5－9 所示。

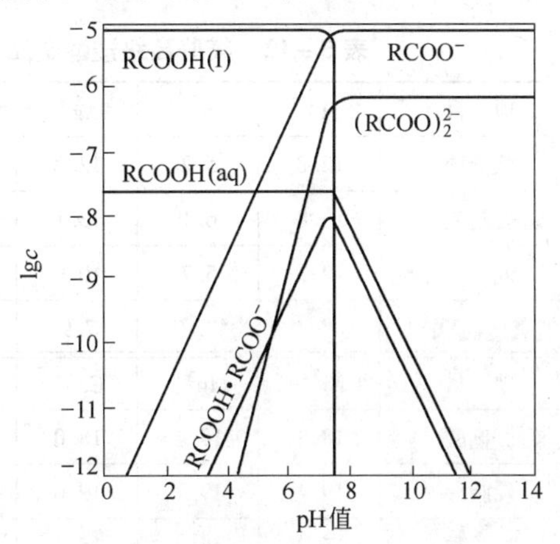

图 5－9　羧酸的 lg$c$－pH 值图

图 5－9 说明：在不同的 pH 值和不同的浓度下，羧酸可以分子 RCOOH(l)、RCOOH(aq) 单个离子 $RCOO^-$、离子分子缔合体 $(RCOO)_2H^-$ 和缔合离子 $(RCOO)_2^{2-}$（二聚体）的形式存在。分子油酸又有两种，一种是未溶于水的纯液体油酸分子 RCOOH(l)，另一种是溶于水的油酸分子 RCOOH(aq)。油酸浓度超过临界胶束浓度时，可以生成前面所说的胶束（团）。

羧酸的皂，如 RCOONa，是强碱弱酸的盐，在水中水解并呈碱性反应，反应式如下：

$$RCOONa + H_2O = RCOOH + Na^+ + OH^-$$

因为 $RCOOH = RCOO^- + H^+$，显然 pH 值越高，羧酸阴离子越多。但当 pH 值过高时，OH^- 又会从矿物表面排斥羧酸阴离子 $RCOO^-$。

某些 C_{16} ~ C_{18} 的高级羧酸金属皂的溶度积的负对数 pL 的值见表 5－11。

表 5－11　一些脂肪酸的金属皂的溶度积的负对数 pL

金属阳离子	棕榈酸	硬脂酸	油　酸	反油酸	亚油酸	亚麻酸
H^+	11.9	12.7	11.2	10.9	11.0	11.5
Na^+	5.1	6.0	—	—	—	—
Ag^+	11.1	12.0	10.5	9.4	9.5	9.4
Pb^{2+}	20.7	22.2	—	16.8	—	16.9
Cu^{2+}	19.4	20.8	—	16.4	—	17.0
Fe^{2+}	15.6	17.4	—	12.4	—	—
Mn^{2+}	16.2	17.5	—	12.3	—	12.6
Ca^{2+}	15.8	17.4	14.3	12.4	12.4	12.2
Be^{2+}	15.4	16.9	—	11.9	11.8	11.6
Mg^{2+}	14.3	15.5	—	10.8	—	—

表 5－11 和表 5－12 两张表制成条件不同，后表中的对应数值比前表中的数值大 1 ~ 2 个单位，表中的数据是相关金属脂肪酸皂浓度积的负对数值，其值越

大，对应的化合物的溶解度越小。

表 5-12 某些高级羧酸金属皂的 p*L*（溶液无限稀，20℃）

项　目	H^+	K^+	Ag^+	Pb^{2+}	Cu^{2+}	Zn^{2+}	Cd^{2+}	Fe^{2+}
棕榈酸	12.8	5.2	12.2	22.9	21.6	20.7	20.2	17.8
硬脂酸	13.8	6.1	13.1	24.4	23.0	22.2		19.6
油　酸	12.3	5.7	10.9	19.8	19.4	18.1	17.3	15.4
氢氧化物 OH^-			7.9	15.1	18.2			

项　目	Ni^{2+}	Mn^{2+}	Ca^{2+}	Ba^{2+}	Mg^{2+}	Al^{3+}	Fe^{3+}	
棕榈酸	18.3	18.4	18.0	17.6	16.5	31.2	34.3	
硬脂酸	19.4	19.7	19.6	19.1	17.7	33.6		
油　酸	15.7	15.3	15.4	14.9	13.8	30.0	34.2	
氢氧化物 OH^-	14.8	13.1	4.9					

金属脂肪酸皂的 p*L* 值和其氢氧化物的 p*L* 值相对大的，其化合物会优先生成。表中数据表明脂肪酸金属皂的溶解度有以下顺序：

油酸皂 > 棕榈酸皂 > 硬脂酸皂

一价金属皂 > 两价金属皂 > 三价金属皂

碱土金属皂 > 重金属皂

温度升高能使金属盐的溶解度迅速升高，它们的关系对于各个化合物都不相同。浮选的选择性和结果都因温度升高而变好，所以常在使用前加温或在 20℃ 左右滤去高凝固点的脂肪酸后使用，近年人们也重视研究出一些可以在低温下使用的改性脂肪酸（见第 13 章氧化矿、硅酸盐、可溶盐及其他矿物的浮选章节的内容）。

5-23 羧酸在矿物表面如何起作用？可以用它们浮选哪些矿物？

羧酸的作用可以简单地表示为：

$$nRCOO^- + M^{n+} \longrightarrow (RCOO)_nM\downarrow$$

但为了解释某些现象，人们设想了许多反应途径，例如

$$]\ MOH^+ + RCOO^- \longrightarrow RCOOHOM\ [\qquad (1)$$

$$]\ MOH + RCOOH^- \longrightarrow RCOOM\ [+ H_2O \qquad (2)$$

$$]\ MOH + RCOO^- \longrightarrow RCOOM\ [+ OH^- \qquad (3)$$

（1）表示羧酸离子与矿物表面的第一羟基配合物作用；

（2）表示矿物表面金属离子羟基化但不荷电，羧酸主要以分子形式参加反应，反应后表面不荷电；

(3) 反应产物不增大矿物表面负电位。羧酸在低浓度时，在矿物表面发生单分子层的化学吸附或化学反应；高浓度时，在矿物表面生成多分子层羧酸及其胶团。

羧酸及其皂可用于浮选下列氧化矿物及硅酸盐：

(1) 碱土金属盐类矿物，如白钨矿、萤石、磷灰石、重晶石。

(2) 黑色和稀有金属氧化矿物，如赤铁矿、软锰矿、锡石、黑钨矿、钛铁矿、独居石等。

(3) 钙、铁、铍、锂、锆等金属的硅酸盐矿物，如绿柱石、锂辉石、锆英石、石榴石等。

(4) 铜、铅、锌的难选氧化矿不经硫化直接浮选，如孔雀石、硅孔雀石、硅锌矿等。

(5) 可溶盐矿物，如钾和钠的氯化物、硝酸盐、镁的硫酸盐等。

总之，羧酸及其皂可以捕收的对象很广，但选择性很差，用量也比黄药大。但在萤石、磷灰石、白钨矿、黑钨矿、锡石、赤铁矿等矿物的浮选中用得仍然很广泛，是氧化矿的重要捕收剂。

因为脂肪类捕收剂选择性不强，所以常研究它与磺酸盐等药剂配合使用，以提高其选择性的方法。

5-24 浮选中常用的脂肪酸类捕收剂有哪些？

A 工业油酸一般含有的物质

工业油酸一般不纯，由于原料和生产工艺不同，成分相差较远。有人用色谱的方法抽查了9个样本，其组成见表5-13。

表5-13 工业油酸组成概貌

酸类	组成（质量分数）/%	酸类	组成（质量分数）/%
月桂酸（12℃）	0.0~0.4	豆蔻酸（14℃）	0.6~4.0
十四碳一烯酸	0.1~3.2	软脂酸（16℃）	1.6~4.8
十六碳一烯酸	5.9~13.0	十七碳一烯酸	0.2~1.9
硬脂酸（18℃）	0.0~1.8	油酸（17℃，一烯）	68.6~77.8
亚油酸（18℃，二烯）	1.9~12.6	亚麻酸（18℃，三烯）	0.0~3.4
不皂化物	0.25~0.44	过氧化物	0.0~11.0
碘值	87.6~94.0（理论碘值为89.8）		

注：碘值是100g试样中的双键或三键与氯化碘发生加成反应所消耗的碘的克数。

B 塔尔油的概念及其用途

塔尔油是硫酸造纸法纸浆废液经酸化的产物，是脂肪酸和松脂酸的混合物，含脂肪酸约40%（脂肪酸中油酸约45%，亚油酸约48%），松脂酸约40%，其他成分见表5－14。

表5－14 粗制塔尔油的一般数据

名 称	数 值	名 称	数 值
密度/$g \cdot cm^{-3}$	0.95～1.024	不溶于石油醚的物质含量/%	0.1～8.5
酸 值	107～179	脂肪酸含量/%	18～60
皂化值	142～185	松脂酸含量/%	28～65
碘 值	135～216	非酸性物质/%	5～24
灰分/%	0.39～7.2	黏度（18℃）/Pa·s	$(0.76 \sim 15) \times 10^3$

作为捕收剂，塔尔油的应用范围与脂肪酸是相似的，可用于选别氧化铁矿、锰矿、磷灰石、萤石、重晶石、锂辉石及铀矿。其价格远比油酸便宜。

C 氧化石蜡及其皂的成分及用途

将石蜡以人工催化氧化制成$C_{10} \sim C_{22}$的混合脂肪酸，称为氧化石蜡，它的钠皂即为氧化石蜡皂。20世纪60年代，我国曾用大豆脂肪酸浮选东鞍山的贫铁矿，因为脂肪酸用量太大，与社会需要相矛盾，后来用氧化石蜡皂代替大豆脂肪酸获得成功，但近年又用新的药剂代替它选铁矿，其用量在萎缩。

所谓的“731”氧化石皂是用大连石油化工七厂常压三线一榨蜡为原料制成的氧化石蜡皂。氧化石蜡的馏程为262～350℃，熔点39.7℃，含烃油量20.07%，正构烷烃含量84.10%，异构烷烃含量14.8%，该氧化石蜡加工成的氧化石蜡皂的主要指标见表5－15。

表5－15 氧化石蜡皂的质量指标 （%）

成 分	指 标	成 分	指 标	成 分	指 标
羧 酸	31.5	羟基酸	10.22	不皂化物	16.71
游离碱	0.397	水 分	22.0	碘 值	3.46

氧化石蜡皂的各成分中，羟基酸和异构酸比正构酸的捕收力强，这与它们较易分散和溶解有关。二元酸有两个羧基，亲水性更强，捕收力较弱。氧化石蜡皂的各个成分都有一定的起泡性。

“731”氧化石蜡皂是酱色膏体，成分欠稳定。“733”氧化石蜡皂是粉状固体，成分更稳定。自氧化石蜡皂在我国应用以来，曾广泛用作脂肪酸的代用品，用于选别赤铁矿、萤石、重晶石、磷灰石、氧化钛锆物（钛铁矿、金红石、锆英石）、氧化钼矿、黑白钨矿等。但近年来随着螯合剂及某些选择性更好阴离子捕收剂的推广，氧化石蜡皂逐渐被取代。氧化石蜡皂中各种成分对赤铁矿的捕收力如图5－10所示。

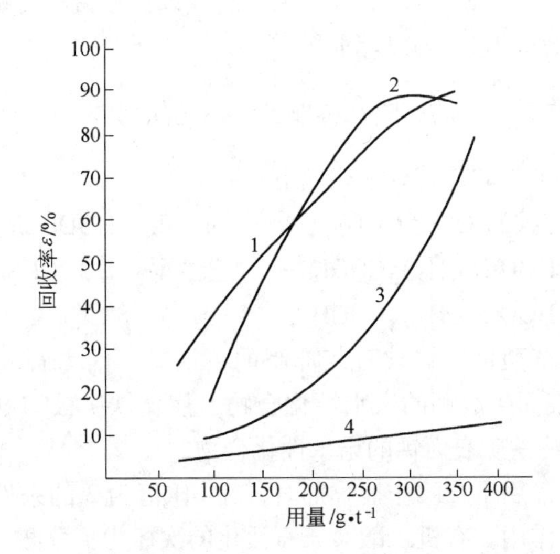

图 5-10 氧化石蜡皂中各种成分对赤铁矿的捕收力

1—羟基酸钠；2—异构酸钠；3—正构酸钠；4—二元酸钠

D 其他脂肪酸的代用品及其用途

脂肪酸的代用品具体包括以下几种类型：

（1）环烷酸是石油工业的副产品，石油工业的不同馏分精炼洗涤时，先用酸洗、后用苛性钠洗涤，除去其中的酸性化合物，得到一种碱渣，碱渣中含有环烷酸钠。它含有环丙基、环丁基、环戊基到环已基的甲酸，其代表性的结构式为：

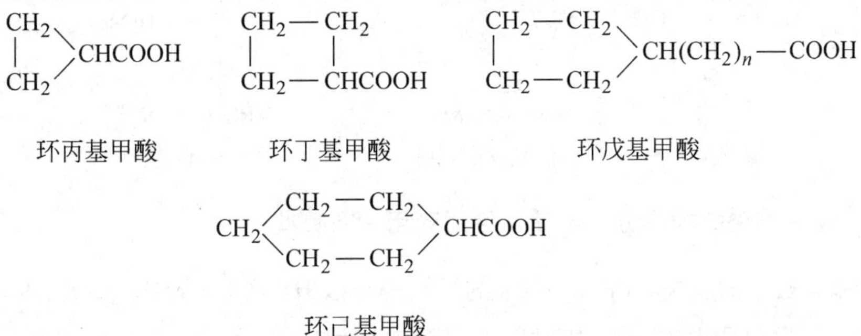

环烷酸可以作为油酸的代用品，但供应量有限，兼有捕收性和起泡性。

（2）米糠油皂脚。米糠油皂脚是精制米糠油时所得的液体脂肪酸，主成分为油酸，另含有约20%的亚油酸，可作脂肪酸的代用品，如用它浮选萤石。

（3）癸二酸下脚料。它是裂解蓖麻油制造癸二酸的副产物，含羧酸，曾用于浮选萤石及钴土矿。

（4）山苍子油酸。山苍子油酸是用山苍子提取挥发油后的残液经蒸馏所得的混合脂肪酸，含有十二烯酸，捕收白钨矿的效果比油酸和石蜡皂好。

（5）此外有亚油酸铵和氨基脂肪酸等。

5－25 浮选常用的有机二酸有哪几种成分？用途如何？

浮选常见的有机二酸及其分子式如下：

乙二酸（草酸）HOOCCOOH　　丙二酸　$HOOCCH_2COOH$

丁二酸　$HOOC(CH_2)_2COOH$　　己二酸　$HOOC(CH_2)_4COOH$

癸二酸　$HOOC(CH_2)_8COOH$

有机二酸中的草酸可活化被石灰抑制的黄铁矿。因为石灰可以提高矿浆的pH值，在黄铁矿表面生成钙的亲水性化合物，使黄铁矿被抑制。草酸能降低矿浆的pH值并溶解黄铁矿表面钙的亲水性化合物。

试验结果表明，用十二胺作捕收剂时，在pH值为2的条件下，有机二酸对长石和石英有活化作用，有机二酸对长石活化的次序为：草酸 $>$ 丙二酸 $>$ 丁二酸 $>$ 己二酸或癸二酸；有机二酸对石英的活化强弱顺序为：丙二酸 $>$ 丁二酸 $>$ 己二酸 $>$ 癸二酸或草酸；在十二胺浮选体系中，在强酸性条件下，草酸是可以实现长石和石英浮选分离的有效调整剂。

5.8 烃基硫酸盐和烃基磺酸盐

烃基硫酸盐及烃基磺酸盐可以视为硫酸的衍生物，其结构式为：

$$\begin{array}{ccc} \mathrm{HO-\overset{\overset{\displaystyle O}{\|}}{\underset{\underset{\displaystyle O}{\|}}{S}}-OH} & \mathrm{RO-\overset{\overset{\displaystyle O}{\|}}{\underset{\underset{\displaystyle O}{\|}}{S}}-OH(Me)} & \mathrm{R-\overset{\overset{\displaystyle O}{\|}}{\underset{\underset{\displaystyle O}{\|}}{S}}-OH(Me)} \\ H_2SO_4 & RSO_4H(Me) & RSO_3H(Me) \\ \text{硫酸} & \text{烃基硫酸(盐)} & \text{烃基磺酸(盐)} \end{array}$$

5－26 烃基硫酸盐的成分、制法、性质和用途有哪些？

烃基硫酸钠的制法是将 $C_{12} \sim C_{16}$ 的高级醇与浓 H_2SO_4、H_2SO_4、SO_3、$ClSO_3H$ 等作用，然后皂化即可得烃基硫酸钠。反应机理如下：

$$ROH + H_2SO_4 \longrightarrow ROSO_3H + H_2O$$

$$ROH + SO_3 \longrightarrow ROSO_3H$$

$$ROH + ClSO_3H \longrightarrow ROSO_3H + HCl$$

$$ROSO_3H + NaOH \longrightarrow ROSO_3Na + H_2O$$

烃基硫酸钠通式为 RSO_4Na。浮选中常用的烃基硫酸盐，其中R的碳原子数为12～16。它们的主要性质见表5－16。

表 5-16 常用的烷基硫酸钠的性质

名　称	分子式	溶解度/$g \cdot L^{-1}$	CMC/$mmol \cdot L^{-1}$
十二烷基硫酸钠	$C_{12}H_{25}SO_4Na$	280（25℃）	6.8
十四烷基硫酸钠	$C_{14}H_{29}SO_4Na$	160（35℃）	1.5
十六烷基硫酸钠	$C_{16}H_{33}SO_4Na$	125（55℃）	0.42
十八烷基硫酸钠	$C_{18}H_{37}SO_4Na$	50（60℃）	0.11

烷基硫酸盐由于制造原料为长链烷醇，所以价格远比相应的烷基磺酸盐高。它是弱捕收剂，有起泡性。可用于浮选硝酸钠、硫酸钠、氯化钾、硫酸钾、萤石、重晶石、磷酸盐、黑钨矿、锡石、锂辉石、绿柱石等，由于与重晶石的成分更有相似性，在选别成盐矿物时，对重晶石有较强的选择性。

过去我国用大豆脂肪酸选铁矿时，曾将大豆脂肪酸与浓硫酸作用先生成硫酸化油酸。

$$CH_3(CH_2)_7CH{=\!=}CH(CH_2)COOH + H_2SO_4$$

$$\downarrow \text{浓 } H_2SO_4$$

$$CH_3(CH_2)_7CH_2{-}\underset{\displaystyle OSO_3H}{\underset{|}{CH}}(CH_2)_7COOH \quad \text{（硫酸化油酸）}$$

再将它与 NaOH 作用，使它皂化成大豆脂肪酸硫酸钠皂。

$$C_{17}H_{35}SO_4H + NaOH \longrightarrow C_{17}H_{35}SO_4Na + H_2O$$

大豆脂肪酸硫酸钠皂具有脂肪酸和硫酸化皂的特点，它有脂肪酸的捕收力又有耐硬水和选择性好的特点。

油酸与浓硫酸作用时，如果温度较高，则油酸被氧化成羟基硬脂酸及羟基油酸（在硫酸根作用的位置发生羟基化），同时放出二氧化硫气体。

5-27 烃基磺酸盐的成分、制法、性质和用途如何？

烷基磺酸钠的制法以十五碳烷基磺酸钠为例，烷烃制造烷基磺酸钠的反应机理如下：

氯磺化：$R-H + Cl_2 + SO_2 \xrightarrow{\text{紫外光}} RSO_2Cl + HCl$

皂化：$RSO_2Cl + 2NaOH \longrightarrow RSO_3Na + NaCl + H_2O$

简单的烃基磺酸盐 RSO_3Me 中的 R 可以是烷基或芳香基。工业烃基磺酸盐包括烷基磺酸盐和芳香基磺酸盐的混合物，浮选用的常称为石油磺酸盐。它可以包括下列几种药剂：

名称	结构式	用途
α-磺化脂肪酸钠	$CH_3(CH_2)_n{-}CH(SO_3Na)(COOH)$	氧化铁矿的捕收剂，缺点是成本高
209 洗涤剂（即伊基朋 T）	$C_{17}H_{33}CON(CH_3){-}CH_2CH_2{-}SO_3Na$	赤铁矿强捕收剂

名称	结构式	用途
A－22（磺化丁二酰胺酸四钠盐）	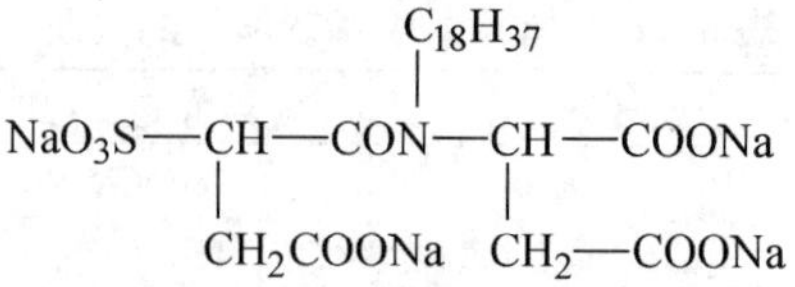 $NaO_3S—CH(CH_2COONa)—CON(C_{18}H_{37})—CH(CH_2—COONa)—COONa$	相当于 Aerosol22，钨锡矿捕收剂
磺化丁二酸－2－乙基己酯	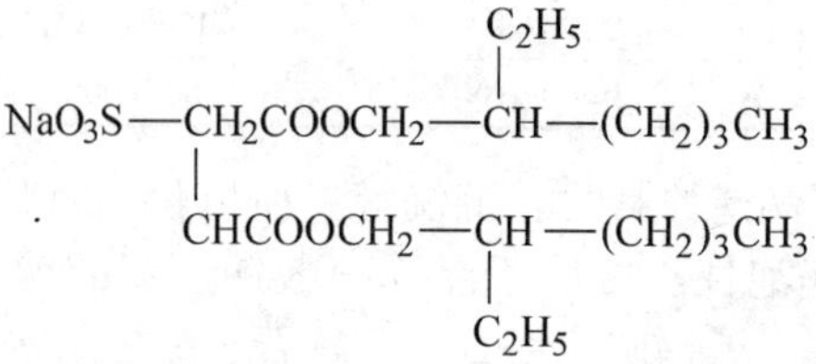 $NaO_3S—CH(CH_2COOCH_2—CH(C_2H_5)—(CH_2)_3CH_3)—CHCOOCH_2—CH(C_2H_5)—(CH_2)_3CH_3$	相当于 Aerosol－OT 铬铁矿捕收剂，氧化铁矿活化剂
十二烷基苯磺酸钠	$C_{12}H_{25}C_6H_4SO_3Na$	捕收萤石、石英、重晶石、钾盐
二丁基萘磺酸钠	$(C_4H_9)_2C_{10}H_4SO_3Na$	从石盐中分出钾盐，从石膏中分出水方硼石

石油磺酸类捕收剂来源广、成本低，制造容易，但捕收力不如脂肪酸强，而选择性则更好，所以人们为了改变脂肪酸类捕收剂的选择性，常常将磺酸基或硫酸基引入脂肪酸类的捕收剂中，使其适用范围与烃基硫酸盐相似。

G－624 捕收剂是由几种捕收剂混合再加一定量含有双键、磺酸根、环烷基的高分子表面活性剂组成。外观为黄色粉末，毒性较低，天水、厂坝、青海矿山实际应用证明，G－624 是一种较强的捕收剂，用于铅锌硫化矿浮选回收率能提高 1%～2%。

5.9 羟肟酸类捕收剂

5－28 烃基羟肟酸的成分、结构、性质和用途如何？

羟肟酸有下列两种互变异构体：

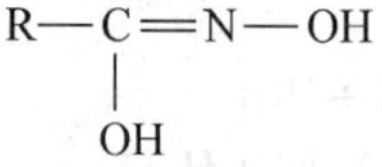

$$R—C(OH)═N—OH$$

烃基羟肟酸

$$R—C(═O)—NH—OH$$

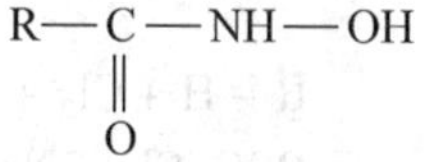

烃基氧肟酸

烃基可以是 C_5～C_9、C_7～C_9 烷基，也可以是环烷基，分别称为 5～9 烷基羟肟酸、7～9 烷基羟肟酸，环烷基羟肟酸。当羟肟基前面的烃基为萘酚基时，可以是 H－205（2 羟基－3 萘甲基等）。它们的结构式如下：

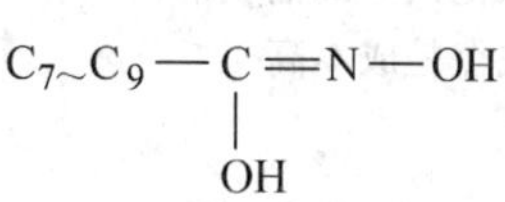

$$C_{7\sim}C_9—C(OH)═N—OH$$

$C_{7\sim}C_9$羟肟酸

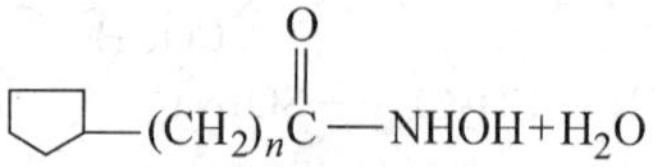

$$C_5H_9—(CH_2)_nC(═O)—NHOH+H_2O$$

环烷基羟肟酸

$$C_6H_5—C(═O)—NHOH$$

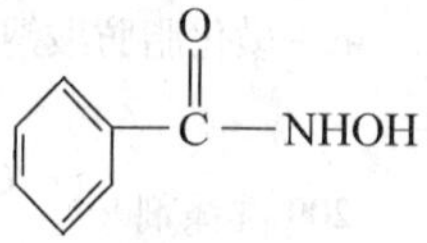

苯甲羟肟酸

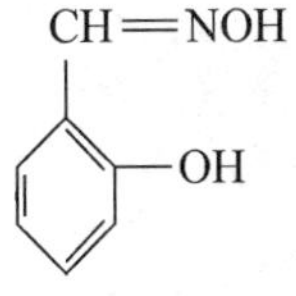

CH=NOH　OH　OH　O　NHOH　OH　O　C　NHOH

水杨羟肟酸 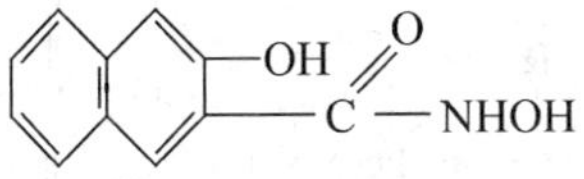　　2-羟基-3-萘甲羟肟酸(H-205) 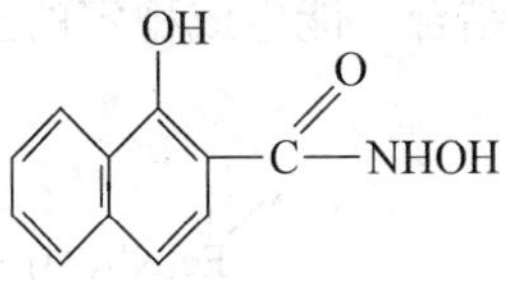　　1-羟基-2-萘甲羟肟酸(H-203)

7~9羟肟酸（俄文名为ИМ11）为黄白色固体，易溶于热水，有腐蚀性，有毒。pK_a值为9，它可以和Cu^{2+}、Fe^{3+}等离子生成螯合物。浮选氧化铜矿将它与黄药共用，能获得较好的指标。也可用于浮选氧化铁矿、白钨矿、铌铁金红石、稀土矿物和钛铁矿等。

环烷羟肟酸（使用时加氢氧化铵配制成环烷羟肟酸铵）可作捕收剂，包钢曾用它捕收稀土矿。

水杨羟肟酸是粉红色粉末，性质稳定，溶于乙醇、丙酮等有机溶剂。在酸性介质中使用时，可将其先溶于酒精；在碱性介质中使用时，可将其先溶于苛性钾钠溶液，它是稀土矿物、钨锰铁矿及锡石的捕收剂，有一定的起泡性，毒性比胂酸小得多。

苯甲羟肟酸可用于黑钨细泥浮选，柿竹园用过，也可以用它浮选稀土矿物。

H-205状如土色，含水70%，难溶于水，可用碱配成溶液使用。与氢氧化钠、碳酸钠或氢氧化铵作用则生成钠盐或铵盐。其钠盐或铵盐对水溶解度增大，可用作稀土矿物的捕收剂，在包钢稀土选矿中已使用多年，但价格昂贵（数万元/吨），已用LF8和LF6代替（详见13.10节）。

在浮选书中，常见螯合剂的名称是指与金属离子作用能够形成环状结构配合物的药剂。这种药剂，一般含有两个或两个以上能够供电子的基团，它们与金属离子结合时，在结合的价键上，一部分是通过一般的价键发生电子交换，另一部分则是通过电场的作用产生“副价键”。两个以上的价键像螃蟹的螯，挟持金属离子，生成环状的产物，称为金属螯合物。相关的药剂称为螯合剂。药剂与金属离子反应后形成环的节数为4、5或6节，分别称为四元、五元（见5-29问）或六元环。构成螯合剂的原子对很多，如S、S；O、O；S、N；O、N；…。所以螯合剂是一个可以包含很多药剂的概念。前述各种羟肟酸应是当今最常用的螯合剂的代表，这类药剂近年在我国比较受重视，因为它们在捕收氧化矿时比用脂肪酸类有更好的选择性，能解决选矿中用别的药剂无法解决的问题，但有价格很贵、反应产物不很牢固的弱点。

5-29　几种羟肟酸、膦酸和胂酸对铌钙矿的捕收作用有何不同？

Ren H等人曾经研究过几种氧化矿捕收剂对于合成铌钙矿的捕收作用，红外光谱研究证明，烷基氧肟酸离子与铌铁金红石表面的活性质点Nb^{5+}、Fe^{3+}、

Ti^{4+}结合，能生成稳定的五元螯合环。

$$\text{Fe(Nb、Ti)}-\text{OH}+\text{HO}-\underset{\underset{\text{O}=\text{N}}{\|}}{\overset{\text{R}}{\overset{|}{\text{C}}}}\longrightarrow \text{Fe(Nb、Ti)}\genfrac{}{}{0pt}{}{\diagup \text{O}-\overset{\overset{\text{R}}{|}}{\text{C}}}{\diagdown \text{O}-\text{N}}\ \ +H_2O$$

铌铁金红石与烷基氧肟酸的反应

几种捕收剂的用量与铌钙矿物浮选回收率的关系如图 5 - 11 所示。

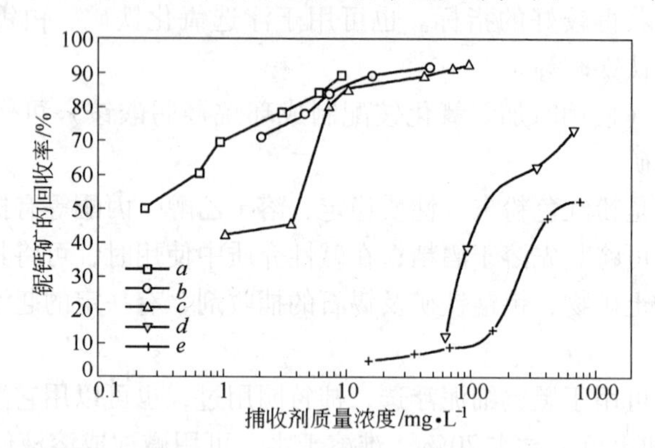

图 5 - 11　几种捕收剂的用量与铌钙矿物的浮选回收率关系（在最佳 pH 值时）
a—环烷羟肟酸，pH 值为 7.0；*b*—$C_{7\sim9}$烷基羟肟酸，pH 值为 6.0；*c*—双膦酸，
pH 值为 5.0；*d*—苯乙烯膦酸，pH 值为 5.0；*e*—苯胂酸，pH 值为 5.0

从图 5 - 11 可以看出，两种羟肟酸都对铌钙矿$(Ca, Ce, Na)(Nb, Ta, Ti)_2(O, OH, F)_6$有很强的捕收力，而烷基羟肟酸还有较高的选择性。环烷羟肟酸则选择性差，对于铌钙矿的伴生矿物捕收力较接近。捕收力的大小顺序是：

环烷羟肟酸 > 烷基（$C_{7\sim9}$）羟肟酸 > 双膦酸 > 苯乙烯膦酸 > 苯胂酸

选择性的大小顺序是：

双膦酸 > 苯基胂酸 > 苯乙烯膦酸 > 烷基（$C_{7\sim9}$）羟肟酸 > 环烷羟肟酸

5.10 铜铁灵的结构和用途

铜铁灵的结构式为：

$$C_6H_5-\underset{\underset{\text{N}=\text{O}}{|}}{\text{N}}-ONH_4$$

N-亚硝基 β-苯胲铵

北京矿冶研究总院用铜铁灵浮选柿竹园的黑白钨获得了很好的效果，并命名为 CF 捕收剂，创造了 CF 法浮选新工艺。该工艺以硝酸铅作钨矿物的活化剂，用水玻璃和羧甲基纤维素作脉石抑制剂，实现了钨矿物的常温浮选。当给矿品位

为 WO_3 0.57%时，得到品位为 WO_3 71.8%、回收率为 WO_3 56.23%的白钨精矿和品位为 WO_3 66.61%、回收率为 WO_3 27.35%的黑钨精矿。总回收率达83.5%。

5.11 胂酸类捕收剂的种类、合成和用途

胂酸类捕收剂主要是对于甲苯胂酸的几个同分异构体。它们的结构式如下：

p-$CH_3C_6H_4AsO_3H_2$

对-甲苯胂酸

$CH_3C_6H_4AsO_3H_2$

混合甲苯胂酸

m-$CH_3C_6H_4AsO_3H_2$

间-甲苯胂酸

o-$CH_3C_6H_4AsO_3H_2$

邻-甲苯胂酸

$C_6H_5CH_2AsO_3H_2$

苄基胂酸

$CH_3C_6H_4CH_2AsO_3H_2$

甲苄胂酸

后两者是朱建光教授根据同分异构原理先后研制成功的。其中，苄基胂酸按迈耶法合成，过程如下：

$$C_6H_5—CH_2Cl \xrightarrow{As_2O_3 + NaOH} C_6H_5—CH_2AsO_3Na \xrightarrow{H_2SO_4} C_6H_5—CH_2AsO_3H_2$$

国内多年来的实践表明，它们都可以浮选黑钨和锡石细泥。苄基胂酸的捕收性能和甲苯胂酸极为接近，但苄基胂酸合成工艺简单，成本低，已在我国推广使用多年。

苄基胂酸是白色晶体，在常温下稳定，溶于热水，难溶于冷水。在 196～197℃熔化且分解。苄基胂酸是二元酸，在水中分两步电离，pK_1 和 pK_2 分别为 4.43 和 7.51，水溶液呈酸性，可溶于碱，配制苄基胂酸可用碳酸钠作溶剂。

苄基胂酸和甲苯胂酸都能与 Fe^{2+}、Fe^{3+}、Mn^{2+}、Sn^{2+}、Sn^{4+}、Cu^{2+}、Pb^{2+}、Zn^{2+} 等离子生成沉淀，对 Ca^{2+}、Mg^{2+} 反应不敏感。因此两种胂酸能捕收锡石、黑钨矿和铜、铅、锌、铁的硫化物（但对金属硫化物的浮选没有实际意义），而对钙、镁的矿物捕收力弱，对要浮的矿物有较好的选择性。苯胂酸类也可捕收铌钙矿，但效果不如羟肟酸类。

国内外矿山使用胂酸和膦酸浮选锡钨的试验表明：多数矿山使用胂酸的效果好一些，少数矿山使用膦酸的效果好一些。如南非金矿有限公司浮锡试验的优劣顺序是：

甲苯胂酸 > 乙基苯膦酸 > A－22（磺化丁二酰胺四钠盐） > 油酸钠和异己基膦酸混用

我国大厂长坡选矿厂选锡的实践结果是：

胂酸 > 膦酸 > A－22 > 油酸 > 烷基硫酸钠

试验表明，甲苯胂酸的选别指标优于或近似于苄基胂酸，且用量更低。胂酸类捕收剂的最大缺点是毒性比较大。

5.12 膦酸类捕收剂

5－30 苯乙烯膦酸的结构和用途如何？

其结构如下：

$$R-\overset{\displaystyle\diagup OH}{\underset{\displaystyle|\atop\displaystyle OH}{P}}=O$$

烃基膦酸(如苯乙烯膦酸)

其中，R 为苯烯基 $C_6H_5—C_2H_2—$。

苯乙烯膦酸是膦酸类捕收剂中较重要的一员。我国用它浮选钨、锡细泥都取得过较好的效果。黄茅山工业试验中，用它作锡石捕收剂，碳酸钠和氟硅酸钠为调整剂，松油作起泡剂，pH 值为 6.5 左右。选别结果是给矿品位 0.67%～0.72%锡，锡精矿品位 24.26%～26.40%锡，回收率为 44.79%～52.14%；富中矿品位 3.02%～3.56%锡，回收率为 33.48%～34.38%。两个精矿总回收率为 82.27%～86.51%。锡精矿为合格精矿，富中矿可烟化处理以回收锡。

5-31 双膦酸的组成、结构和用途如何?

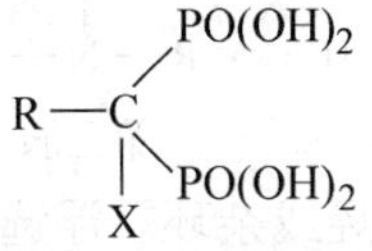

$$R-\overset{\displaystyle PO(OH)_2}{\underset{\displaystyle X}{C}}-PO(OH)_2$$

某基双膦酸

(X为OH或NH_2,R为烷基)

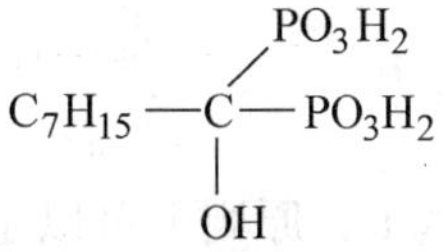

$$C_7H_{15}-\overset{\displaystyle PO_3H_2}{\underset{\displaystyle OH}{C}}-PO_3H_2$$

α-羟基-亚辛基-1,1-双膦酸

当X为OH时称为烷基-α-羟基-1,1-双膦酸 $RCOH(PO_3H_2)_2$,当X为NH_2时称为烷基亚氨基二次甲基膦酸 $RN(CH_2PO_3H_2)_2$。

其成分可表示为 $RCOH(PO_3H_2)_2$,结构见α-羟基-亚辛基-1,1-双膦酸,从含有大量氢氧化铁和电气石的矿泥中回收锡石,组合使用双膦酸和异构醇,能得到较高的浮选指标。有关捕收剂的捕收力由小到大的顺序是:

苯乙烯膦酸<羟基亚辛基双膦酸<α-氨基亚己基-1,1-双膦酸

Ren H等人在对铌钙矿的研究中,根据所得的数据以及红外光谱和x射线光电子光谱的研究,得到以下几点结论:

(1)双膦酸是铌钙矿最有选择性的捕收剂。

(2)用双膦酸20mg/L,pH值为2.5~5.0,浮选铌钙矿的回收率可达83.27%~85.1%。

(3)用XPS(X射线光电子光谱)分析得出双膦酸在铌钙矿表面的吸附是化学吸附的结果。因为双膦酸的键合能P2p移动了3.85eV。

5-32 α-(3-苯基硫脲基)烃基膦酸二苯酯的结构和用途如何?

α-(3-苯基硫脲基)烃基膦酸二苯酯的结构式如下:

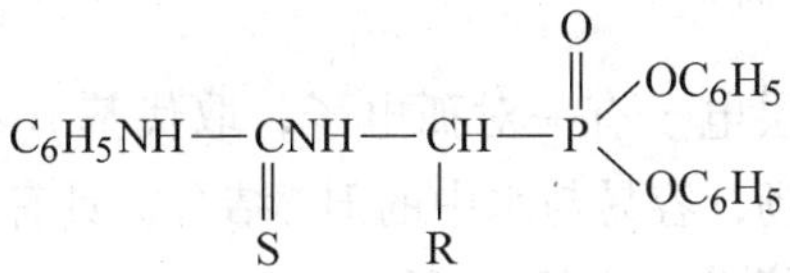

$$C_6H_5NH-\underset{\displaystyle \| \atop S}{C}NH-\underset{\displaystyle | \atop R}{C}H-\overset{\displaystyle O \atop \|}{P}(OC_6H_5)_2$$

α-(3-苯基硫脲基)烃基膦酸二苯酯

该捕收剂对白铅矿捕收能力很强,对石英和方解石捕收能力弱,可用焦性末食子酸抑制方解石和石英。

5.13 胺类、醚胺、烷基胍及烷基吗啉

5-33 胺的成分、命名和用途如何?

胺可以看作氨的衍生物。根据 NH_3 中被烃基取代H的个数不同,分别命名

为第一胺（伯胺）、第二胺（仲胺）和第三胺（叔胺）。其结构式如下：

$$\underset{\text{氨}}{H-\overset{\overset{H}{|}}{N}-H}\qquad \underset{\text{第一胺}}{R-\overset{\overset{H}{|}}{N}-H}\qquad \underset{\text{第二胺}}{R-\overset{\overset{R'}{|}}{N}-H}\qquad \underset{\text{第三胺}}{R-\overset{\overset{R'}{|}}{N}-R'}$$

结构式中的烃基R，原则上可以是烷烃、芳香烃或杂环。浮选中最常用的是烷基第一胺和混合胺。第一胺的分子式为 $C_nH_{2n+1}NH_2$（简记为 RNH_2），其中，R碳原子数为10～18。混合胺在常温下为琥珀色膏状物，有刺激性臭味。

叔胺与盐酸作用则成季铵盐：$R_3N + HCl \longrightarrow R_3NHCl$（3个R可以不同，季铵盐）

胺的合成方法较多，其中之一是

$$\underset{\text{脂肪酸}}{RCOOH}\xrightarrow{NH_2}\underset{\text{脂肪酸铵}}{RCOONH_4}\xrightarrow{-H_2O}\underset{\text{酰胺}}{RCONH}\xrightarrow{-H_2O}\underset{\text{腈}}{RCN}$$

将腈在2000～2500kPa气压下用活性镍催化加氢，即得混合脂肪第一胺（脂肪胺）

$$RCN + 2H_2 \xrightarrow[\text{Ni, }170\sim200^\circ C]{2000\sim2500kPa} RCH_2NH_2$$

以用椰子油合成脂肪胺为例，在5～6MPa压力、130～200℃下，水解椰子油得椰子油混合脂肪酸，将该混合脂肪酸在减压下蒸馏得椰子油脂肪酸粗产品，将该粗产品分馏得较纯的月桂酸，用ZnO作催化剂与氨作用并加热生成月桂腈，将月桂腈在催化剂作用加 H_2 还原生成月桂胺。它可用作氧化矿捕收剂，其选择性好，如用于反浮选低品位氧化铁精矿除去硅酸盐、石英等，从而提高铁精矿品位。

5－34　胺的化学性质如何？

胺类因氮原子的外层电子有一对孤电子，取代基R有推斥电子作用，使氮原子呈现出很大的负电场，容易与水中的 H^+ 结合，具有一定的亲水性，短链胺易溶于水，长链胺易成胶团，见表5－17。

表5－17　脂肪胺（RNH_2）的物化性质

胺的名称	碳原子数	凝固点（醋酸盐）/℃	临界胶团 c_M 浓度 /mol·L^{-1}
月桂胺（季铵盐）	12	68.5～69.5	（盐酸盐）9.38×10^{-2}
肉豆蔻胺	14	74.5～76.5	2.8×10^{-3}
软脂胺	16	80.0～81.5	8.0×10^{-4}
硬脂胺	18	84.0～85.0	3.0×10^{-5}

胺在水中溶解时呈碱性，并生成起捕收作用的阳离子 RNH^{3+}：

$$RNH_2 + H_2O \longrightarrow RNH_3^+ + OH^-$$

胺的碱性可以用其离解常数 K_b 的负对数 pK_b 表示，pK_b 越小碱性越强，离解常数 K_b 的计算公式见式（5－22）：

$$K_b = \frac{[RNH_3^+][OH^-]}{[RNH_2(aq)]} = 4.3 \times 10^{-4} \tag{5-22}$$

即

$$\frac{[RNH_3^+]}{[RNH_2(aq)]} = \frac{K_b[H^+]}{10^{-14}} \tag{5-23}$$

于是有

$$\lg(RNH_3^+) - \lg[RNH_2(aq)] = 14 - pK_b - pH \tag{5-24}$$

RNH_3^+ 又可以产生酸式解离

$$RNH_3^+ \rightleftharpoons RNH_2 + H^+$$

酸式解离常数可表示为式（5－25）的形式：

$$K_a = \frac{[RNH_2][H^+]}{[RNH_3^+]} \tag{5-25}$$

此外，胺类在溶解时也有溶解平衡，即

$$RNH_2(s) = RNH_2(aq) \qquad K_s = [RNH_2(aq)] = 2 \times 10^{-5}$$

和阴离子捕收剂不同，胺类捕收剂与矿物作用是在静电力和矿物相吸引时，其有效浮选的条件是：

$$pK_a > pH > ZPC$$

在不同的 pH 值时，胺的离子 $[RNH_3^+]$、固体胺分子 $[RNH_2(s)]$ 和溶解的胺分子 $[RNH_2(aq)]$ 与 pH 值的关系如图 5－12 所示。

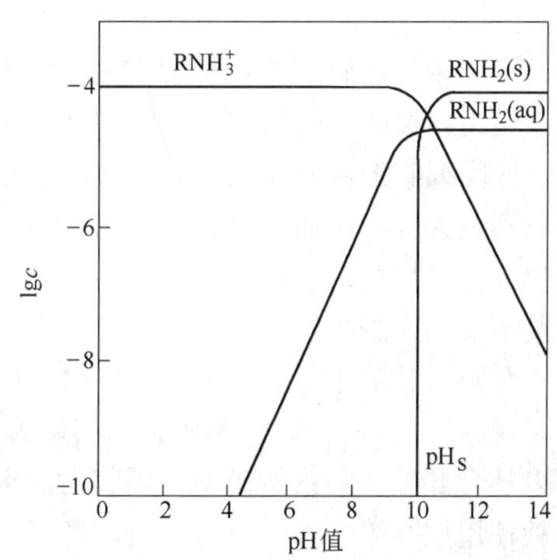

图 5－12 十二胺的 lg$c$－pH 值

$RNH_2(s)$ —固态胺；$RNH_2(aq)$ —液态胺；pH_S—能让胺呈固态的 pH 值

对于浮选来说，长链脂肪胺在高 pH 值下容易生成沉淀，各组分的赋存状态，除了受 pK_b 控制以外，更受其临界沉淀 pH 值的约束。矿浆 $pH > pK_S$ 时，不但 RNH_3^+ 离子急剧减少；而且溶解的 RNH_2 分子的浓度也不再提高。即长链脂肪胺浮选的 pH 值应该小于 pH_S，其有效的浮选 pH 值可以表示为如下形式，见式（5－26）：

$$pH \leqslant 14 - pK_b + \lg c_2 - \lg(c_1 - c_2) \tag{5-26}$$

式中 c_1——液态的浓度；

c_2——固态的浓度。

离子在矿物表面的吸附主要是靠彼此之间的静电引力，当胺在矿物表面的吸附到一定的密度以后，就可以通过烃基间的分散效应互相缔合，加快吸附。

胺在石英表面的吸附可以用下列示意图表示：

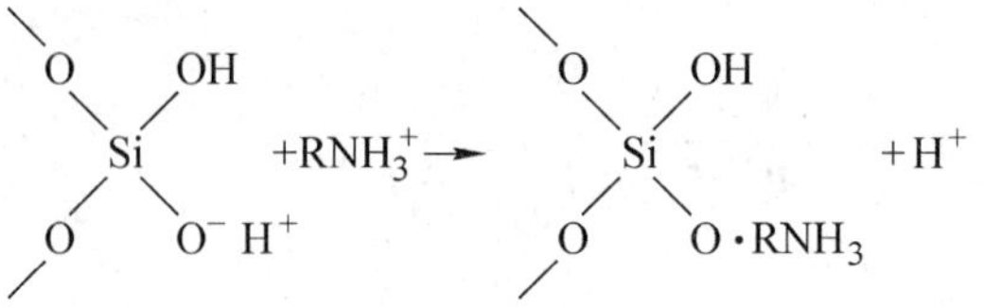

```
 \                          \
  O      OH                  O      OH
    \   /                      \   /
     Si       +RNH3+ →          Si          +H+
    /   \                      /   \
  O      O- H+                O      O·RNH3
 /                           /
```

(RNH_3^+ 置换 H^+)

```
 \                              \
  O      OH                      O      OH·RNH2
    \   /                          \   /
     Si          +RNH2 →            Si
    /   \                          /   \
  O      O·RNH3                   O      O·RNH3
 /                               /
```

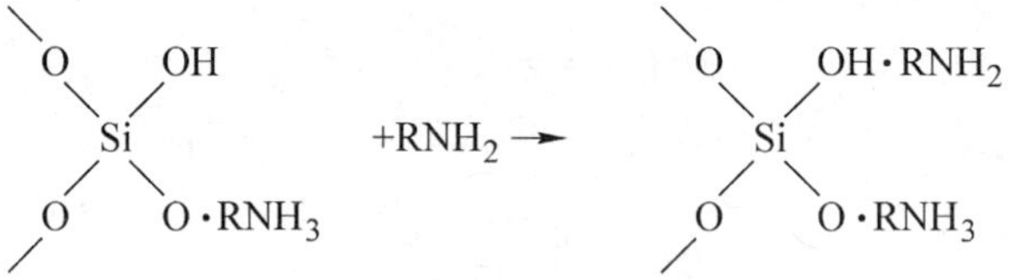

(O, H, N 间氢键作用，NH_3^+ 置换 H^+ 作用)

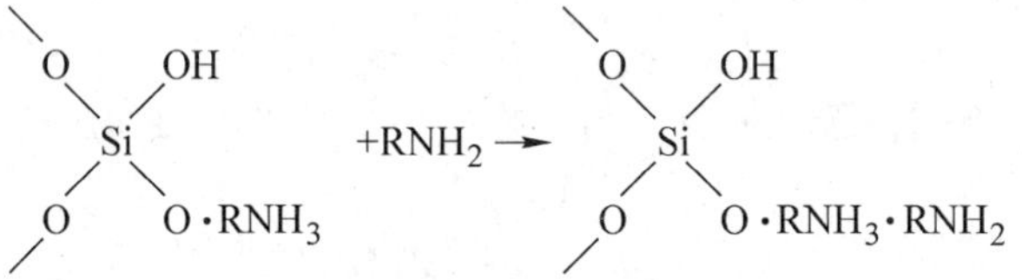

```
 \                          \
  O      OH                  O      OH
    \   /                      \   /
     Si        +RNH2 →          Si
    /   \                      /   \
  O      O·RNH3               O      O·RNH3·RNH2
 /                           /
```

(置换和缔合作用)

由于胺类与矿物的作用以物理吸附为主，所以附着不牢固，容易脱落和洗去。使用胺类时，需要的调整时间较短。

胺类捕收剂比脂肪酸类有更强的起泡性，用它时一般不再另加起泡剂，而且用量不能太大。矿泥多时，胺类捕收剂吸附在矿泥上，能形成大量黏性泡沫，使过程失去选择性，这样一来既降低精矿质量也增大了药剂消耗，所以使用胺类捕收剂常要预先脱泥。

胺类捕收剂用于浮选石英、硅酸盐、铝硅酸盐（红柱石、锂辉石、长石、云母等）、菱锌矿和钾盐等矿物，用量为0.05～0.25kg/t。为了获得优质铁精矿，可以从含硅较高的铁精矿中，用胺类浮选其中的硅质矿物（反浮选），这时可以单独使用烷基第一胺，也可以将它和醚胺一起使用。

5-35 醚胺如何命名？不同的成分对反浮选铁矿石有何影响？

醚胺类药剂，具体品种不少，都可以看作胺的衍生物，可分醚一胺和醚二胺两组，它们的结构式和胺的对应关系如下：

胺的种类	结构式	简　式
第一胺	$R'CH_2CH_2CH_2\cdots NH_2$	RNH_2
醚一胺	$ROCH_2CH_2CH_2\cdots NH_2$	$ROR'NH_2$
醚二胺	$RO(CH_2)_3—NH(CH_2)_3—NH_2$	$ROR'NHR''NH_2$，

醚胺中的烃基是直链或支链，含 8～14 个碳原子。工业用的醚胺，分子量约为 216～264，醚二胺分子量约为 167～193。对比它们的结构式可知，胺中 R 的一节 CH_2 被氧取代，即得醚一胺。醚一胺仍然只是含一个胺基的一元胺。当醚一胺有一节 CH_2 再被一个亚氨基取代，即得醚二胺，它是含一个亚氨基、一个氨基的二元胺。烃基中的 CH_2 被氧或氮取代以后，和水分子间的氢键增大，亲水性增加，氧的亲水性比氮更大，故醚一胺和醚二胺的溶解度和分散性比相应的胺好，熔点也低一点，常常制备成醋酸盐使用。纯品为琥珀色，有痕量的残留镍时呈微绿色。

试验证明：用第一胺（如十二胺）或醚胺反浮铁矿石中的硅石，铁的回收率相近。但由于醚胺有较好的选择性，将第一胺与醚胺按一定的比例配合，随着醚胺比例增大，进入泡沫的硅减少，如图5－13 所示。

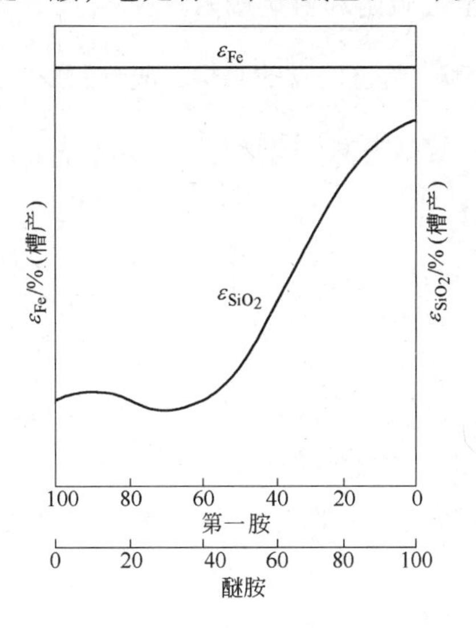

图 5－13　第一胺与醚胺配比对槽底硅占有量的影响

图 5－13 中数据表明：当第一胺的醋酸盐占 3/5，醚胺的醋酸盐占 2/5 时，铁精矿的品位（槽内产物）最高，其硅石含量最低，而对铁的回收率影响不大。

5－36　烷基胍的结构和用途如何？

烷基胍是反浮选铝土矿的阳离子捕收剂，分子中有 3 个胺基，其结构式如下：

$$R—NH—\overset{\overset{\displaystyle NH_2}{\|}}{C}—NH_2$$

结构式中 R 可代表不同的烷基，而十二烷基胍［$CH_3(CH_2)_{11}$—NH—CNH—NH_2］作捕收剂浮选高岭石、伊利石、叶蜡石、一水硬铝石等单矿物，与十二胺的捕收性能相比，发现十二烷基胍对硅酸盐矿有较好的捕收性能。

在捕收剂浓度为 2×10^{-4}mol/L 和广泛的 pH 值范围内平均回收率达到 80%；在强碱性条件下，一水硬铝石回收率从 80% 下降到 20%，与高岭石、叶蜡石和伊利石之间形成较大差异。以十二烷基胍为捕收剂，可望实现一水硬铝石与铝硅矿物反浮选分离。用铝硅比为 5:7 的铝土矿为试样，经过反浮选脱硅，精矿铝硅比达到 10:8，铝浮选回收率为 75%。与传统的阳离子捕收剂十二胺相比，胍类阳离子捕收剂对硅酸盐矿物浮选捕收力强，受 pH 值的影响小，是一种高效的铝硅矿物浮选分离的捕收剂。用测定矿物的 ζ - 电位和红外光谱技术，研究了烷基胍与铝硅酸盐的作用机理，认为是药剂与矿物产生电性吸附和氢键吸附。

5－37　烷基吗啉的结构、成分和用它浮选钾盐的配套条件如何？

烷基吗啉是吗啉与脂肪醇合成的产物，结构式为

$$O\left\langle\begin{matrix}H_2C-CH_2\\H_2C-CH_2\end{matrix}\right\rangle N-C_nH_{2n+1}\qquad n=12\sim22$$

烷基吗啉

烷基吗啉的性质与仲胺相似，是选择性良好的阳离子捕收剂。用它作石盐（NaCl）的捕收剂时，它通过氧原子与石盐表面上的钠原子之间的氢键固着在石盐的表面上。而与光卤石（$KCl\cdot MgCl\cdot 6H_2O$）的作用要弱得多，如图 5－14 所示。

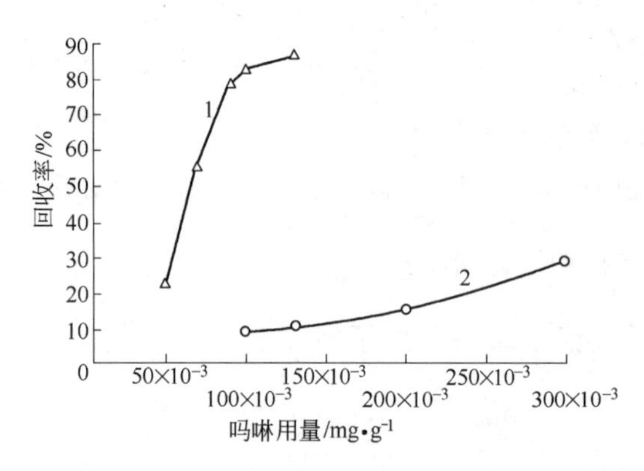

图 5－14　用烷基吗啉捕收石盐和光卤石的结果

1—石盐；2—光卤石

用 C_{14}、C_{16}、C_{18}、C_{20} 和（$C_{16}+C_{18}$）的烷基吗啉浮选石盐的对比试验说明，在 18～20℃时，十六烷基吗啉浮石盐的捕收效果最好，如图 5－15 所示。

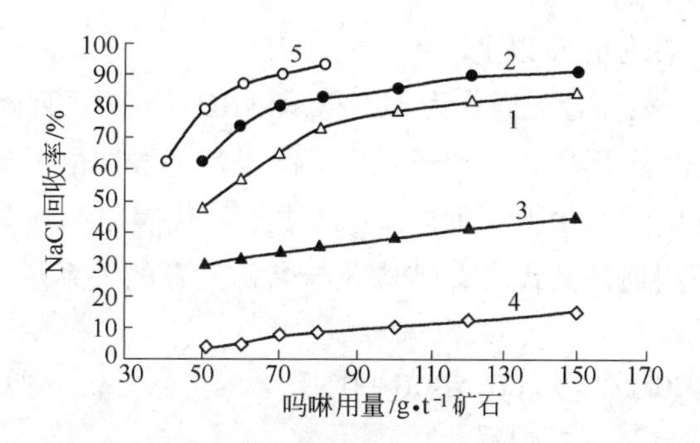

图 5-15 烃基长度对从光卤石中浮选石盐的影响（液相温度为18℃）

1—C_{14}；2—C_{16}；3—C_{18}；4—C_{20}；5—（$C_{18}+C_{20}$）

5.14 两性捕收剂与非极性捕收剂

5-38 两性捕收剂的组成、特点及其用途如何？

两性捕收剂可以用下列通式表示

$$R_1X_1R_2X_2$$

式中 R_1，R_2——不同的烃基；

X_1——COOH 或 SO_3H 等阴离子极性基；

X_2——NH 或 NH_3^+ 等阳离子极性基。

将不同的阴阳极性基组合，可以形成不同的两性捕收剂。在酸性或碱性溶液中可以生成带不同电荷的离子

$$RN^+H_2CH_2COOH \underset{H^+}{\overset{OH^-}{\rightleftharpoons}} RNHCH_2COOH \underset{H^+}{\overset{OH^-}{\rightleftharpoons}} RNHCH_2COO^-$$

溶于酸荷正电　　　等电点溶解度小　　　溶于碱荷负电

如十二烷基氨基丙酸钠在不同 pH 值下形成图 5-16 所示的曲线，该曲线呈不对称的 V 形，右边较高，最低点在 pH 值为 4 左右。

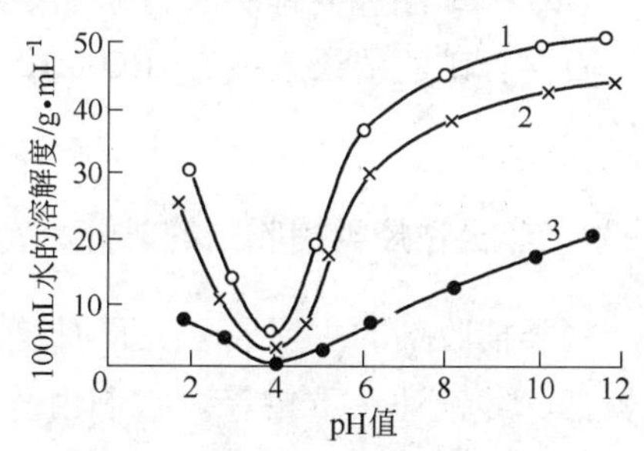

图 5-16 几种两性捕收剂在不同的 pH 值下的溶解度

1—正十二烷基亚氨基二丙酸钠；2—正十二烷基氨基丙酸钠；3—十八烷基氨基丙酸钠

1960~1970 年，有人开始对两性捕收剂的浮选捕收性能作过一些研究。试验用 n-十二烷基亚氨基二乙酸钠浮选阿尔巴尼亚铬铁矿，得到过较好的指标；用十八烯氨基磺酸盐浮选重晶石、萤石、菱铁矿回收率都在 10% 左右。但当 pH 值为 8 以

上时，对锡石回收率达80%以上。

近年来，朱建光教授合成通式为nR－X和nRO－X两系列两性捕收剂。nR－X通式中，X代表烷基R所含碳原子数，n代表氨基酸羧酸的碳原子数。nRO－X通式中，X代表烷酰基中RO所含碳原子数，n代表氨基羧酸的碳原子数。下面选3个典型的药剂列举其代号、结构式与名称三者的关系。

代号码	结构式	名称
2R－12	$CH_3(CH_2)_{10}CH_2NHCH_2COOH$	十二烷基氨基乙酸
2RO－12	$CH_3(CH_2)_{10}C(=O)—NHCH_2COOH$	十二烷酰氨基乙酸
4RO－12	$CH_3(CH_2)_{10}C(=O)—NHCH_2CH_2CH_2COOH$	十二烷酰氨基丁酸

2R－12中，R前的2代表羧酸碳原子数，R后面数字代表胺的碳原子数。原料易得，合成工艺简单，有推广前途。它除了选菱锌矿效果最好外，在高碱条件下对选择水锌矿也有较好的效果。

2RO－X系列这类同系物也有不少，RO前面的数字代表氨基酸碳原子数，RO后的数字代表烷酰基的碳原子数。

2RO－12捕收剂对菱锌矿、硫酸铅有很强的捕收能力，对方解石的捕收能力较弱，不捕收石英。在适宜的浓度与pH值条件下可分选菱锌矿－方解石、菱锌矿－石英、硫酸铅－方解石、硫酸铅－石英人工混合矿。RO－12选萤石比较好，对白钨矿不浮。

4RO－X系列对菱锌矿、硫酸铅有较好的捕收能力，对硫酸铅的浮选效果很好，而对萤石、白钨均有很强的捕收能力。

4RO－12浮选菱锌矿－方解石、菱锌矿－石英、硫酸铅－石英、硫酸铅－方解石混合矿的结果表明，4RO－12捕收硫酸铅的效果较好，而捕收菱锌矿效果较差。

5－39 非极性烃类捕收剂的成分、特点及用途如何?

烃类捕收剂的主要成分是石油和煤分馏得到的各种烃油。如煤油、柴油、变压器油、纱锭油、重蜡等。它们由分子量适当的脂肪族烷烃C_nH_{2n+2}、环烷烃C_nH_2或芳香烃组成。分子式中的n常在12～18之间。常温下为液态，化学性质不活泼，难溶于水。在矿浆中受到强烈的搅拌可以分散成细小的油滴，一般在矿物表面主要发生分子吸附。

中性油类主要用作石墨、辉钼矿、辉锑矿、硫磺和煤等非极性矿物的捕收剂，也可作离子型捕收剂的乳化剂和辅助捕收剂，用量大时有一定的消泡作用。

石墨和辉钼矿一类的非极性矿物，表面上只有残留的分子键，可以通过分散效应（瞬间偶极相吸引）与中性油类的分子相作用，属于物理吸附。中性油类分子可以在它表面最疏水的地方呈透镜状黏着，然后逐渐展开。用量大时，可以在矿粒－气泡之间形成第四相，即气、水、固以外的油相，如图5－17所示。

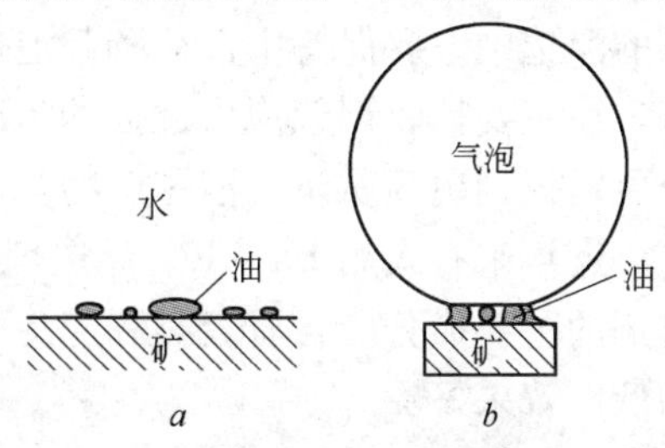

图5－17 矿粒和矿泡间的油相（滴）
a—水－固界面的油滴；b—矿泡间的油相

通常，中性油类与硫化矿的作用无明显的选择性，但有多金属矿用柴油和少量的黄药代替丁铵黑药浮铜、铅，使后面的分离较易进行，减少了氰化物的用量。

中性油类还常作脂肪酸类的乳化剂和辅助捕收剂，以减少脂肪酸的用量，增强其捕收力，提高浮选粒度上限。在浮白钨矿、磷灰石等碱土金属矿物浮选中，可将油酸和煤油按（4～9）∶1的比例先混合搅拌成乳浊液，再加热到60～80℃给入浮选矿浆中。

非极性烃类通过分散效应与脂肪酸的非极性基作用形成图5－18所示的聚合体，图中的油即指烃类。有水时，脂肪酸分子的极性基向着水，非极性基向着烃类，在矿泡间脂肪酸的极性基向着矿物，非极性基向着气泡。

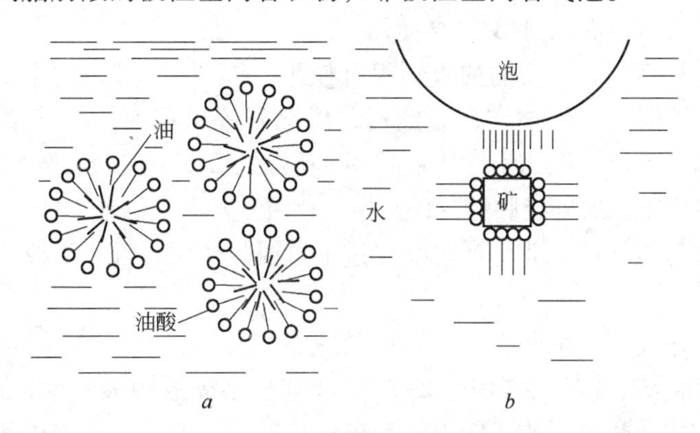

图5－18 烃类作乳化剂和辅助捕收剂
a—乳化作用；b—捕收作用

使用烃类作辅助捕收剂，一般能增大矿物的疏水性。如单用丁黄药在斑铜矿表面只能形成72°～73°的接触角，加入烃类作辅助捕收剂以后，可使接触角增加到80°～85°。这是由于烃类从矿物表面的裂隙和微孔中排除了水分子的结果。

中性油类有消泡作用，这是由于它在气－液界面吸附置换了部分起泡剂分子，并使泡壁间的水层不稳定，从而加速了气泡的兼并和破灭，所以在辉钼矿和煤的浮选中，要保持中性油和起泡剂有一个适当的比例关系，才能形成需要的泡沫。在主要捕收剂起泡力过强的情况下，添加少量中性油，利用其消泡作用，甚至可以得到更高质量的泡沫产物。

近年来有人用 FX－127 浮选剂选煤泥和辉锑矿。从用途和性能分析，FX 浮选剂的主要成分应含有烃类和起泡剂。F 药剂也是烃类，用它浮辉钼矿价格比煤油低而效果好。

5.15 组合捕收剂的定义及使用方法

组合捕收剂是指将不同的捕收剂成组地使用的一组捕收剂。组合的捕收剂既可以将它们先混合后同时添加，也可以将它们按先后顺序分别添加，视添加的效果而定。很久以前，人们就知道将具有不同捕收力和不同选择性的捕收剂同时使用在一个选别过程中。例如将烃基不同的黄药、黄药和黑药、黑药和白药、脂肪酸和塔尔油成组使用等等。而且，一般是将两种不同的巯基或羧基捕收剂同时使用。

近年来，由于资源越来越稀缺珍贵，选别的矿石越来越复杂、越来越难选，人们也从经验中更深刻地认识到相同功能的几种药剂组合使用（如不同的捕收剂组合、不同的抑制剂组合、不同的起泡剂组合）的优点，其中组合捕收剂的使用更加受人重视。而组合的药剂的品种由两种变为 2～3 种以上，例如将硫氮－9: 丁铵黑药: 丁黄药 =1:1:1 组合使用。

近些年也将不同官能团的捕收剂组合使用，以利用药剂的协同效应，例如：在浮选黑钨矿、锡石、钛铁矿、金红石、磷灰石等矿石中使用苄基胂酸－丁黄药、甲卡胂酸－丁黄药、铜铁灵－苯甲羟肟酸、F203－水杨羟肟酸、F203－TBP、ZJ－3－TBP、水杨羟肟酸－P86 等。利用三元组合制成 MOS、MOH，对攀枝花钛铁矿选厂细粒的工业生产曾经起过很重要的作用，近年攀枝花选粗粒钛铁矿也用 MOH_2。

在试验中还发现，加药次序对协同效应有很大的关系，苄基胂酸－丁黄药、甲苄胂酸－丁黄药、F203－TBP、ZJ－3－TBP、水杨羟肟酸－P86 五组药剂中，前者单独使用能捕收黑钨矿或锡石，后者单独使用不能浮选黑钨矿和锡石，当用这五组药剂作黑钨或锡石捕收剂时，先加入前者或两者同时加入均能产生正的协同效应，能提高浮选指标；铜铁灵－苯甲羟肟酸、F203－水杨羟肟酸、铜铁灵－水杨羟肟酸三组药剂，各组分均能捕收黑钨矿和锡石，但前者捕收力比后者强，混合用药时先加入强捕收剂或同时加入两种捕收剂，均能产生正的协同效应，如先加入弱捕收剂，往往产生负的协同效应或无协同效应。

6　浮选泡沫和起泡剂

6.1　浮选泡沫

6－1　浮选泡沫的定义及其大小对浮选有何影响?

气泡是指里面充满气体外面覆盖着一层水膜的单个气泡。泡沫是气泡的集合体。两相泡沫只由气相和液相构成。三相泡沫则由气相、液相和固相构成。泡沫浮选是用气泡将疏水性矿粒从矿浆深处运到矿浆表面，并在泡沫层中使其进一步净化以提高精矿品位的选矿方法。造成具有适当大小和寿命的泡沫，是提高浮选设备的工效和选矿指标的重要途径。由于气泡是靠它的表面负载矿粒，所以如果气泡的直径太大，比表面太小，$1m^3$ 的空气浮起不了多少矿粒，浮选机的工效就会降低。如果气泡太小，表面载满了矿粒，使矿化气泡的平均密度大于矿浆密度，它就浮不起来，影响浮选回收率，甚至根本达不到浮选的目的。据观察，浮选机底部刚生成的气泡直径只有0.1～1.0mm。升到矿浆表面时，其大小为零点几到几个厘米，后来有的慢慢兼并长大。影响气泡浮选功能的另一个性质是气泡的寿命，即气泡生成后生存的时间。但用简单方法测定时，常常只能测出气泡在液面不消逝的时间。显然，如果矿化气泡刚刚升到矿浆表面就消失了，浮选的矿粒又会沉回矿浆中去；如果矿化气泡过于坚韧，刮板将它刮进泡沫槽中以后还不破裂，就会造成精矿输送系统堵塞，使生产无法继续进行。

6－2　浮选泡沫为什么会破灭?

一般矿石（可溶盐类例外）和水组成的矿浆，不能形成合适的泡沫。在纯水中，导入水中的气泡，浮升到液面以后，会立即破裂消失。

从热力学的观点讲，泡沫是一个有大量表面积的体系，和没有气泡的体系相比，它有大量的表面自由能，要使表面自由能最小，体系才能稳定。实际上就是要所有的气泡都破灭了，其表面积最小，体系才最稳定。

如果仔细观察液体表面的气泡（见图6－1），就会发现：

（1）气泡刚出现在液面时，顶部的液面上凸，顶部水层中的水，由于受到重力、液体表面张力和下部水的浮力的挤压，迅速变成薄膜，渐渐变得十分脆弱，再加上蒸发作用，液面的振荡冲击，就会立刻破灭。

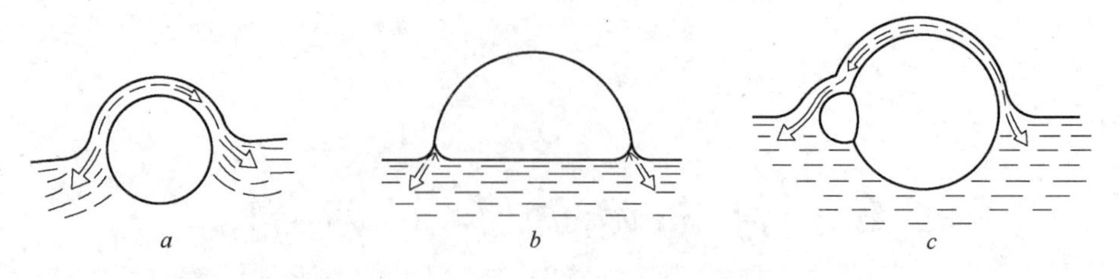

图6-1 液面上几种气泡示意图

a—小气泡 $d=2\sim3$cm；b—大气泡 $d=6\sim8$cm；c—大小气泡在一起

（2）小的气泡升至液面以后，仍然可以保持圆形。大的气泡下部被液面压缩成半月形，上部水膜更薄。小泡和大泡黏在一起时，两气泡的交界面向大泡一侧凸出，因为气泡内气体的压强 p 与气泡半径 R 和表面张力 σ 三者有如下的关系：

$$p=2\sigma/R$$

即气泡的半径越小，泡内的压强越大，小泡中的气体有透过泡壁冲入大泡的趋势，最后，可能两个气泡兼并成一个更大的气泡。而且因为小泡中的气体压强较大，所以它的外形可以维持较圆的形状。

6-3 浮选矿浆中的泡沫为什么有合适的寿命？

纯水中的气泡很不稳定。当水中含有很少的起泡性物质时，产生的气泡就很稳定，气泡的兼并和破灭，都会大大减少。这是为什么？开始人们简单地认为加入起泡剂以后，降低了表面张力，从而降低了体系自由能。这种观点至少是片面的。因为降低表面自由能是相对的，表面张力很低的纯起泡剂并不能产生稳定的泡沫。双丙酮醇不是表面活性剂，它与黄药共用时，可以产出优质精矿的矿化泡沫。实际上，起泡剂使其溶液泡沫稳定的一个重要原因是，它使气-液界面富有弹性。或者说它使气泡表面张力能够随着表面的扩大或收缩相应地增大或减小，从而增强了气泡对外力挤压的抵抗。

为了理解这个问题，先从动的观点来研究液面附近的一个气泡（见图6-2）。

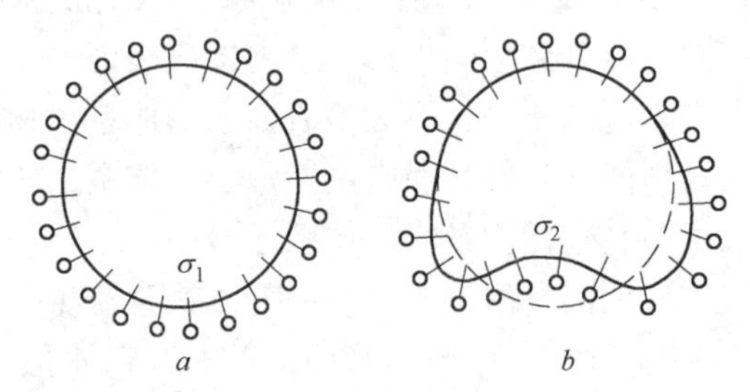

图6-2 气泡变形前后起泡剂分子密度的变化

a—变形前（Γ_1，σ_1）；b—变形后（$\Gamma_2<\Gamma_1$，$\sigma_2>\sigma_1$）

假定气泡表面上吸附了一定密度 Γ_1 的起泡剂分子，具有表面张力 σ_1，突然，该气泡受到矿浆波浪的冲击，局部发生伸张或压缩，由圆形变成不规则的形状，此时气泡体积没有变化，但是气泡的面积局部增大了，其中的气体受冲击后有向泡外冲出的趋势。由于表面积局部张大了，周围液相内部的起泡剂分子，一时来不及向面积扩张的区域补充，原来吸附在表面扩张地区的起泡剂分子吸附密度变为 Γ_2，且 $\Gamma_2 < \Gamma_1$，表面张力 σ_2 因此比 σ_1 大，表面张力这种瞬时增大是有利于约束气体分子向外冲出的。稍停片刻，外部矿浆波动消失，气泡恢复原形，起泡剂分子的吸附密度必将恢复到 Γ_1，表面张力也将恢复到 σ_1。这种作用称为吉布斯弹性（Gibbs elasticity）。如果液体中没有起泡剂，表面张力就不可能有这种变化，以消除泡内气体在个别部位冲击造成的危险。一般说来，浮选的矿浆面波动频繁，气泡表面的振动次数很多，气体冲击造成气泡破裂所需的时间很短，所以它比泡层中液体下流、分子蒸发等原因导致的气泡破裂的可能性大很多。至此不难理解起泡剂使气泡表面具有弹性是使气泡能够延长寿命最重要的因素。

实际上，气泡表面扩大时，周围液体中的起泡剂分子，立即通过扩散或对流，向吸附密度稀薄的表面进行补充，矿浆中的起泡剂分子浓度越大，这种补充就越快。浓度达到一定限度以后，弹性渐渐变小，继续增加起泡剂用量，起泡效果反而变坏。所以当起泡剂的用量很少时（如 1mol/L 以下），增大起泡剂用量能增强溶液的起泡性，超过某一用量以后，再增加用量，则作用不大，甚至会使起泡作用下降。必须指出，在一般工业生产的条件下，起泡剂的用量是不容易达到顶点的。因为起泡剂用量达到顶点以前，浮选机早就因泡沫过量无法工作了。

起泡剂使泡沫稳定的第二个因素是起泡剂分子在气－液界面发生定向排列，其极性基指向水并吸引着水分子（极性基水化），所以能降低泡壁中水分子的下流和蒸发速度，使泡壁难以破裂。

起泡剂分子在气泡表面定向排列以后，两个气泡接触碰撞时，中间垫着两层起泡剂分子和它们极性基的水化层，因此较难兼并，容易保存小泡，而小泡比大泡更能经受外力振动。

试验证明，向十二烷基硫酸钠的溶液中加入十二醇以后，溶液的表面黏性增大，薄层中水的排出速度减小，气泡的寿命延长。这个试验说明增大溶液的黏性是使泡沫稳定的原因之一。也说明了同时使用两种以上的表面活性剂，能起协同效应。像烷基硫酸盐这种阴离子洗涤剂，用 $C_8 \sim C_{15}$ 的异极性脂肪系化合物做辅助剂，辅助剂在吸附剂层中占 60% ~90% 时，能形成最稳定的泡沫。与此相反，如果加入消泡剂，它能从界面上置换掉起泡剂，使泡沫的弹性减小，就可以缩短泡沫的寿命。像煤油用量大时，可以减少松油的泡沫，对于油酸钠的溶液，饱和脂肪酸和醇有一定的消泡作用。

浮选过程中所遇到的都是有浮游矿粒的三相泡沫，一般比用单一起泡剂生成的两相泡沫稳定。因为固相有以下 3 个作用：

（1）磨细的矿粒形成吸水的毛细管，减小泡壁中水的下流速度。

（2）固相铺砌着泡壁，成为气泡互相兼并的障碍。

（3）固相表面的捕收剂相互作用，增强气泡的机械强度。

此外，矿浆的 pH 值、无机盐离子组成、矿浆的温度与矿泥的多少等，都会影响泡沫的稳定性。例如 pH 值高、可溶盐含量高、矿泥多、矿浆温度高，一般都会增加泡沫的稳定性。在硫化矿浮选中，硫酸铜用量多，常使泡沫结板而发脆。

6.2 起泡剂

6-4 起泡剂一般具有哪些基团和特点？

虽然某些无机物（如钾盐、硼砂等）的饱和溶液或高浓度溶液能够起泡，但由于其离子对过程有害或者实用效果不佳，即使在可溶盐类浮选中也加起泡剂。一般矿石浮选真正有效的起泡剂是有机药剂。有机起泡剂都有异极性结构，其分子的一端为极性基，另一端为非极性基。如己醇（$C_6H_{13}OH$）、甲酚（$CH_3C_6H_4OH$）、萜烯醇（$C_{10}H_{17}OH$）。其油水度（见 5-18 问）HLB = 6 ~ 8。在浮选过程中，起泡剂有下列作用：

（1）稳定气泡，其类型和用量影响气泡的大小、黏性和脆性，影响浮选速度。

（2）和捕收剂共吸附于矿粒表面上，并起协同作用。

（3）与捕收剂共存于胶束中，影响捕收剂的临界胶束浓度。

（4）可以用起泡剂使捕收剂乳化或加速捕收剂的溶解。

（5）可以增加浮选过程的选择性。

具有工业价值的大多数起泡剂，其极性基团中都包含氧的基团，这些含氧基团中，最常见的是羟基—OH 和醚基—O—，其次是羧基—COOH、磺酸基—SO_3H，此外吡啶基≡N、胺基—NH_2和腈基—CN 也有起泡性。醇类和醚类的极性基，既能水化又不解离（分子的起泡性比离子好），没有捕收作用。而带其他极性基的起泡剂，虽有起泡性，但不是理想的起泡剂，主要有以下 3 个方面的原因：

（1）它们中的多数都有一定的捕收性，用它们作起泡剂，常常受到它们捕收力的干扰，只有过程所需捕收的对象与其捕收的对象一致时才能使用。使用得当，当然也可以减少捕收剂的用量。

（2）起泡剂的起泡能力随 pH 值的变化而变化。因为它们盐类的溶解度常比相应的酸或碱要大得多。例如长链羧酸的碱皂在水中溶解度大，起泡性强，而酸本身的溶解度小，起泡性弱。当 pH 值低时，皂类水解就产生大量非离子化的酸，引起其起泡性波动。

(3) 皂类、烃基磺酸盐、烃基硫酸盐、胺类等，常常形成过分坚韧的泡沫，尤其矿石细磨或多泥时，会给操作带来困难。其他有机物或者由于经济上不合算，或者由于对浮游矿物有抑制作用，不能作起泡剂。

极性基固定的情况下，非极性基的长短影响起泡剂的溶解度和表面活性。在一定限度内，非极性基越长，溶解度越小，表面活性越大。但醇类起泡剂以 $C_5 \sim C_8$（即戊醇、己醇、庚醇、辛醇）起泡能力最大，其后碳原子数增大，效果变差，如图 6－3 所示。

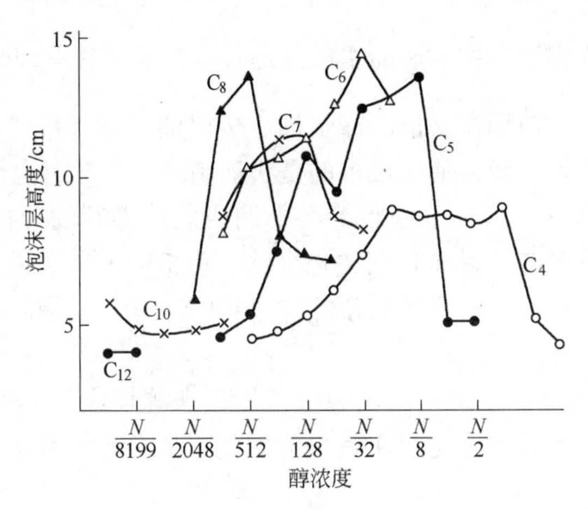

图 6－3 不同碳数的醇类起泡剂起泡能力对比

（横坐标下的 *N* 为浓度，mol/L）

在极性基固定的情况下，起泡剂非极性基的长短，影响起泡剂的溶解度和表面活性。在一定限度内，非极性基越长溶解度越小，表面活性越大，用量越小越容易使气泡表面因变形而引起的吸附浓度变化趋于平衡。正如计算油水度（HLB）的观点，分析药剂性质时，必须把起泡剂分子视为整体，而且必须看到非极性基结构带来的差异。例如脂肪醇的烃基为直链，萜烯醇的烃基为环状。有 6 个碳的己醇（$C_6H_{13}OH$）和有 10 个碳的萜烯醇（$C_{10}H_{17}OH$），都是良好的起泡性（非极性基大过一定的程度会有捕收能力，如松油）。

用 HLB 的观点，几种醇的基团值及 HLB 值见表 6－1。

表 6－1 几种醇的基团值及 HLB 值

醇的名称	亲水基值	亲油基值	按德维斯（Davis）法算出的 HLB 值
戊 醇	1.9	2.375	6.525
己 醇	1.9	2.85	6.05
庚 醇	1.9	3.325	5.575
辛 醇	1.9	3.8	5.1
萜烯醇	1.9	4.3	4.6

实用的起泡剂通常应具备下列条件：

（1）是有机物质。

（2）是相对分子质量大小适当的异极性物质。一般脂肪醇和羧酸类起泡剂，碳数都在 8 ~ 9 个以下。

（3）溶解度适当，以 0.2 ~ 0.5g/L 为宜。

（4）实质上不解离。

（5）价格低，来源广。

6 – 5 松醇油、樟脑油及桉树油的主成分是什么？起泡性有何特点？

浮选工作者曾经使用过松油、樟脑油、桉树油（含桉叶醇）等天然起泡剂，它们都是萜类化合物。我国使用最多的是松油制品。天然起泡剂具体内容如下：

（1）松油是松根、松明、松脂等经干馏或蒸馏得到的产物。由于原料和加工方法不同、组成多变（是多种萜类化合物、有机酸和酚类的混合物）、性质不稳定，故后来从其中提取有效成分萜烯醇（$CiOH_{17}OH$）而抛弃其杂质，性质比较稳定，得到广泛应用。

松醇油（又称为 2 号油）是我国最常用、来源较广的起泡剂。它是以松节油为原料，然后以硫酸做催化剂，使松节油的主成分 α – 蒎烯水化而成的产物。反应式为：

$$\text{α-蒎烯} + H_2O \xrightarrow[H_2SO_4,\ 50℃]{\text{酒精}} \text{α-萜烯醇}$$

桉叶醇　　　α- 蒎烯　　　α- 萜烯醇

松醇油是亮黄色油状液体，萜烯醇含量大于 44% ~ 48%，密度为 0.9g/cm^3 左右，有松脂香味。捕收力不大，起泡性强，用量适宜时，可生成大小适当、稳定性中等的泡沫，浮选指标基本可靠，在个别情况下有微弱的捕收性。但泡沫较黏，不如一些醇类但它们的起泡性能变化不大。合成起泡剂的泡沫脆，用量也大一些。

后来，改进松醇油的制法，陆续推出一些新品种，如优 53 – 松油、浓 70 松油、浓 80 松油、101 复合松醇油，新松醇油等，但不改变松醇基本的起泡性能。

（2）樟脑白油作起泡剂，可代替松油使用，且黏性比松油小，选择性比松油好，多用于对精矿质量要求高及优先浮选中，用量一般为100～200g/t。

（3）桉树油主成分为桉叶醇，（见上述内容），起泡性较松油弱，生成泡沫性更脆，选择性更好。

6－6 醇类起泡剂的成分和起泡性如何？

醇类起泡剂的具体分类情况如下：

（1）脂肪醇（C_5～C_9）。醇类（ROH）起泡剂多为C_5～C_9的脂肪醇。如：甲基异丁基甲醇（MIBC）、聚丙烯二醇（MIBC），结构式如下：

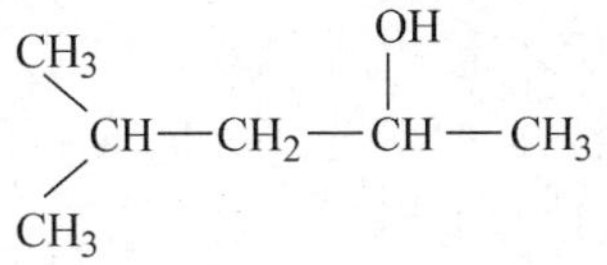

$$\begin{array}{l} CH_3 \\ \quad \diagdown \\ \quad\; CH—CH_2—\overset{\displaystyle OH}{\overset{|}{C}H}—CH_3 \\ \quad \diagup \\ CH_3 \end{array}$$

甲基异丁基甲醇(MIBC)

$$HO(CH_2—\underset{\displaystyle CH_3}{\underset{|}{C}HO})_nH$$

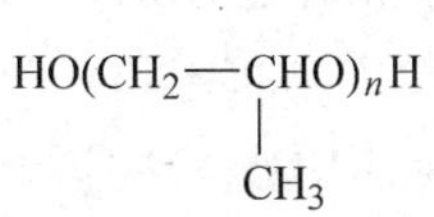

聚丙烯乙二醇

还有甲基戊醇、2－乙基己醇（11号醇是生产它的副产品，含有它）。此外有各种混合醇，如C_6～C_8混合醇，混合六碳醇（P－MPA），C_5～C_7混合仲醇等。许多工业副产品，常常具有这类成分。

（2）ksal起泡剂。其成分是二氧六环醇类，用于可溶盐类浮选。这些醇类起泡剂，比2号油的泡沫更脆，用量也比较低。

（3）A－200起泡剂。它是山东安丘选矿药剂厂生产的一种醇类起泡剂，呈棕色油状液体，密度为0.53g/cm^3，有效醇含量大于70%，起泡能力强，发泡速度快，脆性好，比松醇油易分解，有利于环境保护。用A－200浮选辉钼矿，曾取得较好的结果。

（4）BK205。它是一种以石油化工产品为原料，经化学加工而成的油状液体，呈黄色至深棕色，微溶于水，可溶于酒精等有机溶剂，密度为0.84～0.87g/cm^3。起泡速度快，起泡能力强，捕收力弱，产品性能稳定，原料来源广，价格低。其毒性极低，雌性小白鼠口服LD_s＝5101mg/kg，毒性仅为黄药的1/10。比松醇油能提高钼、铋浮选指标。

6－7 醇酯类起泡剂有何特性？

醇酯类起泡剂主要包括以下几个方面：

（1）V－1起泡剂。它的主要成分是乙醇酯，用于可溶盐类浮选。

（2）乙二醇酯。在KCl反浮选除去NaCl时用胺类捕收剂，将乙二醇酯添加到C_{16}～C_{18}胺的水溶液中时，溶液浊度提高，这表明它对胺的胶束起分散作用，胺被盐析的作用降低，大幅度提高了胺类捕收剂颗粒的分散度，对它吸附在氯化钠颗粒上有利，提高了浮选指标，降低了胺的用量。实践表明，用乙二醇酯作起泡剂，胺类捕收剂的用量可降低10%左右。

（3）JM－208起泡剂。气相色谱分析结果见表明，它含有（%）：八碳醇36.97、十一碳醇1.76、酯9.67、酮醇10.25、醛8.1。呈黄色至棕色油状液体，略具醇类气味。在浮钼中结果比杂醇油稍好。

6－8 醚醇类起泡剂的成分和起泡特性如何？

醚醇类起泡剂有如下代表性的品种：

$CH_3OCH_2CH_2OCH_2CH_2—OH$　　二聚乙二醇甲醚

$C_4H_9OCH_2CH_2OCH_2CH_2—OH$　　二聚乙二醇丁醚（Dowfroth－250）

$CH_3O(CH_2\underset{\underset{CH_3}{|}}{C}HO)_2CH_2\underset{\underset{CH_3}{|}}{C}H—OH$　　三聚丙二醇甲醚

$C_4H_9O(CH_2\underset{\underset{CH_3}{|}}{C}HO)_2CH_2\underset{\underset{CH_3}{|}}{C}H—OH$　　三聚丙二醇丁醚

纯二聚乙二醇甲醚是无色液体，分子量为120.09，密度为$1.0354g/cm^3$，沸点193.2℃，与水可作任何比例混合；二聚乙二醇丁醚也是无色液体，分子量为162.14，密度为$0.9553g/cm^3$，沸点为231.2℃，易溶于水。它们适用于多种硫化矿浮选。其特点是用量很低，平均约为25g/t。

甘苄油也是醚醇类起泡剂，主要成分为聚乙二醇苄基醚，实际为一种混合物，外观为棕黄色油状液体，微溶于水，易溶于有机溶剂，起泡性能强，使用成本比松油低，浮选速度快。

6－9 醚类起泡剂的成分和起泡特性如何？

醚类起泡剂中较突出的是三乙氧基丁烷（称为丁醚油或4号油，TEB），它是无色透明液体，密度为$0.875g/cm^3$，折光率为1.4080，沸点为87℃，20℃时在水中的溶解度为0.8%，在弱酸性介质中可以水解成羟基丁醛和乙醇。

$$CH_3CH(OC_2H_5)CH_2CH(OC_2H_5)_2 + H_2O \longrightarrow CH_3CH(OH)CH_2CHO + 3C_2H_5OH$$

三乙氧基丁烷毒性小，起泡力强。泡沫量大，适用的pH值广，其缺点是浮选速度过快，有时不易控制。

6－10 酯类起泡剂的成分和起泡特性如何？

不少脂肪酸或芳香酸，经过简单的酯化作用后，可以成为起泡剂。如苯乙酯油，是邻苯二酸二乙酯，毒性低，无臭，起泡力强，对铜矿和铅锌矿浮选都有良好的记录，浮铜矿仅为松油的一半而指标相近。

又如56号和59号起泡剂，是碳原子数与其编号相对应的混合脂肪酸与乙醇酯化而得的产物，适用于铅锌矿的浮选分离，起泡性好，容易操作。

6-11 其他混合功能基的起泡剂的成分和起泡特性如何?

此类起泡剂中的代表如730系列起泡剂和RB系列起泡剂。730系列是一种组合起泡剂，产品的主要成分有：2，2，4—三甲基—3—环已烯—1—甲醇、1，3，3—三甲基双环［2，2，1］、庚—2—醇、樟脑、C_6 ~ C_8碳醇、醚、酮等。可根据不同的矿石性质，通过调节起泡剂中各组分的比例，来调整起泡剂的起泡能力、起泡速度、泡沫黏度和稳定性，形成不同的产品。

730A起泡剂外观为淡黄色油状液体，微溶于水，与醇、酮等混溶，密度为0.90~0.91g/cm^3，浮选时可直接滴加，属低毒物质。在某铅锌矿用它代替松油，使铅精矿品位提高4.94%，锌回收率提高2.35%；在铜锡矿、氧化铜矿、金矿浮选中用它代替松油，都获得良好的指标。

6-12 含硫、氮、磷、硅的起泡剂的成分和起泡特性如何?

20世纪末，国际上开始研究含硫、氮、磷、硅和高分子化合物的起泡剂，曾获得了引人注目的良好效果，开拓了起泡剂的新品种。有人在聚丙烯氧化物分子中引进硫原子，制成$CH_3S(PO)_3H$，由于其与捕收剂的协同作用，大大提高了铜的回收率。

7 无机调整剂

浮选过程总要分开泡沫产物和槽底产物。必须创造条件使浮游矿物能够最大限度地上浮，不要浮游的矿物尽可能下沉，使用调整剂是为了改善矿物表面和矿浆的状况，最大限度地提高浮选过程的选择性和选矿的指标。

用以改变矿物表面性质，从而降低（或阻碍）矿物与捕收作用的药剂，称为抑制剂。

用以改变矿物表面性质，从而增强矿物与捕收剂作用的药剂，称为活化剂。

用以改变矿浆 pH 值的药剂，称为 pH 值调节剂。

用以使细泥分散的药剂，称为细泥分散剂。

用以使细泥絮凝的药剂，称为絮凝剂。

这几种药剂统称为调整剂。必须指出在活化剂和抑制剂之间常常存在由量变到质变的关系，例如，硫化钠在用量小时，是铜、铅氧化矿的活化剂，用量大时就变成抑制剂。也可能因为使用的条件不同，发生不同的作用。pH 值的范围不同，所起的作用也不相同。

7.1 pH 值调整剂

7-1 pH 值调整剂对浮选过程有什么影响?

pH 值对浮选过程的影响有以下几个方面：

（1）pH 值影响矿物表面的电性，因为 H^+ 和 OH^- 是各种矿物的定位离子，故 pH 值影响矿物表面的荷电性质，因而影响有效捕收剂的选择。例如用浮选分离石英和刚玉的混合物时，由于它们的零电点（PZC）分别在 pH 值为 2 和 9 左右（见图 7-1），因此在 pH 值为 2 ~ 9 之间，它们表面的电荷相反，用阴离子捕收剂烷基硫酸盐（SDS）可以浮出表面荷正电的刚玉；用阳离子捕收剂烷基胺（DAS）可以浮出表面荷负电的石英，将两者分离。当 pH 值大于 12 和 pH 值小于 2 时，两种矿物表面电荷符号相同，用靠静电引力作用的捕收剂不能实现两者的分离。

（2）pH 值影响各种浮选药剂的活度。由于大多数浮选药剂必须先在矿浆中解离成离子，然后在矿物表面发生作用，有效离子的多少在很大程度上依赖矿浆的 pH 值。当有效离子是阴离子 A^- 时，为了提高阴离子的浓度［A^-］，必须使矿浆呈碱性。

$$HA + OH^- \longrightarrow A^- + H_2O$$

因为黄药、脂肪酸、氰化物、重铬酸盐等药剂都要在碱性矿浆中才能解离出较多的阴离子 A^-（如 $ROCSS^-$、$RCOO^-$、CN^- 等）。当有效的离子是阳离子时，在低 pH 值的矿浆中才能解离出较多的阳离子。

$$RNH_2 + H_2O \rightleftharpoons RNH_3^+ + OH^-$$

例如，H_2S 和 HCN 在不同的 pH 值下，分子和离子的分布如图 7－2 所示，图中曲线的左边为分子，右边为离子。

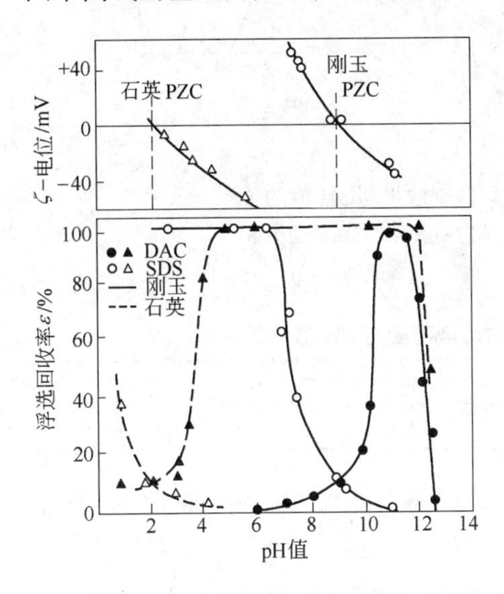

图 7－1　石英、刚玉的零电点与浮选效应的关系

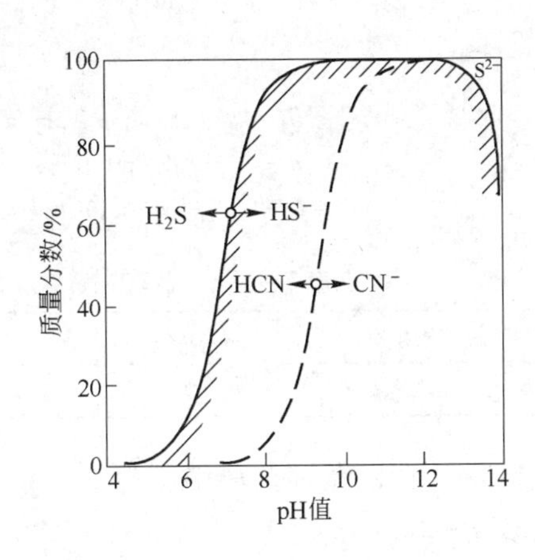

图 7－2　不同 pH 值下硫化氢与氰氢酸的分子与离子分布

正因为 pH 值影响广泛，所以浮选书中经常能见到药剂组分分布－pH 值（小于 ϕ－pH 值）图、药剂浓度对数－pH值（$\lg c$－pH 值）图、矿浆电位－pH值图等。

图 7－3 和图 7－4 所示是硫化钠和水玻璃的组分分布图。

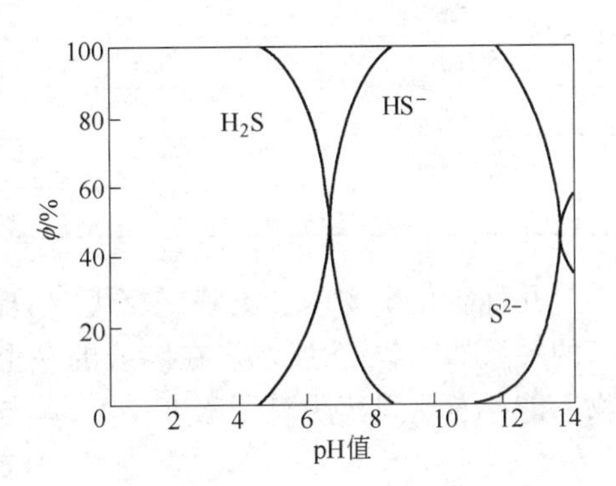

图 7－3　硫化钠 ϕ－pH 值图

（3）水溶液中 OH^- 既影响捕收剂的解离程度，即有效的捕收剂离子的数量，也影响捕收剂离子在矿物表面的吸附量。例如乙黄药的浓度为 0.24×10^{-6}mol/L 来浮选黄铁矿时，矿粒表面捕收剂

的覆盖密度随 pH 值的增加而减少，见表 7-1。

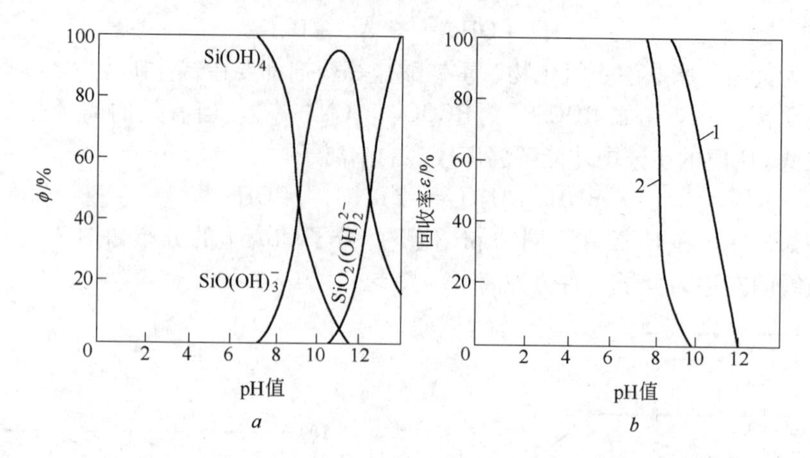

图 7-4 水玻璃 ϕ-pH 值图及其抑制效果与 pH 值的关系

a—水玻璃 ϕ-pH 值图；b—水玻璃抑制效果与 pH 值的关系

1—萤石，硅酸钠 7×10^{-4}mol/L；2—方解石，硅酸钠 5×10^{-4}mol/L

表 7-1 乙黄药在黄铁矿表面的覆盖密度与 pH 值的关系

覆盖密度/%	100	77	44	31	17
pH 值	7	9.5	10.5	11.5	12.5

（4）当乙基钾黄药用量为 0.25mg/t 时，矿物不能与气泡固着的临界 pH 值见表 7-2。

表 7-2 矿物不能与气泡固着的临界 pH 值

闪锌矿	0	磁黄铁矿	6.0
毒　砂	8.4	方铅矿	10.4
黄铁矿	10.5	白铁矿	11.0
黄铜矿	11.8	蓝铜矿	11.3
斑铜矿	13.8	黝铜矿	13.8
辉铜矿	14		

几种硫化矿物用二乙基二硫代磷酸钠为捕收剂时，捕收剂的临界浓度与 pH 值的关系如图 7-5 所示。在斜线的左上方，矿物可以浮游，在斜线的右下方矿物不能浮游。黑药阴离子浓度 $[A^-]$ 与 OH^- 浓度的关系式为：

$$[A^-]/[OH^-]^b = C(\text{常数})$$

式中，C 为常数；$b\neq1$，对于黄铜矿、方铅矿和黄铁矿，b 值分别为 0.75、0.52 和 0.62。

从图 7-5 可以看出，二乙基二硫代磷酸钠的浓度（mg/L）见纵坐标，随

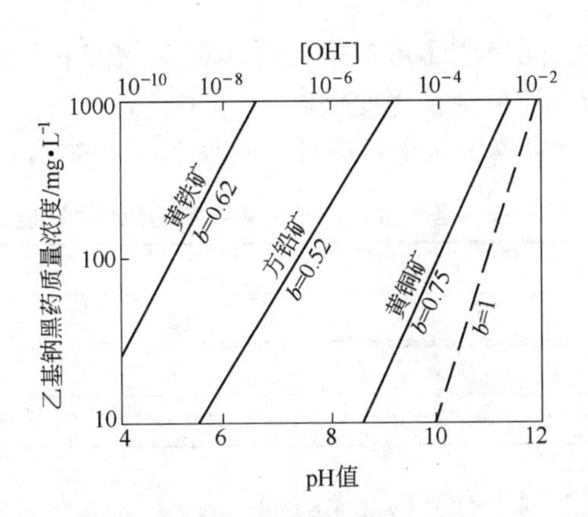

图 7-5 用黑药浮选几种硫化矿的临界浓度-pH 值曲线

pH 值的增大而增大。因为 pH 值大时，[OH^-] 浓度高，为了保持矿物浮游，必须有更大的捕收剂阴离子浓度 [A^-] 和 [OH^-] 竞争。

pH 值能使某些活化离子形成特定羟基配合物时，被活化矿物的浮选回收率最高。例如，用油酸浮选软锰矿（MnO_2），在 pH 值为 8.5 时回收率最高，此时矿物表面能生成的 $MnOH^+$ 最多。浮选铬铁矿（$FeO \cdot Cr_2O_3$），pH 值为 8.0 时能获得最高的回收率，也与矿物表面生成的 $FeOH^+$ 有关。若用金属离子活化石英，以磺酸盐作捕收剂，其最适宜的浮选 pH 值就是金属离子能够形成第一羟基配合物的 pH 值。如图 7-6 所示，用 Fe^{3+} 活化石英，石英开始浮游的边界（最低）pH 值为 2，合适的 pH 值为 2.9~3.8。

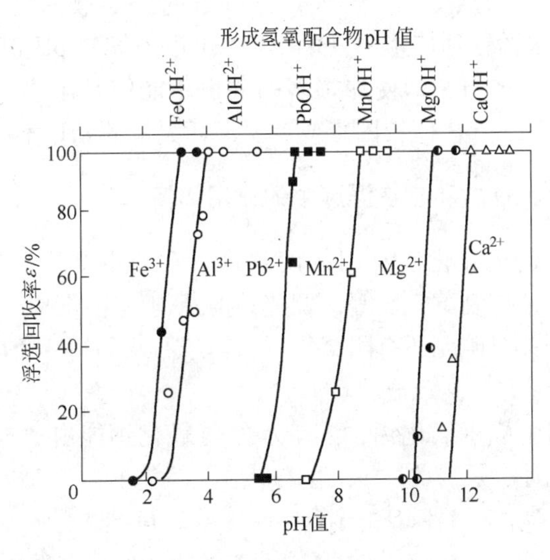

图 7-6 十二烷基磺酸盐（1×10^{-4}mol/L）浮选石英时，金属离子（1×10^{-4}mol/L）起活化作用的 pH 值

上述最佳 pH 值，是有利于形成第一羟基配合物的 pH 值。当然使用别的捕收剂时，浮选的最佳 pH 值会发生变化。

图 7－6 中各种金属离子活化石英时，回收率达 90% 的 pH 值见表 7－3。

表 7－3 各种金属离子活化石英的最佳 pH 值

金属离子	Fe^{3+}	Al^{3+}	Pb^{2+}
最佳 pH 值	2.9～3.8	3.8～8.4	6.5～12
金属离子	Mn^{2+}	Mg^{2+}	Ca^{2+}
最佳 pH 值	8.5～9.4	10.9～11.7	>12

影响矿浆 pH 值的因素有下列几个方面：

（1）各种药剂用量的影响。加入的浮选药剂，特别是无机酸、碱溶于水以后，使水溶液显现一定的 pH 值。药剂用量越大，对溶液 pH 值的影响越大。有时为了防止 pH 值变化太大，要补加 pH 值缓冲剂，如硫酸铵。

（2）矿石中矿物的成分和含量。如成盐矿物，在水中解离或水解，会使矿浆显示一定的酸碱性。这种不加任何药剂的矿浆本身呈现出的 pH 值，称为自然 pH 值。如萤石（CaF_2）是强碱强酸的中性盐，在矿浆中显示的自然 pH 值是 7；铅矾（$PbSO_4$）是强酸弱碱盐，它形成的自然 pH 值是 5；白云石[（Ca，Mg）CO_3]是弱酸强碱的碱性盐，它形成的自然 pH 值是 9。

由于矿物本身的水解以及矿物与酸碱的作用，所以矿物对 pH 值常有缓冲作用。这种作用的存在，使矿浆浓度发生较大的波动，或者加入少量的酸碱时，不致引起矿浆 pH 值的剧烈变化。例如，方解石的悬浮液，含 33% 的方解石时，pH 值为 8.23，加水稀释到矿浆中只含 0.07% 的固体时，pH 值仍能保持在 8.15。某些以碳酸盐为主的矿石，即使加很多的酸也不能使其矿浆 pH 值降到 5 以下。这时要改变矿浆的自然 pH 值较困难或者要消耗大量的 pH 值调整剂。

7－2 石灰的成分、性质和它在浮选中的作用如何？

石灰（CaO）是选硫化矿常用的调整剂。它的主要作用是调整矿浆的 pH 值，使矿浆呈碱性，抑制黄铁矿等；调整其他药剂作用的活度，并能沉淀一部分对选矿有害的离子；对矿泥还有团聚作用。由于石灰易得、价廉，所以它是硫化矿浮选的重要药剂。

石灰与水作用生成氢氧化钙，溶于水的氢氧化钙能电离成钙离子和氢氧离子，使溶液呈强碱性，反应为：

$$CaO + H_2O = Ca(OH)_2$$

$$Ca(OH)_2 = Ca^{2+} + 2OH^-$$

石灰能有效地抑制黄铁矿，主要由于石灰水解产生的 OH^- 和 Ca^{2+} 起抑制作用，OH^- 与黄铁矿表面的 Fe^{2+} 作用形成难溶而亲水的氢氧化亚铁($Fe(OH)_2$)和氢氧化铁($Fe(OH)_3$)薄膜，使黄铁矿受到抑制。当黄铜矿被黄药作用后，黄铁矿表面已形成黄原酸铁的疏水膜时，OH^- 也能取代黄原酸离子在其表面形成亲水的氢氧化亚铁薄膜，使其受到抑制，其反应如下：

$$FeS_2]Fe(ROCSS)_2 + 2OH^- = FeS_2]Fe(OH)_2 + 2ROCSS^-$$

由于 $Fe(OH)_2$ 的溶度积为 4.8×10^{-16}，$Fe(OH)_3$ 的溶度积为 3.8×10^{-33}，都比 $Fe(ROCSS)_2$ 的溶度积 8×10^{-8} 小很多，所以在高碱性矿浆中，OH^- 有排挤黄药阴离子的能力，容易在黄铁矿的表面生成亲水的氢氧化铁薄膜。

用纯黄铁矿做的试验表明（见图 7－7）：用石灰抑制黄铁矿的作用比用氢氧化钠对黄铁矿的抑制作用要强得多。用 NaOH 调整 pH 值至 9，黄铁矿的回收率仍然有 80%；用石灰调整 pH 值至 9 时，黄铁矿的回收率却只有 18%。这说明石灰抑制黄铁矿不只是 OH^- 起作用，Ca^{2+} 也起作用。

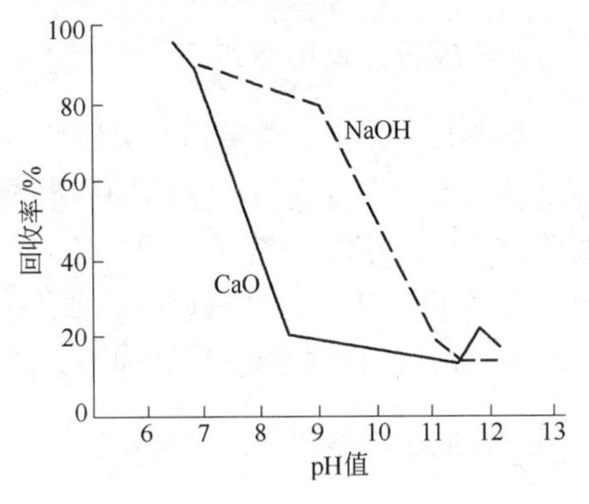

图 7－7　石灰和氢氧化钠对黄铁矿的抑制作用

石灰还能使矿泥团聚，除去矿泥有害的覆盖作用。工业生产中可将它呈粉状或乳浊状添加，最好直接加入磨矿机中。有时浮选要求石灰的用量很大时，测 pH 值反映不出用量，要直接测矿浆的游离碱含量。

7－3　碳酸钠有什么特性？有何用途？

碳酸钠（Na_2CO_3）在水溶液中可以解离为 Na^+ 和 CO_3^{2-}，在水中发生下列反应，使溶液呈中等碱性。

$$Na_2CO_3 + 2H_2O \longrightarrow 2Na^+ + 2OH^- + H_2CO_3$$

$$H_2CO_3 = H^+ + HCO_3^- \qquad K_1 = 4.2\times10^{-7}$$

$$HCO_3^- = H^+ + CO_3^{2-} \qquad K_2 = 4.8\times10^{-11}$$

碳酸钠是浮选中常用的中碱性 pH 值调整剂，用它可将矿浆的 pH 值调成 8～10，可以沉淀矿浆中的 Ca^{2+}、Mg^{2+} 等有害离子。

$$Ca^{2+} + CO_3^{2-} = CaCO_3\downarrow$$

$$Mg^{2+} + CO_3^{2-} = MgCO_3\downarrow$$

碳酸钠对矿浆的 pH 值有缓冲作用，可用它来活化被石灰抑制的黄铁矿。有的工厂用石灰窑排出的废气（有用成分为 CO_2）活化被石灰抑制的黄铁矿，以代替硫酸。CO_2溶于水生成碳酸，降低 pH 值并沉淀钙离子。

碳酸钠对矿泥有分散作用，因为 CO_3^{2-}、HCO_3^- 和 OH^- 等吸附在矿泥表面，使矿泥表面电荷处于同性相斥状态。

7－4 氢氧化钠适用于什么情况？

氢氧化钠（NaOH）又称苛性钠或烧碱，是强碱性 pH 值调整剂。因为它价格贵，只在要获得高 pH 值而又不能使用石灰时才使用。在赤铁矿和褐铁矿进行正、反浮选时，常用它调整 pH 值，以防 Ca^{2+}的干扰。

7－5 硫酸有什么用途？

硫酸（H_2SO_4）是常用的酸性 pH 值调整剂。黄铁矿、磁黄铁矿在受石灰抑制以后，可加入硫酸使矿浆的 pH 值降到 7 以下，并溶去表面的氢氧化铁，将黄铁矿复活。在浮选锆英石、金红石、钛铁矿、烧绿石等稀有金属矿物时，用胂酸类浮锡石、MOH 类浮钛铁矿时，要将 pH 值降到 4～6 要用硫酸调节。处理老矿时，常要预先用硫酸擦洗矿物表面，除去抑制性的薄膜。

7－6 其他酸在浮选中如何使用？

其他酸如氟氢酸，在浮选绿柱石、长石等硅酸盐矿物时，用它们调整 pH 值并起活化作用。

草酸 2(COOH) 或 $C_2H_2O_4$因草酸含有两个—COOH 而无烃基，常用作抑制剂。草酸的重金属盐不溶于水，但与许多重金属能形成配合物而溶于水。草酸与 Fe^{3+}、Fe^{2+}、Cu^{2+}、Zn^{2+}、Al^{3+}、Co^{2+}、Ni^{2+}、Mg^{2+}、Ca^{2+}等金属离子可形成螯合物。与 Fe^{3+}、Mn^{3+}生成的螯合物（亲水的螯合离子）更稳定，因此在用脂肪酸浮金属氧化矿的浮选中，为了抑制铁锰矿物或受铁锰活化的其他脉石矿物，可以用草酸作抑制剂。草酸可以活化含镍及贵金属的磁黄铁矿。

柠檬酸（$HOC(CH_2COOH)_3$）的结构式为：

```
                    COOH
                     |
                    CH2
                     |
HOOC — CH2 — C — OH
                     |
                    COOH
```

柠檬酸

它可抑制萤石、碳酸盐、氟碳铈矿，但不能抑制重晶石。用单烷基膦酸钠捕收剂浮独居石时，柠檬酸对氟碳铈矿和独居石都有抑制作用，但对氟碳铈矿的抑制作用更强。因为柠檬酸只选择性地配合溶解氟碳铈矿表面的活性中心，减少了捕收剂的吸附，使氟碳铈矿表面更亲水，而独居石仍然较好地浮游。柠檬酸对氟碳铈矿和独居石两种矿物可浮性的影响如图 7-8 所示。

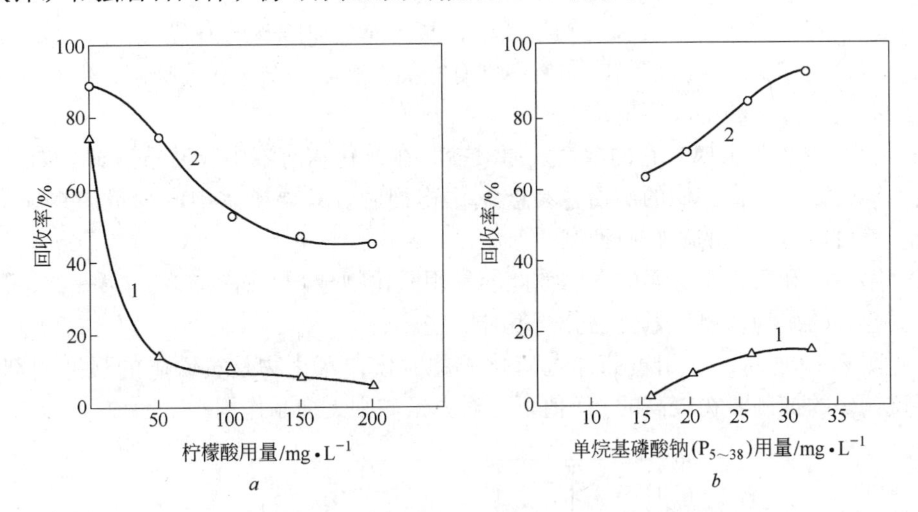

图 7-8 柠檬酸对氟碳铈矿和独居石两种矿物可浮性的影响

a—柠檬酸用量对氟碳铈矿和独居石可浮性的影响；（单烷基膦酸钠 16mg/L，MIBC 12mg/L，pH 值为 3）

b—柠檬酸存在时单烷基磷酸钠用量对氟碳铈矿和独居石可浮性的影响（pH 值约为 3 左右，MIBC 12mg/L）

1—氟碳铈矿；2—独居石

7.2 无机抑制剂

在多金属矿的浮选中，抑制剂的应用特别重要，尤其是混合精矿分离的成败，主要取决于抑制剂的应用是否得当。抑制剂的种类繁多，有无机化合物，也有有机化合物，下面摘要做些介绍。

7-7 氰化物在浮选中有什么作用？

氰化物包括氰化钠（NaCN）和氰化钾（KCN）。在水中呈碱性反应：

$$NaCN + H_2O \longrightarrow Na^+ + OH^- + HCN$$

$$HCN \longrightarrow H^+ + CN^-$$

$$K = [H^+][CN^-]/[HCN] = 4.7 \times 10^{-10}$$

从氰化物的水解反应可知，随 pH 值升高，CN^- 的浓度增加，抑制作用增强，氰化物的用量减少。在酸性介质中 $[CN^-]$ 减小，抑制作用减弱，如果酸性太强，会产生毒性很大的氰氢酸，应当避免。

有人研究过在氰化物溶液中，不同的金属离子与黄药生成的产物的溶度积大小，与用氰化物抑制它们矿物的关系，具体可分为 3 类：

（1）第一类金属。在氰化物溶液中，其黄原酸盐为不溶的简单化合物（或不能生成氰化物的配合物），这类金属有铅、铊、铋、锑、砷、锡。它们的矿物在黄药溶液浮游不容易被氰化物抑制。

（2）第二类金属。在氰化物溶液中，其金属黄原酸盐的溶解度较大，如铂、汞、银、镉和铜。浮游矿物的晶格中含有它们，就容易被氰化物抑制，但要求矿浆中有较高浓度的游离氰离子。

（3）第三类金属。它的金属黄原酸盐，在氰化物溶液中容易被溶解。如铁、金、镍、钯、锌，它们的矿物容易被氰化物抑制。只要矿浆中的少量游离氰离子，就可以将它们的矿物质抑制。

第一类和第三类金属的矿物彼此容易用氰化物分开。而第二类和第一类、第三类金属的矿物，要用氰化物分离就难一些。

图7－9所示，在用黄药浮选硫化矿的时候，氰化物是黄铁矿的强抑制剂，对黄铜矿的抑制要在较高的pH值下，对方铅矿则无抑制作用。

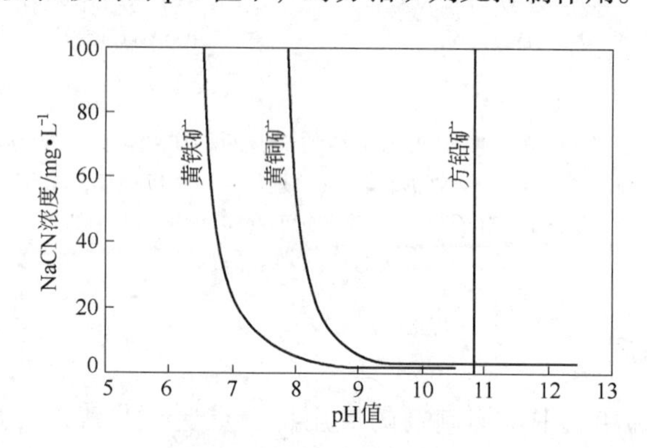

图7－9　氰化钠抑制黄铁矿、黄铜矿，不抑制方铅矿
（乙基钾黄药25mg/L）

氰化物对各种铜、铁硫化矿物的抑制作用差异如图7－10所示。

图7－10证明黄铁矿最易被抑制，而辉铜矿最难被抑制。氰化物对图7－10所示矿物的抑制顺序是：

黄铁矿 > 黄铜矿 > 白铁矿 > 斑铜矿 > 黝铜矿 > 铜蓝 > 辉铜矿

所以，抑制靠后面矿物所需氰化物的浓度越来越大。

随着氰化物用量增加，在闪锌矿表面吸附的铜离子和黄药量减少，回收率随之下降，证明 CN^- 和黄药阴离子 X^- 有竞争吸附的关系，如图7－11所示。

CN^- 发生抑制作用时，[X^-] 与 [CN^-] 有比例关系，但不是常数。用乙基钾黄药作捕收剂，黄药用量为5mg/L、25mg/L、625mg/L时，要阻止黄铜矿与气泡形成接触角，临界氰离子浓度分别为0.20mg/L、0.43mg/L和1.8mg/L，

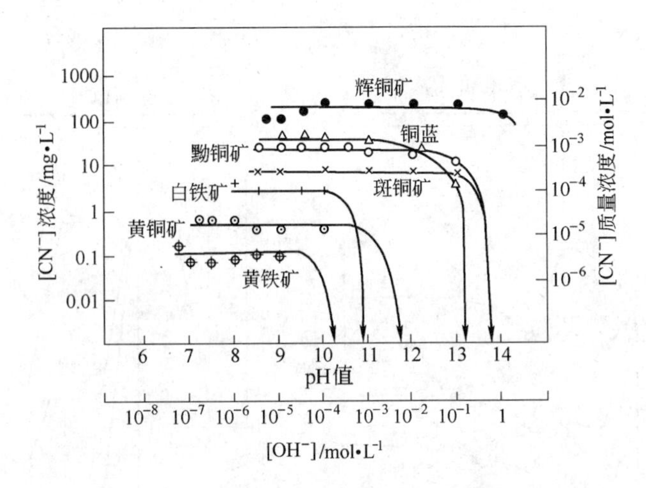

图7-10 不同的pH值下，25mg/L乙基钾黄药溶液中，为阻止气泡附着所需的氰离子浓度

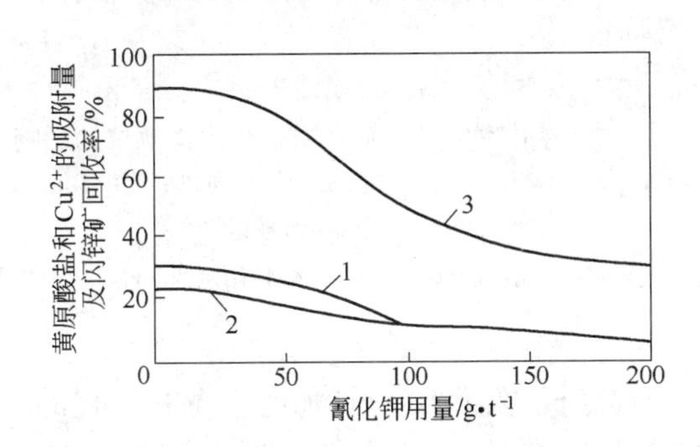

图7-11 氰化物用量对闪锌矿浮选的影响

1—乙基钾黄药的吸附量；2—铜离子的吸附量；3—闪锌矿的回收率

两者之比分别为4.0、9.4和57。

氰离子浓度低时，它直接在锌、铁等矿物表面生成亲水性的难溶化合物，如$Zn(CN)_2$、$Fe(CN)_2$、$Cu(CN)_2$，使有关矿物受抑制。当矿浆中氰离子浓度大时，这些难溶的化合物会转变为稳定、易溶而亲水的配合物，如$Zn(CN)_4^{2-}$、$Fe(CN)_4^{2-}$、$Cu(CN)_4^{2-}$，如以下反应式所示：

$$Cu^{2+} + 3CN^- \longrightarrow Cu(CN)_2 + 1/2(CN)_2$$

氰化物及黄药对黄铜矿和黄铁矿表面电位的影响如图7-12所示。

从图7-12中折线1最左边一段看：浮选2~4min，不加任何药剂时，矿物的表面电位逐步上升，这与浮选充氧气、矿物表面被氧化有关；在浮选6~10min的区间加入氰化钾，从折线2、3、4看：6~8min的区间电位急速下降，8~10min的区间，因为浮选充气的影响，电位稍有上升；在10~22min的区间，

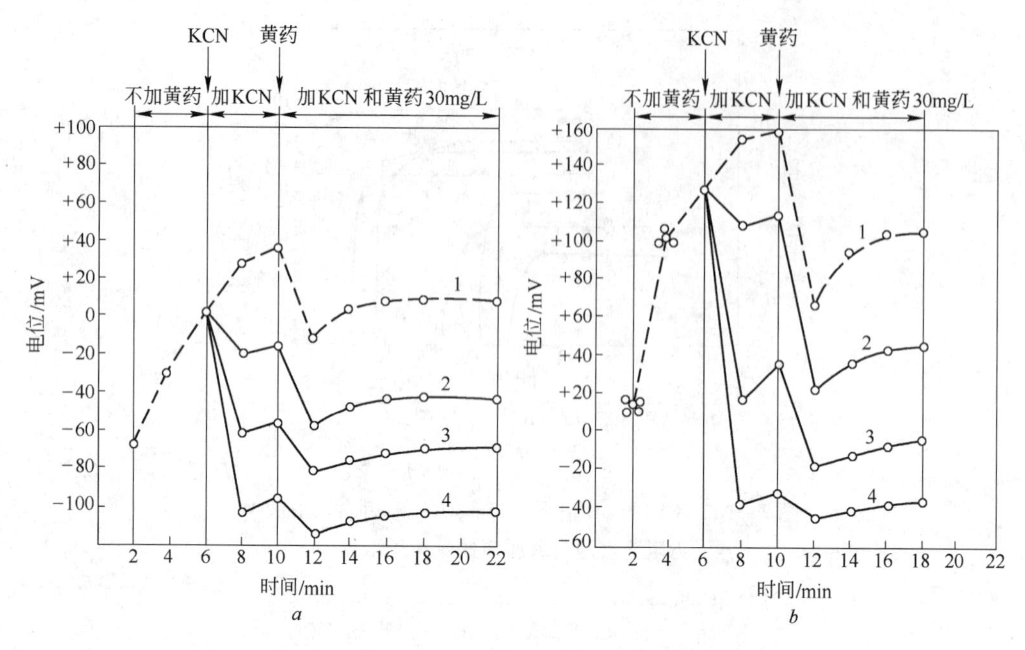

图 7－12 氰化钾对黄铜矿和黄铁矿表面电位的影响

（6～10min 只加氰化钾，10～18min 加氰化钾和丁黄药 30mg/L）

a—黄铜矿；*b*—黄铁矿

1—氰化钾用量为 0；2—氰化钾用量 4.7mg/L；3—氰化钾用量 8.5mg/L；4—氰化钾用量 17mg/L

加入氰化钾和黄药，但黄药是在第 10 分钟加的，在 10～12min 间，电位又下降；在 12～22min 的区间电位慢慢上升，其趋势和折线 1 近似平行。

6～8min 之间和 10～12min 之间矿物表面电位急速下降，说明氰化钾在矿物表面作用，降低了矿物表面的 ζ 电位。在 10～22min 间，虽然加了黄药，但对折线下降或上升，只有很小的影响，没有重大的改变，说明在给出的药剂用量范围内黄药竞争不过氰化钾（从 12－1 间可以看出，加黄药会使电位降低，只是在 0.06mV 左右）。

对照图 7－12*a* 和图 7－12*b*，可见黄铜矿受影响较小，而黄铁矿受影响更大，所以黄铜矿较难被氰化钾抑制，而黄铁矿容易被氰化物抑制。

氰化物对被黄药作用过的矿物的抑制，首先是溶去矿物表面的黄药。氰化物对锌、铁、镍、金、铜的黄原酸盐的溶解能力很强，而且氰离子能与矿物的金属离子生成不溶的产物。这些矿物即使被浮选过，也可以用氰化物抑制。氰化物还可以消耗矿浆中的 Cu^{2+}，预防它的活化作用。

实际浮选中氰化物的用量可以是每吨矿几克到几百克，一般把 20g/t 以下称为少氰浮选。

氰化物有剧毒，要尽量不用或少用。其废水应在尾矿场存放一定的时间，让它自然反应失效，必要时可加漂白粉、液氯等使其氧化。

铁氰化钾（赤血盐、$K_3Fe(CN)_6$）和亚铁氰化钾（黄血盐、$K_4Fe(CN)_6$）是次生硫化铜矿物的抑制剂，在铜钼混合精矿分离中用以抑铜浮钼。在铜锌分离中，当闪锌矿被次生铜的矿物活化，不能用氰化物抑制时，可以用亚铁氰化钾在pH值为6~8的矿浆中抑铜浮锌。其抑制作用是铁氰根（或亚铁氰根）在次生铜矿物的表面生成铁氰化铜或亚铁氰化铜的配合物胶体沉淀，使铜矿物表面亲水而被抑制。实验证明，这种胶粒的吸附，并不排除矿物表面的黄药，而是固着在未吸附黄药的表面上，两者呈共存状态，因此铁氰化物是以其强亲水性掩盖黄药的疏水性而表现出抑制作用的。

7-8 硫酸锌在浮选中起什么作用？

硫酸锌（$ZnSO_4 \cdot 7H_2O$）是闪锌矿的抑制剂，但它必须和碱共用才有抑制作用。矿浆的pH值越高抑制作用越强。硫酸锌在碱性矿浆中和OH^-的反应式为：

$$ZnSO_4 + 2OH^- = Zn(OH)_2 + SO_4^{2-}$$

实验表明，氢氧化锌是亲水性胶体，溶解度很小，被吸附在矿物表面，不仅本身有亲水性，还会排挤一部分捕收剂（如黑药），使其受到抑制。氢氧化锌胶体还可以在矿浆中吸附一部分铜离子，预防闪锌矿被它活化。

氢氧化锌是两性化合物，在酸性矿浆中溶于酸，生成硫酸锌失去其抑制作用；在较强的碱性矿浆中，它按下式发生反应：

$$Zn(OH)_2 + OH^- \longrightarrow HZnO_2^- + H_2O$$

$$Zn(OH)_2 + 2OH^- \longrightarrow ZnO_2^{2-} + 2H_2O$$

所以吸附在闪锌矿表面的胶体$Zn(OH)_2$，在pH值较高的矿浆中成为$HZnO_2^-$和ZnO_2^{2-}，被吸附在闪锌矿的表面，能增强闪锌矿的亲水性，使其受到抑制。有人建议用锌酸盐$Na_2Zn(OH)_4$作闪锌矿的抑制剂，除了$HZnO_2^{2-}$和ZnO_2^{2-}有抑制作用以外，在弱碱性矿浆中，它会水解生成氢氧化锌增强其抑制作用。

硫酸锌单独使用时，抑制作用较弱，只有与碱、氰化物和亚硫酸钠等联合使用，才有强烈的抑制作用。它与氰化物配用时抑制效果比单独使用其中任何一种都好，两者配用时起抑制作用的成分及其对闪锌矿抑制的强弱顺序是：

$Zn(CN)_4^{2-} > Zn(CN)_2 > Zn(OH)_2$

一般配比为：氰化物∶硫酸锌 =1∶(2~8)(质量比)。

氰锌组合剂抑制硫化矿物的递减顺序是：

闪锌矿 > 黄铁矿 > 黄铜矿 > 白铁矿 > 斑铜矿 > 黝铜矿 > 铜蓝 > 辉铜矿

从这个顺序可以看出氰锌组合剂使闪锌矿比黄铁矿还容易受抑制，其他顺序与前面所述相同。

7-9 亚硫酸（或二氧化硫）、亚硫酸盐和硫代硫酸盐在浮选中起什么作用?

亚硫酸（H_2SO_3）、二氧化硫（SO_2）、亚硫酸钠（Na_2SO_3）和硫代硫酸钠（$Na_2S_2O_3$）等都是强还原剂，能降低矿浆电位，在矿浆中能使 Cu^{2+} 等高价阳离子的活化作用消失，反应式如下：

$$Cu^{2+} \rightarrow Cu^{+} \rightarrow Cu\downarrow$$

$$SO_3^{2-} + 2Cu^{2+} + H_2O \longrightarrow 2Cu^{+} + SO_4^{2-} + 2H^{+}$$

$$2S_2O_3^{2-} + 2Cu^{2+} \longrightarrow 2Cu^{+} + S_4O_6^{2-}$$

亚铜 Cu^{+} 很不稳定，它可再与硫代硫酸根离子作用生成配离子：

$$2Cu^{+} + 2S_2O_3^{-} \longrightarrow Cu_2S_2O_3^{2-}$$

或在平衡中沉淀：

$$Cu^{+} + e \longrightarrow Cu\downarrow$$

在浮选矿浆大量充气的情况下，黄药阴离子受亚硫酸和氧的作用，变成醇和二氧化碳，亚硫酸本身则变成硫代硫酸。

$$C_2H_5OSS^{-} + HSO_3^{-} + SO_3^{2-} + O_2 \longrightarrow C_2H_5OH + CO_2 + 2S_2O_3^{2-}$$

有研究表明，亚硫酸及其盐对闪锌矿和硫化铁矿物有抑制作用，而下列几个条件可以加强其抑制作用：

（1）在 pH 值小于 7（pH 值为 4.5 ~ 6）时，闪锌矿受到强烈抑制。

（2）与 Zn^{2+}、Ca^{2+} 等二价离子共存时，抑制作用更明显。

由于它们无毒，对金银等贵金属无溶解作用，被它们抑制过的矿物易活化，所以越来越广泛地用它代替氰化物抑制闪锌矿和黄铁矿。

亚硫酸及其盐对方铅矿有抑制作用。在 pH 值为 4 左右，方铅矿表面因生成亲水性的亚硫酸铅薄膜而受抑制。将它与硫酸铁、重铬酸盐或淀粉配合，可加强抑制方铅矿的作用。

$Na_2S_2O_3$ 和活性炭可抑制脉石提高铜精矿品位。在 Kure 铜矿选厂，从黄铁矿中浮出黄铜矿用石灰作抑制剂，铜精矿的铜品位只有 17.5%，而用 $Na_2S_2O_3$ 和活性炭作调整剂，用二硫磷酸型（di - thiophosphino - type）捕收剂浮选，铜精矿铜品位达到 28%。研究表明，$Na_2S_2O_3$ 的抑制机理与 SO_3^{2-} 相似，它能分解捕收剂或氧化矿表面的捕收剂离子，提高选择性，活性炭则从矿浆中除去捕收剂离子，创造了无捕收剂浮选条件，调浆时间的选择和 $Na_2S_2O_3$ 的用量是浮选成功的关键。

研究表明，Na_2S 和 Na_2SO_3 以 1:1 的质量配比使用，可以抑制高砷铅锌矿石中的砷。

这类抑制剂对硫化铜不起抑制作用，甚至有一些活化作用。

用这类药剂的优点是无毒，不溶解金、银。缺点是抑制作用不太强烈，用量和使用条件要严加控制。为了防止它氧化失效，常采用分段添加方法。

7-10 硫酸铝钾（明矾）在浮选中有什么用途?

明矾分子式为$KAl(SO_4)_2 \cdot 12H_2O$，在矿浆中解离出K^+、Al^{3+}和SO_4^{2+}。氟碳铈矿为稀土的氟碳酸盐，独居石矿为稀土的磷酸盐，当在矿浆中加入明矾以后，独居石表面的PO_4^{3-}就会先和Al^{3+}反应，形成亲水性抑制薄膜，从而使独居石受到抑制。

7-11 重铬酸盐和铬酸盐在浮选中起什么作用?

重铬酸盐（$M_2Cr_2O_7$）和铬酸盐（M_2CrO_4）中M为Na或K，其中钾盐用得较广。它们对方铅矿的抑制作用是和氧化了的方铅矿表面的硫酸铅作用，生成亲水性的铬酸铅。因为硫酸铅、铬酸铅和硫化铅三者的溶度积大小顺序是：

$$PbSO_4 > PbCrO_4 > PbS$$

根据化学反应总是向生成溶度积小的化合物方向进行的原理，铬酸铅不能直接由方铅矿生成，只能由硫酸铅生成。反应式为：

$$Cr_2O_7^{2-} + 2OH^- \longrightarrow 2Cr_4^{2-} + H_2O$$

$$PbS] \ PbSO_4 + CrO_4^{2-} \longrightarrow PbS] \ PbCrO_4 \downarrow + SO_4^{2-}$$

为了使反应进行，要加长搅拌时间（如30min以上），使方铅矿表面氧化。

以上讨论的是在碱性介质中用铬酸盐抑制方铅矿的机理。在中性介质中，它们可以抑制未氧化的方铅矿，此时是在方铅矿表面生成亲水性的氧化铬。

由于重铬酸盐对方铅矿的抑制作用很强，方铅矿一旦被抑制，就难以活化，在多数情况下就不活化了。

重铬酸盐难以抑制被Cu^{2+}活化过的方铅矿，因此，当矿石中含有氧化铜矿物或次生铜矿物时使用效果不佳。

重铬酸盐可用于抑制重晶石，如萤石矿中含有重晶石时，可向矿浆中加入重铬酸盐，在重晶石表面生成铬酸钡的亲水性薄膜，使重晶石受到抑制。

7-12 高锰酸钾在浮选中起什么作用?

高锰酸钾（$KMnO_4$），在碱性、中性或微酸性溶液中都是氧化剂，其本身被还原成二氧化锰。在氧化剂（或还原剂）的使用中都应该考虑矿物的氧化的大小顺序，即：白铁矿>辉银矿>黄铜矿>铜蓝>黄铁矿>斑铜矿>方铅矿>辉铜矿>闪锌矿。在该顺序中，位于前面的矿物先受氧化剂氧化而被抑制。氧化剂可以提高矿浆电位。选矿中有时用它代替氰化物抑制毒砂、黄铁矿，甚至用于抑制黄铜矿和闪锌矿。

俄罗斯和独联体国家在铅锌选矿中用高锰酸钾代替氰化钠作黄铜矿、闪锌矿和黄铁矿的抑制剂，该法分离铅锌的分离指标与氰化钠接近，但贵金属回收率可能提高7%～14%，浮选药剂用量大幅度降低。

7-13 漂白粉和次氯酸钠在浮选中有什么作用？

氯的氧化物都是强氧化剂，二氧化氯(ClO_2)、三氧化二氯(Cl_2O_3)、七氧化二氯(Cl_2O_7)、高氯酸($HClO_4$)氧化性都很强，而漂白粉$CaCl\cdot Ca(ClO)_2\cdot H_2O$是选矿中较常用的氧化剂，其主要有用成分是次氯酸钙。次氯酸钙在水中解离为次氯酸：

$$Ca(ClO)_2+2H_2O \longrightarrow Ca(OH)_2+2HClO(\text{次氯酸})$$

次氯酸中的氯略带正电，次氯酸作氧化剂时，氯被还原成Cl^-，而被氧化的元素价位升高。次氯酸钠有相似的氧化作用。如有的工厂在锌硫分离中加漂白粉抑黄铁矿浮闪锌矿，同时也使方铅矿因过氧化而被抑制，降低了锌精矿中的铅硫品位，提高了锌精矿品级。

7-14 双氧水在浮选中有什么作用？

双氧水（H_2O_2）可用于提高矿浆电位，提高因矿浆电位过低而不能浮游的矿物的可浮性。用双氧水也可以抑制易氧化的矿物。

7-15 硫化钠、硫氢化钠、硫化胺和硫化钙在浮选中有什么作用？

硫化钠（$Na_2S\cdot 9H_2O$）、硫氢化钠（NaHS）和硫化钙（CaS）是常用的硫化剂。它们属弱酸盐，易溶于水。以硫化钠为例，硫化钠在水中按如下反应式水解和解离，并显示较强的碱性。

$$Na_2S+2H_2O \longrightarrow 2Na^++2OH^-+H_2S$$

$$H_2S \longrightarrow H^++HS^- \qquad K=3.0\times10^{-7}$$

$$HS^- \longrightarrow H^++S^{2-} \qquad K=2.0\times10^{-15}$$

硫化钠在水中解离的情况与pH值有关，pH值越高，HS^-离子浓度越高，而S^{2-}的量则在各种pH值下都很小（见图7-13）。

在有色金属矿物浮选中，硫化钠的作用是多方面的。它可以用来抑制金属硫化矿物，脱除混合精矿表面的捕收剂，活化（硫化）铜、铅氧化矿，沉淀矿浆中的金属离子和提高矿浆的pH值。硫化钠的具体作用如下：

（1）抑制作用。大量的硫化钠对许多硫化矿物都有抑制作用。它对常见多金属矿物的抑制强弱顺序为：

方铅矿＞Cu^{2+}活化过的闪锌矿＞黄铜矿＞斑铜矿＞铜蓝＞黄铁矿＞辉铜矿

硫化钠对于硫化矿物的抑制作用，是由于它在矿浆中水解生成大量亲水性的

HS^-和S^{2-}吸附在矿物表面的缘故。据研究，在矿物刚能被硫化钠抑制的条件下，硫化氢离子浓度和黄药阴离子浓度之比（$[HS^-]/[X^-]$）为一常数，这是因为HS^-和X^-在矿物表面发生竞争吸附的缘故。当$[HS^-]/[X^-]$大于临界条件下的常数时，硫离子在矿物表面的吸附占优势，能阻止捕收剂阴离子在矿物表面上吸附，使矿物受抑制。反之，黄药阴离子在矿物表面的吸附占优势，矿物可以浮游。图7－13所示为硫化钠用量对方铅矿浮游和黄药吸附的影响。

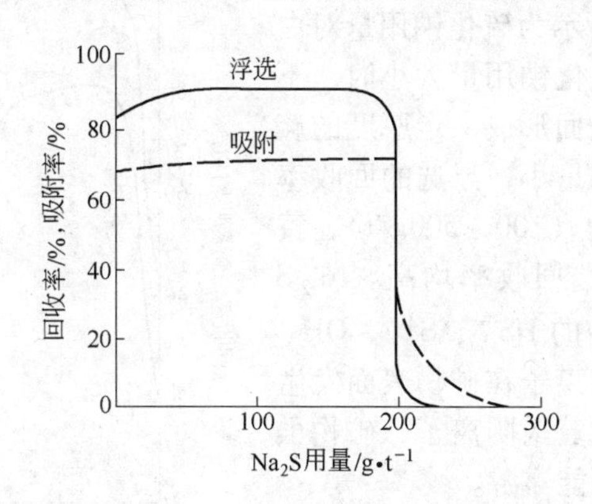

图7－13　硫化钠用量对方铅矿（－125～＋10μm）浮游和黄药吸附的影响

由图7－13可知，硫化钠在矿浆中的浓度达到一定值（如200g/t）时，HS^-、S^{2-}自方铅矿表面排除黄药阴离子，占据黄药表面的活性中心，使方铅矿受到抑制。

可见硫化钠用量不同，效果显著不同，在硫化矿浮选中其用量不易控制，故常常配合其他药剂使用。如将硫化钠与硫酸锌配用以抑制锌、铁硫化矿物；将硫化钠与重铬酸钾配用以抑制方铅矿；将硫化钠和活性炭配用，可以利用活性炭吸附被硫化钠从矿物表面排挤下来的捕收剂。只是在用非极性捕收剂浮选辉钼矿时，常常单独使用硫化钠抑制其伴生硫化矿物，因为其用量容易控制。

硫化钠对于硫化矿物的抑制作用，可能因为长时间的充气搅拌或再磨中的氧化而消失，或者因为加入能与硫化钠生成难溶盐的化合物而失效，使被其抑制过的矿物活化。常见矿物恢复浮游活性的顺序如下：

黄铁矿＞方铅矿＞黄铜矿＞闪锌矿

（2）脱药作用。在混合精矿分离之前，常常用硫化钠作解吸剂，利用HS^-和S^{2-}在矿物表面的吸附作用，排除混合精矿表面的捕收剂离子。如用脂肪酸浮出的白钨粗精矿再精选前，有时加入大量的硫化钠并升温至80～90℃脱药。由于S^{2-}可与不少金属离子生成难溶的硫化物沉淀，所以硫化钠有消除矿浆中的活性离子、调整矿浆中的金属离子组成和净化水的作用。

（3）活化作用。浮选铜、铅的氧化矿，常用硫化钠做硫化剂，使氧化矿物面形成一层类似于硫化矿物的硫化物薄膜，再用黄药类捕收剂浮选。例如硫化钠对白铅矿的硫化反应为：

$$\left.PbCO_3\right] PbCO_3 + Na_2S \longrightarrow \left.PbCO_3\right] PbS + Na_2CO_3$$

白铅矿］　未硫化的表面　　白铅矿］　硫化后的表面

用硫化钠硫化矿物的硫化速度和硫化效果与硫化钠的用量、矿浆 pH 值、矿浆温度、调浆时间等因素有关，应严格加以控制。图 7－14 所示为硫化钠用量对白铅矿浮选的影响。硫化钠用量太小时，不能保证在氧化矿物表面形成一定厚度的硫化膜，黄药的吸附剂量小，浮选的回收率低。在低用量范围内（100～500g/t），黄药的吸附剂量及浮选回收率均高。Na_2S 用量过大时，矿浆中的 HS^-、S^{2-}、OH^- 浓度过大，与黄药阴离子在矿物表面发生竞争吸附，甚至排斥黄药阴离子，矿物虽已硫化但受抑制而不能浮游。

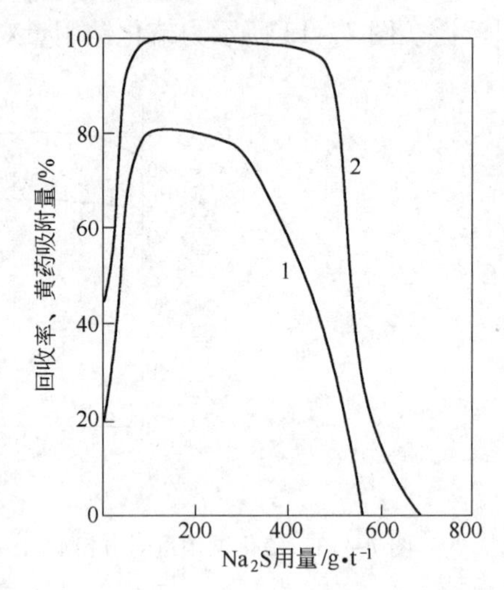

图 7－14　硫化钠用量对白铅矿浮选的影响

1—黄药吸附剂量；2—白铅矿的回收率

各种矿物进行硫化的最佳 pH 值是不同的。白铅矿的硫化在 pH 值为 9～10 时速度最快。

孔雀石在 pH 值为 8.5～9.5 时，硫化效果最佳。在需要较高的硫化钠用量时，为了避免 pH 值过高，可在硫化时适当添加 $(NH_4)_2SO_4$ 或 H_2SO_4，能使硫化过程进行得更为迅速有效。

温度对硫化反应有明显的影响，硫化速度通常随温度的升高而加快，菱铁矿甚至在 70℃ 的条件下才能很好地被硫化。

加硫化钠后，如果搅拌时间不足，会使硫化深度不够，但是搅拌时间过长，矿浆中的硫化钠及矿物表面的硫化膜会被氧化。同时氧化矿物表面的硫化薄膜，也可能会被擦落，所以搅拌时间过长或过短对于硫化都有害。使用硫化钠时，为了避免局部浓度过高及搅拌时间过长，常常采用分段、分批的添加方法。

此外，硫化钠水解时能产生大量的 OH^-，使矿浆的 pH 值升高，给浮选过程带来影响。

7－16　硅酸钠（水玻璃）在浮选中有什么作用？

硅酸钠（$Na_2O \cdot mSiO_2$）是偏硅酸钠（Na_2SiO_3）和水合二氧化硅胶体的混合物，由石英砂和碳酸钠烧制而成。

$$SiO_2 + Na_2CO_3 \xrightarrow{\triangle} Na_2SiO_3 + CO_2 \uparrow$$

硅酸钠的成分与制作时的用料比例有关，一般用 $SiO_2:Na_2O$ 的质量比值（称为模数）来表示。不同用途的硅酸钠，模数相差很远。浮选中用的硅酸钠，模数为2.4~2.9。模数过低含二氧化硅低，效果差，模数过高难以溶解。硅酸钠在水中水解使溶液呈碱性，反应式如下：

$$Na_2SiO_3 + 2H_2O \longrightarrow 2Na^+ + 2OH^- + H_2SiO_3$$

$$H_2SiO_3 \rightleftharpoons H^+ + HSiO_3^- \qquad K_1 = 1\times10^{-9}$$

$$HSiO_3^- \rightleftharpoons H^+ + SiO_3^{2-} \qquad K_2 = 1\times10^{-13}$$

矿浆中 Na^+、OH^-、$HSiO_3^-$、SiO_3^{2-} 等离子及 H_2SiO_3 分子的含量多少，视溶液的浓度和 pH 值而定。硅酸钠的有效成分与 pH 值的关系如图 7-4 所示。硅酸在水中常成硅酸胶束。

硅酸钠的 H_2SiO_3、$HSiO_3^-$ 和 SiO_3^{2-} 硅酸胶粒，与石英、硅酸盐和铝硅酸盐矿物有些相同的成分，可以吸附在它们的表面，形成亲水的水化层，对它们产生很强的抑制作用。

用脂肪酸浮选萤石的过程中，常常用硅酸钠抑制伴生的方解石和重晶石。图 7-15所示可以看出其用量变化的影响。

由图 7-15 可以看出 3 种矿物中，萤石比较特殊，少量水玻璃反而使其回收率有所增加（此时浮它最合适），但用量过大也会受水玻璃抑制。

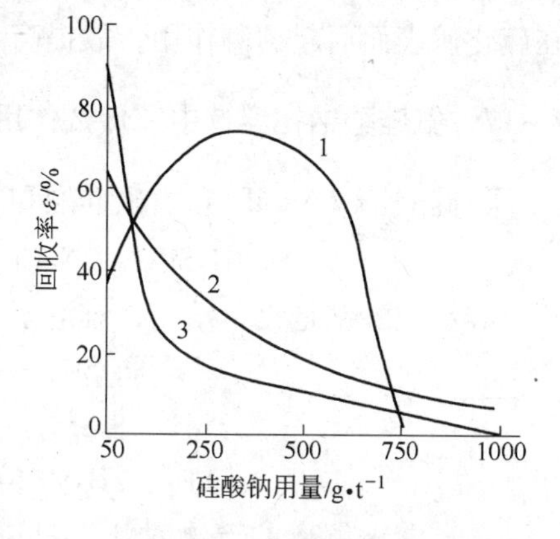

图 7-15 硅酸钠对用油酸浮选矿物的影响

1—萤石；2—方解石；3—重晶石

硅酸钠可以抑制成盐矿物，与它从矿物表面排挤捕收剂离子有关。这在白钨粗精矿加温（60~80℃）处理法（见 13-19 问）中讲述得很清楚。

硅酸钠对硫化矿物也有抑制作用，有的工厂不用氰化物而用水玻璃抑铅浮铜实现铜、铅分离。

为了提高硅酸钠的抑制作用可以采用以下 4 种方法：

（1）与碳酸钠配合使用，碳酸钠水解产生的 OH^-、HCO_3^-、CO_3^{2-} 与硅酸钠水解产生的 OH^-、$HSiO_3^-$、SiO_3^{2-} 都能排挤脂肪酸离子，但碳酸钠水解出的离子，优先吸附在萤石和磷灰石上，可以防止硅酸离子对萤石、磷灰石的抑制，可以提高硅酸钠作用的选择性。

（2）配合使用高价阳离子，如 Al^{3+}、Fe^{3+}、Ni^{3+}、Cr^{3+}、Zn^{2+}、Cu^{2+} 等，以提高其选择性。例如分离方解石、萤石时，加入硫酸铝能使方解石受抑制而浮游萤石。在较复杂的白钨矿、硅灰石、方解石分选中，加入金属离子，能生成 $M(OH)_n$ 和 SiO_3^{2-} 的混合物，可以在被抑制矿物的表面选择地吸附，使它们受抑制。

（3）彼得罗夫法精选白钨粗精矿。先将白钨粗精矿浓缩脱水脱药，按每吨粗精矿加入40～100kg硅酸钠，加温至60～80℃，搅拌30～60min，使方解石等脉石矿物表面的脂肪酸解吸而被抑制，白钨矿却保持良好的可浮性，从而得到高质量的白钨精矿。

矿浆的pH值越高，温度越高，可以增大硅酸钠的选择性，减少用量。实际使用时将硅酸钠配成5%～10%的新鲜水溶液添加，用量因其作用而异。作抑制剂时，用量为0.2～2kg/t；作细泥分散剂时，用量为1kg/t；精选白钨矿时，用量是每吨粗精矿40～50kg以上。

（4）硫化钠与硅酸钠混用。湖南柿竹园多金属矿白钨加温精选时，将硫化钠和硅酸钠混用，比单用硅酸钠能使白钨矿与脉石矿物更好地分离，可减少水玻璃用量，节约成本，能更稳定地获得高质量白钨精矿；加温精选中，硫化钠在矿浆中解离出HS^-，HS^-能排斥吸附在黄铁矿、磁黄铁矿表面的捕收剂，并吸附在硫化矿表面而起抑制作用，故提高了白钨精矿的质量。

7－17 氟硅酸钠在浮选中有什么作用？

氟硅酸钠（$NaSiF_6$）由氟硅酸和氯化钠作用生成，反应式如下：

$$H_2SiF_6 + 2NaCl \longrightarrow Na_2SiF_6 \downarrow + 2HCl$$

纯氟硅酸钠是无色结晶，难溶于水，在碱性介质中，按下式解离：

$$Na_2SiF_6 \longrightarrow 2Na^+ + SiF_6^{2-}$$

$$SiF_6^{2-} \longrightarrow SiF_4 + 2F^-$$

$$SiF_4 + 2H_2O = SiO_2(\text{水化}) + 4HF$$

氟硅酸钠解离的产物对浮选有以下的作用：

（1）氟化硅的水化物能抑制硅酸盐和脉石矿物，其作用与硅酸钠相似。图7－16说明用盐酸月桂胺浮石英时，氟硅酸钠的抑制作用比硅酸钠更强，仅次于六偏磷酸钠。

（2）用油酸作捕收剂，氟硅酸抑制钛铁矿，可使矿物表面吸附的油酸减少，表明它的解离产物与油酸阴离子在矿物表面发生竞争吸附。

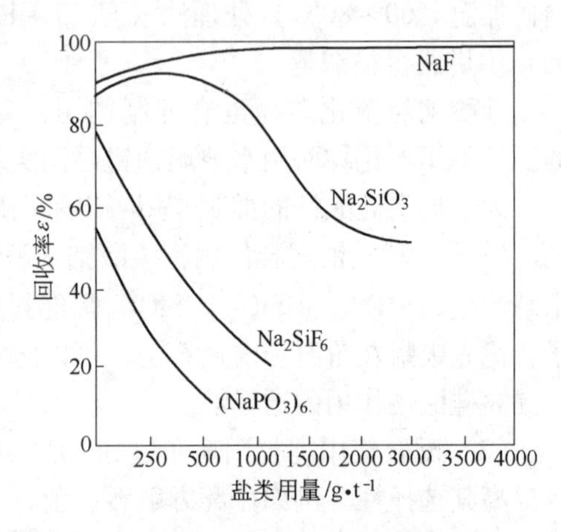

图7－16 氟硅酸钠等对石英的抑制作用
（其他药剂：盐酸月桂胺100g/t，松油20g/t）

（3）用黄药作捕收剂浮硫化矿、黄铁矿等硫化矿物被Ca^{2+}抑制时，

F^-可以沉淀钙离子，使黄铁矿活化。

（4）氟硅酸钠解离出的氟硅酸离子 SiF_6^{2-}，可以在硅酸盐矿物的铝或铍位置上吸附。增大其表面的负电荷，促进胺类捕收剂的作用。如：

$$\text{矿物表面}]Al—OH + SiF_6^{2-} +]Al—SiF_6^- + OH^-$$

$$\text{矿物表面}]Al—SiF_6^- + RNH_3^+ +]Al—SiF_6 - NH_3R$$

但当用量过大，pH 值的抑制作用超过活化作用时，氟硅酸钠对矿物的活化作用便转为抑制作用。

7-18 偏磷酸钠在浮选中有什么作用？

偏磷酸钠（$NaPO_3$）$_n$浮选中有时用三偏磷酸钠或四偏磷酸钠，但最常用的是六偏磷酸钠，其分子式中 n 为6。六偏磷酸钠可以由磷酸二氢钠加热而成：

$$\underset{\text{磷酸二氢钠}}{2NaH_2PO_4 \cdot H_2O} \xrightarrow{\triangle} 2NaH_2PO_4 \xrightarrow{\triangle} \underset{\text{焦磷酸钠}}{Na_2H_2P_2O_7} \xrightarrow{\triangle} \underset{\text{偏磷酸钠}}{2NaPO_3} \xrightarrow{\triangle} \underset{\text{六偏磷酸钠}}{(NaPO_3)_6}$$

六偏磷酸钠为玻璃状固体，溶于水溶液，pH 值约为 6，易水解成正磷酸盐。六偏磷酸钠是磷灰石、方解石、重晶石、碳质页岩和泥质脉石的抑制剂。因为它在水中解离后，与矿浆中矿物表面的 Ca^{2+} 生成亲水而稳定的配合物：

$$Na_6P_6O_{18} \longrightarrow Na_4P_6O_{18}^{2-} + 2Na^+$$

$$Na_4P_6O_{18}{}^{2-} + Ca^{2+} \longrightarrow CaNa_4P_6O_{18}$$

六偏磷酸钠在方解石表面所生成的配合物，不完全滞留在方解石表面，也可能被其他矿物吸附，而使它们受抑制。六偏磷酸钠的水解产物为亲水的磷酸盐离子，能直接吸附在矿物表面或解吸矿物表面的捕收剂，从而使矿物受到抑制。实验证实，吸附在菱镁矿表面的六偏磷酸钠，能全部被脂肪酸类捕收剂取代，因此六偏磷酸钠不能抑制菱镁矿，浮菱镁矿可用它从方解石、白云石中浮出。

用油酸浮选锡石时，常用六偏磷酸钠抑制含钙、钡矿物（重晶石）。浮选含铌、钽、钍的烧绿石和含锆的锆英石时，常用六偏磷酸钠抑制长石、霞石、高岭土等脉石矿物。六偏磷酸钠在阳离子捕收剂浮选时，能抑制石英和硅酸盐矿物。

六偏磷酸钠有吸湿性，在空气中易潮解，并渐渐变成焦磷酸钠和正磷酸钠，抑制作用因此下降，所以在使用时应该当天配制当天使用。

7-19 什么是组合抑制剂？它们在浮选中有何作用？

将几种抑制剂按最佳的比例组合在一起作抑制剂使用就是组合抑制剂。这是提高抑制剂功效的一种方法。有的组合剂仍然有毒，有的无毒或低毒。

A 诺克斯试剂

诺克斯试剂有磷诺克斯试剂和砷诺克斯试剂。具体介绍如下：

（1）磷诺克斯是五硫化二磷与氢氧化钠的混合物，两者混合发生如下反应：

$$P_2S_5 + 10NaOH \Longrightarrow Na_3PO_2S_2 + Na_3PO_3S + 2Na_2S + 5H_2O$$

$$P_2S_5 + 6NaOH \longrightarrow 2Na_3PO_2S_2 + H_2S + 2H_2O + Q$$

$$H_2S + NaOH \longrightarrow NaHS + H_2O$$

因为在制备时放出大量的热，不小心可能引起火灾、爆炸以及有毒气体，造成人身伤亡事故，制备时应使用具有冷却水系统的搅拌槽，以控制混合时的温度。正确的方法是：将 NaOH 溶于水中，冷却到 40～50℃后，再缓慢地加入 P_2S_5，温度保持在75℃以下，所得药剂浓度为25%。制备时，常用过量的 NaOH 与 P_2S_5反应，这样，过剩的 NaOH 就可以和有毒的 H_2S 气体反应生成 NaHS，可作为硫化铜、铁矿物的抑制剂，余下的 NaOH 可作为矿浆的 pH 值调整剂。

在矿浆中，磷诺克斯药剂除了 Na_2S 与 NaHS 生成 HS^- 离子的抑制作用外，反应产物硫代磷酸盐 $Na_3PO_2S_2$ 与 Na_3PO_3S 在水中解离后形成的 $PO_2S_2^{3-}$ 与 PO_3S^{3-} 离子吸附在硫化铜、铁矿物表面上，阻止黄药的吸附，从而达到抑制硫化铜、铁矿物的目的。硫代磷酸钠也与硫化矿表面的金属离子作用生成亲水而难溶的硫代磷酸盐，使硫化矿受到抑制。此外反应中生成的 Na_2S 进一步水解和解离生成 HS^- 和 S^{2-}，也能增强它对硫化矿的抑制作用。

提高 NaOH 浓度和 P_2S_5与 NaOH 的配比，可降低钼精矿中的铅含量。例如：当工艺流程都为一次粗选、两次精选、一次扫选，每次均添加磷诺克斯试剂。

1 号试验：NaOH 浓度为8%，P_2S_5∶NaOH＝1∶1.7，闭路试验粗精矿铅含量由0.132%降到0.042%，达到要求标准。

2 号试验：NaOH 浓度为4%，P_2S_5∶NaOH＝1∶1.72，闭路试验粗精矿铅含量只降到0.053%，不达标。

（2）砷诺克斯试剂是由 11g 硫化钠和 1g 氧化砷组成的药剂，两者混合后，发生如下的反应：

$$As_2O_3 + 3Na_2S + 2H_2O \longrightarrow Na_3AsO_2S_2 + Na_3AsO_3 + 4H^+$$

$$As_2O_3 + 3Na_2S + 2H_2O \longrightarrow Na_3AsO_4 + Na_3AsOS_3 + 4H^+$$

上述反应是在过量的 Na_2S 条件下产生的，因为原来在混合物中的硫化物只有26.5%发生反应。常按 1∶3～1∶4 的比例配制，是因为三氧化砷是剧毒化合物，所以加过量的硫化钠很有必要。砷诺克斯试剂的抑制作用与磷诺克斯试剂相似，在硫化矿表面生成亲水而难溶的硫化砷酸盐，使硫化矿受到抑制。用它将钼与硫化矿物分离时，矿浆的 pH 值应为 8～11，铜、铅、锌、铁的硫化矿物都受到抑制。

某厂的实践证明，用诺克斯试剂抑制方铅矿比重铬酸盐更好。诺克斯试剂抑制次生铜矿也很有效。这类药剂有毒是显然的，使用过程中的废水应妥善处理。

B 锌氰组合剂和铁氰组合剂

前面已经提到过一种锌氰组合剂。这里再补充一些内容，锌氰组合剂有如下几种：

$$w(ZnSO_4):w(NaCN)=(2\sim8):1$$
$$w(Zn(OH)_2):w(NaCN)=1:1$$
$$w(ZnO):w(NaCN)=1:1$$
$$w(FeSO_4):w(NaCN)=(2\sim5):1$$

它们可用于抑制闪锌矿，起抑制作用的是 $Zn(CN)_6^{2-}$ 和 $Fe(CN)_6^{4-}$。对于风化的铜锌矿石，使用锌氰组合剂的有效 pH 值范围为6.8～7.5；使用铁氰组合剂的有效 pH 值范围较宽，为3～10都可以。使用了氰有毒，应慎重处理。

C 无毒或低毒组合抑制剂是什么成分？在浮选中有何作用？

研究无毒或低毒高效抑制剂是当今选矿工作者十分重视的问题。下面介绍3类：

（1）锌碱组合剂。将硫酸锌与碳酸钠或石灰等组合使用，能代替氰化物抑制闪锌矿和黄铁矿。硫酸锌与碳酸钠配合时起抑制作用的成分与矿浆 pH 值有关。在 pH 值为8～9时，闪锌矿表面上形成的 $ZnSO_4$ 和 $Zn(OH)_2$ 起抑制作用；pH 值不小于10时，局部形成 $Zn(OH)_2$，主要形成 $Zn_4(CO_3)(OH)_6\cdot H_2O$ 起抑制作用；当 pH 值小于10时，在个别闪锌矿颗粒上观察到与 $Zn(CO_3)(OH)_6\cdot H_2O$ 相一致的晶质衍生物。

（2）亚硫酸类组合剂。亚硫酸类和硫酸亚铁是还原剂，可降低矿浆电位。其广泛地应用于铜、铅分离和铜、锌分离的浮选中。

例如浮铜抑铅常用的组合药剂方案有：

$H_2SO_3+FeSO_4+H_2SO_4$

$Na_2S_2O_3+FeSO_4+H_2SO_4$

$Na_2S_2O_3+FeCl_3$

$H_2SO_3+Na_2S$

浮铜抑锌的组合药剂方案有：

$Na_2SO_3+ZnSO_4+Na_2S$

$Na_2SO_3+Na_2S$

$CaO+FeSO_4+Na_2SO_3$

$CaO+ZnSO_4+Na_2SO_3$

$CaO+Na_2SO_3+Na_2S+ZnSO_4$

使用这些组合药剂的关键是严格控制矿浆的 pH 值及药剂的用量。浮铜抑铅常在 pH 值为5～6的弱酸性矿浆中进行，浮铜抑锌、铁的硫化物常在 pH 值为8～11的碱性矿浆中进行。

（3）水玻璃（硅酸钠）组合剂。水玻璃是硅酸盐和碳酸盐矿物的抑制剂，常用于氧化矿的分离。生产实践证明，水玻璃对方铅矿有一定的抑制作用，将它与重铬酸钾组合使用，$w(Na_2SiO_3):w(K_2Cr_2O_7)=1:1$，抑铅浮铜进行铜铅分离效果好，并可降低有毒的重铬酸盐的用量。

在氧化矿的分离浮选中，使用的水玻璃无机组合剂有：

$$w(Na_2SiO_3):w[Al_2(SO_4)_3]=(0.7\sim1):1$$

用于抑制重晶石浮萤石。以下水玻璃无机组合剂：

$$w(Na_2SiO_3):w(FeSO_4)=10:1$$

$$w(Na_2SiO_3):w(MgO)=10:1$$

用于抑制石英、方解石和云母。

水玻璃、六偏磷酸钠、碳酸钠组合抑制剂抑制脉石。在印度尼西亚的三水铝矿矿石的浮选中，用氧化石蜡皂和塔尔油作捕收剂，碳酸钠、水玻璃和六偏磷酸钠组合抑剂抑制脉石，正浮选三水铝矿。试验结果表明：当磨矿细度达到75% -0.074mm时，碳酸钠用量为4kg/t，水玻璃用量为2kg/t，六偏磷酸钠为250g/t，捕收剂用量为700g/t，矿浆浓度为28.5%，精矿铝硅比达到11.18，回收率为63.49%。

水玻璃与有机药剂组成的抑制剂有：Na_2SiO_3 + CMC（羧甲基纤维素）或 H_2SO_3 + 淀粉等代替重铬酸钾抑铅浮铜；水玻璃 + 亚硫酸 + CMC用于抑铅浮铜的混合精矿分离。某多金属矿浮铜抑铅以 $w(Na_2SiO_3):w(CMC)=100:1$ 的配比最好，关键是要通过试验寻找合适的比例。

在铜铅锌多金属矿石浮选分离中，铜铅分离采用亚硫酸矿浆加温法，药剂来源困难，生产成本高，工业上难以实现；采用重铬酸盐法，用量大、环境污染，分离效果好，仍有使用；经试验证明，用CMC - 重铬酸盐组合抑制剂抑铅浮铜，获得较好效果，对减少污染有实际的意义和较高的应用价值。

CMC、亚硫酸钠和水玻璃组合抑制剂分离广东某矿铜铅混合精矿，用常规分离方法困难，为了达到铜铅分离的目的，试验采用高频振动细筛，先将混合精矿分级，然后对 +0.088mm 筛上粒级进行摇床重选；对 -0.088mm 筛下粒级，用CMC、亚硫酸钠和水玻璃混合剂作抑制剂，用Z - 200作捕收剂，抑铅浮铜。工业试验结果：铜精矿含铜22.35%、含铅4.02%；铅精矿含铅60.31%，含铜2.79%。

用 Na_2SiO_3 + 草酸（或柠檬酸）抑制碳质脉石和白云石。

7 - 20 其他成分不明的无机抑制剂有哪些?

DF - 3号抑制剂。大冶铁矿试验结果表明，采用新型抑制剂DF - 3号，不仅能全部代替石灰抑硫进行铜硫分离，而且与平行对比的传统石灰工艺相比，分选各项指标更为优越，不但铜回收率显著提高，钴和硫回收率也提高，金回收率提高最为显著。且浮选pH值低（pH值为8左右），便于排放。

D6 抑制剂。某氧化铅锌矿氧化率达 92% 以上，采用硫化－黄药浮铅法、硫化－胺法浮锌的不脱泥浮选工艺，用 D6 作抑制剂抑锌，可获得铅精矿含铅 60.8%、含锌 5.84%，铅回收率 92.72% 的铅精矿和含锌 36.4%、含铅 0.5%，锌回收率 83.22% 的锌精矿。生产实践结果表明该工艺合理，指标可靠。

甘肃省某硫化铅锌矿氧化率高，矿石性质复杂，采用 SN－9 和丁基黄药作捕收剂，石灰和 ZL－01 作锌矿物抑制剂浮铅，浮铅尾矿经 $CuSO_4$ 活化后，用丁基黄药浮锌。试验结果表明，铅精矿和锌精矿的品位和回收率均能提高。

7.3 活化剂

活化剂可以削弱抑制剂的作用或者增强浮游矿物的活性。一般能使矿物表面更好地吸附捕收剂，原因有 3 个：

（1）引进使捕收剂更易在斯特恩层吸附的外来离子；

（2）改变矿物电动电位的大小和符号；

（3）分散或弱化无捕收剂表面的水化壳。

氧原子是一般硫化矿物和许多非硫化矿物的活化剂，但通常讨论的活化剂是指氧以外的药剂。它们能改变矿物表面的成分和电性，除去矿物表面的抑制性薄膜或减少矿浆中的有害离子。

在金属硫化矿浮选中，硫化铜矿及硫化铅矿一般容易浮游，无需活化。在某些情况下，混合精矿分离才要抑铅或抑铜。这时被抑制的矿物往往可以作为槽底精矿，也不再活化。硫化矿中要活化的矿物是硫化锌、硫化铁和硫化锑。活化硫化锌矿常用硫酸铜，活化被石灰抑制过的硫化铁矿常用硫酸、二氧化碳、苏打、硫酸铜、氟硅酸钠、铵盐等。活化辉锑矿常用硝酸铅，活化铜、铅、锌的氧化矿常用硫化钠。

7－21 硫酸铜如何起活化作用？

硫酸铜（$CuSO_4 \cdot 5H_2O$，又称为胆矾）是闪锌矿和硫化铁矿物常用的活化剂。图 7－17 所示是硫酸铜的用量对闪锌矿浮选的影响，随着铜离子吸附量增大，黄药吸附量及浮选回收率明显提高，说明闪锌矿被活化了。

硫酸铜对闪锌矿和黄铁矿的活化有两种不同的情况，一种是活化未抑制过的矿物，另一种是活化被氰化物等抑制过的矿物。情况不同抑制作用也不同，主要有以下三种情况：

（1）在被活化的矿物表面直接生成活化膜。由于 Cu^{2+} 与闪锌矿晶格中的 Zn^{2+} 半径相近，能直接发生置换反应：

$$\underset{\text{闪锌矿}}{ZnS}]\ \underset{\text{外层硫化锌}}{ZnS} + CuSO_4 = \!=\!= \underset{\text{闪锌矿}}{ZnS}]\ \underset{\text{硫化铜薄膜}}{CuS} + ZnSO_4$$

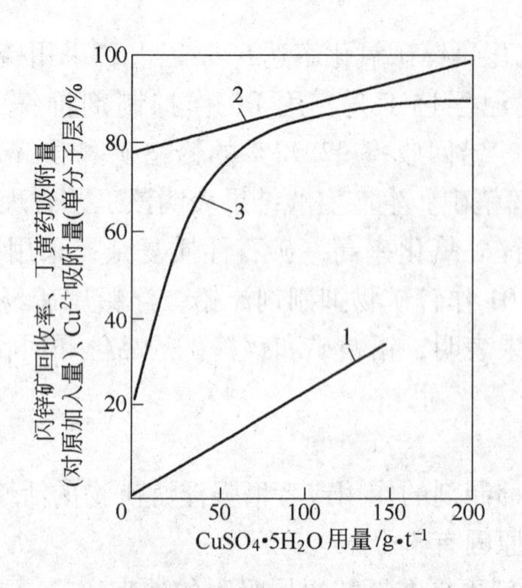

图 7-17 硫酸铜的用量对闪锌矿浮选的影响

1—Cu^{2+}吸附量；2—丁黄药吸附量；3—闪锌矿回收率（丁黄药 47.7g/t，松醇油 20g/t）

反应后在闪锌矿表面形成一层易浮的硫化铜薄膜，使它具有与铜蓝（CuS）相近的可浮性。实践证明：闪锌矿表面这层活化膜容易形成而且是牢固的。这是因为 Cu^{2+} 的半径为 0.08nm，与 Zn^{2+} 的半径 0.083nm 相近；硫化铜的溶度积（1×10^{-36}）远小于硫化锌的溶度积（1×10^{-24}）。在标准电位序中，Zn^{2+}/Zn 为 -0.76，而 Cu^{2+}/Cu 为 +0.34，按电位序的法则，电位越高者越容易从电位低者的化合物中取代出电位低者，即 Cu^{2+} 可以从锌的化合物中取代 Zn^{2+}。所以闪锌矿与矿浆中的 Cu^{2+} 作用时，闪锌矿表面的锌进入矿浆中，而矿浆中的铜离子与闪锌矿表面的硫结合生成硫化铜薄膜是自发过程（见 11.4 节）。

（2）除去抑制性薄膜或与抑制性离子生成活化膜。当矿物被氰化物、亚硫酸等抑制过时，硫酸铜的作用是先通过配合矿浆中的 CN^-、SO_3^{2-}，使矿物表面的抑制膜溶解，然后再在矿物表面生成活化膜。

硫酸铜是强酸弱碱的盐，在水中完全电离，使溶液呈弱酸性：

$$CuSO_4 + 2H_2O = Cu(OH)_2 + 2H^+ + SO_4^{2-}$$

$$Cu(OH)_2 = Cu^{2+} + 2OH^-$$

显然，有效 Cu^{2+} 的浓度与矿浆的 pH 值有关，为了防止 Cu^{2+} 水解，提高活化效率，最好在酸性或中性矿浆中使用。但是实际生产中矿浆的 pH 值受各种因素的影响，用 Cu^{2+} 活化闪锌矿常常只能在碱性矿浆中进行（为了抑制黄铁矿等）。此时，一部分铜离子转化成碱式硫酸铜或碱式碳酸铜，游离的铜离子大为减少。试验证明，提高调整过程的速度，可使闪锌矿吸附铜离子的量略有提高。

（3）Cu^{2+} 可以沉淀或配合矿浆中的抑制性离子，如 CN^-、SO_3^{2-}、$S_2O_3^{2-}$ 等，以消除它们的抑制作用。

7－22 硝酸铅和醋酸铅能起什么活化作用？

硝酸铅是辉锑矿、辰砂、雌黄、黑钨矿等的活化剂，它的活化作用主要是在被活化的矿物表面吸附或反应，生成容易与捕收剂作用的活性中心。醋酸铅可以活化金红石，其活化的作用与硝酸铅相似。当可溶盐中有钾盐时，用脂肪酸浮氯化钠，也可先用硝酸铅活化。

7－23 还有什么其他的活化剂？在浮选中起什么作用？

A ZM－2 活化黄铁矿

ZM－2 活化剂的活化机理是：石灰在水中解离成 Ca^{2+}、$CaOH^{+}$、OH^{-} 等离子，提高矿浆的 pH 值和在黄铁矿表面生成钙、铁的亲水性化合物，使黄铁矿受抑制。加入 ZM－2 后，矿浆中的 Ca^{2+}、$CaOH^{+}$、OH^{-} 等离子，部分会与 ZM－2 解离出的 HCO_3^- 反应生成 $CaCO_3$ 沉淀，并使矿浆的 pH 值降低。ZM－2 与 $Ca(OH)_2$ 反应式如下：

$$NH_4^+ + HCO_3^- + Ca(OH)_2 \longrightarrow CaCO_3\downarrow + NH_3\uparrow + 2H_2O$$

由于，矿浆中的钙离子减少，矿浆的 pH 值降低，Ca^{2+} 和 OH^{-} 在黄铁矿表面吸附和反应物的亲水层减退，因而黄铁矿被活化，浮选指标变好。ZM－2 价格便宜，比用 $CuSO_4\cdot 5H_2O$ 活化费用少，活化效果好，腐蚀性小，使用方便，有推广价值。

B D－2 的结构和活化作用

D－2 的结构式如下：

D-2 互变异构

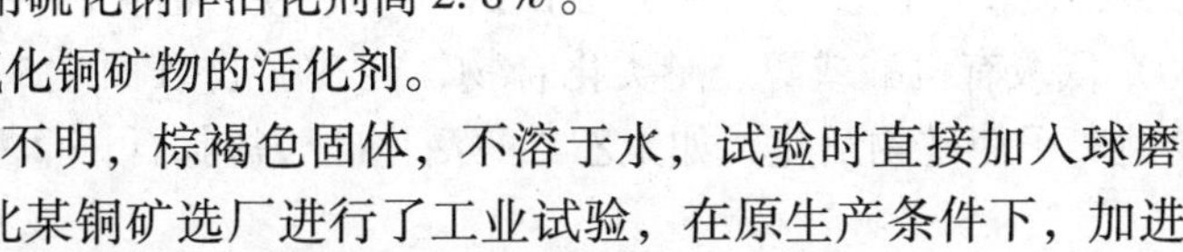

HN—NH / S═C C═S / S ⇌ N—NH / HSC C═S / S ⇌ N—N / HSC CSH / S

使用时将它与硫化钠同时应用以黄药作捕收剂浮氧化铜矿，可以提高氧化铜矿的回收率，比单用硫化钠作活化剂高 2.8%。

D2SK 也可作氧化铜矿物的活化剂。

D3 活化剂成分不明，棕褐色固体，不溶于水，试验时直接加入球磨机中。小试成功后，在湖北某铜矿选厂进行了工业试验，在原生产条件下，加进了 D3 活化剂，精矿品位基本相同，但铜回收率提高 5%。

C PB2 活化氧化铜矿物

PB2 是由两种氧化铜矿物的螯合活化剂混合而成的。用 300g/t PB2 活化的氧化铜矿物，用硫化浮选法可从含铜 7.62% 的给矿，得到含铜 29.29% 的铜精矿，回收率为 78.54%。不添加 PB2 活化剂，氧化铜的回收率只有 32.4%。

D YO 活化剂

氰化提金尾渣中的闪锌矿受到了氰化钠的抑制，用常规药剂无法浮起，采用 YO 除去闪锌矿表面氰根对闪锌矿的抑制，降低了硫酸铜的用量，从而实现了氰化渣中闪锌矿的良好浮选。采用 YO 活化剂调浆后，再用硫酸铜活化，闪锌矿用黄药捕收，得到很好的结果，锌回收率提高了 22% ~ 30%，当 YO 用量为 2000g/t 时，锌作业回收率达到 92%。工业试验表明，锌精矿的锌品位为 56.49%，回收率为 86.63%，现已用于工业生产。

E MHH－1 活化剂

由于磁黄铁矿磁性较强，而且浮选性能较差，且不同矿点的磁黄铁矿性质差异较大，较难将它与磁铁矿分离。采用新型活化剂 MHH－1 活化磁黄铁矿，对含磁黄铁矿较高的进口矿石（含硫 2.15%）和新疆某铁矿（含硫 10.07%）进行反浮选脱硫试验，成功地使磁黄铁矿与磁铁矿分离。铁精矿含硫量分别为 0.24% 和 0.25%，铁品位达到 66% ~68%。MHH－1 用量少，效果好，成本低，为矿山生产低硫铁精矿提供了有效途径。

F 《选矿手册》表 13.7.3 中列举的 49 种活化剂的作用

活化剂的作用可以概括为以下几点：

（1）铜、铅等重金属离子的化合物，如硫酸铜、硝酸铅。它们的金属离子与黄药类捕收剂容易生成难溶的化合物，可以活化锌、铁、锑类硫化矿物。

（2）钙、镁、钡、铁、铝的化合物，如氧化钙、氯化镁、硝酸铝等。它们的离子在石英、硅酸盐矿物的表面吸附以后，有利于脂肪酸类捕收剂在矿物表面吸附。

（3）解离后可以放出硫离子的化合物，如硫化钠、硫氢化钠、硫化钙等，能在铜、铅、锌的碳酸盐矿物的表面生成容易与黄药作用的硫化膜以活化它们。

（4）解离后能产生 F^- 的化合物，如氟化钠、氟氢酸、氟硅酸钠等，它们产生的氟离子，在石英、绿柱石和其他硅酸盐矿物表面吸附产生活化中心，有利于胺类捕收剂作用。

（5）铵和铁氰化物等配合物，与 Cu^{2+} 配合，可以慢慢放出铜离子，以溶解并消耗被抑制矿物（如闪锌矿）表面的 CN^-，使其活化。

（6）低级有机酸或醇、醚类化合物，能在矿物表面生成活性中心或沉淀消耗抑制性离子使矿物活化，如聚乙二醇活化硅酸盐脉石，草酸活化磁黄铁矿。

8　有机调整剂

许多高分子有机调整剂，分子量大，官能团多，可能同时兼有抑制剂和絮凝剂的作用。

8.1　淀粉

8-1　淀粉和糊精是什么成分和结构？如何命名？

淀粉的成分和结构。淀粉（$C_6H_{10}O_5$）$_n$是许多植物、根、茎、果内的碳水化合物，其基本单元是葡萄糖。葡萄糖的结构式为：

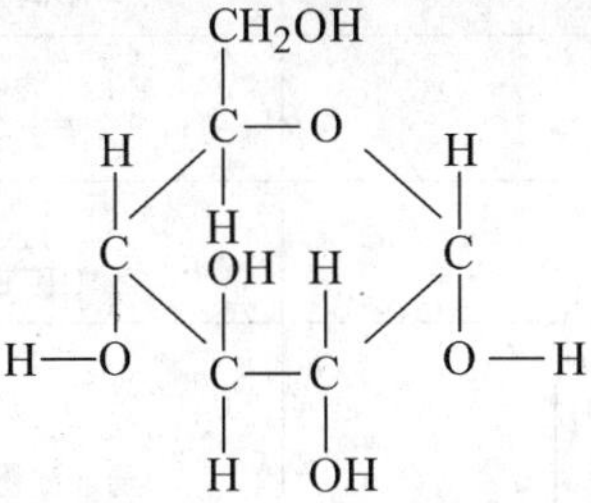

简记为

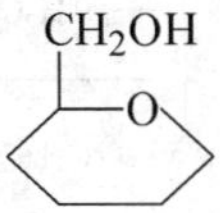

碳原子标号为

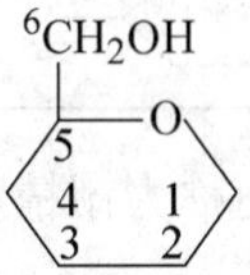

葡萄糖单元

淀粉由成千上万个葡萄糖单元连接而成。这些葡萄糖可以连成直链状或树枝状。葡萄糖1，4-碳上的羟基脱水连成直链状时，称为直链淀粉。可表示为：

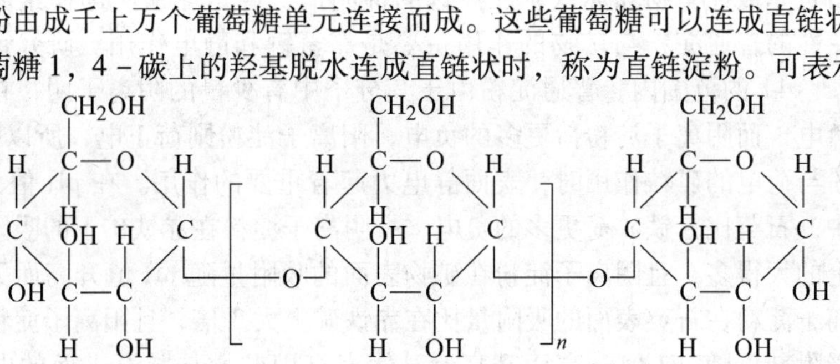

其中，$n=100\sim10000$，可以简写成：

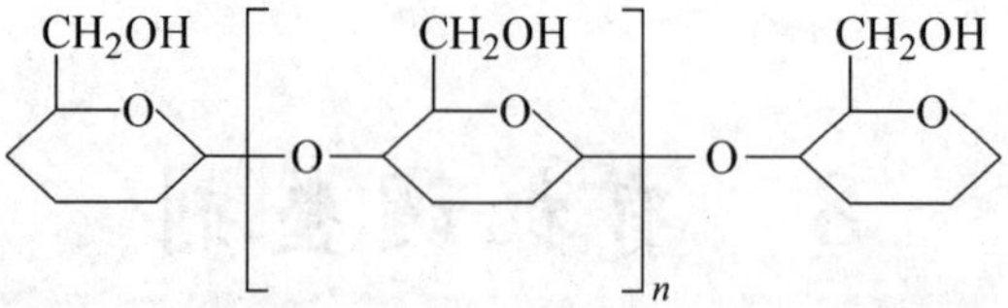

CH_2OH CH_2OH CH_2OH

葡萄糖2，3，6位上的羟基脱水连成树枝状时（结构式从略）称作支链淀粉，又称作皮质淀粉。一般淀粉是直链淀粉和支链淀粉的混合物，前者约占20%～30%，是水溶性的；后者约占70%～80%，是非水溶性的。

当淀粉内葡萄糖6－碳上羟基中的氢，被取代基取代以后可以产生多种变性淀粉（改性淀粉）。例如，用环氧乙烷、氢氧化钠和氯乙酸、环氧丙烷三甲胺氯化物等分别处理淀粉，可以得到下面各种改性淀粉。

取代基		改性淀粉
取代氢的取代基	$—CH_2CHOHCH_2N^+(CH_3)_3Cl^-$	α-羟基氯化三甲基丙胺淀粉 (阳离子变性淀粉)
	$—CH_2COOH$	羧甲基淀粉 (阴离子变性淀粉)
	$—CH_2CH_2OH$	羟乙基淀粉 (中性变性淀粉)
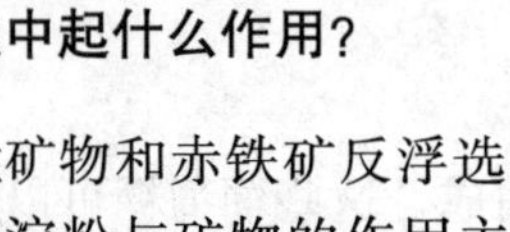	$CH_2O—H$	普通淀粉(未变性淀粉)

淀粉未水解成葡萄糖之前称为糊精。

8－2 淀粉在浮选中起什么作用？

淀粉是非极性矿物和赤铁矿反浮选的抑制剂，也是赤铁矿选择絮凝的絮凝剂。未变性的普通淀粉与矿物的作用主要是靠氢键和静电作用。研究证明：在pH值为3～11的范围内，普通淀粉由于其分子中有少量的阴离子团，在水中也荷一些负电，而阴离子淀粉荷更多的负电，阳离子淀粉则荷正电，所以阴（阳）离子淀粉与荷电的矿粒作用时，表面静电力起着重要的作用。在pH值为7～11的矿浆中，石英比赤铁矿荷更多的负电，故阴离子淀粉在赤铁矿上的吸附剂量比在石英上的大得多。且阴离子淀粉在矿物表面的吸附量随pH值升高而下降。反之，阳离子淀粉在石英表面的吸附量比在赤铁矿上大3倍，且阳离子淀粉在矿物表面的吸附剂量随pH值升高而升高，显然当有用矿物与脉石表面的电荷不同时，选用适当的变性淀粉可以改善过程的选择性。

由于淀粉分子上有羟基、羧基（变性淀粉有）等极性基，故它可以通过氢键与水分子缔合，使与它作用的矿物亲水。研究证明：淀粉对矿物起抑制作用时并不排除矿物表面吸附的捕收剂，而是靠它巨大的亲水分子把疏水的捕收剂分子掩蔽着，使矿物失去疏水性。其抑制活性随分子量、分子中的羟基数和支链数的增加而增加，其选择性则与极性基的组成和性质有关。

淀粉做絮凝剂时，是由于它的分子大，可以同时与两个以上的矿粒作用，借助于桥联作用把分散孤立的细泥连接成大絮团，加速它们在水中的沉降速度。淀粉用量很小时（如数十克/吨）即可起到应起的作用，用量过大反而会使悬浮的细泥重新稳定，发生所谓“保护胶体”的作用。

淀粉水解未成葡萄糖之前称为糊精。含水7%～15%的干燥淀粉，在199～249℃烘炒至颜色较深就是干燥糊精。

淀粉、糊精可抑制许多矿物（包括滑石）。

8.2　纤维素

8-3　纤维素是什么成分和结构？如何命名？

纤维素的成分和结构。纤维素是许多植物纤维的主要成分，其物质基础仍然是葡萄糖，结构式为：

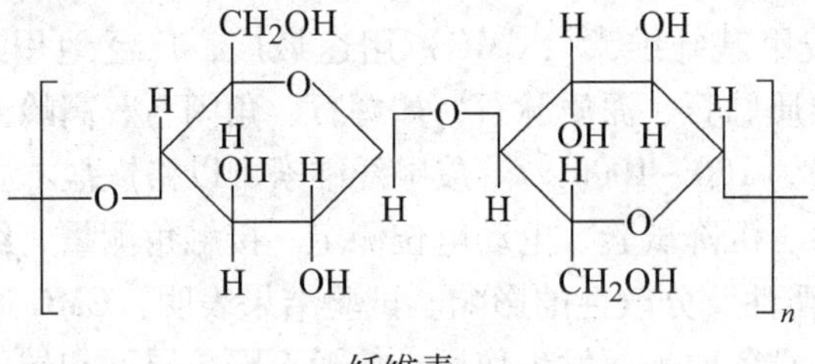

纤维素

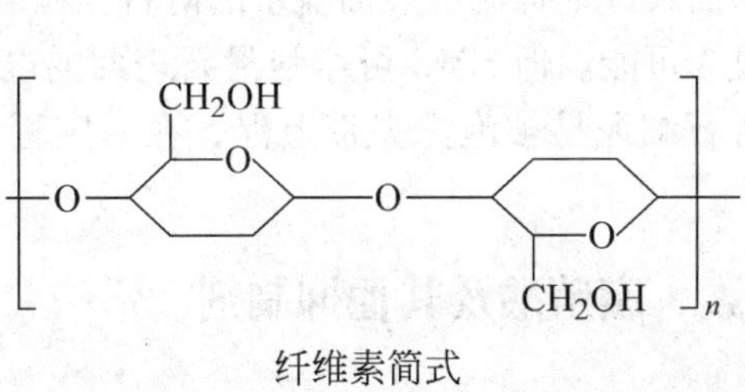

纤维素简式

纤维素的分子式可以表示为 $[C_6H_{10}O_5]_n$，它是由葡萄糖单位去掉羟基中的氢后，一正一反地连接起来的，基本成分和浮选性质与淀粉相似。为了改善纤维素的浮选性质，可将纤维素进行一些处理，而使纤维素变成羧甲纤维素、羟乙纤维素、磺酸纤维素等，它们的特点是用相应的取代基取代了纤维素甲醇基中的

H，如：

取代H的取代基	改性纤维素
$—SO_3H$	磺酸纤维素
$—CH_3$	甲基纤维素
$—CH_2CH_2OH$	羟乙纤维素
$—CH_2COOH$	羧甲纤维素

（结构式：纤维素，重复单元中 $CH_2O—H$ 的H被上述取代基取代，CH_2OH，$[\ \ ]_n$）

其中，—COOH 和—SO_3H 是能促进药剂与矿物作用的基团。

8-4 纤维素在浮选中有什么用途？

纤维素中以羧甲基纤维素（CMC）用途最广，广泛地用来抑制滑石、钙、镁硅酸盐矿物和碳质脉石、泥质脉石，如辉石、角闪石、高岭土、蛇纹石、绿泥石、石英等，用量为100~1000g/t。羧甲纤维素可以铬铁盐木质素为代用品。

通过浮选试验、沉降试验、电动电位测定、接触角测量、红外光谱分析，研究CMC对滑石可浮性及分散性的影响。试验结果表明：CMC通过分子中的羟基和羧基，在滑石颗粒各向表面发生作用，使滑石颗粒层面和端面的润湿性显著增强，并趋于一致，从而较好地抑制因表面疏水的滑石颗粒上浮，使滑石可与辉钼矿等硫化矿物分离成为可能。但CMC可增强滑石表面的电负性，使滑石在水中的分散性变好，使滑石细泥易被泡沫夹带上浮，在一定程度上降低了抑制它的效果。

8.3 丹宁、木质素、腐殖酸及其他抑制剂

8-5 丹宁（栲胶）是什么成分和结构？在浮选中有什么用途？

丹宁是从一些植物的皮、根、果壳（如红根、槲树皮、五倍子、橡碗等）中提取的物质。丹宁的结构式比较复杂，它可以看作丹宁酸、末食子酸、雷琐酸等与葡萄糖组成的化合物。丹宁酸、末食子酸等的结构式如下：

丹宁酸　　末食子酸　　一缩二-β-雷琐酸

各种丹宁萃取液浓缩后浸膏干燥后称为栲胶。

合成丹宁，如S－217、S－804、S－808 等。S－217 是苯酚、浓硫酸和甲醛的缩合物；S－804 是粗菲、浓硫酸和甲醛的缩合物，其有效成分为两端各带一个磺酸基的菲。

(S-804)

丹宁的用途。丹宁对方解石、白云石、石英、氧化铁矿物都有显著的抑制作用，末食子酸和丹宁酸抑制方解石如图 8－1 所示。丹宁可用于浮选萤石、重晶石等矿物。合成丹宁可用于从低浓度的锗溶液中富集锗，因为它与锗能形成不溶性的配合物。

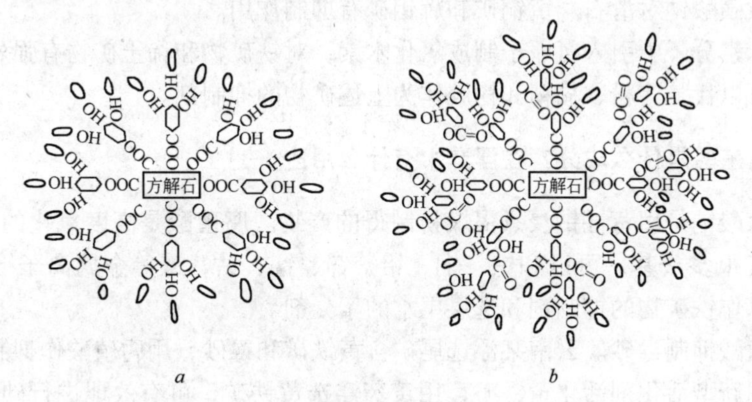

0 代表水分子

图 8－1　末食子酸和丹宁酸抑制方解石示意图

a—末食子酸在方解石表面成水膜；*b*—单宁酸在方解石表面成水膜

焦性末食子酸 + $FeSO_4$ 抑制重晶石。某萤石矿含重晶石 22.18%，CaF_2 26.81%，采用油酸捕收剂，焦性末食子酸 + $FeSO_4$ 作组合抑制剂，对该矿石浮选十分有效。小试指标可获得含 CaF_2 98.14%，回收率为 56.89% 的萤石精矿，但焦性末食子酸价格较贵。试验表明，糊精、栲胶、单宁均对重晶石有抑制作用，比焦性末食子酸便宜，为了降低成本，用 Na_2CO_3 + 糊精 + 水玻璃 + 硫酸亚铁作重晶石抑制剂，也可获得含 CaF_2 96.28%，回收率为 84.25% 的萤石精矿。

8-6　木质素是什么成分和结构？在浮选中有什么用途？

木质素简称木素，主要由 3 种醇组成，即松柏醇、芥子醇和 p-香豆醇。结构如下：

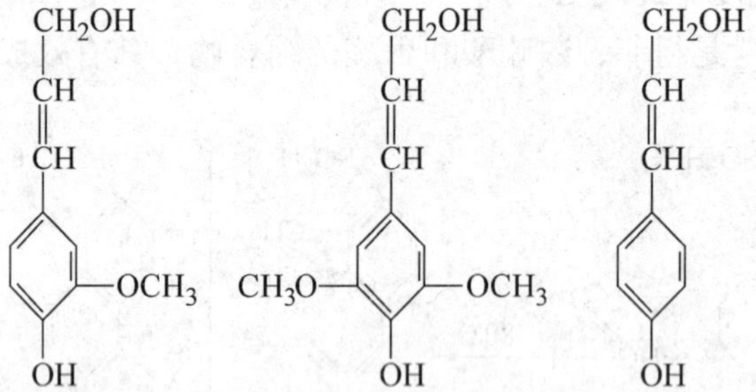

$CH_2OH-CH=CH-C_6H_3(OCH_3)(OH)$　　$CH_2OH-CH=CH-C_6H_2(OCH_3)_2(OH)$　　$CH_2OH-CH=CH-C_6H_4(OH)$

松柏醇　　芥子醇　　p-香豆醇

木质素是棕色固体粉末，只溶于碱性水溶液。用碱法造纸得到的木质素钠盐与亚硫酸共煮可以得到木素磺酸钠。木素磺酸钠除了作黏合剂以外，在浮选中可以抑制多种矿物。如浮选方解石时用它抑制石英，铁矿反浮硅石时用它抑制赤铁矿，用脂肪酸浮选独居石时用它和氟化钠抑制铍矿物；浮选钾盐时用它作脱泥剂。木质磺酸钠对滑石、黄铜矿和辉钼矿有抑制作用。

在木素分子中引入氯原子制成氯化木素，对铁矿物和稀土矿物有强烈的抑制作用，可以代替淀粉、糊精和栲胶作为上述矿物的抑制剂。

8-7　腐殖酸是什么成分？在浮选中有什么用途？

腐殖酸钠是用苛性钠浸煮褐煤粉制得的产物。腐殖酸是高度氧化的木质素，分子中有很多羧基，可以和铁、铜、铅、锌、锰、钴、镍等金属离子形成螯合物，可以作铁矿物的抑制剂和选煤尾水的絮凝剂。

腐殖酸抑制毒砂。云南某浮选尾矿含黄铁矿和毒砂，用腐殖酸作抑制剂抑制毒砂，用新型活化剂活化黄铁矿，用黄药浮选黄铁矿，可有效地进行砷硫分离。硫精矿含硫 45.75%，硫回收率达到 85.60%，给矿含砷 1.78%，硫精矿含砷降到 0.22%。

8-8 二甲基二硫代胺基甲酸钠在浮选中有什么作用？

二甲基二硫代胺基甲酸钠的成分与结构和乙硫氮二乙基二硫代氨基甲酸钠类似。有人推荐用它代替 NaCN 抑制闪锌矿和黄铁矿。由于黄原酸锌（铁）的溶度积远比对应的二甲基二硫代氨基甲酸锌（铁）的溶度积大，因此用黄药为捕收剂的精选中加入二甲基二硫代氨基甲酸钠，在闪锌矿和黄铁矿表面吸附的黄原酸根被二甲基二硫化氨基甲酸根取代，又因后者甲基太短，疏水性不够，闪锌矿（或黄铁）不能浮游而受抑制，所以用它能提高铅精矿的品位。

对于铜和铅的矿物，其金属离子与二甲基二硫代氨基甲酸和黄原酸形成产物的溶度积接近，铜铅矿物不被抑制，两种药剂反而起正协同效应，有利于浮选。

8-9 巯基乙醇、巯基乙酸钠和硫化丙三醇在浮选中有什么作用？

在辉钼矿的浮选中，用巯基乙醇、巯基乙酸钠和硫化丙三醇等有机抑制剂，代替有 S^{2-} 污染的 Na_2S 及有 CN^- 污染的 NaCN，抑制非钼硫化矿物。这类药剂分子中都有一个极易吸附在硫化矿物表面上的极性基，常常是巯基（—SH），还有一个或多个亲水基，常常是羟基、羧基等。烃基很短，亲水性大，疏水性小，因而具有抑制硫化矿物的功能。由于它们具有高效低毒的优点，引起人们广泛的重视。

巯基乙酸和巯基乙醇抑制剂含有—SH、—COOH 和—OH，在 pH 值为 6 ~ 8 间，可用它抑铁闪锌矿，用丁黄药浮脆硫锑铅矿和磁黄铁矿。

巯基乙酸（$HSCH_2COOH$）抑制黄铜矿具有较好的抑制作用，对闪锌矿基本上没有抑制作用，采用巯基乙酸作抑制剂，在 pH 值为 10.5 时，可以有效地实现黄铜矿和闪锌矿的浮选分离。

用巯基乙酸作为含铁硅酸盐脉石的抑制剂，在弱酸性介质中能成功地实现赤铁矿与霓石的浮选分离。

8-10 多官能团的抑制剂有什么特点和用途？

多官能团的抑制剂的特征结构如下：

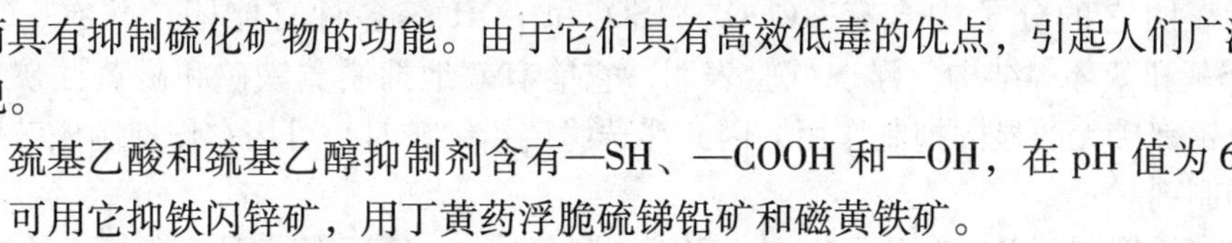

$$\underset{\text{(I)}}{X_1CH_2\underset{\underset{X_2}{|}}{CH}-\underset{\underset{X_3}{|}}{CH}-Y} \qquad \underset{\text{(II)}}{X_1CH_2-\underset{\underset{X_2}{|}}{CH}-\underset{\underset{X_3}{|}}{CH}-\underset{\underset{X_4}{|}}{CH}-Y} \qquad \underset{\text{(III)}}{X_1CH_2-\overset{\overset{CH_3}{|}}{\underset{\underset{X_2}{|}}{C}}-\underset{\underset{X_3}{|}}{CH}-Y}$$

多功能抑制剂

具有（Ⅰ）、（Ⅱ）、（Ⅲ）式结构的有机物，均属于这种特效硫化矿抑制剂。在（Ⅰ）、（Ⅱ）、（Ⅲ）式中，Y 为 SO_3M 或—COOH，或—OH；X_1、X_2、X_3、X_4 为 SH 或 H；也可以有 2、3 或 4 个 SH；SO_3M 中的 M 为 H、Na、K 等。上述（Ⅰ）、（Ⅱ）、（Ⅲ）类抑制剂用来抑制黄铁矿、磁黄铁矿、黄铜矿，用量少，效果好。

例如某铜钼粗精矿，含铜 16.4%，钼 0.32%，用 $C_4H_8SO_2$ 为抑制剂，煤油为捕收剂，通过一次粗选、一次扫选、六次精选，获得含钼 40.78%、回收率为 83.79%、含铜 0.301% 的钼精矿，铜精矿品位 17.56%、铜回收率为 95.43% 的指标。

这类抑制剂的特点是非常值得注意和研究的。它的官能团多，对于许多矿物都有较好的亲固性质，它的 X_1 小时疏水基很短，亲水性大于疏水性，所以可以作很多矿物的抑制剂。由于它的亲固基包括巯基也包括羟基，所以它应该不仅可以抑制硫化矿，也可以抑制氧化矿，是极有前途的抑制剂。

8-11 几种成分不明的有机抑制剂在浮选中有什么作用？

RC 抑制磁黄铁矿。RC 抑制剂是一种结构不清楚的有机化合物，红外光谱分析表明它的分子中含有—COO^-、SO_3 和—OH 等多种官能团，并有—CH_2、—CS基和苯环等结构。浮选试验表明，它能有效地抑制黄铁矿和磁黄铁矿，对脆硫铅锑矿无明显的抑制作用，因此浮选脆硫铅锑矿时，可用它作抑制磁黄铁矿的抑制剂。

有机抑制剂 PALA 分子中有—COO—和 O ═ C—NH_2 等多种官能团，在矿浆中它与丁黄药存在竞争吸附，由于 PALA 有多种亲水基，使毒砂表面亲水而受到抑制；PALA 对经铜离子活化的两种单矿物表现出选择性的抑制作用，能有效地抑制毒砂的浮选，而不影响铁闪锌矿的可浮性。

TZK-3 作调整剂可抑制包括铜在内的钼的伴生矿物，提高钼精矿品位，使铜含量控制在 0.5% 以下。

HJ 和 LP 组合抑制剂抑制含钙脉石矿物。对在钨、钼、铋、萤石多金属矿和重选老尾矿中的钨矿物综合回收时，采用 HJ 和 LP 组合抑制剂抑制含钙脉石矿物，进行常温浮选。闭路试验从含 WO_3 0.34% 的给矿，得到含 WO_3 14.4% 的钨粗精矿，回收率为 72%，大幅度降低了粗精矿产量，使后续的加温精选成本降低。

8.4 聚丙烯酰胺

8-12 聚丙烯酰胺的成分是什么？

聚丙烯酰胺（3 号絮凝剂）是由丙烯先制得丙烯腈，再由丙烯腈制成丙烯酰胺，最后聚合成聚丙烯酰胺。几步的反应可表示为：

$$CH_3—CH═CH_2 \longrightarrow CH_2═CH—C≡N \longrightarrow$$

丙烯(来自石油裂化)　　　　丙烯腈

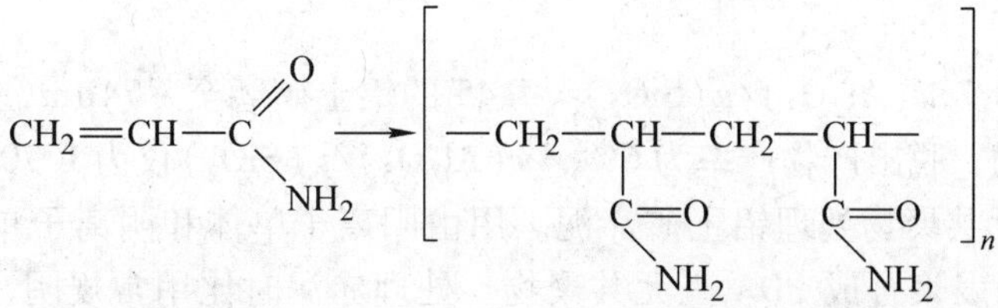

$$CH_2═CH—C(=O)NH_2 \longrightarrow \left[—CH_2—CH(CONH_2)—CH_2—CH(CONH_2)— \right]_n$$

丙烯酰胺　　　　聚丙烯酰胺

聚丙烯酰胺分子量很大，一般在400万~800万之间。活性基团为酰胺基。

碱性至弱酸性介质中有非离子的性质，在强酸性介质中，有弱的阳离子活性，因为其$—NH_2$可以和H^+结合变成NH_3^+。它能在很宽的pH值范围内使用，有粉状和凝胶状两种。没有水解的聚丙烯酰胺基与水中的H^+作用生成NH_3^+，在大的分子中互相排斥，使分子伸展，是起桥联作用的基础；聚丙烯酰胺分子中有少量酰胺基水解成COO^-时，正负基团互相吸引，使分子蜷缩；当分子中的酰胺基有2/3水解后，$—COO^-$基占官能团的2/3时，由于$—COO^-$的互相排斥，分子几乎完全展开，桥联作用最好。

8-13　聚丙烯酰胺有什么作用？

聚丙烯酰胺在石油、化工、冶金中用途广泛。它是靠着羧基、胺基和酰胺基与细泥表面的各种键力发生作用。在选矿中，用于絮凝选矿、精矿脱水、加速细泥沉降和提高过滤效率，效果显著。近年来也用它处理废水沉降有害离子，也可作抑制剂。

用聚丙烯酰胺絮凝尾矿废水提高回水利用率。有试验结果表明：在pH值为7，15℃的条件下，添加聚丙烯酰胺24g/t时，絮凝效果最佳，回水利用率提高了14.66%。

8.5　成分不明的絮凝剂和助滤剂

8-14　成分不明的絮凝剂有哪些？有何用？

BKN。针对白音诺尔铅锌矿二选厂现场生产工艺，锌精矿浓密机溢流跑浑，金属量流失，添加絮凝剂絮凝细粒锌精矿，通过一系列小型沉降和工业试验，使沉降溢流水的固体含量由原来1.949g/L降到0.18g/L，每年为矿山挽回经济损失52万元，同时也具有较大的环境效益。

YX-1絮凝分离一水硬铝石试验结果表明，在pH值为9左右，加入分散剂

YF－1，摇动后，伊利石呈现稳定分散，加入絮凝剂 YX－1，它对伊利石作用很弱，而对一水硬铝石作用很强，呈现了良好的选择絮凝。对伊利石一水硬铝石人工混合矿进行一次选择性絮凝分离，可脱除 72% 的伊利石，仅损失 4% 的一水硬铝石。

将山西孝义 $w(Al_2O_3)/w(SiO_2)=4.45$ 的铝土矿磨至 －74μm 占 80%，进行一次絮凝脱泥，脱出产物产率为 6%，$w(Al_2O_3)/w(SiO_2)$ 仅为 1.70。

PDA 三元共聚物处理铝土矿赤泥。用由阳离子单体和阴离子单体在水溶液中由引发剂引发聚合成 PDA 三元共聚物，处理赤泥时比用常规阴、阳、非离子型聚丙烯酰胺效果好。

8－15 助滤剂有哪些？如何用？

TS－2、TS－1 助滤剂。为了降低大冶铜精矿的滤饼水分，进行了 21 种表面活性剂作助滤剂的试验。试验结果表明，当矿浆 pH 值为 10 时，用量为 12.5g/t 和 140g/t 助滤剂 TS－2 和 TS－1，既能提高过滤速度，又能降低滤饼水分约 3 个百分点。

活性炭粉 + NaCl + OT 复合助滤剂。太原钢铁公司铁精矿滤饼水分偏高，对多种助滤剂（3 号絮凝剂、十二烷基苯磺酸钠、木质素磺酸钙、OT + 木质素磺酸钙复合助滤剂等）进行工业试验。试验结果表明，由活性炭 + NaCl + OT 混合成的复合助滤剂效果最好，可使滤饼水分降低 1.36%。

8－16 几种无机药剂在处理选矿废水中起什么作用？

用 $FeCl_3$、三氯化铝、硫酸铝、硫酸亚铁进行了絮凝试验，探讨它们的絮凝效果。

试验结果表明，以三氯化铁效果最好，在最佳用量为 16mg/L 时，处理废水符合国家排放标准。Fe^{3+} 能消降低胂酸类药剂的毒性。

两性聚丙烯酰胺用于废水处理。两性聚丙烯酰胺由阳离子单体 MBK、阴离子单体丙烯酸（AA）、聚合骨架为丙烯酰胺，在引发剂引发下聚合而成，目前用于工业废水处理。

8.6 细菌在浮选中的作用

细菌在硫化矿浸出中的作用早已为人们熟知，细菌在絮凝和浮选中的作用只在近十多年来才受到大家的重视，虽然下面的资料仍是试验资料，但可以看到它们的应用前景。细菌在浮选中可以作捕收剂，也可以作调整剂，这里先介绍其调整作用。

选冶工作者研究较多的有下列几种细菌：

（1）氧化亚铁硫杆菌（Thiobacillus ferooxidans），简称 T. f. 菌；

（2）氧化硫硫杆菌（Thiobacillus thiooxidans），简称 T. t. 菌；

（3）氧化铁微螺杆菌（Leplospirilium ferooxidans），简称 L. f. 菌；

（4）多黏牙孢杆菌（B. Polymyxa，菌株 NCIM2539），简称 B. P. 菌。

这些细菌能在矿物表面上选择性地固着，使矿物表面性质因细菌固着而发生不同程度的变化。细胞壁中有脂聚糖类、脂蛋白质、细菌表面蛋白质。另外细胞新陈代谢的产物 EPS 聚合物，也叫胶质物或胶浆，是由高分子多糖、蛋白质和类脂化合物组成。其亲水组分由岩藻糖、李鼠糖和葡萄糖组成，疏水组分由 C_{12}、C_{14}、C_{16}、C_{18}、C_{19}等脂肪酸组成。

T. f. 菌。这类细菌细胞壁和鞭毛中的脂聚糖和蛋白质中含有羟基、氨基、酰氨基和羟基，表面荷负电。蛋白质疏水。对黄铁矿的亲和力比对黄铜矿强，在中性 pH 值下可以抑制黄铁矿浮游黄铜矿。

T. t. 菌。光谱研究表明，它们的表面上的官能团有—NH、—CONH、—CO、—COOH、—CH_2和—CO_3等，可以使硫化矿表面溶解和氧化。将它们在 pH 值为 2.5 的硫酸溶液中分别与矿物作用后再混合浮选。在 pH 值为 9 的情况下，不用活化剂和捕收剂就能得到表 8－1 所示的结果。这表明 96% 的方铅矿被抑制，而 94% 的闪锌矿仍然可以浮起。

表 8－1 T. t. 菌对于方铅矿和闪锌矿浮选的作用 （%）

项 目	精 矿	尾 矿
闪锌矿	94.8 ~ 93.8	5.2 ~ 6.1
方铅矿	3.4 ~ 3.5	96.5 ~ 96.6

菌类作用前后的矿物表面扫描电镜照片图如图 8－2 所示。细菌作用 2h 后，有大量的 T. t 菌固着在方铅矿表面，细菌作用 72h 后，方铅矿表面布满硫酸铅的结晶。

B. P. 菌及其代谢物多糖化合物在方铅矿上的吸附量为在闪锌矿上吸附量的 50 倍。在 pH 值为 9 ~ 9.5 时多黏芽孢杆菌代谢物存在时，92% 的闪锌矿被分散，93% 的方铅矿被选择絮凝。

细菌细胞与其生物代谢物能在矿物表面附着形成生物薄膜，发生 3 种作用：

（1）使矿物表面发生化学变化；

（2）改变矿物表面的亲水性和疏水性；

（3）对矿物发生选择性溶解。

细菌在几种氧化矿物表面附着降低的顺序是：

高岭石 > 方解石 ≥ 刚玉 ≥ 赤铁矿 ≥ 石英

几种氧化矿物与细菌作用前后的浮选回收率见表 8－2。

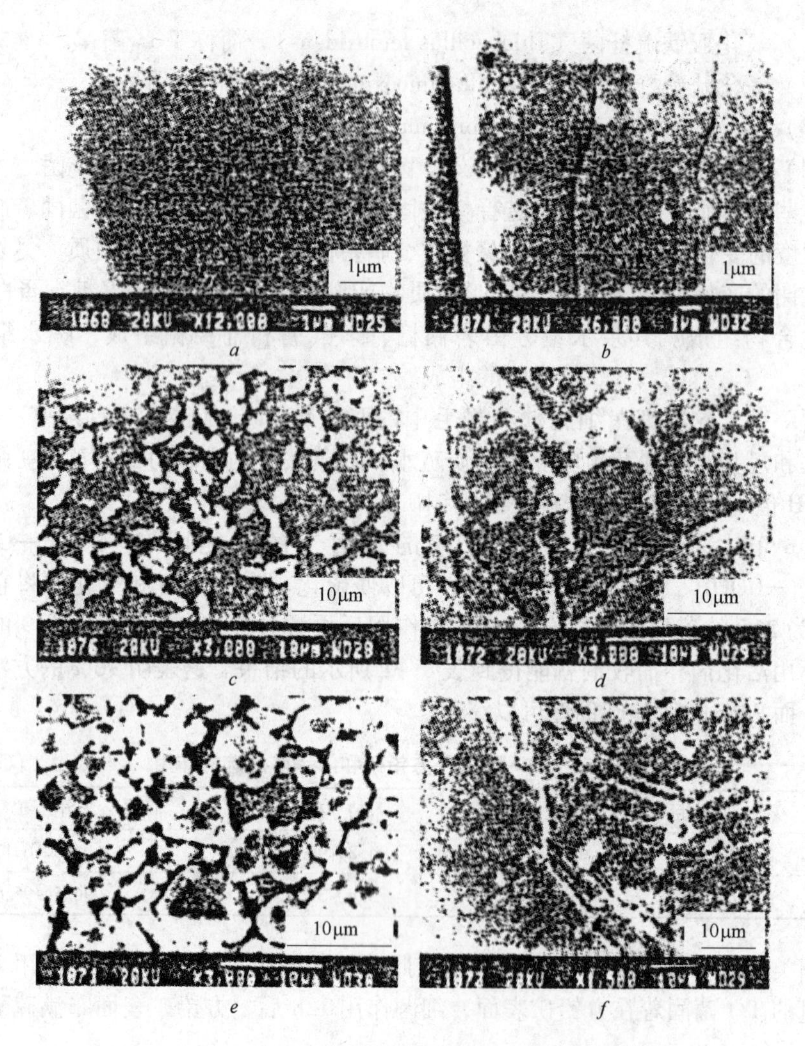

a　　　　*b*

c　　　　*d*

e　　　　*f*

图 8－2　细菌作用前后的方铅矿和闪锌矿扫描电镜照片

a—作用前的方铅矿；*b*—T. t. 菌作用 2h 后的方铅矿；
c—T. t. 作用 72h 后的方铅矿；*d*—T. t. 作用前的闪锌矿；
e—T. t. 作用 2h 后的闪锌矿；*f*—T. t. 作用 72h 后的闪锌矿

表 8－2　pH 值为 8 时几种矿物与细菌作用前后的浮选回收率　　（%）

矿　物	与细菌作用前	与细菌作用后	矿　物	与细菌作用前	与细菌作用后
石　英	4	60～80	赤铁矿	4	2～4
高岭石	3	80～90	方解石	8	7～8
刚　玉	5	2～10			

用 1∶1 的矿物混合物经生物选择絮凝，可以有效地将石英和刚玉、方解石与

赤铁矿分开，也可以将赤铁矿与高岭石分开到一定的程度，矿物混合物用生物选择絮凝的结果见表8－3。

表8－3 矿物混合物用生物选择絮凝结果

矿物组合	条件	脱泥次数	分离效率/%
刚玉－石英	pH值为7.6；5min；细胞数目1×10^9/mL	1	89.3
		5	99.6
赤铁矿－石英	pH值为7.6；5min；细胞数目1×10^9/mL	1	20.8
		5	95.5
赤铁矿－高岭石	pH值为9；6.5min；细胞数目1×10^9/mL	1	29.18
		5	54.50
方解石－石英	pH值为7；6.5min；细胞数目1×10^9/mL	1	25.00

9 浮选机械

9.1 单泡试验管

在正式介绍浮选机械之前，先介绍的一种既简单又重要的浮选试验器件——单泡管，外文书中都称之为 Halimond tube（哈里蒙德管）。最简单的单泡管如图 9－1 所示，它是一支简单的玻璃管，前上口直径约为 25mm，尾部内孔直径为 40～60μm 的毛细管，改进型如图 9－2 所示，不同的是用微孔板代替毛细管，另外把搅拌器结合进去。

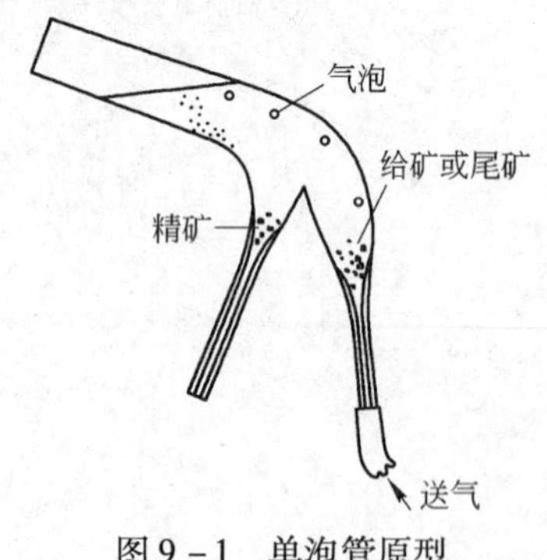

图 9－1　单泡管原型

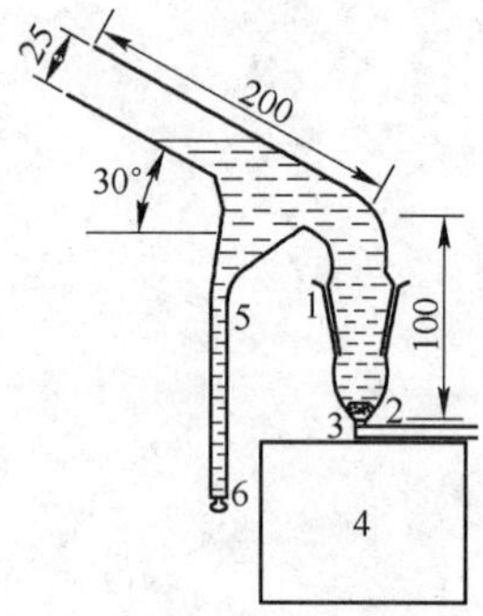

图 9－2　改进型单泡管

1—29/42 磨矿接口；2—磁棒；3—60μm 毛细管；4—电磁搅拌器；5—精矿管；6—橡皮塞

单泡管是最简单实用的浮选研究工具。因为它结构简单、价廉、只需装配一些供水充气示压的配件和搅拌器，所需试样少、操作方便、速度快、成本低，可用它研究少量纯矿物与其他各种浮选条件之间的关系。

每次试验时，称 1～3g 矿样，倒入配好的浮选条件试液，经电磁搅拌器搅拌好后，倒入管中，松开毛细管尾部的软管夹，气泡一个一个地从毛细管进入，带着能浮的矿粒移动到接精矿管的上方，这时气泡破灭，精矿落入精矿接收器中。将精矿和尾矿经过适当处理，就可以计算结果、绘制曲线、研究问题。

9.2 浮选机概述

9－1 浮选机应具备哪些基本功能？

本章阐述的是用泡沫浮选分离矿物的浮选机械，可以大体分为浮选机和浮选柱两类。浮选机工作时，内部先装满矿浆，然后充入空气，让矿浆和空气在两相混合区Ⅰ混合，如图9－3所示。当浮选机连续工作时，矿浆沿j_1、j_2的方向进入，空气沿q_1、q_2的方向进入，在机械叶片的作用下，两者混合产生气泡。

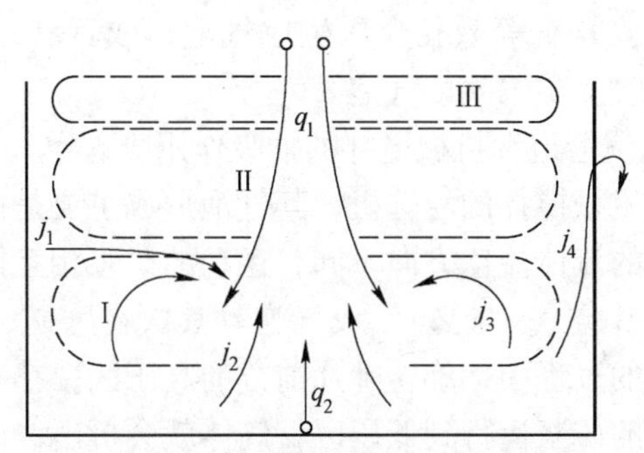

图9－3 浮选机的工作区划分

Ⅰ—两相混合区；Ⅱ—分选区；Ⅲ—泡沫区；
q_1—上方充气路线；q_2—下方充气路线；j_1—上侧进浆路线；
j_2—下侧进浆路线和矿浆循环路线；j_3—上侧矿浆循环路线；j_4—尾矿排出路线

除了一部分气、液、固混合物沿路线j_2、j_3循环以外，大部分上升到分选区Ⅱ。气泡在分选区中载着疏水性矿粒进入泡沫区Ⅲ，最后从泡沫区与纸面垂直方向排出，成为泡沫产物（一般是精矿），而未浮起的矿粒落回混合区，经过一定的时间循环流动后沿q_4的路线排出成尾矿或流入下一槽，成为下一槽的给矿。

浮选机首先必须具备一般机械应具备的性能，如结构简单可靠、工作连续、耐用、易维修、耗电少、可以自动化。此外还应有几个特殊的作用，具体如下：

（1）充气作用。必须能够向矿浆中吸入或压入足量的空气，并使空气分割成细小的气泡，如直径0.1～1.0mm的气泡，同时把气泡均匀地分散在全槽的矿浆中。

（2）搅拌作用。要能造成适当强度的搅拌，目的是：

1）使矿浆获得的上升速度高于矿粒的沉降速度，以防矿砂沉积，同时搅拌强度不应使粗颗粒在与气泡碰撞以后从气泡上脱落。研究表明，40μm和10μm的颗粒与气泡的接触效率不同，细颗粒在与气泡接触时，要求有较大的搅拌强度。

2）有相当数量的矿浆在混合区循环，以维持矿粒悬浮和提供矿泡接触机会。

3）使大片空气分割成小气泡，并把气泡均匀地分散到全槽中，以提高浮选效率。

4）精矿泡沫能及时输送出去。

9－2 浮选机有几种充气方法？气泡如何形成？

浮选机的充气有3种主要途径：

（1）靠机械搅拌在混合物区造成低于大气压的负压区，经管道从大气中吸入空气。

（2）经管道从外面压入空气。压入的空气在转子和定子间碎成气泡，或经纤维织物、带孔的橡胶软管等微孔介质生成气泡；或者利用气体流过某种喷射器，由喷射器将空气喷入矿浆生成气泡。

（3）同时利用充气管道和机械搅拌的抽吸作用吸入空气。

气泡的形成。带机械搅拌的浮选机，其气泡形成主要是由于机械搅拌使流体产生紊流，机内各点的流体流速方向不同，运动的矿浆相互掩埋、撞击和切割矿浆中的空气洞，使大片空气“粉碎”成气泡。其次在磨矿、砂泵输送、搅拌调浆和浮选机叶轮旋转的过程中，旋转叶片前方的高压区，都有空气溶入，当这些在高压区溶解有空气的矿浆运行到低压区，气体就会析出。而叶轮叶片后方，由于矿浆来不及填满，会产生一定的真空，就可以使溶解的空气析出成微泡，这种微泡可以直接析出在疏水性的矿粒表面。如果低压区连通空气通道，则也可以从空气通道继续吸入空气。有的研究者认为，浮选机的定子等不动构件，只能改变液体和空气流动的方向，而不能直接把大片空气切成小泡。

气泡的兼并与浮升速度。浮选机中一面有大片空气碎裂成小泡，一面有小泡兼并成大泡。气泡的大小，影响到气泡的负载能力、浮升速度和寿命。气泡的直径大，矿化后的平均密度小，浮升速度大，而负载矿粒能力小。矿浆浓度小，黏性小，气泡上升速度大。但研究表明，矿浆浓度由35%增加到50%时，由于矿浆黏度增加，大泡上升时形成的通道，短时内难以弥合，反而使其后面的气泡上升速度增大。气泡运动到泡沫层的附近时，其速度也减小，因为它受到上部泡沫层的阻碍，有上升速度平均化的倾向。

9-3 浮选机如何分类?

目前国内外浮选机种类不少，可以按浮选机的充气方式将它分为3类：

（1）机械搅拌式浮选机。靠叶轮搅拌在浮选机的下部造成低于大气压的负压区，通过管道从大气中吸入空气，如国产XJK（A）型、JJF型浮选机。

（2）（充）气搅（拌）式浮选机。虽有机械叶轮维持矿砂悬浮，但其充气主要靠充气管道将气体送到液气混合区，如KYF型、OK型浮选机。

（3）压气式浮选机。没有叶轮搅拌装置，只靠压入的气体经过某种喷射装置，给矿浆充气和搅拌，如浮选柱。

此外，也可以根据浮选机的容积大小，将它们分为小型、中型和大型浮选机。这里小型、中型和大型都是相对来说的，要根据浮选机的发展规模和时期而定。人们常把上百立方米的浮选机称为大型浮选机，而把几个立方米的浮选机称为小型浮选机。因为目前我国最大的浮选机容积已经达到320m^3。在槽体方圆、高低、排矿方式等方面都有很大的区别。

9.3　代表性的浮选机

9－4　XJK 型浮选机是怎样的浮选机？有什么优缺点？

XJK 型浮选机是一种靠叶轮搅拌作用产生局部真空而充气的浮选机，是我国较早通用的一种浮选机，其构造如图 9－4 所示。

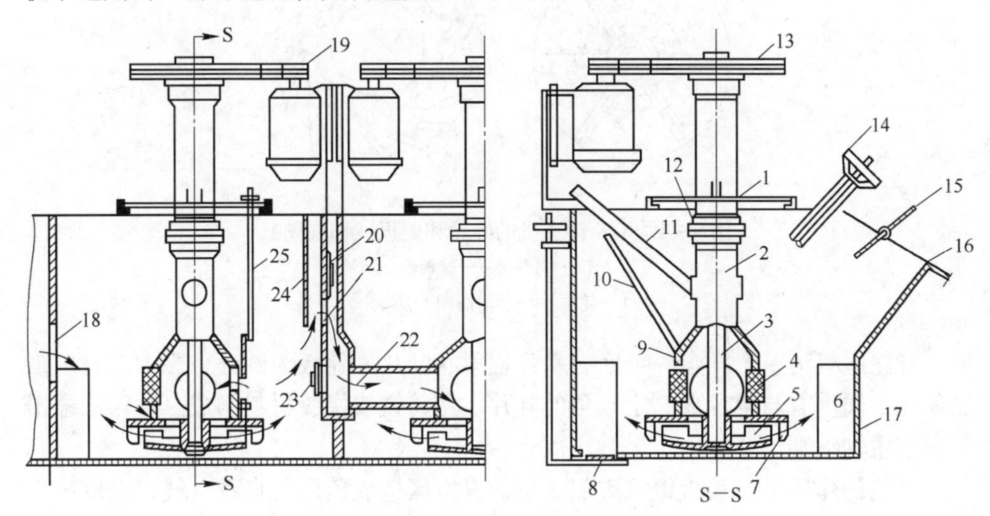

图 9－4　XJK 型浮选机构造示意图

1—座板；2—空气筒；3—主轴；4—矿浆循环孔；5—叶轮；6—稳流板；7—盖板；8—事故放矿闸门；9—连接管；10—砂孔闸门调节杆；11—吸气管；12—轴承套；13—主轴皮带轮；14—尾矿闸门丝杠及手轮；15—刮板；16—泡沫溢流唇；17—槽体；18—直流槽进浆口（空窗）；19—电动机及皮带轮；20—尾矿溢流堰闸门；21—尾矿溢流堰；22—给矿管（吸浆管）；23—砂孔闸门；24—中间室隔板；25—内部矿浆循环孔闸门调节杆

这种浮选机一般为四槽配成一组，第一槽有吸浆管 22，称为吸浆槽。第 2 ~ 4 槽没有吸浆管，称为直流槽。因为其槽间隔板上有空窗 18，前槽的尾矿浆可以穿过空窗直接流入后槽。工作时电机通过三角电动机及皮带轮 19 和皮带轮 13 带动主轴 3 旋转，叶轮 5 随主轴 3 一起旋转，于是在盖板 7 和叶轮 5 之间形成局部真空区（负压区），空气由吸气管 11 经空气筒 2 吸入。同时矿浆经吸浆管 22 被吸入，两者混合后借叶轮旋转产生的离心力经盖板边缘的导向盖板 7 被甩至槽中。叶轮的强烈搅拌使矿浆中的空气弥散成气泡并均匀分布于矿浆中，当悬浮的矿粒与气泡碰撞接触时，可浮矿粒就附着在气泡上并被气泡带至液面形成矿化泡沫层，然后作为精矿由刮板 15 刮出，未附着的矿粒留槽内再作为尾矿流入下一槽。

叶轮和盖板是这种浮选机的关键部件，决定矿浆的充气程度和矿浆的运动状态。图 9 – 5 所示为该机的叶轮和盖板形状。

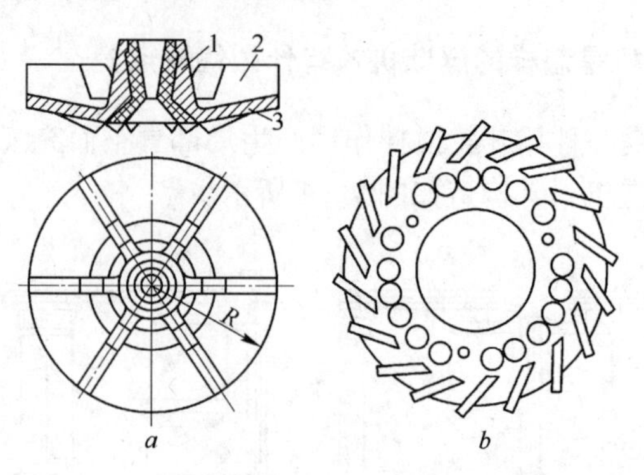

图 9 – 5 XJK 浮选机的叶轮和盖板（仰视图）

a—叶轮；*b*—盖板

1—轮毂；2—叶片；3—底板

叶轮底板为一个圆盘，上面有六片辐射状叶片。盖板为圆环，靠中部有矿浆循环孔，周围有与半径成一定倾角的叶片。用铸铁或橡胶材料制成。叶轮用螺帽紧固在主轴下端。

叶轮的作用是与盖板组成类似于泵的真空区造成负压，自吸空气；造成矿浆循环并与空气混合，使空气在与矿浆混合物中溶解和析出；使药剂进一步混合、分散，与矿粒作用。

盖板的作用是与叶轮构成负压区，吸入空气；其叶片对矿浆起导流作用，减少涡流；停车时挡住沉砂，以免矿砂埋住叶轮不能启动；循环孔可让矿浆与空气在混合区循环。

XJK 浮选机具有搅拌力强，能适应复杂流程，指标基本稳定的优点。20 世纪 80 年代以前曾经是我国浮选厂的主要机种。其缺点是构造复杂、功耗大，叶轮盖板装配要求严格又容易磨损，液面不稳定。在老的中小厂和精选作业仍可见到，新建厂一般不用。它的构造与西方法连瓦尔德式和俄罗斯的 A 型浮选机相似。

9 – 5 OK 型浮选机与 TC – XHD 型浮选机是怎样的构造？有什么优缺点？

OK 型浮选机由芬兰奥托昆普公司研制。该机的特点是有外廓呈半椭圆球形的转子（见图 9 – 6），它由侧面呈弧形、平面呈 V 形的许多对叶片组成，V 形尖端向着圆心，上面有一盖板。相邻的 V 形叶片间有排气间隙，从中空轴下来的压缩空气由此间隙排出。叶片侧面成上大下小的弧形，目的是使其转动时，上部半径大，甩出液体的离心力大，这些动压头较大的液体遇到周围呈辐射状排列的定子稳流板，或多或少被折回来，以补偿其附近因位置高原有的静压头小的缺点，使叶轮面上下压头相差不远，从而克服只有转子最上边能排气的缺点，保持叶轮上部2/3的高度都能排气。

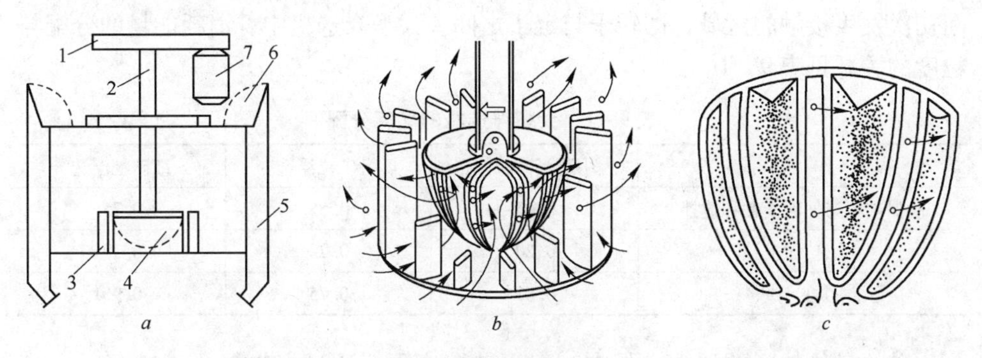

图9-6　OK型浮选机

a—OK型浮选机横断面；*b*—矿浆和气泡运动路线；*c*—转子外观

1—皮带轮；2—主轴；3—定子；4—转子；5—泡沫槽；6—刮板；7—电动机

这种设计不仅使空气分散良好，而且还有两个作用：

（1）矿浆能从V形叶片沟槽中向上流动（下部静压头大）；

（2）不容易被矿砂埋死，停车后随时可以满载（不用放去矿浆）启动。

这种浮选机最大的特点是摆脱了此前老式浮选机靠盘式叶轮搅拌产生吸气、维持矿浆悬浮等作用，降低了能耗，减少了设备磨损，生产指标也很好，是当今浮选机的优秀机型之一。

$8m^3$以下的OK型浮选机，槽体为矩形，有挡板；$16m^3$以上的OK型浮选机使用U形槽体。

OK型浮选机问世以来，不断推出较大的浮选机。其序列号有：

OK-R（R形机体）0.5；1.5；3；5

OK-U（U形机体）8；16；38；50

TC（圆筒形机体）　5；10；20；30；50；70；100；130

TC-XHD　100；160；200…

各型号中的数字为槽体体积的立方米数。

TC（圆筒形槽，Tank Cell）型机壳为圆筒形。TC-60于1983年在芬兰哈萨尔米选矿厂投入运转。80台TC-100于1995年在智利艾斯康底达公司用于粗铜通过改进，制成TC-XHD-160型和TC-XHD-200型浮选机，适用于在特别困难条件下处理斑岩铜矿。

在研究浮选机大型化过程中，要注意处理好3个问题：

（1）粗粒、中粒和细粒的搅拌。在任何一种浮选机中，中等粒度矿粒的浮选，都快而容易。粗粒容易向气泡黏附但搅拌强度太大容易脱落，要保证粗粒浮选所耗的能量较低；细小颗粒在气泡表面与液体一起流动，常常不能穿透气泡表面的水化层，所以要特别提高作用于细小颗粒的能量，将它补加在气泡与颗粒之间初次发生接触的区域，即转子与定子之间。大型浮选机中，消耗能量的分配与粒度的关系见表9－1。

表9－1 大型浮选机的能耗分配 （kW/m^3）

作 业	大小适当矿粒浮选	粗矿粒浮选	细矿粒浮选
确保矿粒与气泡接触和搅拌	0.65	0.55	0.75
充 气	0.20	0.20	0.20
共 计	0.85	0.75	0.95

矿粒最佳粒度的浮选，是在一般运转速度下，通过多次混合（Multi－mix）机理实现的；粗粒的浮选，可以在较低的运转速度下，利用自由流动（Free－flow）实现；细粒的浮选，要使矿粒与气泡接触的能量最佳化，主要是提高转速并借助于多次混合（Multi－mix）机理实现。所以奥托昆普大型浮选机处理粗粒和细粒转速不同，定子与转子的相对高度也不同，前者要相对高一些。

（2）圆筒形大型浮选机的泡沫槽设计随过程产生的泡沫量不同而不同。泡沫槽的位置、宽度、高度、个数都可以改变。总目的是将产生的泡沫及时输送出去。设计的泡沫槽有3种：

1）置于槽子中央的内泡沫槽（IN－L），矿浆从泡沫槽周边的一侧流入；

2）置于转轴与槽子周边之间的高处理能力泡沫槽（HC－L），矿浆从两侧流入泡沫槽中；

3）双重泡沫槽（DB－L），用于泡沫量很大的过程。

（3）一个作业需要使用的浮选机台数与富集比有关。一般情况下，为了避免短路，需要6台浮选机构成一组；如果富集比要求不高，而且要排出最终尾矿，那就可以用8～10台浮选槽构成一组。

9－6 KYF型和KYF－160型浮选机构造是怎样的？

KYF型和KYF－160型浮选机是我国20世纪80年代研制的浮选机，是一种充气搅拌式浮选机。采用U形断面槽体，（见图9－7）空心轴充气和悬空定子。

叶轮如图9－8所示。叶轮断面呈双倒锥台状，即叶轮外廓由上向下分两段缩小，呈倒锥台状（见图9－8*c*）。这点与OK型的外形为倒锥形有相似之处。有6～8个后倾叶片（见图9－8*d*），即叶片方向线与半径成一定的夹角，倾斜方向与旋转前进方向相反，使其扬送矿浆量大、动压头小；在叶轮腔中设计有专用空气分配器，空气分配器为圆筒形，圆筒壁上分布着小孔，使空气能均匀地分散在叶轮叶片的大部分区域内。定子分四块，覆盖于叶轮四周的斜上方，支撑在槽体上。该机的叶轮－定子系统具有能耗低、结构简单的特点。

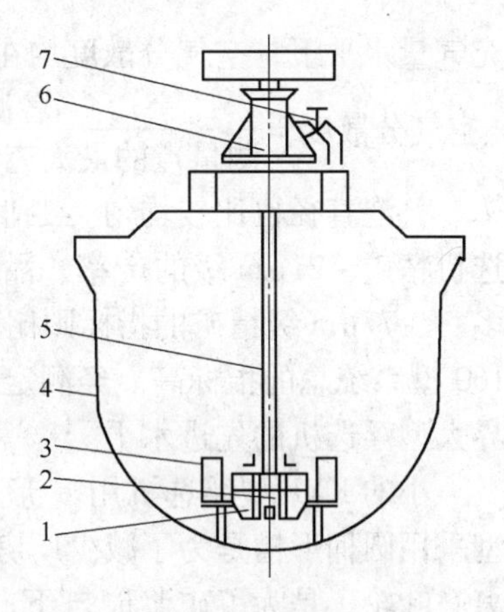

图9－7 KYF型浮选机简图

1—转子；2—空气分配器；3—定子；4—槽体；5—主轴；6—轴承及支架；7—压气管网

我国2000年研制出的KYF－160型浮选机，槽体为圆柱形，深槽，槽底为平底，几何容积为160m^3，质量为41.7t，矿浆理论量为2400m^3/h。叶轮采用后倾叶片，高比转速（主动轮转速/从动轮转速），低阻尼直悬式定子，安装在叶轮周围斜上方，由支脚固定在槽底。泡沫槽采用周边溢流方式，利用矿浆的自然流动动力，加速泡沫的溢流，降低能耗，采用双泡沫槽、双推泡锥槽体结构。当转速为111r/min，KYF－160型在各个

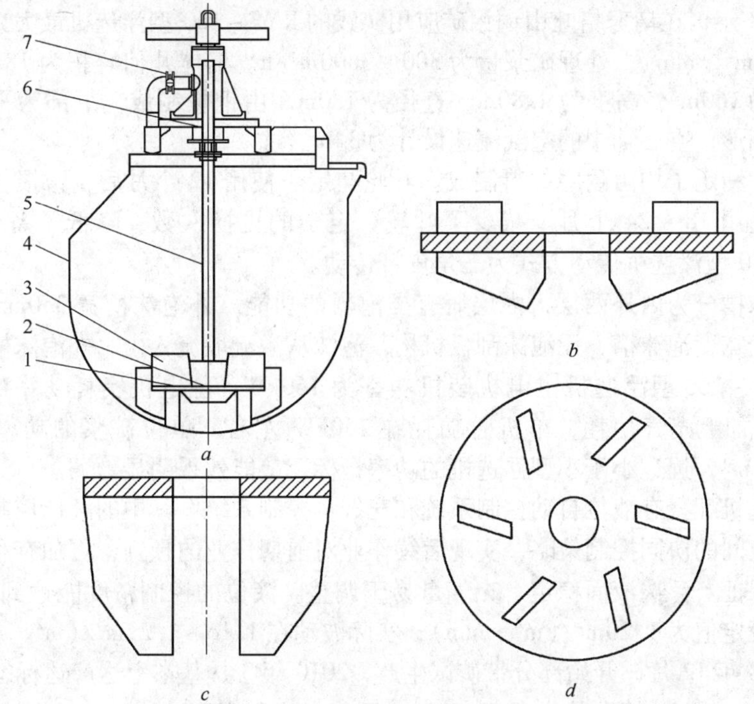

图9－8 XCFⅡ型/KYFⅡ型浮选机

a—KYFⅡ型直流槽结构简图；*b*—XCFⅡ型和KYFⅡ型叶轮；*c*—直流型叶轮；*d*—后倾式叶片

1—叶轮；2—空气分配器；3—定子；4—槽体；5—主轴；6—轴承体；7—空气调节阀

充气量水平下，空气分散度均在2以上。空气分散度的计算公式如下：

$$空气分散度=\frac{各测量点的算术平均充气量(m^3/min)}{测量点的最大充气量(m^3/min)-测量点的最小充气量(m^3/min)}$$

气泡直径也比较均匀。工业对比试验的精矿分析结果表明：KYF－160型浮选机精矿－21μm级的产率、品位及回收率比KYF－16型浮选机的对应值高得多；+77μm级精矿的指标则比KYF－16型浮选机的对应值略差；精选后KYF－160型系统总的指标高。经测定KYF－160型浮选机的各项工艺性能已达到了世界大型浮选机的先进水平。

小的KYF型浮选机用U形断面是为了使粗砂容易返回叶轮区，KYF－160型采用圆桶形槽是为了减少厂房面积；采用双倒台锥状、后向叶片、高比转速的离心叶轮，是为了矿浆能自下向上运动，总压头中动压头成分小、功效高、扬量大。

在云南省牟定铜矿用KYF－16型和改进型6A浮选机的工业试验表明：用KYF－16型浮铜的回收率和品位略有提高，易磨件寿命延长一倍，节电43%左右。

2008年，在乌努格吐山铜钼矿应用实践的KYF－160型浮选机最大充气量为2.0$m^3/(m^2\cdot min)$，处理矿浆量为300～3600m^3/h。槽体几何容积为184m^3，有效容积为160m^3，高度为4.80m，直径为7.0m。由钢板制成，下部为平底，槽截面为圆形，空心轴中的空气流速设计为34m^3/s。

叶轮和定子均由耐磨材料制成。叶轮与定子使用12个月后，磨损较轻，预计可以使用18～24个月。减少了叶轮、定子的更换次数，降低了备件消耗。KYF－160型浮选机传动方式为三角皮带传动。

泡沫槽分为内外两层，内层兼有推泡器的功能。外泡沫槽宽350mm，内泡沫槽为变宽度泡沫槽，无泡沫刮板机构，泡沫从溢流堰流入内、外泡沫槽中。

KYF－160型浮选机主电机装机功率为160kW，主电机实耗功率约115～120kW，加上充气功耗，单机总功耗在150kW左右，单位矿浆的功率指约为0.94kW/m^3，远远小于小型浮选机的功率指标，节能效果明显。

浮选机配置有液位自动控制系统和充气量控制系统。其中的液位控制系统采用多作业间的协同控制策略，实现后续作业对前期作业的预判，更加有利于选矿指标的保证。浮选液面稳定、充气量易于调整。液位的控制精度能达到±5mm，充气量设定值为1.20$m^3/(m^2\cdot min)$，实际波动在1.16～1.22$m^3/(m^2\cdot min)$。

2008年12月，开始部分带矿试生产，2010年3月基本上达产达标，原矿铜品位为0.414%，精矿品位为27.28%，回收率达89.13%。

9－7 XCFⅡ型/KYFⅡ型浮选机联合机组有什么结构特点？

XCFⅡ型和KYFⅡ型浮选机是XCF和KYF机的换代产品。XCFⅡ型结构与

KYFⅡ型相似，不同之处是XCFⅡ型有上叶片吸浆（见图9－8*b*、*c*），而KYFⅡ型没有上叶片吸浆。

这两种浮选机可以单独使用，也可以联合使用。联合使用时XCFⅡ型浮选机作为吸入槽，KYFⅡ型作为直流槽。工作时，XCFⅡ型浮选机的上叶片负责抽吸给矿和中矿，下叶轮负责从槽底抽吸槽内矿浆，与此同时，由鼓风机给入的低压空气，经风道、空气调节阀、空心主轴进入叶轮腔的分配器中，通过分配器向周边排出。排出的矿浆与空气混合物由叶轮的叶片充分混合后，由叶轮下叶片周围排出。排出的矿浆与空气混合物同上叶片排出的矿浆流一起，由安装在叶轮周围的定子稳流和定向后，进入到槽内主体矿浆中。矿化气泡上升到槽子表面形成泡沫层，经泡沫刮板刮到泡沫槽中，槽内矿浆一部分返回到叶轮下叶片间进行再循环，另一部分通过槽壁上的流通孔进入下槽进行再选。

XCFⅡ型/KYFⅡ型与XCF型和KYF型相比，有如下特点：

（1）改变了定子及其支撑方式，使矿浆通过定子的面积加大，减小了矿浆进入叶轮的速度和阻力，可节能8%～10%。

（2）对叶轮结构进行了改进，并改进了空气分配器，使转子、定子的结构参数更加合理；提高了空气分散度和充气量范围，使吸入槽的吸入能力大大提高，能使精矿品位提高1.0%～1.2%，回收率提高0.8%～1.5%。

（3）对叶轮、定子的相关参数进行优化，使充气量增大，功耗下降，延长了易损件寿命，一般可用一年半以上。

（4）采用进口尼龙基碳化硅和二硫化钼耐磨材料取代原用的铸铁或橡胶，其寿命为铸铁的3～4.5倍，为橡胶的1.5～2倍，减少了维修费用，提高了选别指标。

（5）设计了可满足手动、电动和自动控制要求的中、尾矿箱，便于用户选择。

在吉林镍业公司用XCFⅡ型/KYFⅡ－8型取代SF－4型浮机，铜陵凤凰山铜矿用XCFⅡ型/KYFⅡ－16代瑞典的BFP型充气搅拌浮选机，都取得了明显的成效。如前者降低电能1.0kW·h/t，减少了备件和月维修费用，提高了浮选指标；后者还空出了场地，并使操作简单方便。

9－8 KYF－320型浮选机有何结构特点？工业试验结果如何？

最近我国已研制出320m^{3}大型浮选机。至此在浮选机大型化方面，我国已先后研制成功50、70、100、130、160、200、320m^{3}充气机械搅拌式浮选机。

通过对浮选机的工艺特性研究，从结构和动力学两个方面提出了充气机械搅拌式浮选机的放大方法，包括：

（1）槽体放大，以槽体截面积S与叶轮直径D比值为放大因子，其放大规则为$S/D=av^b$。

（2）叶轮放大，包括叶轮形状放大和悬浮相似放大。叶轮形状放大的放大因子为叶轮直径，放大规则为 $D = Cv^d$；悬浮相似放大，当浮选机容积较小时，整个系列的浮选机叶轮设计可以通过浮选槽内悬浮准数相等的原则设计，当浮选机容积较大时，以悬浮准数 J 为放大因子，其放大规则为 $J = ev^f$。

（3）槽内流体动力学相似，以 S/D 倍的叶轮线速度 v 为放大因子，其放大规则为 $vS/D = gv^h$。

槽体设计、叶轮设计、定子设计、泡沫槽设计等方面的特点如下：

（1）槽体设计。对于充气式浮选机，由于不需要靠叶轮造成负压来吸气，槽体可适当加深，这有利于增加气泡与矿粒碰撞机会，减小叶轮直径，降低功耗，形成平稳的泡沫区和较长的分离区，减小占地面积，减少基建投资。大型浮选机体截面设计为圆形，其对称性可提高充气的分散度和矿浆表面的平稳度，可改善浮选机的效率。为避免槽底矿砂堆积，将槽底设计为锥形底，有利于粗重矿粒向槽中心移动，以便返回叶轮区再循环，减少矿浆短路现象。

（2）叶轮设计。采用后倾叶片，高比转速叶轮，流量大，压头低，符合浮选机流体动力学要求。因此，该大型浮选机的叶轮设计成叶片后向、高比转速离心式，并在叶轮中心配以空气分配器，预先分散空气，提高叶轮弥散空气的能力。

（3）定子设计。采用了低阻尼直悬式定子，安装在叶轮周围斜上方，支脚固定在槽底。定子下部区域周围的矿浆流通面积增大，消除了下部零件对矿浆的不必要干扰，有利于矿浆向叶轮下部区域流动，同时降低了矿浆循环阻力及动力消耗，增强了槽体下部循环区的循环强度和固体颗粒的悬浮能力。叶轮中甩出的矿浆－气混合物可顺利进入矿浆中，空气分散效果好。

（4）采用了创新的双泡槽、双推泡锥的设计，即靠近槽体边缘的泡沫从外泡沫流出去，而靠近中间的泡沫则通过内泡沫槽溢流出去，这样就把泡沫一分为二，既缩短了泡沫输送距离，又减少了局部停滞。

工业试验还进行了以下几项测试：

（1）320m^3浮选机在满负荷停车 4h 后可顺利启动。

（2）矿浆浓度为 30%，充气量为 1.0 ~ 1.4m^3/(m^2 · min) 时其实耗功率约为 160kW。装机功率为 280kW。

（3）距溢流堰下方 1.0m、1.5m、2.0m、2.5m、3.0m、3.5m、4.0m、4.5m、5.0m、5.5m 深处 10 个矿浆层面采样并进行了水析，结果表明，槽内矿浆粒度分布均匀，没有粗、细颗粒分层现象，浮选机矿粒悬浮能力好。

（4）对浮选机的充气量进行了测量，测量结果表明 320m^3浮选机矿浆中的空气分散大于 4，完全可满足生产的要求。

（5）浮选机配备了双气缸液位自动控制和充气量控制系统，系统采用自整定模糊控制策略，建立了液面控制双执行机构的协同工作机制，增加了控制精度，适用于给矿量大、矿浆波动量大且频繁等工况条件下的控制，可满足不同浮选工艺要求。

工艺指标表明单台浮选机的铜富集比可达 20.62，硫富集比可达 71.44，功率消耗比国外同类型浮选机节省功率 5.88% 以上，节能效果明显。

9-9 维姆科型浮选机是怎样的结构？有什么特点？

维姆科（WEMCO）型浮选机的放大型也称为司马特（Smart Cell^{TM}）浮选机，我国产的类似的浮选机称为 JJF 浮选机。这类浮选机历史悠久，为浅槽型，属于机械搅拌自吸式浮选机。结构及部件如图 9-9 所示。这种浮选机的搅拌装置和 A 型差别较大，它用转子代替叶轮，用定子代替盖板。转子是有矩形长方齿条的柱形（俯视图为星形）转子（见图 9-9*b*），和 A 型机的叶轮相比，直径较小而高度较大。定子是周边有许多椭圆形小孔的圆筒，内表面有突出的筋条，称为分散器。分散器的上部还有一个多孔的锥形罩，用以阻止矿浆涡流对泡沫层的干扰，保持泡沫层的平静。此外它有供槽内矿浆循环的假底，假底四周和槽内矿浆相通，中心和导管相通。

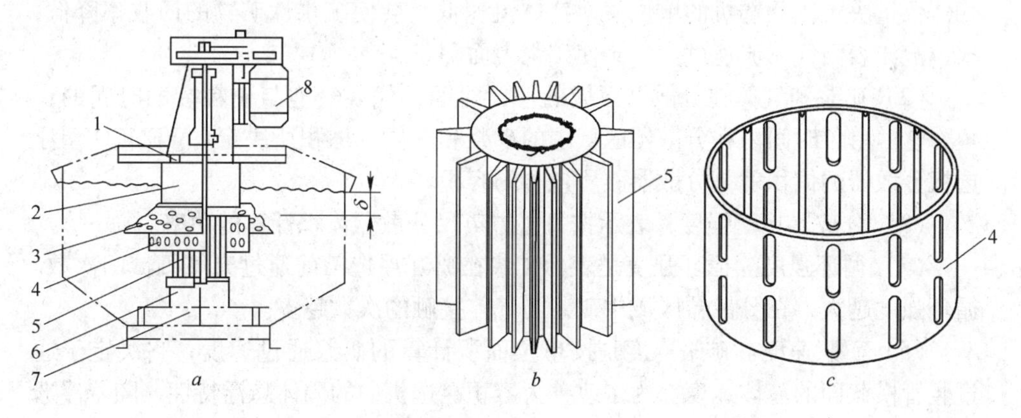

图 9-9 JJF 型浮选机示意图

a—槽子总图；*b*—转子；*c*—定子

1—进气口；2—竖管；3—锥形罩；4—定子；5—转子；6—导管；7—假底；8—电动机；δ—浸入深度

柱形转子在定子中旋转时，竖管 2 和导管 6 之间产生负压。空气经进气口 1 和竖管吸到转子和定子之间，矿浆经假底和导管吸到转子和定子之间，两者靠涡流作用互相混合。混合后被转子甩向四周，通过分散器排出。一部分上升的紊流遇到锥形罩，缓慢地从其孔中或侧面排出，所以这种浮选机尽管槽体较浅，泡沫面却比较平稳。

在大冶铁山用 JJF-20 型浮选铜硫混合精矿的试验表明，它和 7A 对比，浮选时间可以短一些。回收率略高而精矿品位略低，零件较耐磨（但过去有的柱形转子由一根一根的棒组合而成，容易掉棒），电耗和经营费略低。

随着社会需要扩大和能源的价格上涨，浮选机的规格不断扩大。1987 年，德勒（Degner）等人对维姆科浮选机的扩大，提出了 6 项参数，它们的数值见表 9 - 2。

表 9 - 2　WEMCO 型浮选机扩大的 6 项参数

槽体积 $/m^3$ (ft^3)	单位泡沫表面气体流速 $/m \cdot min^{-1}$ $(ft \cdot min^{-1})$	气体和矿浆停留时间/s	分散器功率强度 $/kW \cdot m^{-1}$ $(hp \cdot ft^{-1})$	循环强度 $/min^{-1}$	矿浆速度 $/m \cdot min^{-1}$ $(ft \cdot min^{-1})$	气体流量数 Q/ND^3
8.50（300）	0.92（3.03）	0.660	4.60（1.880）	2.20	76.20（250）	0.155
28.32（1000）	1.08（3.53）	0.899	3.74（1.517）	1.62	100.28（329）	0.149
84.95（3000）	1.18（3.88）	1.318	4.18（1.710）	1.13	102.41（336）	0.135
127.43（4500）	1.13（3.7）	1.49	3.67（1.5）	0.78	101.80（334）	0.135

就表中项目作了如下说明：

（1）单位泡沫表面气体流速。气体流速由进入浮选槽中单位泡沫表面积的气体数量决定。浮选机的单位截面气体流速低，会使疏水性矿物的回收率降低；单位泡沫表面气体流速过大，会使矿浆表面翻花。

（2）矿浆和气体在分散器区域的停留时间，代表气泡与矿粒接触时间的长短，它由单位时间内在分散器区域中的矿浆和气体总体积所决定。WEMCO 型浮选机分散器的体积就是分散器腔所包含的容积。

（3）分散器功率强度，表示按每立方英尺分散器体积计算的功率。

（4）循环强度。循环强度是表示矿浆在离开浮选槽前通过充气机械的次数。循环强度越大，在分散器区域中矿浆与气体接触的次数越多。

（5）矿浆速度。矿浆速度是按单位面积计算的矿浆通过速度，它决定于通过竖管横截面的液体速度。为了改善大容积浮选机中的固体悬浮特性，随着浮选机规格的增大，矿浆速度就增大。

（6）气体流量数。气体流量数是以 Q/ND^3 表示，其中 Q 为气体流量；N 为转子转速；D 为转子直径。气体流量数与控制转子转速，使吸入的气体量和矿浆悬浮能力保持必要的平衡。充气量不足或过量都会降低回收率，因为充气量不足会使浮选速度减小，充气量过大会使泡沫面翻花，使有用矿物从气泡上脱落。

此外矿浆 - 气泡界面紊流度的降低和泡沫的刮出速度也可以按比例放大。应用分散器和分散器罩可以降低矿浆 - 泡沫界面紊流度。分散器可以作成内槽挡板，使分散器外部成为一个比较平静的区域，分散器罩可进一步降低矿浆的流速，保证矿浆 - 泡沫界面平静。

浮选机处理泡沫的能力可以用它的泡沫堰负载量（Lip Loading）来度量。泡沫堰负载量定义为浮选机按单位体积计的泡沫堰长度。其按比例放大原则见表9-3。

表9-3　自吸气式浮选机泡沫堰负载量按比例放大原则

槽体积/m^3 (ft^3)	几何泡沫堰负载量值/$cm \cdot m^{-3}$ ($in \cdot ft^{-3}$)	设计泡沫堰负载量值/$cm \cdot m^{-3}$ ($in \cdot ft^{-3}$)
8.5 (300)	53.82 (0.600)	53.82 (0.600)
28.32 (1000)	24.22 (0.270)	49.87 (0.556)
84.95 (3000)	11.66 (0.13)	23.23 (0.259)
160.00 (5650)	—	25.11 ~ 34.98 (0.28 ~ 0.39)

从表9-3的第3列可以看出，设计的泡沫堰负载量值比几何放大所需要的泡沫堰负载量值要大。

在南美选矿厂的5650ft^3司马特（Smart Cell™）型浮选机应用了混合竖管、斜槽底、放射状泡沫槽和竖直导流板，以提高浮选指标。

9-10　CLF型粗粒浮选机的构造有何特点？使用效果如何？

CLF型粗粒浮选机采用高比转数后倾叶片叶轮，下叶片形状设计成与矿浆通过叶轮叶片间的流线相一致，具有搅拌力弱、矿浆循环量大、功耗低的特点。叶轮直径相对较小，圆周速度低，叶轮与定子间的空隙大，磨损轻而均匀。叶片为上宽下窄的近梯形叶片，叶片中央有空气分配器，定子上方支有格子板（见图9-10）。

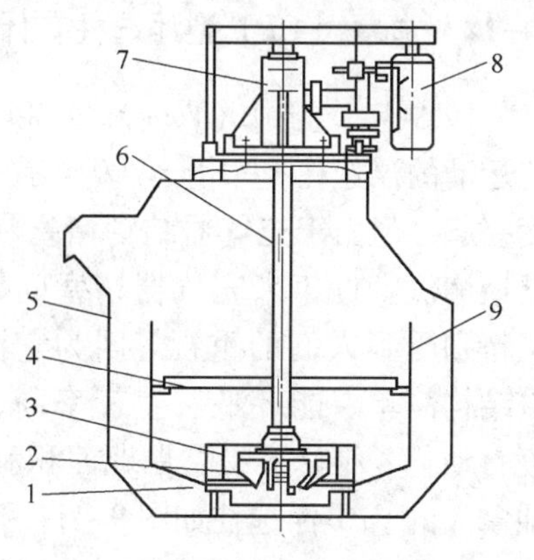

图9-10　CLF型浮选机

1—空气分配器；2—叶轮；3—定子；4—格子板；5—槽体；6—空心轴；7—轴承体；8—电机；9—垂直矿浆循环板

叶轮下方有凹形矿浆循环通道，槽的两侧也有矿浆循环通道，这些结构使矿浆循环好，加上叶轮的作用，使槽内的矿浆有较大的上升速度，有利于粗粒悬浮。充气量大，空气分散好，矿浆面平稳。槽体下部前后削去三角长条，减少粗砂沉积。后上方槽体前倾有推动泡沫排出的作用。该机处理的最大矿粒可达1mm，不沉槽。功耗低，设有吸浆槽，浮选作业间可水平配置，不用辅助泵。设有矿浆面自动控制系统，操作管理容易。主要用于一般浮选机难以处理的粗粒矿物。在大厂长坡锡矿，给矿粒度为-0.7mm的情况下，+0.15mm的矿物的回收率比XJK-6A浮选机高5%～16%；-0.15mm矿粒回收率相当或略高，节约电能12.4%，叶轮和定子寿命比6A浮选机长3倍以上。

9-11 JF 系列高效射流浮选机有何特征?

我国近年的杂志上介绍了一些有新设计思维的浮选机的广告。如 JF 系列高效射流浮选机。据介绍，产品特征有以下几个方面:

（1）高效射流浮选机是利用向下射流浮选原理，结合机械搅拌式浮选机叶轮、盖板装置的工作方式设计的一种结构新颖的浮选设备，获两项国家实用新型专利。

（2）砂泵供矿，高速射流，自吸空气。下导管内短时间第一次矿化，浮选槽内二次矿化。

（3）浮选槽体采用 U 形槽和特殊结构参数的矿浆分散器，保证矿浆、空气均匀地分散到浮选槽内，并使矿浆在槽内形成有用矿物矿化的运动轨迹。

（4）特殊结构的供矿装置保证浮选机液面稳定，满足浮选机运行参数的矿浆，使砂泵汽蚀现象消除。

（5）应用效果好，能节能 50% ~60% 。

9.4 浮选柱

9-12 加拿大 CPT 型浮选柱有什么构造和特点?

1919 年，汤姆（Tom M.）和弗莱（Flynn S.）研制出首台矿浆和空气呈对流运动的浮选柱。20 世纪 60 年代，浮选柱在国内外一度兴起，但由于充气器结钙堵塞易坏，影响正常生产，渐遭淘汰。近年来充气器堵塞问题得到解决，浮选柱又特别受到人们的重视。因为它没有运动零部件，具有结构简单、能耗低、生产率高、精矿质量高、可高度自动化、维修容易、占地面积和基建投资少等优点。加拿大的 CPT 浮选柱如图 9-11 所示。

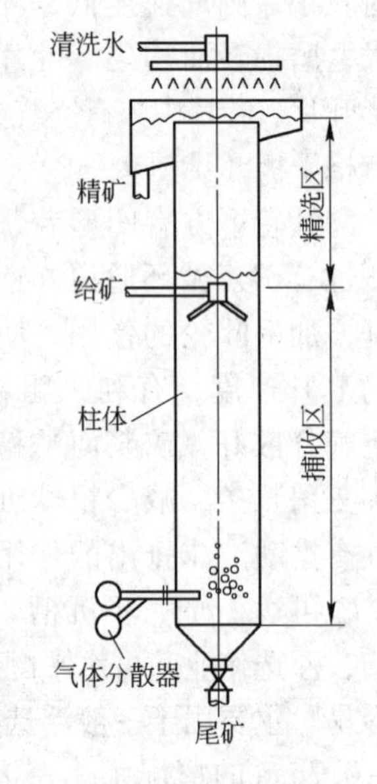

图 9-11 CPT 型浮选柱主体结构示意图

经药剂调整好的矿浆，从距顶 1 ~2m 高的给矿管给入，在柱体底部附近，沿柱体周边布有十来支速闭喷射式（slam jet）气泡发生器（喷射器），它是一种可以自动控制的空气喷射装置，进入发生器的空气在一定的压强下从喷嘴高速喷射入矿浆，产生微泡，微泡与下沉的矿粒接触碰撞，疏水性矿粒附着在气泡上随气泡上升，穿过捕收区，进入精选区（泡沫层的厚度为 1m 左右）；而亲水性的矿粒，随矿浆继续下沉，和泡沫中落回的矿粒一起进入尾矿管被排出。

由于气泡与矿浆中的矿粒在气泡发生器以上泡沫层以下一带碰撞接触生成矿化气泡，所以把这个区域称为捕收区，而亲水性矿粒在这区域中下沉，因此这时的捕收区起着前面浮选机中混合区和分离区的双重作用。这里的精选区就是泡沫层，在泡沫层中有一部分从捕收区混入的亲水性矿粒，可以随泡沫间的水流返回捕收区，随着泡沫层的厚度增大，泡沫表层的精矿品位升高，所以把泡沫区称为精选区（也有的把它称为分离区）。

喷射器是该机的重要零件。在我国德兴铜矿精选系统安装的 CPT 浮选柱，有 8 根简单、坚固的喷射器，均匀分布在底部附近的同一截面上。每根喷射器配有一个气动自动控制及自动关闭装置。该装置可保证喷射器在未加压或遇到意外的压力损失时能保持关闭和密封状态（见图 9－13），以防矿浆流入造成堵塞和影响喷射器正常工作。喷射器有几个不同的规格，可以通过更换大小不同的喷嘴以及开启喷射器的个数，以调节浮选柱的供气压力和供气量，确保柱内的空气充分弥散。喷射器可以在浮选柱运行时插入或抽出，检查、维修很方便。

CPT 浮选柱有 3 个自动控制回路，即矿浆面高度控制回路、喷射器空气流量控制回路和冲洗水流量控制回路。空气流量通过流量计进行测定，并通过球形阀自动控制；浮选柱矿浆面高度（与泡沫面的交界处）通过球形浮子和超声波探测器进行测定，该界面高度由 PID 控制器（将比例、积分、微分三种作用结合起来的调节器）调节浮选柱底管路上的自控管夹阀来实现；冲洗水的流量通过流量计进行测定，可以手动或自动通过流量控制阀调节。

我国德兴铜矿用上述浮选柱取代二次精选部分浮选机的规格为 ϕ4m × 10m。德兴铜矿的对比数据见表 9－4。

表 9－4 CPT 浮选柱与浮选机的结果对比

设备名称	铜精矿品位 β_{Cu}/%	铜精矿中各金属的回收率/%			
		Cu	Au	Ag	Mo
浮选机	15.35	63.19	54.41	55.69	29.33
浮选柱	19.97	67.08	58.47	54.88	17.07

上述数据说明 CPT 浮选柱在德兴铜矿的使用是成功的，而且不存在充气器堵塞问题。

9－13 我国 KYZ－B 型浮选柱结构如何？使用情况如何？

我国研制的 KYZ－B 型浮选柱结构示意图如图 9－12 所示。它主要由柱体、给矿系统、气泡发生系统、液位控制系统、泡沫喷淋水系统等构成。浮选柱外形多数是直径比高度小的圆柱体。柱体的容积必须满足矿浆在其中浮选时间长短的要求，才能保证回收率。

柱中的平均滞留时间，可以估算为：

$$T=\frac{H_m}{U_1+U_s}=\frac{H_m}{4Q_s/d_c^2C_s}$$

式中 H_m——捕收带的高度，cm；

U_1——液相流动速度和颗粒沉降速度，cm/s；

U_s——颗粒沉降速度，cm/s；

Q_s——固体的给料流量，g/s；

d_c——设备直径，cm；

C_s——固体含量，g/cm^3。

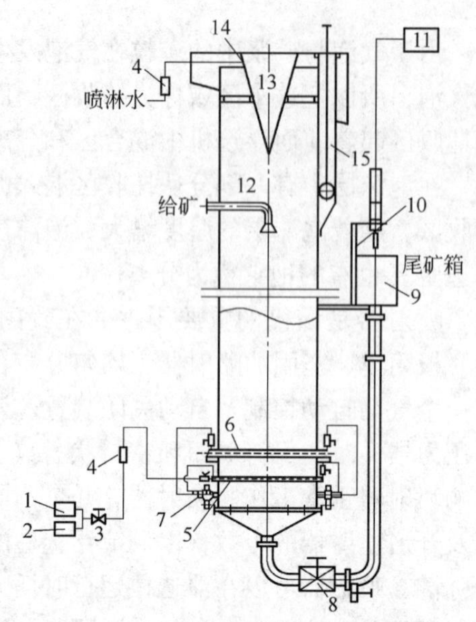

图 9－12 KYZ－B 型浮选柱工作系统示意图

1—风机；2—风包；3—减压阀；4—转子流量计；5—总水管；6—总风阀；7—充气器；8—排矿阀；9—尾矿箱；10—气动调节阀；11—仪表箱；12—给矿管；13—推泡器；14—喷水管；15—测量筒

浮选柱结构简单，只有气泡发生器、给矿器、冲洗水管与推泡器需加以叙述。有关零件如图 9－13 所示。

该机给矿器的出口，有一个托盘式的折流板，使给矿在浮选柱的截面内均匀分布，避免破坏泡沫层的稳定状态和减少液面波动。冲洗水分配器分上、下两层，上面的分配器距溢流线 3～5cm，下面的分配器在溢流线以下 8cm。冲洗水量有流量计和阀门控制。冲洗水分配器内圈是倒锥形推泡器，其作用是使泡沫上升到它周围从水平方向横流进入泡沫槽。

气泡发生器的好坏是浮选柱能否成功工作的关键。图 9－13*a* 表示喷射式气泡发生器的结构，图 9－13*a*′、*a*″表示其工作原理。发生器的针阀后端连在受一定压力支撑的调整器上，当压气的压强大过调整器的支撑压强以后，使调整器向右后移动，针阀也跟着向右后移动，针阀左端离开喷嘴，并在喷嘴与针阀间形成空气通道，压缩空气沿通道冲开喷嘴从孔洞中喷出。当压气的压强小于调整器的支撑压强时，调整器推动针阀向左封闭喷嘴，防止矿浆进入喷射器，以免喷射器被矿浆堵塞。气泡发生器用耐磨材料制成，寿命很长。

当 $p/p_0>0.528$ 时，喷嘴中的气体流速为亚声速（见图 9－13*d* 喷嘴出流模型）；当 $p/p_0\leq 0.528$ 时，喷嘴中的气体流速为声速，此时产生的气泡最好，气泡大小均匀，空气分散度对矿浆的扰动不大。过程中所以能产生气泡的原因，是高压气体从喷嘴喷出时矿浆对它有剪切作用，使射流中的气体被剪切成小气泡。为了满足不同矿石对不同充气量的要求，对充气量可以进行自动控制。

在江西铜业矿山新技术有限公司钼浮选系统，用一台 KYZ－B1065 型浮选柱代替粗选段精一、精二的浮选机，浮选柱容积仅为浮选机容积的 1/3，而结果却

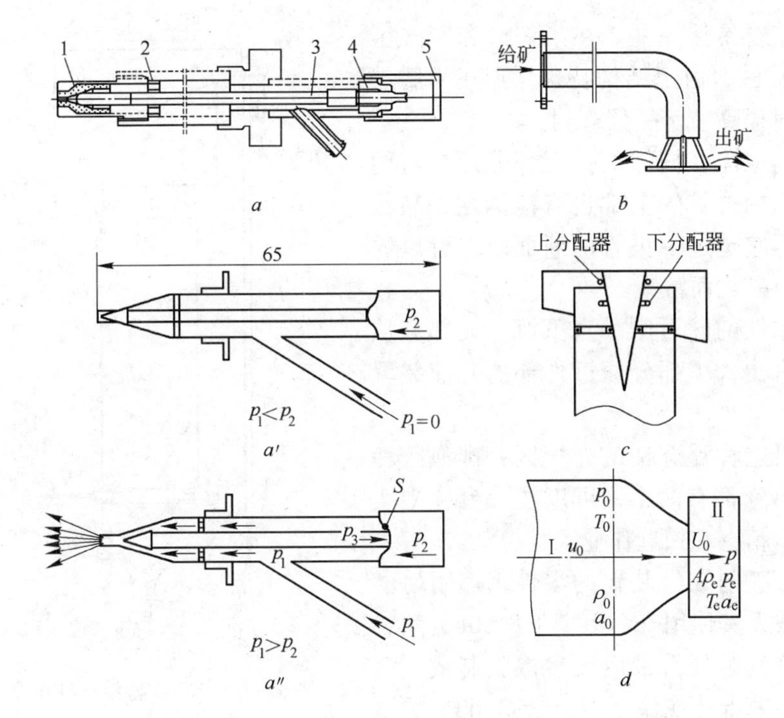

图 9-13　KYZ-B 型浮选柱几个零部件

a，*a′*，*a″*—喷射式气泡发生器；*b*—给矿器；*c*—冲洗水系统及推泡器；*d*—喷嘴出流模型

1—喷嘴；2—定位器；3—针阀；4—调整器；5—密封盖

好许多，见表 9-5。

表 9-5　江西铜业公司用浮选柱和用浮选机的对应作业指标

作业系列	钼精矿品位 β_{Mo}/%	钼回收率/%
作业一（浮选机）	10.76	67.77
作业二（浮选柱）	12.51	79.70

9-14　俄罗斯 KΦM 型浮选柱的结构和应用有什么特点？

俄罗斯 KΦM 型浮选柱在结构和设计思想方面比前面的复杂。其结构示意图如图 9-14 所示。

该浮选柱的工作原理如下：与药剂调整好的矿浆和 100～150kPa 压力下的空气，先进入第一级喷射充气装置中，矿浆在那里被微泡饱和后，流入中央管 2 和槽体扩大部分形成的第一浮选区，在此区域中，被捕收剂作用后可浮性好的矿粒顺利浮选；而难浮的矿粒和粗矿粒往下沉降，进入第二浮选区，在一定角度下再次与二次充气产生的气泡接触浮选。第二浮选区的流体动力学条件比第一区要好一些，矿粒易浮一些。在第一区和第二区之间的A区，由于结构特殊，形成沸腾层效应，对提高精矿品位有利。

矿化泡沫在槽体的扩大部分形成富的泡沫层；中央管的上部也有泡沫层，品位较低，但它越过中央管的断面时，可以通过破裂再矿化而富集。

亲水性的脉石则一直下沉，大部分从尾矿管排出，少部分通过外部的升液装置带走。

可见这种浮选柱的充气区、排泡区和尾矿排出管都有两个，可以在一台柱中实现粗选、精选和扫选作业。

一级喷射充气装置的零件，都用耐磨材料制成，其使用寿命不少于8000h；第二级分散充气装置，采用天然橡胶制成，完全没有堵塞卡孔现象，能经受600kPa的爆破力，可靠、耐用，其使用寿命不少于6000h。

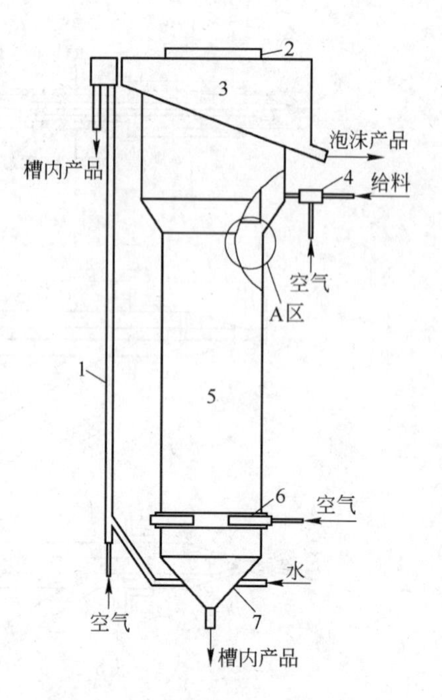

图9-14 KΦM型浮选柱示意图

1—空气升液装置；2—中央管；3—环形泡沫槽；4—一次充气装置；5—浮选柱柱体；6—二次充气器组；7—底部的尾矿出口

对比试验表明，在确保选矿产品达到相同品位的条件下，用KΦM型浮选柱，能使有用成分回收率提高2%~7%；且单位生产能力比机械搅拌式浮选机或压气机械搅拌式浮选机高2~4倍；浮游矿物粒度宽（粒径10~10^6μm）；可以缩小场地面积80%；降低成本能耗80%；能按8个水平自动控制浮选过程，减少操作人员30%~40%。

10 浮选流程

10.1 浮选流程的基本概念

生产流程即生产过程，流程图是表示生产过程的图形。磨浮流程是指磨矿和浮选各作业顺序连接所组成的生产过程。单纯的浮选流程可以不包括磨矿作业。

浮选流程对于浮选生产的好坏，有决定性的影响，一般是在设计前经过试验确定的，而且常在以后的生产中不断地加以调整和改进。合理的流程应能在生产中用最低的成本获得较高的生产指标（如生产率、精矿质量和回收率等）；合理的选矿流程，应该能适应矿石的性质（有用矿物的浸染特性和粒度、有价成分的种类、含量、有价矿物的氧化、泥化程度和可浮性等）和对精矿质量的要求。同时便于操作，能最大限度地回收伴生的有用成分。

在我国习惯用简单的流程图（见图 10－1*a*）表示生产过程，并在图上注明过程名称。

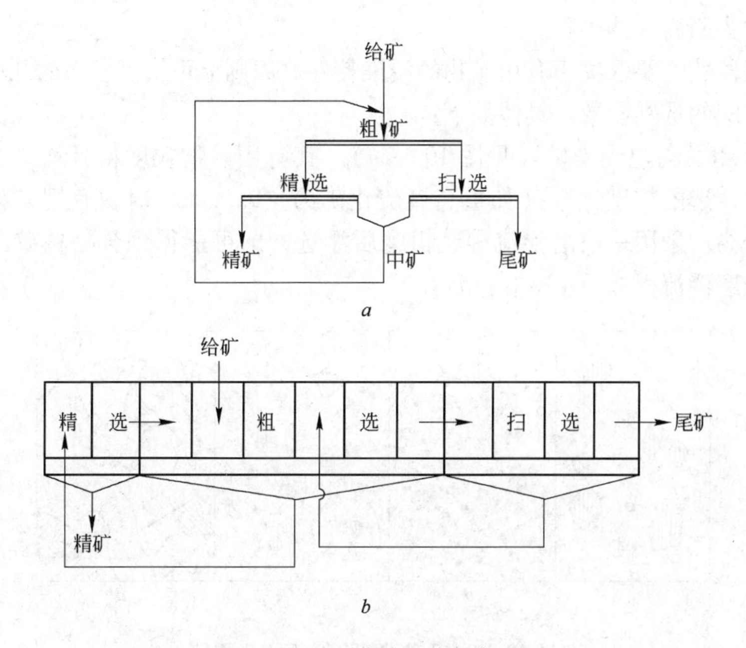

图 10－1　浮选流程表示方法

a—流程图；*b*—设备联系图

有的流程图也标注工艺条件与指标。个别情况下才用设备联系图（见图 10-1*b*），设备联系图是将选矿所用的主要设备绘成简单的形象图，按物料的流向用带箭头的线条将形象图连接起来。这种机械设备联系图不反映选矿厂设备配置的相对位置，只反映物料流通过各设备的顺序，绘制比较费时，我国很少应用。以下把浮选流程分成浮选原则流程和流程内部结构两部分来讨论。

10-1 浮选原则流程应包括什么内容？

原则流程是选别流程的“骨架”，用它来反映选别方法及其联合方式、选别循环、选别阶段数以及各种有用矿物的回收顺序（见图 10-3 和图 10-4）。确定原则流程的主要依据是矿石中有用矿物的种类、含量、浸染特性以及它们之间可浮性的差异等。原则流程一般用框图及物料流向线表示。

10-2 流程的段数是什么意思？与矿石性质有什么关系？

流程的段数是指在浮选过程中矿石经过磨矿-浮选、再磨矿-再浮选的阶段数。如果经过一次磨矿（一段磨矿，如图 10-3*a* 所示，或选别前的两段以上连续磨矿，如图 10-3*b* 所示）后浮选，任何浮选产物无需再磨，则仍称为一段磨浮流程。如果说某个浮选产物需要再磨再选矿一次，则为两段磨浮流程。依此类推，可有多段磨浮流程。如果选别前矿石经过两段连续磨矿而只经过一个选别循环，可称为两磨一选流程。

流程段数主要取决于有用矿物的浸染特性。原则上可根据矿石的几种浸染类型采用相应的选别段数。具体如下：

（1）粗粒均匀浸染矿（见图 10-2*a*）。其有用矿物粒度粗且均匀。将矿石磨至可以浮选的粒度上限（如重金属硫化矿为 -0.3mm）时，有用矿物基本上能单体分离。采用一段磨浮流程经粗磨后浮选，即可能得到合格精矿和废弃尾矿。一段磨浮流程如图 10-3*a* 所示。

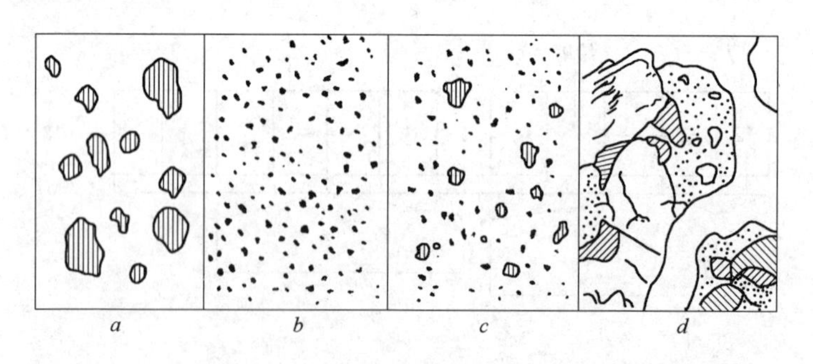

图 10-2 几种典型的矿石浸染特性

a—粗粒均匀浸染；*b*—细粒均匀浸染；*c*—不均匀浸染；*d*—集合浸染

（2）细粒均匀浸染矿（见图10－2*b*）。其有用矿物结晶粒度细而均匀，通常要磨到0.074mm以下才能使有用矿物基本上单体分离。处理这种类型的矿石，当粒度细而均匀时可采用两磨一选的一段磨浮流程（见图10－3*b*）；当浸染粒度细而不太均匀、达到单体分离的粒度范围较宽时，也可采用第一段中矿再磨再选的两段磨浮流程（见图10－3*c*）。

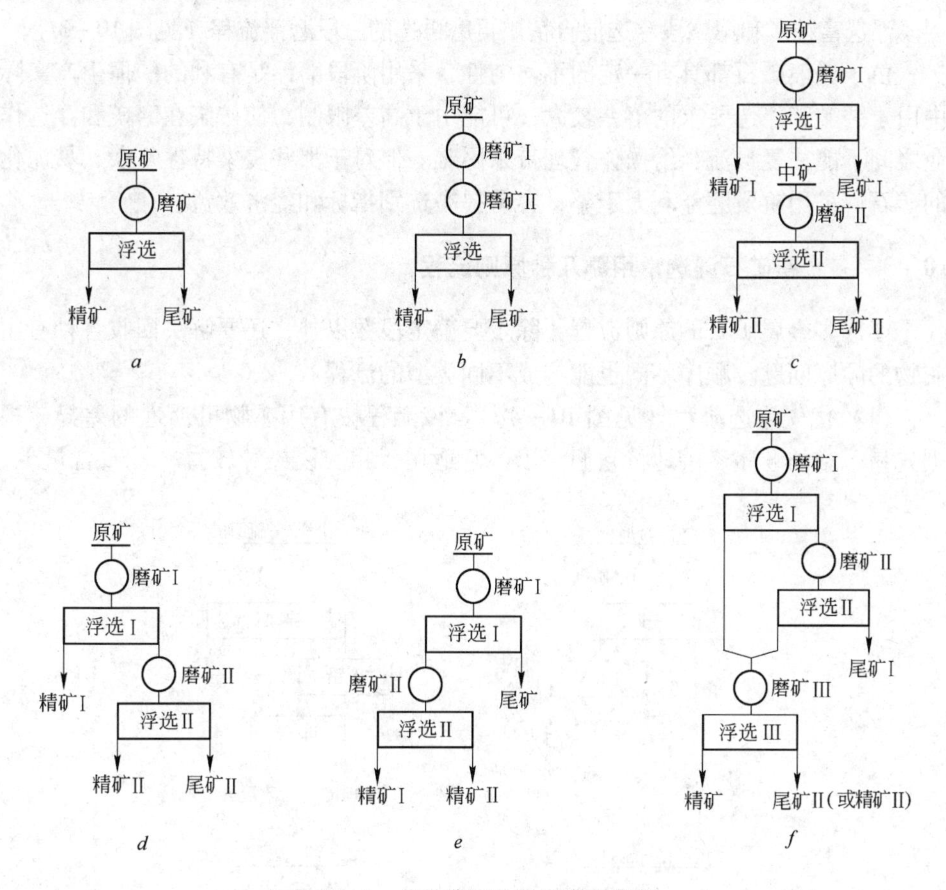

图10－3 几种典型的阶段磨浮流程

a—一段磨浮流程；*b*—两磨一选矿的一段磨浮流程；*c*—中矿再磨的两段磨浮流程；
d—尾矿再磨的两段磨浮流程；*e*—粗精矿再磨的两段磨浮流程；*f*—三段磨浮流程

（3）不均匀浸染矿（见图10－2*c*）。其有用矿物呈粗、中、细粒存在，这种矿石在实践中比较多见。处理这种矿石的流程可能用中矿或尾矿再磨再选的两段磨浮流程，即在粗磨之下使粗粒部分单体分离，浮选后得到部分合格精矿。而多连生体的中矿或富尾矿需要再磨，使其中的连生体单体分离后，再进一步浮选（见图10－3*c*和图10－3*d*）。

（4）集合浸染矿（见图10－2*d*）。有些多金属硫化矿，细粒浸染的几种有用矿物呈粗大的集合体形式存在，这种集合体具有较好的可浮性，未单体分离就可以浮选。处理这种矿石，可采用第一段浮选精矿再磨再选的两段磨浮流程，即第一段粗磨后浮出有用矿物的集合体，得到混合精矿，这种混合精矿须再磨细，使其中的有用矿物彼此分离，再浮出不同的精矿（见图10－3*e*）。

（5）复杂浸染矿。如果矿石兼有不均匀浸染和集合浸染的性质，则可采用第一段浮选富精矿和第二段浮选混合精矿再磨再选的三段磨浮流程（见图10－3*f*）。

由于一般矿石都具有一定的不均匀性，采用阶段磨浮是有利的。但生产实际中由于磨矿和浮选要求的落差较大，可能由于高差限制，使矿浆在磨矿和浮选作业之间不能往复自流，给操作管理带来困难。但对于那些浸染特性复杂、易泥化的矿石，采用阶段磨浮利大于弊，容易提高选别指标和经济效益。

10－3 多金属矿石浮选常用哪几种原则流程？

浮选多金属矿石的原则流程，除了要确定段数以外，还要解决回收各种有用矿物的顺序问题。顺序不同也能构成不同类型的流程。

（1）优先浮选流程（见图10－4*a*）。该流程按有用矿物可浮性的差异，根据先易后难的顺序逐个地将它们浮出。它适用于粗粒浸染和较富（脉石含量少）的矿石。

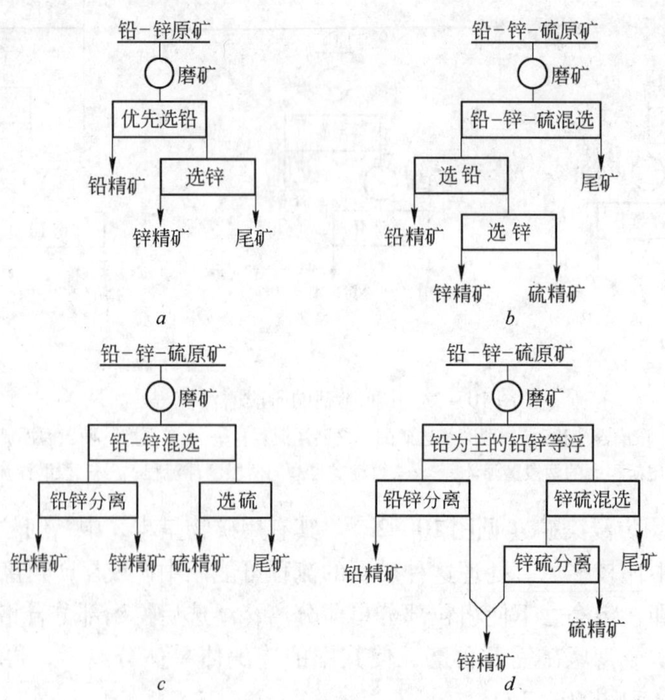

图10－4 多金属矿石浮选的原则流程（以铅－锌－硫矿石为例）
a—优先浮选；*b*—混合浮选；*c*—部分混合浮选；*d*—等可浮选

(2) 混合浮选流程（见图 10－4*b*）。混合浮选流程也叫全浮选流程，是先混合浮选出全部有用矿物，然后逐一将它们分离。它适用于原矿品位低、脉石含量高和有用矿物致密共生的矿石。由于它在粗磨之后浮选，就能丢掉大部分脉石，使进入后续作业的矿量大为减少，所以与优先浮选流程相比，它具有节省磨浮设备、降低电耗、节省药剂和基建投资等优点。处理富矿时上述优点不太突出。该流程的主要缺点是全浮中的过剩油药进入分选作业，会造成分离浮选的困难。当矿石性质复杂多变时，选别指标不佳。

(3) 部分混合浮选流程（见图 10－4*c*）。当回收 3 种以上有用矿物时，还可采用部分混合浮选流程。它与全浮选流程的唯一区别是它只将要浮选的几种有用矿物中的一部分（而不是全部）先混合浮出，然后分离。

(4) 等可浮选流程（见图 10－4*d*）。等可浮选流程也叫分别混合浮选流程。将易浮的矿物与另一种矿物可浮性与它相近的易浮部分一起浮选，得到混合精矿后再分离；而第二种矿物的难浮部分，接着再选。它适合于处理同一种矿物包括易浮和难浮两部分的复杂多金属矿石。其优点是可降低药剂用量、消除过剩油药对分离的影响，有利于提高选别指标，其缺点是比全浮选要多用设备。

除了上述 4 种典型的原则流程以外，还有所谓半优先－混合浮选流程，是将前两种原则流程联合运用的产物。其半优先浮选部分是用于浮游可浮性较好的某种矿物中的易浮部分，而其难浮部分则留在混合浮选中与别的矿物一起浮选。

10－4 选别循环包括什么内容？

循环也叫回路，是性质相近、关系密切的一些作业的总称。中间产物一般在回路内部循环。通常是指：

(1) 选别某种产物的各作业的总称。如选铅矿物的粗、精、扫选作业，统称为铅浮选循环。选锌矿物的粗、精、扫选作业，统称为锌浮选循环。

(2) 在采用几种选矿方法的联合流程中，则可按不同的选矿方法而划分选别循环，如浮选循环、重选循环等。

(3) 选别某一级别或某种物料的作业总称。如在泥砂分别处理时，可分为矿泥选别循环和矿砂选别循环；整个全浮流程可分为混选循环和分离循环。

10.2 流程的结构

流程的内部结构，除了包含原则流程的内容以外，还包含各段的磨矿、分级的次数，每个循环的粗选、精选、扫选次数，中矿处理的方法以及给矿是否分支、分速浮选等内容。

在各选别循环中，给矿进入的第一个选别作业称为粗选，粗选一般只有一次，它主要用于浮选那些粒度中等、易浮的单体矿粒（偶尔也有二次粗选，那是因为粗选的矿物可浮性不同，有一部分要在另一种条件下粗选，而二次粗选的精矿却可以和一次粗选精矿合并）。用于处理粗选的泡沫产品以提高精矿品位的作业称为精选；粗选的尾矿一般含有难浮的粗粒、细粒或未完全单体分离的连生体。用于处理粗选尾矿以提高回收率的作业称为扫选。粗选尾矿中未单体分离的连生体多而品位仍高时，也可以送去再磨再选。

10－5　精、扫选次数一般怎么确定？

精、扫选次数主要取决于矿石的品位、有用矿物及脉石的可浮性与对精矿质量的要求等因素。

当原矿品位低、有用矿物可浮性好而对精矿质量要求高时，应增加精选次数。如处理易浮的低品位辉钼矿或要求品位高的萤石矿，其精选次数可多达 6～8 次，在操作中常让槽面形成厚的泡沫层，在槽面往复振荡，以期提高其精矿品位。当脉石的可浮性与浮游矿物相近时，为了提高精矿质量也应增加精选次数。

当原矿品位较高、有用矿物可浮性较差而对精矿质量要求不高时，应增加扫选次数，以提高回收率。处理多金属硫化矿时，常见的精、扫选次数通常在 1～3 次之间（见图 10－5）。

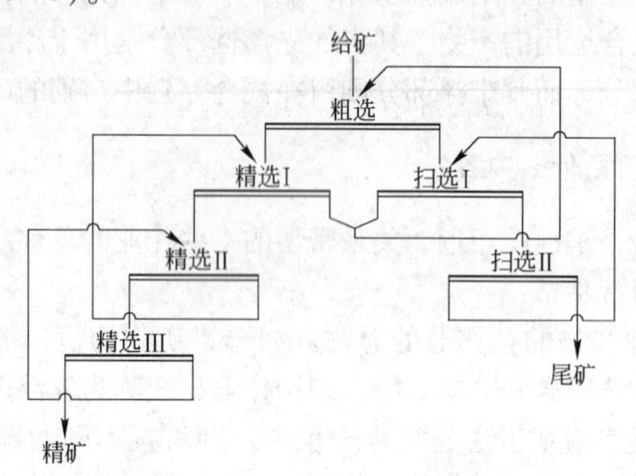

图 10－5　常见的精、扫选次数及中矿循序（顺序）返回流程

近年来用电位调控研究浮选时间与电位的关系发现，扫选时间过长，矿浆电位升高，可能对提高回收率不利。

10－6　处理中矿常用什么样的流程？

流程中需进一步处理的各精选作业的尾矿及各扫选作业的泡沫产品，统称为中矿或中间产物。中矿处理方法，视其中连生体含量、有用矿物的可浮性以及对精矿质量的要求而定，有如下几种方法：

（1）将中矿返回浮选前部适当的地点。一般情况都将中矿返回前一作业，此法可用于处理主要由单体分离的矿粒组成的中矿。如果说有用矿物可浮性差，为了减少返回再选中的金属损失，保证回收率，应减少中矿再选的次数，此时中矿也可循序返回前一作业（见图 10－5）；如果中矿可浮性好，对精矿质量要求又高，必须增加中矿再选次数，可将中矿合并返回较前面的适当作业。在个别场合，中矿返回地点由试验决定，一般可将中矿返回到品位相近的作业中去。

（2）将中矿返回磨矿作业。对于主要由连生体组成的中矿，可将其返回磨矿机再磨。如果其中尚有部分单体解离的颗粒，可将其返回分级作业，以减少过粉碎。当中矿表面需要机械擦洗时，也可将它返回磨矿作业。

（3）将中矿单独处理。当中矿性质复杂，难浮矿粒多、含泥多，其可浮性与原矿差别较大时，为防止中矿返回恶化整个浮选过程，可将中矿单独浮选。

（4）其他处理方法。如果中矿用浮选法单独处理效果不好，可采用化学选矿方法处理。在个别情况下，为确保获得高质量精矿，防止中矿返回而影响精矿质量，也可采用“放中矿”的办法，即丢弃部分难选的中矿。当然这是在对回收率影响不大时才行。当中矿含水或药剂过量时，可能需要进行浓缩脱水或脱药才送入选别作业。

10－7 分支串流浮选是什么样的特殊流程？

分支串流浮选是我国在 20 世纪 70 年代发展起来的浮选新工艺，用于多种矿石的浮选中，获得了明显的技术经济效益。

（1）分支浮选。它是把原矿分成几支送入浮选，将前一支浮选的粗精矿顺序地加入次一支原矿浆中一起粗选（见图 10－6）。最后一支粗选可能产出最终精矿或品位相当高的精矿。

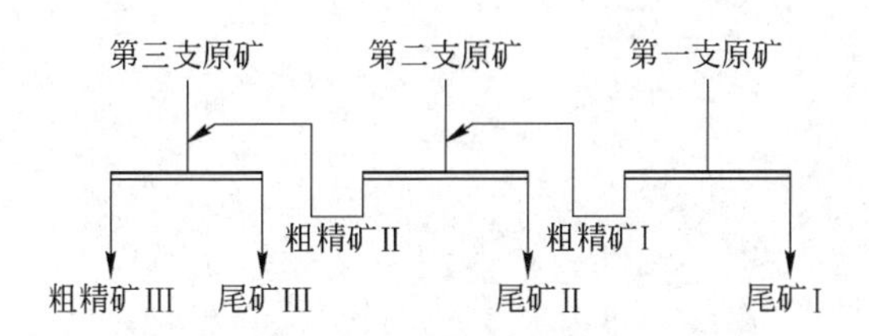

图 10－6 分支浮选流程图

这种分支浮选流程的优点是：通过将前一支的泡沫产物加入后一支，可以人为地提高后一支的给矿品位，并使前一支泡沫中的过剩药剂在后面的浮选中得到利用，因而能够逐步地减少次一支矿浆的药剂用量，从而降低药剂的总用量。同时，次支中的难浮细颗粒有可能以前一支的易浮颗粒做载体浮游。对于低品位矿石采用这种流程更为有利。

（2）分支串流浮选。实质上是既分支又串流浮选的组合流程，它具有更大的可变性。所谓串流是根据某种目的，将中矿导入另一支的特定位置。图 10－7 所示就是将扫选Ⅱ－1 的泡沫引入第一支原矿的搅拌作业，使扫选Ⅱ－1 的泡沫再次受到药剂的作用。某厂的分支串流浮选与改革前用一般流程浮选相比，在精矿品位相近的情况下，铜的回收率提高了 2.68%，黄药单耗降低 44.3%，醚醇单耗仅为原用 2 号油的 42.2%，并且操作稳定，易控制，取消了精选作业，降低了电耗。

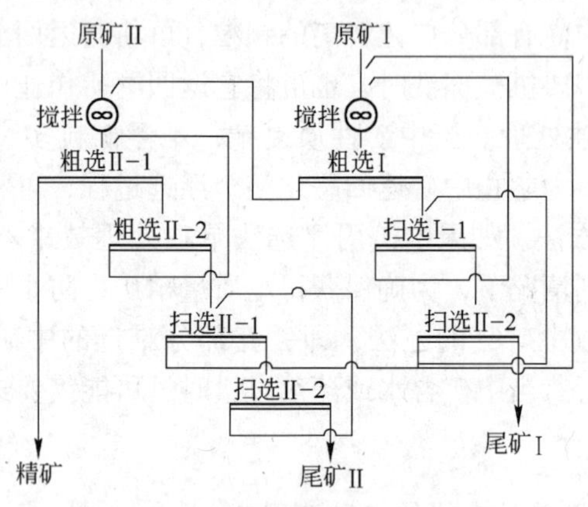

图 10－7 分支串流浮选生产流程

11 影响浮选过程的工艺因素

11.1 入选粒度

任何物理选矿方法，都是按矿物的成分和性质不同的颗粒分开不同的矿物。它首先要求入选的矿物单体分离，其次由于选矿的方法不同，最适合的选别粒度也不同。对于浮选的粒度，必须不超过最大浮游粒度上限。各种矿物密度不同，其浮游粒度上限也不同。如硫化矿物浮选的粒度上限一般粒径为0.3mm左右，硫磺、石墨、煤炭等密度较小的矿物，浮选粒度可达1mm以上。粒度过细（如小于5μm）也难以浮选，中等粒度比较容易浮选，所以磨矿、浮选工人必须经常测定分级溢流细度。

11-1 粗矿粒为什么难浮？它们的最佳浮选条件怎么样？

一般进入浮选循环的硫化矿粒粒度都在0.25~0.3mm以下才能获得较好的浮选指标。进入浮选的给矿，经常有过粗粒的原因，可能是由于磨矿机设计能力不足，而生产任务又不断上升。也可能是因为使用水力旋流器等分级效率难以准确控制的分级设备，分级产品中“跑粗”。

粗粒浮选指标往往不好，其原因是：

（1）有用矿物与脉石矿物尚未充分单体分离。

（2）粗粒在矿浆中运动，遇到湍流振荡，使其从气泡上脱落。为了选好粗粒，必须创造适于粗粒浮选的条件，如：

1）有足够的捕收剂形成良好的疏水性；

2）增加充气量，生成较大的气泡；

3）在保证矿浆面稳定的条件下，有不太强的搅拌或上升的矿浆流；

4）采用较高的浓度，以增大矿浆的浮力；

5）设计好的泡沫槽及时排出泡沫；

6）浮选机槽体边角、死角少，可减少粗砂沉槽；

7）在个别情况下，选用适于粗粒浮选的浮选机。如浅槽、带格子板、浮选机中有适当的上升流，应用泡沫分离浮选、沸腾层浮选、枱浮、粒浮等设备或方法。

11-2 细泥为什么难浮？有哪些方法使细泥选得好些？

所谓细（矿）泥，一般是指小于10~18μm的细粒级，但对于不同的厂矿，往往因为矿石类型或所用设备功能的限制，而划出不同的上限。细泥浮选是浮选界非常重视的难题，因为细泥有三大不利于浮选的性质，即单颗粒细泥的质量小、比表面大（单位质量矿粒所具有的比表面积大）而且表面键力不饱和。这使浮选的精矿品位低、回收率低而且药剂消耗大。

（1）质量小的效应是：体积小与气泡碰撞的可能性小；质量小则动能小，与气泡碰撞时，不易克服矿－泡间水化层的阻力，难以黏附在气泡上；难浮细泥还能减少粗粒与气泡直接接触的机会，阻碍粗粒在气泡上附着；细泥质量轻，在矿浆的泡沫层中下沉慢，使矿浆和泡沫发黏，造成精矿质量下降。

（2）比表面大的效应是：它们在矿浆中会吸收大量药剂，破坏正常的浮选过程，增大药剂消耗；比表面大也降低气泡的负载能力。

（3）表面键力不饱和的效应是：矿泥表面活性大容易与各种药剂作用，造成药剂大量消耗，甚至降低选择性；细泥具有很强的水化能力，使矿浆发黏，当这种水化能力很强的矿泥附着在气泡表面时，则气泡表面上的水膜不易流走，使泡沫过分稳定，从而给精选、浓缩、过滤等作业带来困难。

选矿中的细泥有原生矿泥和次生矿泥之分。原生矿泥是指矿物在矿床中由于自然风化形成的矿泥，如高岭土、黏土等；次生矿泥是指矿石在采掘、运输、破碎、磨矿和选别过程中产生的矿泥，特别需要注意避免磨矿过粉碎产生细泥。一般说来，原生矿泥比次生矿泥难浮，而且原生矿泥比次生矿泥对过程的危害更大。

为了减轻细泥对浮选的影响，可以采取一些措施。如采用阶段选别的流程，使已经单体分离的矿粒及时浮出，避免再磨；当矿浆中的矿泥较多时，可用较稀的矿浆浮选，降低矿浆黏性；为了减轻细泥对浮选药剂的吸收，可以采用分段加药的方法；有时先用少量起泡剂和少量捕收剂浮出一些细泥，然后加药正式浮选粗粒；必要时可以加入分散剂以减少其影响。原矿中矿泥量较大时（如－0.074mm产率高于15%），应使用水力旋流器等脱泥，然后进行泥砂分选。

在固液界面部分，已经介绍过加分散剂、凝聚剂、絮凝剂和一些细泥的选矿方法都可酌情使用。这里只介绍一两个实例。

我国某地的铁矿石磨细以后，用腐殖酸钠作选择絮凝剂进行选择絮凝，由于腐殖酸钠只将赤铁矿絮凝在一起，基本上不使石英和其他脉石絮凝，经过选择絮凝以后，就可以将品位提高一倍。

在白钨矿浮选过程中也利用“剪切絮凝”以提高细粒白钨矿的回收率。它是在矿粒用油酸等捕收剂疏水化以后进行高速搅拌，以加强1μm左右的超细粒白钨矿粒和10～40μm的细粒白钨矿絮凝。即使全部颗粒的负电荷很高，它们的絮凝也是牢固的。这种絮凝体实质上是1μm的细泥覆盖在10～40μm的粗粒上。发生这种剪切絮凝的基本条件有两个：

1）在强烈搅拌中颗粒获得的平均碰撞动能远大于其热运动能，颗粒互相接近的力大于使其分散的力。

2）疏水基的缔合有助于絮凝体的形成，可见剪切絮凝与压缩双电层造成的电聚体或高聚物所引起的桥联絮凝不同。搅拌强度大对于剪切絮凝有利，而对于电聚体和桥联絮凝体的生存则不利。

这种超细粒附着在较粗粒上浮选，又称为负载浮选。负载浮选早已用于从高岭土中分出锐钛矿。浮选时，用比锐钛矿更粗的方解石作载体，在有塔尔油和燃料油的情况下，施加强力搅拌，使细粒锐钛矿附着在方解石上。

在污水处理时，也可以用真空生泡法或电解生泡法以产生非常细的微泡作为载体浮选污水中的细泥。

11.2 矿浆浓度对浮选的影响

矿浆浓度通常是指矿浆中固体的质量分数，它是浮选过程的重要工艺参数。选别作业和原料粒度不同要求的矿浆浓度也不同。一般矿浆浓度可以从固体含量百分之几到50%左右。矿浆浓度的大小，对于药耗、水耗、电耗、精矿品位和回收率都有影响，这是因为矿浆浓度与下列的因素有密切的关系，如图11-1所示。

矿浆浓度对几个因素的影响主要包括以下几个方面：

(1) 药剂的体积浓度。一般浮选厂表示某种药剂的用量，都以选别1t原矿需用多少克药剂来计算。如果以克/吨计的药剂用量不变，则随着矿浆浓度的增大，单位体积矿浆中的矿石质量就相应地增加，一定体积矿浆中药剂的含量也增加，即药剂的体积浓度增加（见图11-1）。如果只要矿浆有一定的药剂体积浓度，目的矿物就能够浮游，则矿浆浓度大时，可以减少以克/吨计的药剂用量，但在铜-铅等混合精矿分离时，浓度过高，药剂体积浓度过大，会使分离发生困难。

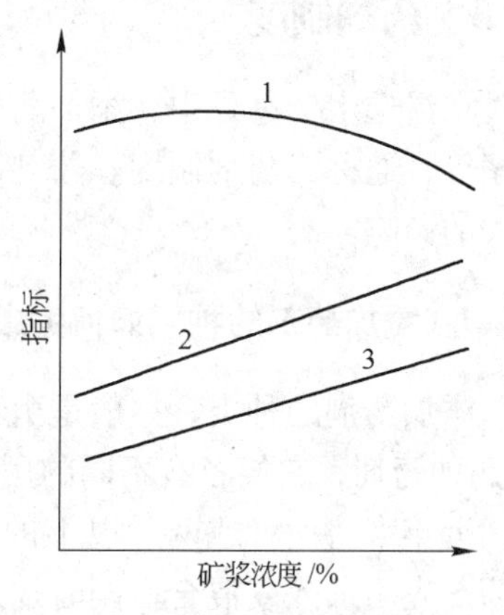

图11-1 矿浆浓度对几个因素的影响
1—矿浆充气度；2—药剂的体积浓度；3—矿浆在浮选机中的停留时间

(2) 矿浆在浮选机中的停留时间。随着矿浆浓度的增加，由1t原矿组成的矿浆体积立方米数下降，通常浮选机以立方米计的容积不变，当矿浆浓度增加时，矿浆在浮选机中的停留时间也随之增加（见图11-1中直线3）。如果不需要延长浮选时间，就可以减少一些浮选机的数量。

（3）矿浆的充气度。当矿浆浓度在一定限度内增加时，充气量随之增加。由图 11－1 中曲线 1 可以看出曲线中段充气量最大，随后充气量减小。这是因为矿浆浓度较低时，浓度增大，黏性增大，气泡上升速度较慢，单位容积中的气泡量增加；当浓度超过某一限度时，气泡变成大团空气，上升速度反而加快。矿浆充气度的大小直接影响浮选时间和回收率。

（4）粗粒浮选。矿浆浓度增大，使矿浆的密度增加，浮力相应地增加；黏性增大，矿粒与气泡的碰撞接触机会也增加，有利于粗粒浮选。但浓度增加时由于颗粒间的摩擦增加，矿粒从气泡上的脱落机会也稍有增加。

（5）细粒浮选。当矿浆浓度增大时，矿浆黏性也增大，泡沫层中的脉石矿泥将增加，势必使精矿品位下降。

一般说来，矿浆浓度稍大是有益的，而浮选不同的矿石都有它最适宜的浓度。通常可以按下列 3 点考虑：

（1）浮选密度大的矿物，可以用较浓的矿浆。

（2）浮选粗的物料，采用较浓的矿浆，浮选细粒物料，采用较稀的矿浆。

（3）粗选和扫选采用较浓的矿浆，以提高经济效益；精选和分离混合精矿则采用较稀的矿浆，以保证获得较高质量的精矿。

11.3 药剂制度

在浮选生产过程中，添加药剂的种类、数量、药剂的配制方法、加药地点和顺序等，通称为药剂制度。药剂制度是浮选过程的重要操作因素，对浮选指标有重大的影响。

11－3 添加药剂的种类如何考虑？

添加药剂的种类，一般是由可选性试验或工业试验确定。同一过程中可以用 3～5 种药剂，它们各有不同的用途。

近年来将两种或两种以上的捕收剂组合使用（此处的组合使用，包括组合的药剂先后加入或混合后同时加入），特别受到重视。如将同功能基的捕收剂组合使用或不同功能基的捕收剂组合使用（甚至将两三种以上药剂按一定比例组合后命名为某一代号新药），以利用几种药剂的协同效应。

人们早已知道黄药与黑药组合、阴离子捕收剂与煤油组合、黑药与白药组合运用。这些组合的捕收剂，有的捕收力强，有的选择性好，有的能增强别的药剂的作用。有些对一同浮游的几种矿物，各有不同的功能，混用时能够取长补短。一些研究工作证实，当几种捕收剂组合使用时，不但使总吸附量提高，而且其作用比单用时要好得多。近年来，组合用药的范围已经大为扩张，例如将黄药与胺类组合浮菱锌矿，将黄药与肿酸共用浮钛铁矿等，都取得了很好的效果。

但如果组合运用不当，徒然使管理过程复杂化和使生产成本上升。

如果有新的更有效的药剂能代替原来用的药剂，往往能大幅度地提高选别指标，对选矿厂的技术进步有决定意义。

11－4 加药数量的多少对浮选有什么影响?

各种药剂的用量是获得良好技术指标的关键。具体包括以下几个方面：

（1）捕收剂用量。捕收剂用量不足时，则要浮的矿物表面的疏水性不够，会使回收率下降。优先浮选多金属矿石时，捕收剂过多，会使被抑制的矿物也浮游，这样不仅降低精矿质量，而且由于被抑制矿物在气泡表面上的竞争吸附，会减少目的矿物的上浮机会，降低回收率。还经常发现当捕收剂过量时，泡沫过度矿化，泡沫层下沉，泡沫难以排出。采用自动化装备时，可将测定的技术指标与药剂用量挂钩当然更好。

（2）起泡剂的用量。起泡剂用量不足时，会使泡沫不稳定；用量过大又会使气泡过分稳定，甚至发生“跑槽”现象。捕收力弱的表面活性剂用量过大时，会使气泡表面全被起泡剂的分子“霸占”，使被浮矿粒无法附着，从而降低回收率。

（3）活化剂用量。活化剂用量不足时被活化的矿物浮游不好，过量时不仅会破坏过程的选择性，而且由于活化剂离子与捕收剂直接反应生成沉淀，造成大量药剂的无效消耗。

（4）抑制剂用量。抑制剂用量不足时精矿品位不高，回收率也可能下降(因为非目的矿物浮游)。抑制剂过量时，浮游矿物可能也受到抑制，使回收率下降，或者要增加捕收剂的用量。对于药剂用量必须有科学全面的观点。例如在混合浮选铅锌矿的循环中，有可能用加大黑药和硫酸铜的方法，使金属在混合精矿中的回收率提高，但是该混合精矿分离时，可能因为前面用药量过大效果很差，指标下降。同时尾矿水中残留物浓度也会增加，污染环境。

11－5 药剂的配制和添加状态如何考虑?

浮选过程中，药剂可以固体、原液或稀释液的状态添加。药剂以什么状态或什么浓度添加，决定于药剂的用量、在水中的溶解度和要求药剂发生作用的快慢。例如石灰用量很大，不能在水中形成均匀的溶液，一般以粉状固体的形式加在球磨机中，这样还可以同时“消化”掉未烧透的石灰渣，改善环境卫生。在闪锌矿和黄铁矿分离以前，一般不要再磨矿，为了避免石灰沉渣的危害，而且要求它很快地发生抑制黄铁矿的作用，常常先将石灰过筛、配成石灰乳加入搅拌槽中。松醇油在水中溶解度小，配药时难以形成真正的溶液，因此一般都是缓慢添加原液。

硫酸铜、硫酸锌等易溶于水，可以根据其用量大小配成质量分数为10% ~ 20%的溶液添加。而对于溶解度较大而用量又较小的药剂，则可以配成浓度较低的溶液加入矿浆中，如硫氮9号、黄药、氰化物、重铬酸钾等常配成质量分数为5% ~10%或浓度更低的溶液添加。对于一些用量小又难溶于水解的药剂，可用适当的溶剂促进它溶解，然后再配成低浓度的溶液。

11 -6 药剂的添加地点和顺序如何决定？

在决定药剂的添加地点和顺序时，应该考虑下列原则：

（1）要能更好地发挥后面药剂的作用。在一般情况下先加矿浆的pH值调整剂，使抑制剂和捕收剂都能在pH值适宜的矿浆中发挥作用。混合精矿脱药时，先加硫化钠从矿物表面排除捕收剂离子，然后加活性炭吸附矿浆中的过剩药剂。

（2）要使难溶的药剂有时间充分发挥作用。为此常将黑药和白药加入球磨机中。

（3）药剂发挥作用的快慢。例如，硫酸铜约3 ~5min就能发挥作用，捕收剂3 ~4min就能发挥作用，起泡剂1min左右就能发挥作用。因此可将硫酸铜、黄药和松油，按先后顺序分别加入第一搅拌桶中心、第二搅拌桶中心和第二搅拌桶的出口处。

（4）药剂失效的时间。例如氰化物加在黄药之前，可以有效地抑制黄铁矿。然而有的工厂的生产实践证明：氰化物加在靠近最终精矿排出点更有效，这是因为矿石中有辉铜矿等矿物不断解离出 Cu^{2+}，使氰化物在反应中失效。

Z -200号之类的捕收剂，在多次选别中容易被洗脱，加入点应该紧靠它直接作用的地方。

加药的一般顺序，如浮选原矿为：pH值调整剂→抑制剂→捕收剂→起泡剂；浮选被抑制的矿物为：活化剂→捕收剂→起泡剂。

但是在实践中，往往也有特殊情况，如某钨矿用水玻璃加温法粒浮白钨矿，由于白钨矿未受过捕收剂的作用，用水玻璃加温容易被抑制，故该厂将油酸和菜籽油加于水玻璃之前，能大幅度地提高白钨矿的粒浮回收率。

在组合捕收剂运用中，铜铁灵 - 苯甲羟肟酸、F203 - 水杨羟肟酸、铜铁灵 - 水杨羟肟酸3组药剂，各组分均能捕收黑钨和锡石，但前者捕收能力比后者强。混合用药时先加入强捕收剂或同时加入两种捕收剂均能产生正的协同效应，可提高指标；如先加入弱捕收剂，往往产生负的协同效应或无协同效应，会降低指标。

11.4 调浆

调浆是指矿浆进入某一选别作业之前加药进行处理，使药剂与矿粒充分作用，使目的矿物具有疏水性、亲水性或某些特殊的性质，以期后续浮选过程能顺利地进行。调浆一般在搅拌强度不大的调整槽（也叫搅拌桶）中进行，过去一般不把要调浆的给矿预先分级。近年来，一些大厂也将要调整的矿浆分成粗细两级，分别进行调浆。在有条件的情况下，矿浆可以分成粗细不同的2~3级进行。因为粗粒级浮选要求有较大的药剂浓度，获得较大的疏水性才浮游得好。有铅锌矿的实践经验说明，粗粒浮选所需的黄药浓度比平均值要高7~10倍，而细粒级浮选需要的黄药浓度要低得多。图11-2所示是一种分级调浆方案。

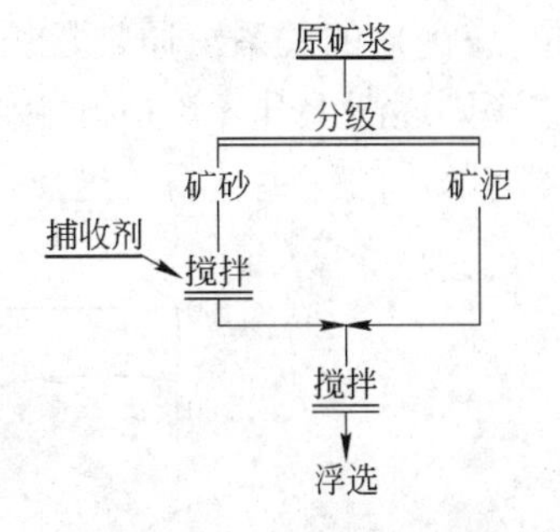

图11-2 分级调浆方案

在这个方案中药剂只加入粗砂中搅拌，细泥部分不直接加药，只让它和调好浆的粗砂混合后再调整。这样既保证了粗砂浮选又有较好的选择性。

11.5 矿浆加温的作用

矿浆加温可以促进分子的热运动，促进化学药剂的溶解和分解，为需要活化能的化学反应提供活化能，促进其化学反应。在浮选中，常常利用加温的办法，促进难溶捕收剂的溶解和吸附过牢的抑制剂的解吸；促进某些氧化矿物的硫化或者加快硫化矿物的氧化。在使用油酸和胺类时，加温可以使它们在水中的溶解度和捕收作用增大。例如用脂肪酸浮选铁矿石、稀土金属矿物和萤石时，加温可以节约药剂和提高有用成分的回收率。在精选白钨粗精矿时，升温至60~80℃，可以使脉石表面的捕收剂解吸，大幅度地提高白钨最终精矿的品位。

在铜钼分离中向浮选槽直接通入蒸汽，可以使硫化钠的用量降1/7~1/2，水玻璃的用量降1/2，并可提高铼及钼的回收率。在铜铅分离中，矿浆加温至70℃，可以浮铜抑铅而不用氰化物抑铜。由于加温能提高闪锌矿的可浮性，所以在铜锌分离时，加温有利于进行抑铜浮锌。

此外，加温还可以提高细泥的可浮性，减少脱泥的必要性；缩短调整与浮选时间；增强过滤效率。

11.6 浮选时间与选别指标的关系

各种矿石最适宜的浮选时间是通过试验研究确定的。当矿石的可浮性好、被浮矿物的含量低、浮选的给矿粒度适当、矿浆浓度较小时，所需的浮选时间就较短，反之，就需要较长的浮选时间。延长浮选时间一般会使矿浆的电位升高。

粗选和扫选的总时间过短，会使金属的回收率下降。精选和混合精矿分离的时间过长，被抑制矿物的浮选时间延长，结果是精矿品位下降。但扫选时间过长，可能使矿浆电位升得过高，对保证浮选回收率反而不利（见11-4问）。图11-

3 所示为某铜矿选矿厂的浮选时间与精矿品位（β_{Cu}）、回收率（ε_{Cu}）和尾矿品位（θ_{Cu}）的关系。通常延长浮选时间会使精矿品位与尾矿品位逐渐下降，而回收率则逐渐上升。该厂开始浮选的前段，精矿品位较低（虚线），是因为矿石中含有易浮的伴生脉石，这点与一般情况不同。

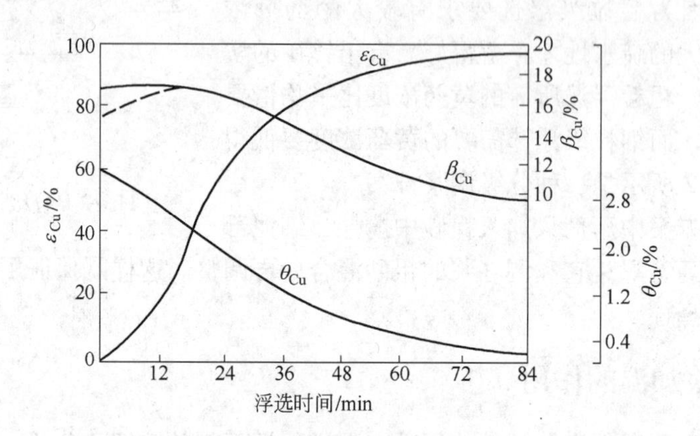

图 11-3 某铜选矿厂浮选时间与浮选累积品位的关系

11.7 硫化矿浮选电化学与矿浆电位控制

11-7 原电池和电解池有什么不同？

在硫化矿浮选中，有许多氧化还原问题，过去人们只是从一般化学反应的角度阐述和理解，用电化学观点解释的不多。20 世纪中叶，尼科松（Nixon）提出用电化学机理解释巯基捕收剂与硫化矿表面的作用，傅斯腾若（Fuerstenu D.）首先研究了用电位控制浮选的问题。现在人们越来越理解用电位控制浮选过程的重要性。1988 年，在芬兰威汉第（Vihanti）多金属矿安装电位监测系统，使石灰和捕收剂用量降低 2/3，选矿厂的利润提高 10% ~20%。

这里首先回顾一下原电池和电解池的区别，图 11-4 所示是一个最基本的电池。左边将氢气泡鼓到浸在盐酸溶液中的涂有铂黑的铂电极上，构成一个电极；另外一极是浸在盐酸溶液中的银丝，它表面有氯化银的沉积物。当两电极通过一电阻连接时（见图 11-4），便有电流通过，人们称它为原电池。

在该电池的左边发生阳极氧化反应，右边发生阴极还原反应：

阳极氧化 $1/2(H_2, 100kPa) \overline{\overline{\quad}} H^+ + e$

阴极还原 $AgCl + e \overline{\overline{\quad}} Ag + Cl^-$

净反应 $1/2(H_2, 100kPa) + AgCl \overline{\overline{\quad}} Ag + H^+ + Cl^-$

在此电化反应中，氢分子将电子给予铂，生成氢离子，来自氯化银的银离子

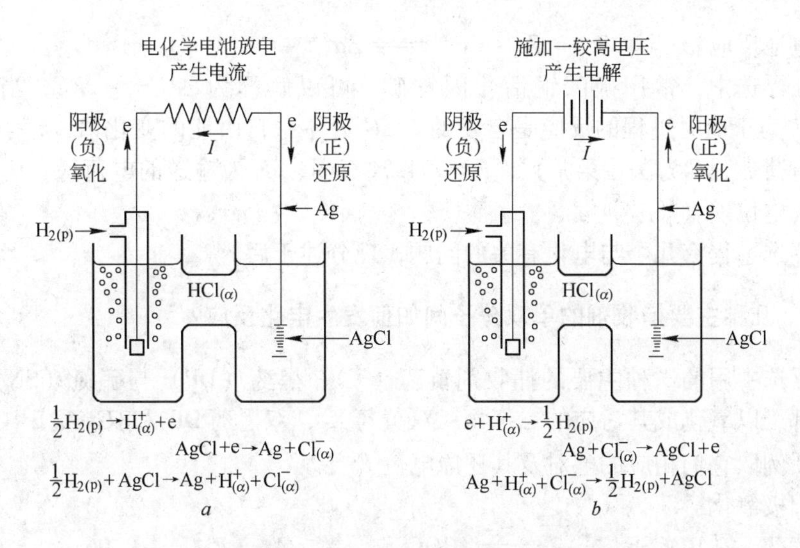

图 11－4 $H_{2(p)}$ | $HCl_{(\alpha)}$ | AgCl | Ag 电池运转

a—作为原电池；*b*—作为电解池

则和通过导线而来的电子起反应产生金属银。两个电极间的电位差是由于有 H^+ 存在，H_2给出电子的趋势比有 Cl^- 存在时的银给出电子的趋势大。这是在没有外加电压的情况下，电子自发地从左向右流动，这种电池称为原电池。如果通过外加一个比原电池的可逆电动势稍高的电压，可以使电极上的化学反应逆转，即电子从右向左移动，这种电池就叫做电解池。

按公认的规定，设阳极（即氢电极）的标准电极电位为 0.0000，而测出阴极的电极电位为－0.22239。25℃时的标准电极电位见附录 3。

从附录 3 可以看出氢（100kPa）的半电池电位为 0.0000，这是国际理论化学和应用化学学会（IUPAC）规定的。表中其他电极电位都是以它作标准比较测出的，所以该表称为标准电极电位表。

丹尼尔（Daniell）电池如下所示：

$$Zn \mid Zn^{2+} \parallel Cu^{2+} \mid Cu$$

上述电池组由两半电池组成，在 25℃下，左边锌电极的标准电极电位 $E^{\ominus}$ = －0.763V，右边铜电极的标准电位 $E^{\ominus}$ = 0.337V。按规定电池的标准电动势，等于右边电极的标准电极电位减去左边电极的标准电极电位。

故该电池的动势为：

$$E = E_{右} - E_{左} = 0.337 - (-0.763) = 1.100\text{V}$$

在左边电极上发生的反应为氧化反应，右边电极上发生的反应为还原反应：

左边电极： $Zn = Zn^{2+} + 2e$（氧化）

右边电极： $Cu^{2+} + 2e = Cu$（还原）

电池反应： $Zn + Cu^{2+} = Zn^{2+} + Cu$

在浮选中，常用硫酸铜活化闪锌矿。可以解释为 $\Delta G = -zFE$，当 $E^{\ominus} = 1.1V$，为正值时过程的反应是自发的。ΔG 为体系自由能的变化值，z 为电池反应的电荷数，F 为法拉第常数，$F = 96485C/mol$，zF 为输送的电荷量，E 为输送电荷的电位差（V）。

浮选过程有几个与电化有关的问题，现分述于后。

11-8 几种主要捕收剂的单双分子间如何发生电化反应？

浮选中用的3种主要的捕收剂黄药（X）、黑药（DP）与硫氮（SN）在溶液中都可以氧化成其对应的二聚物：双黄药 X_2，双黑药 DP_2 和双硫氮 SN_2。使用时按惯例取它们相应的电对及其还原电位 $E^{\ominus}$。

阳极氧化：

黄药 $2[ROCSS]^- - 2e = [ROCSS]_2$, X^-/X_2 $E^{\ominus} = -0.06$

黑药 $2(RO)2PSS^- - 2e = [(RO)_2PSS]_2$, DP^-/DP_2 $E^{\ominus} = -0.225$

乙硫氮 $2R2NCSS^- - 2e = [R_2NCSS]_2$, SN^-/SN_2 $E^{\ominus} = -0.018$

阴极还原（三者相同）：

$$\frac{1}{2}O_2 + 2H^+ + 2e = H_2O \qquad E^{\ominus} = 1.229$$

不同烃基的黄药和黑药的 $E^{\ominus}$ 值见表11-1。

表11-1 不同R的黄药和黑药的 $E^{\ominus}$

项 目	甲 基	乙 基	正丙基	异丙基	正丁基
双黄药	-0.040	-0.060	-0.091	-0.096	0.127
双黑药	-0.315	-0.255	0.187	0.196	0.122

项 目	异丁基	正戊基	异戊基	己 基
双黄药	-0.127	-0.159		
双黑药	0.158	0.050	0.056	-0.015

11-9 黄药与矿物表面作用的产物与静电位有什么关系？

捕收剂与矿物作用时，表面究竟生成金属的黄原酸盐还是生成双黄类的二聚物，与硫化矿物在捕收剂溶液中的静电位（当电极上没有净电流通过时，电极电位称为静电位）有关。若干硫化矿物的静电位与黄药在矿物表面作用产物的关系见表11-2。表中的金属黄原酸盐MX和双黄药 X_2 是用红外光谱测出的。

表 11-2 硫化矿物的静电位和黄药生成物的关系

矿 物	静电位/V（$EX=6.25\times10^{-4}$ mol/L，pH 值为 7）	黄药与矿物作用的产物					
		甲基	乙基	丙基	丁基	戊基	己基
闪锌矿	-0.15						MX
辉锑矿	-0.125						MX
雄 黄	-0.12						MX
雌 黄	-0.1						MX
辰 砂	-0.05			MX	MX	MX	MX
方铅矿	+0.06	MX	MX	MX	MX	MX	MX
斑铜矿	+0.06				MX	MX	MX
辉铜矿	+0.06			MX	MX	MX	MX
铜 蓝	+0.05	X_2	X_2	X_2+MX	X_2+MX	X_2+MX	X_2+MX
黄铜矿	+0.14	X_2	X_2	X_2	X_2	X_2	X_2
硫锰矿	+0.15		X_2	X_2	X_2	X_2	X_2
磁黄铁矿	+0.21		X_2	X_2	X_2	X_2	X_2
毒 砂	+0.22	X_2	X_2	X_2	X_2	X_2	X_2
黄铁矿	+0.22	X_2	X_2	X_2	X_2	X_2	X_2
辉钼矿	+0.16	X_2+?	X_2+?	X_2+?	X_2+?	X_2+?	X_2+?

注：MX 为金属黄酸盐，X_2 为双黄药。

对照结果，可以得出如下的规律：当矿物表面静电位大于双黄药的还原电位时，黄原酸离子在矿物表面失去电子生成双黄药 X_2，如黄铁矿、毒砂、磁黄铁矿、黄铜矿等；反之，当矿物表面的静电位小于双黄药的还原电位时，双黄药从矿物表面获得电子，与矿物作用生成金属黄原酸盐 MX，如方铅矿、辉铜矿、斑铜矿和辰砂等。

在一个复杂的体系中，可能同时发生几对电极的电位反应，一般把这种情况下测出的电位称为混合电位。对于黄铁矿、毒砂一类矿物与黄药发生的电极反应表示为：

阳极氧化反应 $2X^- - 2e^- = X_2$

阴极还原反应 $O_2 + 2H_2O + 4e^- = 4OH^-$

第一类混合电位净反应：

$$2X^- + \frac{1}{2}O_2 + H_2O = X_2(\text{吸附}) + 2OH^-$$

对于方铅矿、斑铜矿一类的矿物，与黄药作用时，黄药只在矿物表面生成对应金属的黄原酸盐。其表面发生的电极反应可以表示为：

阳极氧化反应　$MS + H_2O \longrightarrow MO + S^0 + 2H^+ + 2e^-$

后续化学反应　$MO + 2X^- + H_2O \longrightarrow MX_2 + 2OH^-$

阴极还原反应　$O_2 + 2H_2O + 4e^- \longrightarrow 4OH^-$

第二类混合电位净反应：

$$MS + \frac{1}{2}O_2 + 2X^- + H_2O \longrightarrow MX_2(\text{吸附}) + S^0 + 2OH^-$$

式中，MS、MO、MX_2分别代表金属的硫化物、金属的氧化物和二价金属的黄原酸盐。

11－10　矿浆电位与硫化矿浮选有什么关系？

研究表明：各种矿物都有特定的电位浮选区间。在 pH 值为 10 的无捕收剂溶液中，黄铜矿能在甘汞电极电位 －0.09 ~ ＋0.2V 之间浮游得很好。而硫砷铜矿在电位低于 －0.15V 时不浮；当电极从 －0.15V 升到 －0.07V 时，它的浮选回收率从 10.7% 升到 33.1%；当矿浆电位从 －0.07V 增加到 ＋0.47V 时，硫砷铜矿的回收率从 33.1% 提高到 87.6%。此后，再升高矿浆电位，则硫砷铜矿的回收率也下降（见图 11－5）。当加入戊基钾黄药（PAX）时，矿浆电极在 －0.4V ~ ＋0.2V 之间，黄铜矿和硫砷铜矿可浮性相差不大；当矿浆电位从 ＋0.2V 升高到 ＋0.3V 时，黄铜矿的可浮性急剧下降，而硫砷铜矿的可浮性保持不变。

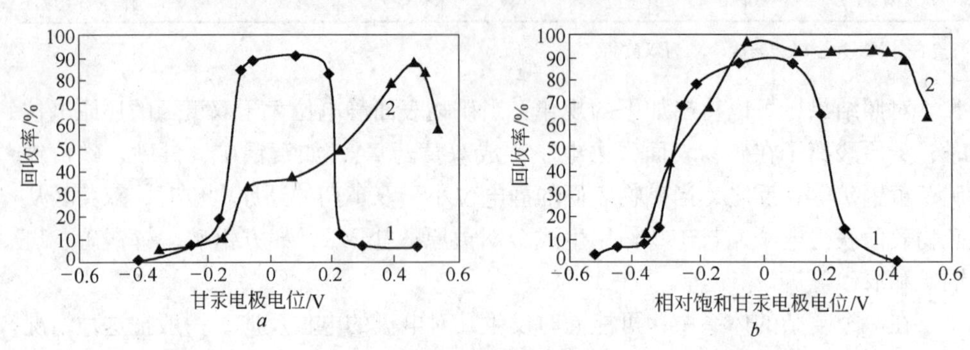

图 11－5　pH 值为 10 时，无捕收剂溶液中矿浆电位对黄铜矿和硫砷铜矿浮选结果的影响

a—pH 值为 10 时无捕收剂浮选；*b*—pH 值为 10 时 PAX = 7×10^{-5}mol/L

1—黄铜矿；2—硫砷铜矿

也有研究表明：在氧化电位（0.45V）下，可以从方铅矿中浮出黄铜矿，而方铅矿的回收率很低；在还原电位（－0.15V）下，方铅矿可以很好地浮游，而黄铜矿回收率很低，如图 11－6 所示。

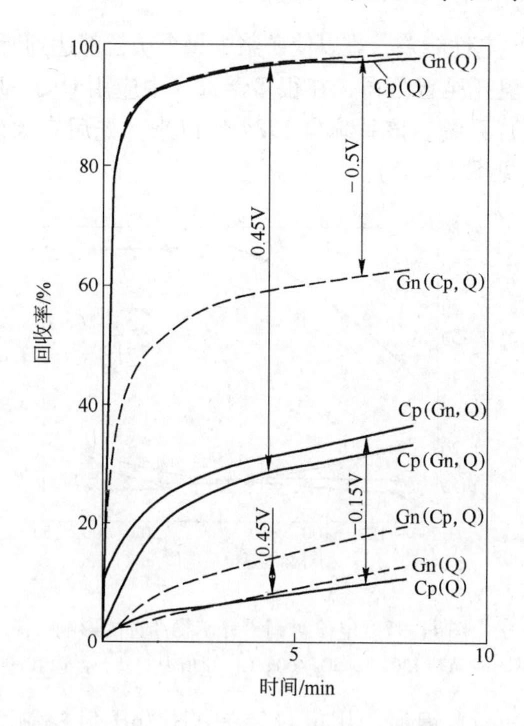

图 11－6 在氧化和还原条件下，用乙基黄药作捕收剂时，从石英（Q）、黄铜矿（Cp）和方铅矿（Gn）的混合物中浮黄铜矿和方铅矿

11－11 浮选中如何使用电位调控方法？

目前对于浮选过程的电位调控，主要有3种途径：

（1）用外加电场调控电位；

（2）用原生电位浮选（OPE）；

（3）用化学药剂控制电位。

（2）、（3）种方法从某种意义上说有一些关系。因为有人定义："OPE工艺是指利用硫化矿磨矿－浮选矿浆中固有的电化学行为（氧化还原反应）引起的电位变化，通过调节传统浮选操作因素达到电位调控并改善浮选过程的工艺。"OPE工艺有两个要点：

（1）主要调节和控制包括矿浆pH值、捕收剂种类、用量及用法、浮选时间以及浮选流程结构等在内的传统浮选操作参数；

（2）不采用外加电极、不使用氧化还原剂调控电位。

外加电场调控电位法是以消耗外部提供的电能为代价，实现电位控制和电化学反应。氧化还原反应不仅发生在不同的电极上，由于电极和矿物表面的水化与吸附，难以实现相与相之间的电荷传递，外加电场电位调控法最大的困难是高度分散的浮选矿浆体系导电性能差，难以使矿浆中每个矿粒都达到所要求的极化电位。

有报道说芬兰奥托昆普公司，在很多浮选厂中应用 OKJ－PCF 电位监控（监控是外加电位调控）系统。该系统自 1984 年以来，先后在镍矿、铜铅锌矿和铜铅锌黄铁矿应用（见图 11－7）。

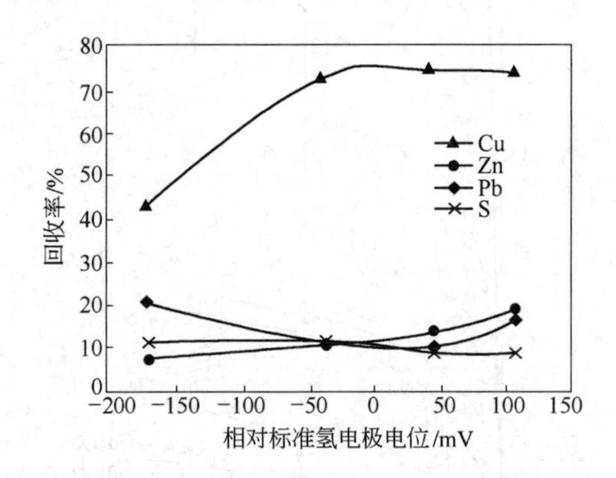

图 11－7　电位对铜铅锌矿物浮选的影响

（戊基钾黄药 150g/t；SO_2 400g/t；pH 值为 11.5，浮选 10min）

在赫吞纳（Hituna）镍矿，用电位控制替代 pH 值控制，使镍回收率提高 2%；在威汉第（Vihanti）矿山，安装这个系统使石灰和捕收剂的用量降低 2/3，自用电位监测以来，选矿厂的利润增加 10%～20%。

我国中南大学应用原生电位浮选（OPE）法处理铅锌矿强调了 3 点：

（1）pH 值－E_{OP}匹配。在传统工艺中只考虑到药剂与 pH 值对分离的好坏。而电化学E_{OP}工艺中还要考虑到E_{OP}对于矿物的分离是否有利，所以必须考虑 pH 值与E_{OP}是否对分离都有利。这就是考虑 pH 值与E_{OP}的匹配。例如，某一选矿厂要浮游方铅矿抑制闪锌矿和黄铁矿，其 pH 值－E_{OP}必须有利于方铅矿的浮选，也有利于闪锌矿和黄铁矿的氧化和抑制。研究表明，浮方铅矿最适宜的 pH 值－E_{OP}匹配是：pH 值为 12.5～12.8，E_{OP}＝0.13～0.20。

（2）pH 值－E_{OP}－捕收剂匹配。捕收剂与矿物作用产物部分曾经指出，捕收剂捕收方铅矿是靠生成黄酸铅 $Pb(BX)_2$ 和二硫代氨基甲酸铅（PbD_2）类的金属盐起作用，而黄铁矿等硫化矿物被捕收是靠捕收剂在它表面生成 X_2，D_2－类的二聚物。因此浮选方铅矿抑制黄铁矿时，矿浆电位 E 必须保证方铅矿表面的捕收剂盐（PbD_2）不分解和黄铁矿表面的捕收剂 D_2会脱附。设这两个电位分别为 $E_{分解}$和 $E_{脱附}$，$E_{分解}>E_{脱附}$，并且有：

$$\Delta E = E_{分解} - E_{脱附}$$

浮游方铅矿抑制黄铁矿的电位就该在 ΔE 的范围内。实践证明，乙硫氮的 ΔE 比乙黄药的 ΔE 范围大，也就是优先浮选方铅矿的捕收剂以乙硫氮为宜，其选择性和捕收力比丁黄药好。

（3）浮选时间、流程结构与 pH 值 $-E_{OP}$要匹配。特别是浮选时间的长短要控制在 pH 值$-E_{OP}$的范围内，如图 11－8 所示。

浮选时间过长，E_{OP}和 pH 值波动会使浮选恶化。图 10－8 所示，该厂要满足E_{OP}的要求，总的浮选时间要控制在 16～18min 以内，若粗选和精选时间包括粗选前的调浆，占去 7～8min，那么扫选时间则应控制在 9～10min。原流程扫选 18min 过长反而有害。改用 OPE 工艺后强化了粗选，减少了扫选作业时间和浮选机台数，获得了很好的效益。

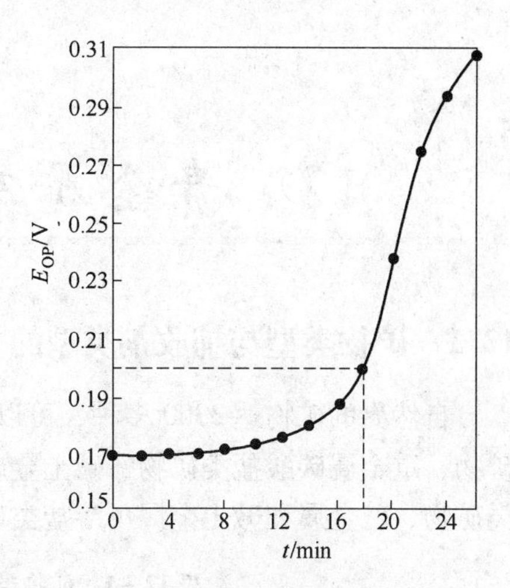

图 11－8 某铅锌矿的矿浆 E_{OP} 和浮选时间的关系

OPE 工艺于 1996 年先后在多家铅锌矿应用，都获得了较好的结果。表 11－3 及表 11－4 列出了其中一家的数据。

表 11－3 某厂原生电位浮选与原有生产情况对比 （%）

选矿工艺	运行时间	原矿品位		铅精矿		锌精矿	
		铅	锌	品位	回收率	品位	回收率
OPE 工艺	1996 年 4 月～1997 年 12 月	1.5	4.54	57.20	82.35	51.05	91.65
原工艺	1995 年全年	1.52	4.51	56.47	80.11	50.70	87.02

表 11－4 某厂应用两种不同的工艺药剂用量对比 （g/t）

选矿工艺	丁黄药	乙黄药	乙硫氮	黑药	硫酸铜	硫酸锌	亚硫酸钠	起泡剂	石灰
OPE 工艺	182	0	78	0	240	0	0	47	15000
原工艺	560	519	48	0	442	110	0	64	16000

12 贵金属及硫化矿物浮选

12.1 矿物类型与捕收剂类型的关系

自然界的矿物达3300多种，可以归纳为七大类，即自然金属和重金属硫化矿物、重金属碳酸盐类矿物、碱土金属半可溶盐类矿物、金属氧化矿物、硅酸盐类矿物、碱金属和碱土金属可溶盐类矿物和非极性矿物，见表12－1。

表12－1 矿物类型与捕收剂类型的关系

序号	矿物类型	代表性矿物	捕收剂类别
Ⅰ	自然金属和重金属硫化矿物	自然金、自然银、自然铜、辉铜矿、铜蓝、黄铜矿、斑铜矿、方铅矿、闪锌矿、黄铁矿、磁黄铁矿、毒砂、辉铋矿、辉锑矿、铂族元素	黄药、黑药、硫氮、硫氨酯等
Ⅱ	重金属碳酸盐类矿物	孔雀石、蓝铜矿、白铅矿、菱锌矿、菱铁矿、菱锰矿	硫化后用黄药捕收，脂肪酸，菱锌矿用胺类
Ⅲ	碱土金属半可溶盐类矿物	白钨矿、磷灰石、萤石、重晶石、方解石、白云石、菱镁矿	脂肪酸类，烷基硫酸盐及磺酸盐、琥珀酸类
Ⅳ	金属氧化物类矿物	赤铁矿、软锰矿、锡石、金红石、黑钨矿、铬铁矿、铌铁矿、钛铁矿、硬锰矿、水铝石	脂肪酸类，胂酸类、膦酸类、螯合剂
Ⅴ	硅酸盐类矿物	石英、长石、锆石、绿柱石、锂辉石、云母、硅孔雀石	胺类及其衍生物、羧酸
Ⅵ	碱金属及碱土金属可溶盐类矿物	石盐、钾盐、硝石、光卤石、芒硝、钾镁矾	烷基吗啉、胺类、羧酸
Ⅶ	非极性矿物	辉钼矿、石墨、煤、滑石、叶蜡石	非极性烃类

由于矿物的组成、结构，与药剂作用成键时电子的“受体”和“给予体”性质不同，使浮选药剂与矿物的作用有一定的专属性。这可以用软硬酸碱定则加以理解。在矿物与药剂作用时，把矿物中的金属元素看作是酸，而把浮选药剂的键合元素看作是碱。根据皮尔森（Pearson）的软硬酸碱划分原则，可以将浮选中常见的矿物元素离子、基团和浮选剂离子、基团划分为下列几类：

硬酸：Li^{+}、Na^{+}、K^{+}

Be^{2+}、Mg^{2+}、Ca^{2+}、Sr^{2+}、Mn^{2+}、Sn^{2+}

Al^{3+}、Sc^{3+}、Ga^{3+}、In^{3+}、La^{3+}、Gd^{3+}、Lu^{3+}、Dr^{3+}、Co^{3+}、Fe^{3+}、As^{3+}

Si^{4+}、Ti^{4+}、Zr^{4+}、Th^{4+}、U^{4+}、Pu^{4+}、Ce^{4+}、Hf^{4+}

软酸：Cu^{+}、Ag^{+}、Au^{+}、Tl^{+}、Hg^{+}

Pd^{2+}、Cd^{2+}、Pt^{2+}、Hg^{2+}、Cu^{2+}、Zn^{2+}

交界酸：Fe^{2+}、Co^{2+}、Ni^{2+}、Pb^{2+}、Ru^{2+}、Os^{2+}

Rh^{3+}、Ir^{3+}、Sb^{3+}、Bi^{3+}

硬碱：H^{-}、F^{-}

RCO^{2-}、PO_4^{3-}、SO_4^{2-}

Cl^{-}、CO_3^{2-}、ClO_4^{-}、NO_3^{-}

RNH_2、NH_3、RC（O）、NOH

软碱：R_2S、RSH、RS^{-}、$ROCSS^{-}$、$(RO)_2PSS^{-}$、R_2NCSS^{-}、$PSCSS^{-}$、I^{-}、SCN^{-}、$S_2O_3^{2-}$、CN^{-}、RNC、CO、ROC（S）NHR、ROCSSR、$(RO)_2PSSR$、R^{-}

交界碱：$C_6H_5NH_2$、C_5H_5N、SO_3^{2-}、NO_2^{-}

按照软硬酸碱定则：软碱亲软酸，硬碱亲硬酸，软酸型矿物容易与软碱型药剂作用，硬酸型矿物（对应于亲铜元素组成的矿物），容易与硬碱型浮选药剂（如黄药、黑药等巯基类药剂、CN^{-}、$S_2O_3^{2-}$等离子）作用；硬酸型矿物（对应于亲石元素）易于与硬碱型浮选药剂如羧酸、膦酸、胂酸、硫酸酯作用；交界酸（对应于过渡金属矿物）如亲铁元素形成的矿物则很难与浮选药剂产生专属性很高或很强烈的作用。软硬酸型矿物则与浮选药剂作用的专属性较差。从表12－1可以看出各类代表性矿物与捕收剂类型的关系。

12.2 贵金属矿物选矿

12－1 铂族矿物如何浮选？

铂族元素包括钌（Ru）、铑（Rh）、钯（Pd）、锇（Os）、铱（Ir）、铂（Pt）。铂族元素可以简写为PGE，白色，密度约为12.0～12.4g/cm^3，它们具有良好的耐腐蚀、耐氧化性，优良的导电性和催化活性，很高的熔点。铂、钯、铑三者按67∶26∶7的比例作催化剂时，可将汽车排放出的烃类、一氧化碳和一氧化二氮转变为无害废气排放。每辆汽车需用铂族元素2.4g。由于它们的高熔点和耐磨性也用它生产优质玻璃。

铂族矿物共有109种，如硫镍铂钯矿［(Pt，Pd)S］、六方锑钯矿（PdSb）、砷铂矿（Pt，As）等，也有自然铂。另外有与铂常共生的三种主要矿物，即磁黄铁矿、黄铜矿和镍黄铁矿。

对加工铂族矿物的资料公开不多。为了将它与伴生矿物一起回收，大多数选厂用黄药作主要捕收剂，用黑药作辅助捕收剂。有一种南非产的改性黑药 PM300 可以提高铂族矿物的浮选指标。当矿石中含有大量易浮脉石（如绿泥石、滑石和铝硅酸盐矿物）时，用改性的古尔胶和低分子量的丙烯酸作抑制剂效果较好。用有机酸改性的氟硅酸钠 PL20 作抑制剂在 pH 值为 5.5 时浮选，精矿品位和回收率都高。用烷基磺酸改性的糊精对脉石矿物的抑制作用也不差。

对于高铬铁矿矿石试验时，粗选用自然 pH 值，精选用弱酸性（pH 值为 6.5），用改性萘磺酸抑制铬，随着抑制剂用量的增大，铂族元素品位升高而铬含量大幅降低。令人惊讶的是，在 pH 值为 9.5 的碱性回路中粗扫选时，粗选的 pH 值慢慢变为弱酸性，精矿品位提高，而铬含量下降。

南非布希威德（Bushveld）矿脉是世界上产铂最有名的矿脉，其中主要的硫化矿物是磁黄铁矿（$Fe_{1-x}S$），其次是镍黄铁矿[$(Fe,Ni)_9S_8$]和黄铜矿（$CuFeS_2$）。由于磁黄铁矿常含铂族矿物，其回收率对铂族矿物的回收率有重大的意义，所以人们对其磁黄铁矿的性质作过深入的研究工作。

磁黄铁矿（$Fe_{1-x}S$）分子式中的 $x=0\sim0.2$，成分和性质都很不稳定。只在 pH 值为 7～9、电位低于 -0.35V/SHE（SHE 为标准氢电极电位）比较稳定。pH 值为 9.0～9.5 不具天然可浮性，因为其表面有亲水性的氢氧化铁；pH 值小于 5 时天然可浮性大幅地提高，因为表面是富硫的产物或元素硫。

磁黄铁矿在低氧化电位（0～200mV）下，受短时间搅拌，表面形成 $Fe(OH)S_2$ 的过渡表面，有利于浮选；但长时间搅拌，表面过度氧化则对其浮选有害。

在中等和低氧化电位下，对磁黄铁矿的无捕收剂或有捕收剂浮选都有利。但是在有黄药存在时，如果矿浆电位大大低于黄药氧化成双黄药所需的电位（0.06V）时，磁黄铁矿的浮选受到抑制。在酸性溶液中 Cu^{2+} 和 Pb^{2+} 可以活化磁黄铁矿，在中性和碱性溶液中它们的活化作用有限。超声波处理可以清除磁黄铁矿表面的氢氧化铁亲水膜，可提高其可浮性。

人们正在研究用惰性气体控制氧化电位，用三硫代碳酸盐代替常规捕收剂，以提高含铂的磁黄铁矿的回收率。

在浮选铂族金属矿物的二硫代碳酸盐（DTC）、二硫代磷酸盐（DTP）药剂制度中，添加少量十二碳原子的三硫代碳酸盐（TTC）后，可大幅度提高精矿中脉石的除去率，同时加速铂族金属的浮选速度，提高精矿中铂族金属的品位。某选厂工业试验中总的指标对比如下：不用 TTC，给矿铂族金属品位 4.2g/t、精矿品位 90g/t、回收率 77.0%。用 TTC，给矿铂族金属品位 4.1g/t、精矿品位 129g/t、回收率 77.6%。

二甲基二硫代氨基甲酸酯，简称 DMDC。用 DMDC 代替异丙基甲基硫逐氨基甲酸酯（ITC）和丁基黄药浮选含铂族金属的铜镍矿能增加铂族金属的回收率，并降低药剂消耗。

巴斯维尔 A. M. 对含铂族矿物的矿石浮选，进行了电化学研究，得到了如下的结论：在任何条件下，矿物电极的混合电位会在 100mV 范围内变化，并按磁黄铁矿 < 镍黄铁矿 < 黄铜矿 < 黄铁矿 < 铂的顺序增加。加入 $CuSO_4$会使矿浆电位升高，加入黄药会使电位降低。加入药剂后不同矿物的电极电位变化并不相同。而矿物回收率的变化趋势是：黄铜矿 > 镍黄铁矿 > 磁黄铁矿。不同的磨矿介质和调浆条件对黄铜矿的回收率没有影响，而在现场磨矿的矿浆中，磁黄铁矿会被抑制。这大概是现场磨矿分级过程中的过度氧化造成的。用酸调浆提高了磁黄铁矿的回收率。这是由于清洗掉了矿物表面的亲水氧化铁和硫氧化物，加强了矿物表面与黄药的反应。当磁黄铁矿的混合电位低于双黄药形成的平衡电位时，磁黄铁矿浮选会受到轻微的抑制。

12 -2 金宝山铂钯矿如何选别？

云南弥渡金宝山铂、钯矿，是我国同类资源储量仅次于金川镍矿的第二大铂、钯矿山。其中，铂、钯矿物多数与铜、镍硫化物致密共生，这与南非、俄罗斯、加拿大产铂、钯主要矿山有一定程度的相似之处。矿石多元素分析结果见表 12 -2。

表 12 -2 金宝山矿多元素分析 （%）

Cu	Ni	Co	S	Fe	CaO	MgO	SiO_2	Al_2O_3	Pt	Pd
0.15	0.24	0.022	0.94	9.59	3.98	29.58	35.93	2.56	0.84g/t	2.63g/t

矿石金属品位低，无论铜、镍和铂、钯，都接近地质边界品位。铜是以黄铜矿为主，镍有镍黄铁矿、紫硫镍矿、针镍矿，铂、钯则既有单质金属，又有砷化物、碲化物、硫砷化物等近 30 种矿物；脉石则以蛇纹石、绿泥石、角闪石、辉石为主。铜、镍矿物呈粗细不均匀嵌布。黄铜矿 +20μm 粒级占 84%，紫硫镍矿 +20μm 粒级占 87%，但仍有相当数量的铜、镍硫化物呈微细粒状、尘点状分散在脉石中。铂、钯矿物除了品种多之外，粒度也特别细，多数都为 -10μm 粒级，主要呈包裹体嵌布在紫硫镍矿、磁黄铁矿、黄铜矿、黄铁矿等金属硫化物中，有一些跟其他金属硫化物一起嵌布在磁铁矿、铬铁矿及含镍蛇纹石内，要使铂、钯矿物完全解离是非常困难的。

根据有价矿物呈粗细不均匀嵌布以及矿石易于泥化的特点，又有相当一部分铂、钯矿物需要磁选回收，磨得太细也不利于磁选等原因，决定研究阶段磨矿、阶段选别的选矿工艺。在粗磨（-0.074mm 粒级占 65% ~70%）条件下，可以比较简便地浮选出一部分硫化铜、镍精矿；在粗磨的条件下，磁选也易于操作，有较好的选别效果。

选捕收剂时，作了丁黄药、AT－380（高级黄药）、青岛澳通药剂厂生产高效复合捕收剂和 YY（丁黄药∶苯胺黑药∶丁胺黑药＝3∶2∶0.5 的混合捕收剂）四者对比后，确定用 YY。

选调整剂时，对水玻璃和焦磷酸钠栲胶 CMC、栲胶等对比后，确定混合使用水玻璃和焦磷酸钠。

常规工艺流程浮选后，硫化物的回收率已达 90% 以上，但镍、铂、钯的回收率并不理想，这是由于矿石中有一部分镍矿物产出粒度极细，还有相当一部分铂、钯矿物与镍蛇纹石及铁矿物紧密结合，在浮选硫化物时，它们没有上浮。对常规浮选后的尾矿进行强磁选证实，可以回收相当多的铂、钯，磁性产物中铜、镍品位很低，铂、钯虽有较好的富集，但由于其粒度极细，精选难以再富集，只有将磁性产品细磨后再浮选，才能使其进一步富集。最后采用了图 12－1 所示的选别流程和药剂制度，取得了较好的结果。最终选别结果见表 12－3。

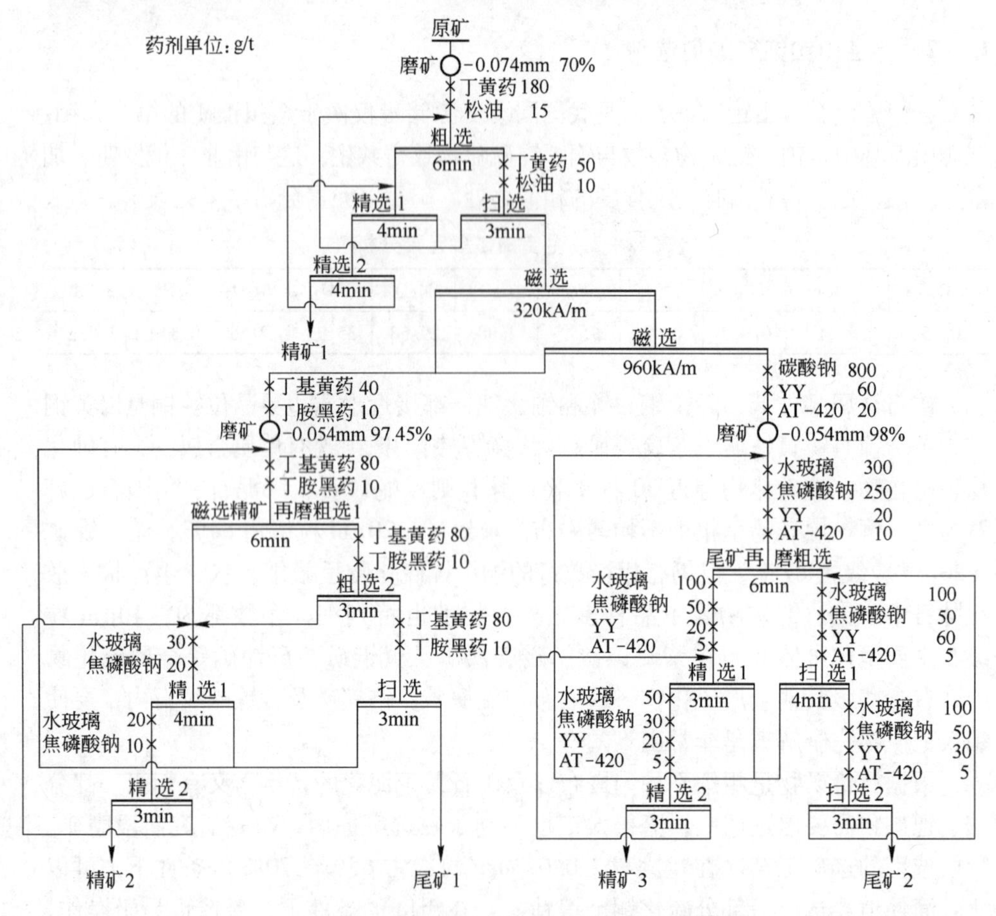

图 12－1　金宝山铂钯矿最终选别流程

表 12-3 铂钯矿最终选别结果

产品名称	产率/%	品位/%				回收率/%			
		Cu	Ni	Pt/g·t⁻¹	Pd/g·t⁻¹	Cu	Ni	Pt	Pd
精矿 1	3.61	3.16	3.04	20.64	33.67	73.02	47.57	58.19	56.98
精矿 2	2.41	0.55	0.70	10.15	12.78	8.50	7.32	19.13	14.46
精矿 3	0.32	2.12	2.14	15.64	30.55	4.31	2.95	3.88	4.54
尾矿 1	31.42	0.017	0.072	0.39	0.78	3.42	9.80	9.56	11.48
尾矿 2	62.24	0.027	0.12	0.19	0.43	10.75	32.36	9.24	12.54
原矿	100.00	0.16	0.23	1.28	2.13	100.00	100.00	100.00	100.00

12-3 金银矿选矿如何选别?

金矿床可分为砂金和脉金两大类，砂金是由内生矿床风化而成。含金的矿物有20多种，主要有自然金（金、银、铜等元素的合金）、银金矿、碲金矿等。按其伴生元素的种类，有金砷矿、金硫矿、金铜矿、金锑矿、金铀矿，含金多金属矿等。

金的嵌布粒度粗细不等，大的可至2mm以上，小的可以是1~5μm以下。因为金的密度大，约为15.3~18.3g/cm³，所以粗粒可以用各种重选（包括土法淘洗）+混汞法处理，小的裸露颗粒可以用氰化物或硫脲浸出。中等粒度（0.001~0.70mm）的单体金，或嵌布在各种金属硫化物内部的金，才用浮选方法处理。

金的可浮性与其粒度的大小、形状和表面状态有关。粗粒金易从泡沫表面脱落。片状的金比较易浮，圆粒状的金比较难浮。表面纯净的金易浮，表面被氧化铁或其他亲水性物质污染的金可浮性差。含银的金粒可浮性比纯金粒更好。有些自然金可浮性极好，能自动地漂浮在水面。一般金的浮选不要活化剂，但添加碳酸钠，可以沉淀某些金属离子，使pH值保持在8~9，对自然金的浮选有利。硫酸铜可提高金的浮选速度，但多了有害。自然金的抑制剂有OH^-（pH值大于11）、Ca^{2+}、CN^-、Na_2S、SO_2、亚硫酸钠、硅酸钠、丹宁、重金属离子。自然金的最佳浮选电位Eh为+10~50mV（Pt电极对甘汞电极）。黄铁矿含金时pH值可以降至4。

浮选金的捕收剂主要有黄药、黑药、Z-200、硫醇苯并噻唑、硫脲、氨基甲酸酯等。近年来我国用Y89、捕金灵等浮选自然金及含金的硫化铜等多金属矿物，效果显著。

Y89-5作捕收剂浮选鸡笼山金矿石的试验表明，它的适应性强，比原用的丁铵黑药混合捕收剂效果好，精矿金品位提高0.57g/t，铜品位提高0.63%，大幅度提高了金的回收率。

用 Y89－3 代替丁基黄药浮选湘西金矿矿石，在提高金锑精矿品位和回收率的同时，大幅度提高了金的回收率。一个月的生产实践表明，金回收率提高 2.89%，并降低捕收剂用量，金锑捕收剂单项成本可降低到每吨原矿 0.58 元，有明显的经济效益。

后来的试验表明，MA－1 比 Y89－3 更适用于浮选湘西金矿沃溪矿石与鱼儿山矿石。2002 年 4 月中旬起，在选厂使用 MA－1 以来，金回收率提高 1.22%（达到 90.32%），锑回收率提高到 97.5%，提高 1.15%，取得显著的经济效益。

FZ－9538 捕收剂是北京矿冶研究总院研制的新产品，1995 年在丰宁银矿的研究结果表明，选用丁基黄药和戊基黄药 1∶3 混用，配合 FZ－9538 硫化矿物增效捕收剂强化银的浮选，可从含银 370g/t 的给矿，得到银品位 6500g/t，回收率 94.32% 的银精矿，与原工艺比较，银精矿品位提高 610g/t，回收率提高了 3.08%。做了工业试验成功后，1996 年已正式投产。用 FZ－9538 使银回收率提高 5.73%，金回收率提高 16.22%，取得显著的经济效益。

广东高要河台金矿，除含低品位铜外，含金较富，应用该药剂进行小型试验和近一个月的工业试验表明，尾矿含金从原来用药的 0.59g/t 降至 0.48g/t，金回收率提高 1.7%。

工业试验结果证明 ZJ－1 是金的良好捕收剂。ZJ－1 是半工业合成产品，为含硫有机物，无味，毒性与丁黄药相当，无起泡性能，易溶于水和酒精等有机溶剂，性能比较稳定，原料来源广。用 ZJ－1 作捕收剂浮选某地含砷、锑、硫和碳的难选金矿时，它比丁黄药、Y89 对金的捕收性能更好，用它作捕收剂金品位和回收率有明显提高，可从含金 6.70g/t 的给矿，经一粗一精二扫流程，获得含金 107.2g/t，回收率 91.42% 的金精矿。

贵溪银矿采用 BK320 代替丁基铵黑药进行试验，银、铅和锌回收率分别提高 9.86%、5.54% 和 6.93%。BK320 用量在 80g/t 左右。

当金和铀是嵌布在油页岩上，改用煤油浮选油页岩，金和铀的回收率比用十二烷基三硫代碳酸钠与丁基黄药混合捕收剂效果更好。

俄罗斯则推荐使用 TAA（硫代酰基酰替苯胺）、R－404 等新药与丁基钾黄药（BKK）组合，而且得到在多个组合中以 TAA 和 BKK 组合效果最好的结论。

金的伴生硫化矿物，以黄铁矿和毒砂最为常见。有人用含这两种矿物的重选金精矿作过深入研究。发现用中碳钢磨矿机磨含金的硫化矿时，矿浆的电位比较低。在 pH 值为 6.5 时，与氢氧化钙一起搅拌，矿浆电位降到 －0.2V。由于在浮选阶段充气，矿浆电位从 －0.2V 升到 0.15V，在调浆和浮选中用氮气代替空气可以提高金、黄铁矿与毒砂的回收率。用硫酸铜作活化剂，用量在 200g/t 以下有利，大了有害，硫酸铜对金、黄铁矿和毒砂浮选的影响如图 12－2 所示。

由图 12－2 可见，硫酸铜大于100g/t时，金的回收率就下降。少量Cu^{2+}，适用于同时回收单体金及含金硫化矿物的作业。

处理金矿石可能使用的 5 个原则流程（见图 12－3）：

（1）重选＋精矿混汞；

（2）浮选＋精矿氰化；

（3）浮选＋精矿焙烧＋氰化；

（4）浮选精矿焙烧＋尾矿氰化；

（5）重选浮选＋焙烧氰化联合。

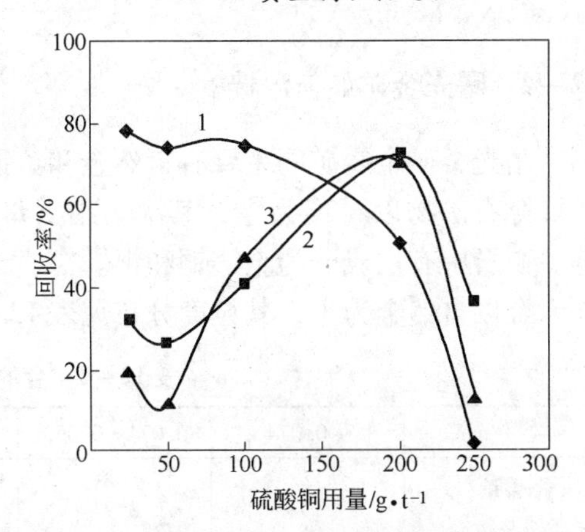

图 12－2 硫酸铜对金、黄铁矿和毒砂浮选的影响
（pH 值为 6.5，捕收剂戊基钾黄药 PAX 50g/t）
1—金；2—黄铁矿；3—毒砂

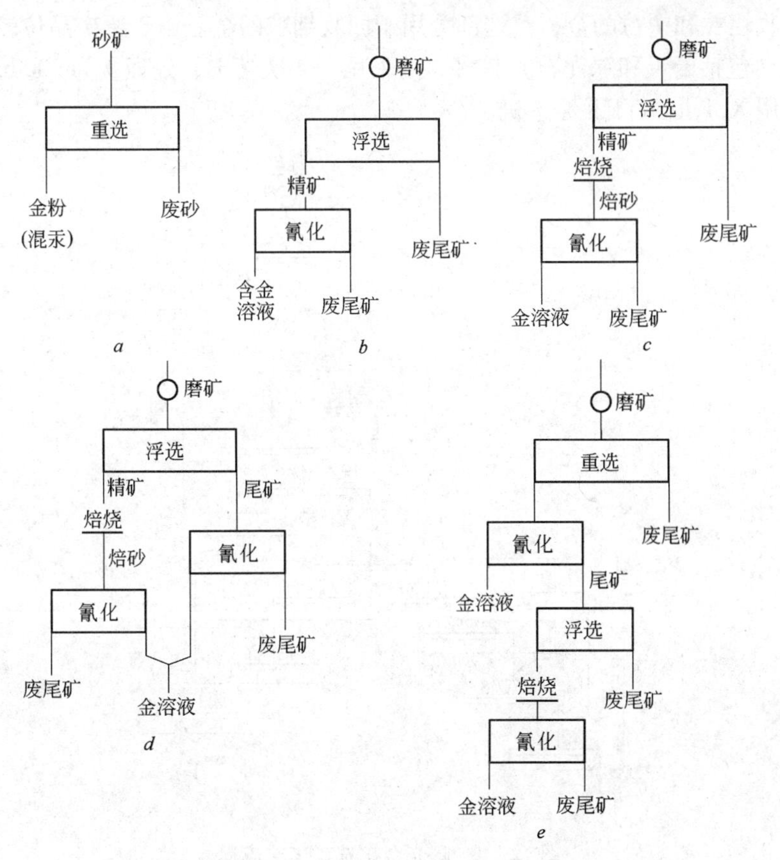

图 12－3 处理金矿的五个原则流程
a—重选＋精矿混汞；*b*—浮选＋精矿氰化；*c*—浮选＋精矿焙烧＋氰化；
d—浮选精矿焙烧＋尾矿氰化；*e*—重选浮选＋焙烧氰化联合

12 -4 曙光金矿如何浮选?

曙光金矿金属矿物主要有自然金和黄铜矿，其次有褐铁矿、磁黄铁矿和黄铁矿。脉石矿物以石英为主，其次为绢云母、绿泥石、斜长石、黑云母、碳酸盐等。矿石中有用成分为金、铜和银。

金以自然金为主，其粒度分布见表 12 -4。

表 12 -4 金的粒度分布

粒级/mm	+0.074	0.074 ~0.053	0.053 ~0.037	0.037 ~0.01	-0.01
含量（质量分数）/%	5.79	8.94	7.58	61.27	16.42

曙光金矿选矿生产工艺流程如图 12 -4 所示。这个重浮联合流程，重选部分用于回收粗粒和中粒的金，浮选部分用于回收细粒的金。由于原矿品位较低，易浮矿物（包括云母和绿泥石）较多，故采用了 4 次精选、处理量为 4000t/d 的选矿厂、用 XCFⅡ/KYFⅡ浮选机。

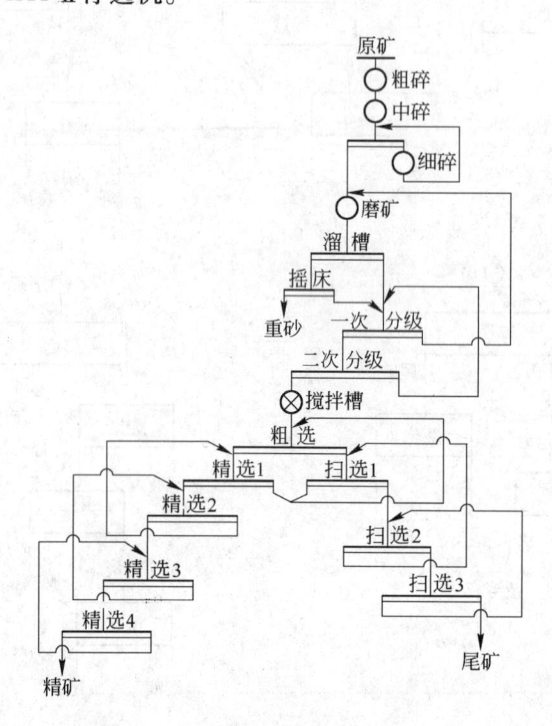

图 12 -4 曙光金矿选矿工艺流程

浮选捕收剂先后用过单一黄药、丁铵黑药、黄药 + 丁铵黑药，最后只用 Z -200，主要生产指标见表 12 -5。

表12-5 曙光金矿生产指标

各粒级金指标	原矿品位 /g·t^{-1}	精矿品位 /g·t^{-1}	尾矿品位 /g·t^{-1}	产率/%	回收率/%
-0.6mm	0.55	28.31	0.21	1.22	62.52
0.6~0.7mm	0.65	31.55	0.21	1.39	67.44
0.7~0.8mm	0.74	33.88	0.24	1.50	68.49
+0.8mm	0.94	36.18	0.28	1.83	70.52
各粒级铜指标	原矿品位 /%	精矿品位 /%	尾矿品位 /%	产率/%	回收率/%
-0.25mm	0.214	14.874	0.038	1.19	82.68
0.25~0.30mm	0.274	15.939	0.045	1.44	83.91
+0.3mm	0.336	16.441	0.044	1.78	87.04

12-5 某碲铋金矿如何浮选?

该碲铋金矿矿床是一个比较特殊的矿床。它是碲、铋与金、银伴生的矿床。碲为半导体元素，在电子、军工和医药领域有广泛的用途。原矿主要成分见表12-6。

表12-6 某碲铋金矿原矿主要成分 (%)

Te	Bi	Cu	Co	Se	其他	Au	Ag
0.85	1.23	0.074	0.0095	0.42	86.6365	2.78g/t	8.0g/t

金属矿物有辉碲铋矿、磁黄铁矿、黄铁矿、黄铜矿、针铁矿和自然金等。脉石矿物以铁白云石为主，其次为白云母，还有少量绿泥石等硅酸盐矿物。辉碲铋矿多呈脉状、网脉状及块状分布，呈浸染状者少，其粒度一般为0.1~1mm。自然金多为明金。

浮选试验中曾经试验过九种捕收剂：乙基铵黑药、异丙基铵黑药、乙基丙烯酯黑药、25号黑药、丁基铵黑药、35号捕收剂、156号捕收剂、乙基黄药和丁基黄药。但最终认为乙基黄药（EX）最好，丁基黄药次之。起泡剂用松醇油。

试验确定的流程和药剂制度，如图12-5所示。选别结果见表12-7。

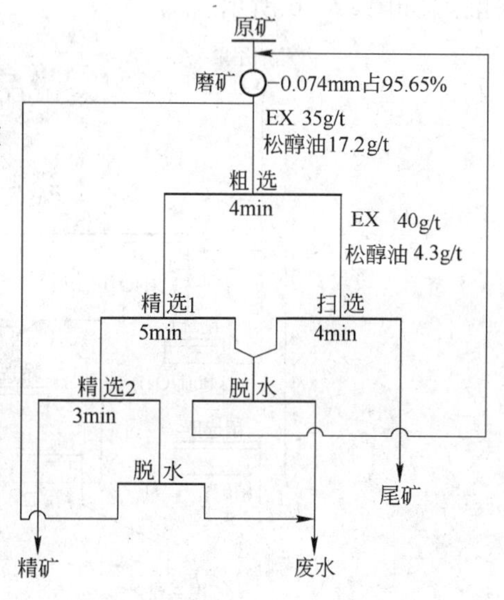

图12-5 某碲铋金矿选矿流程图

表 12－7 选别结果（闭路）

产品	产率/%	品位/%				回收率/%			
		Te	Bi	Au/g·t^{-1}	Ag/g·t^{-1}	Te	Bi	Au	Ag
精矿	7.47	9.94	14.99	27.27	64.20	94.81	95.08	92.65	86.63
尾矿	92.53	0.044	0.063	0.175	0.80	5.19	4.92	7.35	13.37
合计	100.0	0.784	1.18	2.20	2.29	100.0	100.0	100.0	100.0

12－6 龙山金锑矿如何浮选？

龙山金锑矿为热液充填矿床。主要金属矿物有自然金、辉锑矿、黄铁矿、毒砂、锑华等。脉石矿物有石英、绢云母、方解石、绿泥石和黏土矿物。原矿中含锑 1.25%、金 2.1g/t、银 4.5g/t。

金与锑、砷紧密共生。自然金与毒砂的可浮性，前面已经述及，这里简单介绍一下辉锑矿的可浮性。

辉锑矿属于天然疏水性矿物，但常用硝酸铅活化，硫酸铜对它的活化作用较差，适宜在弱酸性或中性介质中浮选，其浮选的 pH 值与自然金接近。用黄药类作为主要捕收剂，烃油类可作辅助捕收剂。

选别龙山金锑矿的最佳药剂条件：pH 值为 8～9，碳酸钠用量 1200～1500g/t，硫化钠 50～100g/t（用以硫化部分氧化的硫化矿），水玻璃 500～1000g/t，用以分散细泥和抑制脉石矿物。硝酸铅 120～180g/t，用以活化辉锑矿；捕收剂是 MA－2与丁铵黑药组合剂，比丁黄药和丁铵黑药组合好，用量 200～250g/t。选别流程如图 12－6 所示。

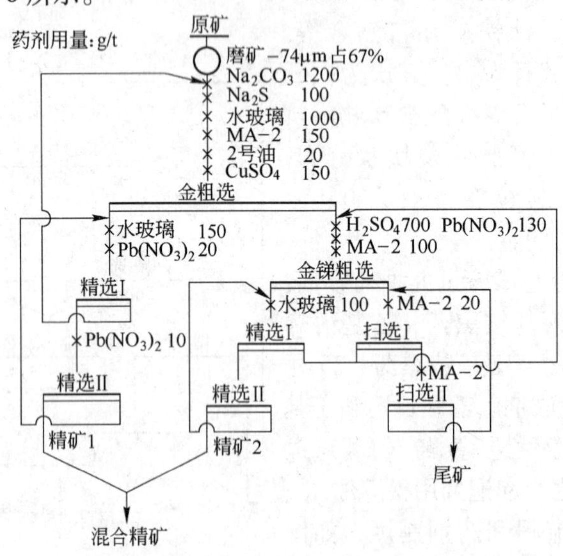

图 12－6 龙山金锑矿选别流程

五个月的生产平均结果见表12-8。

表12-8 龙山矿五个月生产平均结果

原矿品位/%		精矿品位/%		尾矿品位/%		回收率/%	
Au/g·t⁻¹	Sb	Au/g·t⁻¹	Sb	Au/g·t⁻¹	Sb	Au	Sb
2.16	1.32	50.14	32.98	0.35	0.12	84.36	91.01

12-7 河南某金矿选矿如何改造?

改造的具体内容如下:

(1) 原矿性质。矿石为低硫化物含金石英脉矿，主要金的矿物有自然金和银金矿，自然金多呈他形粒状、不规则粒状集合体，少量为叶片状，分布极不均匀。黄铁矿为金的主要载体矿物，其次金银矿物也分布于石英、褐铁矿裂隙中。其他伴生矿物有方铅矿、黄铜矿，脉石矿物有石英、斜长石、绢云母、铁白云石、绿泥石、方解石、高岭土等。

上部氧化矿石分为褐铁矿型金矿石和褐铁矿化-黏土型金矿石，已采完。目前矿区金矿石的工业类型为金-黄铁矿-硫化物型。原矿金单体解离度测定见表12-9和表12-10。

表12-9 河南金矿原矿单体解离度测定结果

粒级/μm	+74	-74~+40	-40~+20	-20~+5	-5~+1	-1~+0.5	-0.5
自然金分布率/%	29.46	14.66	21.39	25.46	7.25	1.76	0.02
累计/%	29.46	44.12	66.51	90.97	98.22	99.98	100.0

表12-10 金矿原矿化学多元素分析

元素	Zn	Pb	Cu	As	S	Fe_2O_3	SiO_2	Al_2O_3	MgO	CaO	Au	Ag
含量/%	0.22	0.16	0.01	0.01	0.52	7.59	50.39	9.87	5.37	4.28	2.25g/t	15g/t

(2) 近年来进行了一系列改造，包括破碎、磨矿、浮选、脱水、自动化等。河南某一金矿改造后的工艺流程如图12-7所示。

改造前后在浮选方面的主要不同点是:

	改造前	改造后
处理量:	300t/d，入选粒度-0.74μm 68%~75%	1000t/d，入选粒度-0.74μm65%
流程:	一粗二精二扫	一粗二精三扫，粗碎后加了洗矿脱泥
药剂:	丁黄药150g/t，丁铵黑药70g/t	丁黄药120g/t，丁铵黑药60g/t
	松醇油30g/t	松醇油20g/t，石灰500g/t
指标:	原矿品位2.25g/t,	原矿品位2.25g/t
	精矿品位76.93g/t,	精矿品位81.32g/t (+4.39g/t)

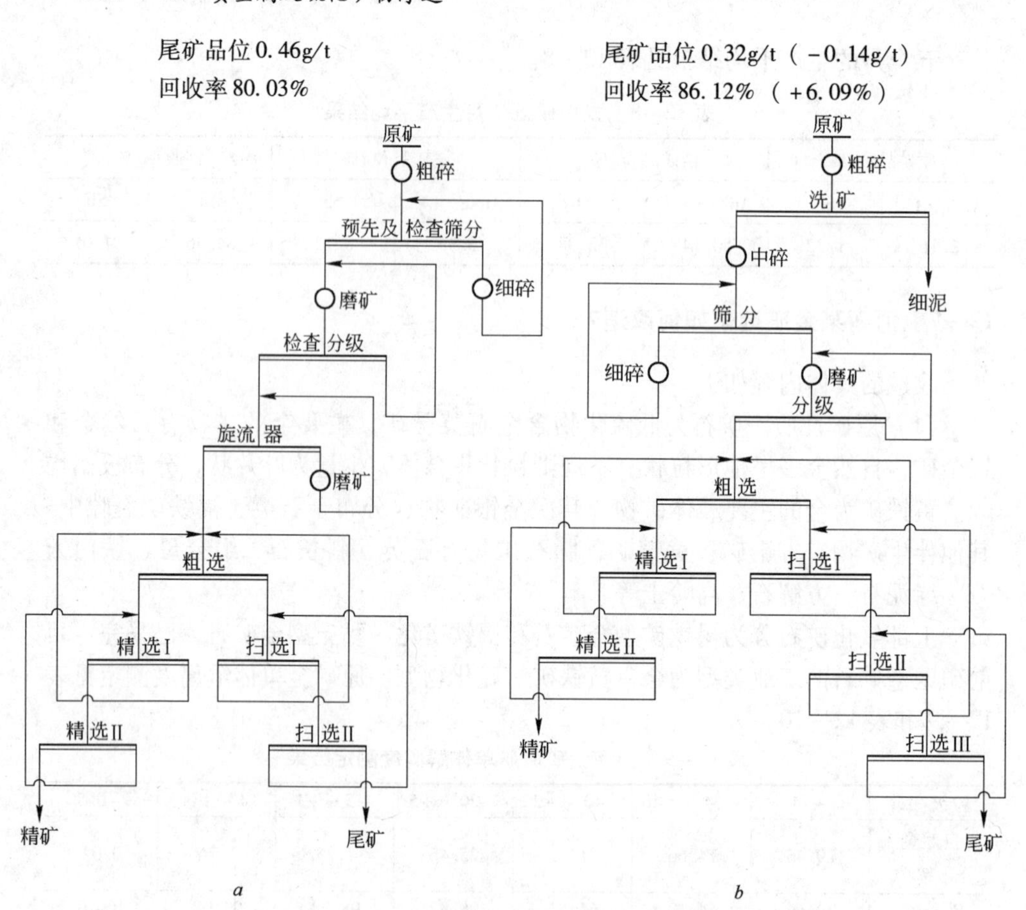

图 12-7 河南某一金矿改造后的工艺流程

a—改造前的工艺流程 *b*—改造后的工艺流程

自动化控制系统运行后，可最大限度地稳定工艺指标，减少补加水量和选矿药剂的使用量，明显减轻了工人的劳动强度；矿区电视监控设施的使用，使多个岗位达到无人操作的目的，较好地提高了经济效益和社会效益。

12-8 某矿如何从浮选锑尾矿中用氰化法回收金？

青海某锑金矿新建一座 150t/d 的选矿厂，选矿工艺为“先锑后金”的优先浮选流程，选锑为一次粗选、一次扫选、两次精选；选金为一次粗选、两次扫选、两次精选。投产后选锑流程中锑精矿品位为 39.21%，其中含金 25.9g/t，锑的回收率为 75.77%，金回收率为 20.57%；金浮选流程中金的回收率为 12.15%，金精矿品位 15.0%，金总回收率仅为 32.75% 左右。因为金精矿品位较低，产品销售困难，金资源综合回收率低，企业的经济效益较差。

锑尾矿石主要金属矿物为辉锑矿、黄锑矿、锑华、黄铁矿、磁黄铁矿、褐铁矿，主要的非金属矿物为石英、高岭土、长石、角闪石、绿泥石、方解石、云母及黏土矿物。原矿含金2.95g/t，氧化矿物中金为1.84g/t，辉锑矿中含金0.65g/t，氧化金占48.42%，辉锑矿的含锑为0.37%，氧化锑占34.95%，矿石中含有大量的高岭土，泥化严重，属难选矿石。原矿多元素析结果见表12－11，浮锑尾矿主要成分分析见表12－12。

表12－11 原矿多元素分析结果

成分	Sb	S	As	Zn	Pb	TiO_2	SiO_2	Al_2O_3	CaO	MgO	C	Au	Ag
含量/%	1.21	0.76	0.38	0.01	0.10	0.59	62.42	14.50	1.54	1.81	1.62	2.95g/t	0.50g/t

表12－12 浮锑尾矿主要成分分析

成　分	Sb	S	As	Au
含量/%	0.30	0.25	0.048	2.38g/t

对浮锑尾矿进行了氰化碳吸附回收金的试验，通过磨矿细度、浸出浓度、浸出矿浆pH值、浸出时间、氰化物用量、活性炭用量等试验确定：磨矿细度－74μm 78.52%，浓度为25%，pH值为10.5，消耗石灰5.0kg/t、氰化钠1.0kg/t、活性炭5.0kg/t。对含金2.4g/t的浮锑尾矿氰化浸出率达65.10%，浸渣含金量0.84g/t，使金的回收率提高了52.95%，大大提高了经济效益。

氰化尾矿采用液氯氧化法解毒，炭浆尾矿自由氰为155mg/L，试验结果是在氰化尾矿中加次氯酸钠9.0g/L，反应时间1h，尾矿自由氰降低到1.0mg/L。

12.3 硫化铜矿浮选

12－9 硫化铜矿有哪些硫化铜矿物？

自然界中铜的矿物种类繁多，与别的金属矿物广泛共生，除了单一铜矿以外，与硫、铅、锌、钼、镍、钴、金、银等均能构成有价值的矿床。含铜矿物至少160多种，可分为硫化铜矿和氧化铜矿两大类。有工业价值的硫化铜矿物见表12－13。

表12－13 常见的有工业价值的硫化铜矿物

序　号	矿物名称	分子式	含铜量/%	密度/g · cm^{-3}
1	黄铜矿	$CuFeS_2$	34.5	4.1～4.3
2	辉铜矿	Cu_2S	79.8	5.5～5.8
3	斑铜矿	Cu_5FeS_4	63.3	4.9～5.4
4	铜　蓝	CuS	66.4	4.6～6
5	黝铜矿	$4Cu_2S \cdot Sb_2S_3$	51.2	4.4～5.1
6	砷黝铜矿	$4Cu_2S \cdot As_2S_3$	57.5	4.4～4.5
7	斜方硫砷铜矿	$3Cu_2S \cdot As_2S_5$	48.3	4.4～4.5

12－10 硫化铜矿物的可浮性如何？

A 黄铜矿

黄铜矿（$CuFeS_2$）是最常见的铜矿物，有原生的，也有次生的，可浮性较好。在中性及中碱性矿浆中，能较长时间保持其天然可浮性。但在强碱性（pH值大于12）的矿浆中，由于表面受 OH^- 的侵蚀，形成亲水性的氢氧化铁薄膜，可浮性变差。可以受嗜硫嗜铁杆菌（如 T. f. 杆菌）氧化。当戊基钾黄药用量为 7×10^{-5}mol/L、pH 值为 10 时，浮游的 Eh 值范围为 －0.2 ~ ＋0.3V 的倒 U 形区间，如图 11－5*a* 所示，pH 值为 7 时，浮游的范围为 －0.25 ~ ＋0.3V。

浮黄铜矿最常用的捕收剂是黄药类，而硫氮类及硫氨酯在有黄铁矿存在时更有选择性。对含金黄铜矿使用 Y89 能获得良好的结果。近年来，还有许多成分未公开的捕收剂：如 BJ、BD、BK330、CSU － ATJ、EP、LD（可代 Z－200）MA－1、MAC－12、ML、PN4055、ZY－111、T－2K 等等。

B 辉铜矿

辉铜矿（Cu_2S）是最常见的次生铜矿物，性脆、易泥化，在酸性和碱性矿浆中，都有很好的可浮性。辉铜矿的捕收剂是黄药。由于辉铜矿结晶的晶格能较小，铜离子半径小，硫离子半径大，硫离子易氧化，使辉铜矿比黄铜矿更易氧化。在多金属硫化矿浮选抑铜时，因为氰化物容易被辉铜矿氧化产生的 Cu^+ 消耗，使分选过程复杂化，也增大氰化物的消耗，并应将氰化物加在最需要的位置。

有效抑制剂是硫酸钠、亚硫酸钠、铁氰化钾、亚铁氰化钾和诺克斯药剂。大量的硫化钠和重铬酸钾对辉铜矿也有抑制作用。

蓝辉铜矿可浮性也比黄铜矿好。

C 斑铜矿

斑铜矿（Cu_5FeS_4），有原生的和次生的两种。它的成分和性质都介于辉铜矿和黄铜矿之间。

D 其他硫化铜矿物

铜蓝（CuS）的可浮性与辉铜矿相似。黝铜矿（$4Cu_2S\cdot Sb_2S_3$）、砷黝铜矿（$4Cu_2S\cdot As_2S_3$）的可浮性与黄铜矿相似。斜方砷黝铜矿（$3Cu_2S\cdot As_2S_5$）的可浮性与斑铜矿相似。黝铜矿的新型捕收剂为 YK1 － 11。

铜矿物中不含铁的可浮性最好，含铁的可浮性较差，高 pH 值下易抑制。含砷的铜矿物对环保有害，影响铜精矿质量。

凤凰山铜矿采用新捕收剂 B306 代替原捕收剂（PAC），工业试验中铜、金和银回收率分别提高了 1.082%、8.141% 和 2.020%。

T－2K 捕收剂是中南大学化学化工学院研制，渭南中众化工科技有限公司生产的新型硫矿捕收剂，是黄色油状液体，在水中溶解度小，易分散于矿浆中。其毒性较丁基黄药小，用量为丁基黄药的1/4～1/2。T－2K对于金、银等软酸型矿物的捕收力强，对黄铁矿等中间或硬酸型矿物捕收力弱，是较低pH值下铜硫分离的优良捕收剂，已用于德兴铜矿工业生产。

T－2K捕收剂用于永平铜矿优先浮选工艺，并进行了开路试验研究；对丁基黄药－丁基铵黑药的混合浮选工艺及T－2K全优先浮选工艺进行了比较，用丁基黄药和丁基铵黑药闭路指标为：铜精矿的铜品位为24.10%，含金0.5g/t，含银166.4g/t，铜、金和银回收率分别为85.49%、26.53%和42.95%；用T－2K捕收剂闭路指标为：铜精矿铜品位为26.50%，含金0.608g/t，含银167.50g/t，铜、金和银回收率分别为87.44%、25.63%和49.03%。上述数据证实，T－2K捕收剂对铜矿物具有较好的选择性，能在弱碱性中实现铜的优先浮选。

MAC－12是中南大学化学化工学院研制的新型捕收剂，对硫化铜和表面受氧化的硫化铜矿物都是优良捕收剂。用紫外可见光谱分析结果表明，溶液中Cu^{2+}和Cu^{+}离子与MAC－12能发生化学作用，生成新物质；而MAC－12与Fe^{3+}和Fe^{2+}离子之间不发生化学反应，铜硫分离时可降低石灰用量，对铜、金、钼浮选都比黄药好。

BK－330捕收剂是北京矿冶研究总院与俄罗斯合作开发的一种高效铜捕收剂，为微黄色透明液体，有酯的气味，不溶于水，能溶于苯和乙醇等有机溶剂。它是硫化铜矿选择性高的捕收剂，对铜硫分离有利。用BK330和松醇油选某铜矿石，比原来用丁基黄药、丁铵和松醇油选铜的指标高。

QF是一种含有硫代羰基官能团的捕收剂，为无色透明液体，无臭无味，用时不必配成水溶液，可直接加入浮选流程中。对自然金和黄铜矿等矿物具有较强的捕收能力，其捕收能力高于低级黄药和硫氮类捕收剂，用QF浮金铜矿石，能大幅度提高生产指标。

SGM1和SGM5与黄药组合运用于含金银铜锌矿，能提高铜锌金银的回收率。

PL411是新型无臭硫化矿捕收剂，具有合成所用原料来源广、生产方便等特点，对硫化矿既有捕收性能又有起泡性，可用于捕收磁选尾矿中的铜。

ZJ－02捕收剂对硫化铜矿和贵金属捕收力强，对黄铁矿捕收力弱，用PAC、丁基黄药、乙硫氮、丁铵黑药等组合药剂分别浮选某铜矿均不理想，不利于铜精矿品位提高和硫的综合利用，后来采用ZJ－02作捕收剂，用量为10g/t，浮选获得了较好的指标。

胡家峪选厂，使用MOS－2和MA混合捕收剂浮铜，2000年7月～2001年6月生产统计指标为：铜精矿铜品位24.07%，回收率96.05%，指标比原来药剂高，所以一直使用至今。

MOS－2 和 MA 混用，不但浮选硫化铜矿得到很好指标，浮选氧化铜矿也得到好的结果，例如刁泉银铜矿中的氧化铜矿物主要是孔雀石，也含银，用 MOS－2 和 MA 作捕收剂代替原来用的丁基黄药和丁基铵黑药，用 RB3 作起泡剂，代替原来的松醇油，在给矿性质、品位相近的条件下工业试验结果：铜精矿品位合格，铜回收率提高 8%～10%，银精矿品位合格，银回收率提高 3%～5%，可见 MOS－2 和 MA 混用不但可浮选含金硫化铜矿，还可浮选含银氧化铜矿，值得推广使用。

赛什塘铜矿原用药剂为石灰、黄药和松醇油，生产指标较低。在原流程和药剂品种的基础上，改用调整剂 T12 和捕收剂 A2 获得了较好的浮选指标。

某含金铜矿采用传统的捕收剂黄药和黑药选别，虽然能有效回收铜金，但精矿产率大，品位低，难出售，采用新捕收剂 WG 浮选该类矿石，可以解决这个难题。

JT－235 是一种淡黄色略带鱼腥味兼有一定起性能的捕收剂，主要用作原生硫化矿、次生硫化铜矿及氧化铜矿物的捕收剂，对伴生金、银能有效捕收。JT－235 与异戊基黄药按 6∶10 配用时具有较好的协同效应。

DLZ 在 pH 值为 2.7～12 范围内捕收能力强，在黄铜矿表面的吸附量比在黄铁矿表面的吸附量大，属于化学吸附，在黄铁矿表面属物理吸附。用 30g/t 戊基黄药与 80g/t 二甲基二硫代氨基甲酸丙腈酯组合浮硫化铜矿，其选择性和捕收能力优于戊基黄药。

NXP－1 是硫化铜矿有效捕收剂兼起泡剂。在弱碱性条件下（pH 值为 8.5～9.5），优先浮铜取得较好的指标。工业试验结果表明，和传统的工艺条件下用乙基黄药和丁基黄药在高碱度（pH 值不小于 13）下优先铜相比，铜回收率显著提高，同时能大幅度提高铜精矿品位。用 NXP－1 药剂费用比用黄药每吨原矿降低 1.31 元。

用 AT－680 与丁基铵黑药组合剂代替黄药（24K 为起泡剂），在某斑岩铜矿选矿厂，不改变流程及设备，生产实践表明，与原用药剂相比，铜精矿指标接近，金品位由 2.24g/t 提高到 4.53g/t，回收率由 26.00% 提高到 87.50%，同时钼、银回收率也有不同程度提高。

AP 捕收剂用于浮选新疆某地斑岩铜矿，矿石含铜 0.52%，含硫 1.62%，试验采用一次粗选、两次扫选、粗精矿再磨后 3 次精选流程，获得含铜 24.41%、回收率 90.04% 的铜精矿。AP 捕收剂具有良好的捕收性和选择性。

WS 浮铜钼捕收剂。通过分别用乙基黄药、MY（改性烃类）、HB－9、烃油类、WS（成分为脂类和唑类）、T 捕收剂和 25 号黑药等捕收剂对内蒙古大型斑岩铜矿做了对比试验，试验结果表明 WS 能大幅度提高铜精矿品位，并能适应矿石性质的变化。

CSU－31 捕收剂。当 pH 值为 7～12 时，对黄铜矿的捕收能力最强，最大回收率达93%，而对黄铁矿捕收力弱，在pH值为2~7时，回收率小于10%，如用石灰作调整剂，黄铁矿回收率小于5%。

SK9011是沈阳有色金属研究所研制的新产品，药剂经过多次小型试验和多次工业生产证明：药剂性能稳定，生产有保证。曾用SK9011捕收剂浮选多金属矿、铜矿、铜锌矿、铅矿，与丁基黄药、丁基铵黑药、硫氨酯相比都取得较好的结果。以某金矿工业试验结果为例，原用药剂为丁基黄药、丁基铵黑药，Z-200为捕收剂，工业试验改用SK9011为捕收剂，试验结果是：金品位提高了33.18g/t，金回收率提高了9.69%，精矿中铜品位提高2.05%。

选黄铜矿一般不用活化剂，但近年来个别工厂发现矿浆缺氧添加双氧水（H_2O_2），提高了黄铜矿的选别指标（因为原矿浆电位过低）。

在碱性矿浆中，黄铜矿易受氰化物和诺克斯药剂的抑制，过量的硫化钠也可以抑制黄铜矿。被氰化物抑制的黄铜矿，可以用硫酸铜活化。

12-11 伴生的硫化铁矿物的可浮性如何？

所有的硫化铜矿石几乎都含有黄铁矿和磁黄铁矿及不同量的毒砂，要提高铜精矿的品位就要抑制硫化铁的矿物。

A 黄铁矿（FeS_2）

黄铁矿分布极广，几乎各类矿床中都有，浮选固相部分曾述及黄铁矿含的杂质也极广泛，往往是包括贵金属等有用成分的载体。由于黄铁矿是制硫酸的重要原料，所以常把黄铁精矿称为硫精矿，选黄铁矿也称为选硫。黄铁矿在酸性、中性及弱碱性矿浆中都可以用黄药作捕收剂。用黄药时pH值为4.5最易浮，在pH值为7~8时用黄药捕收也经济有效。黄铁矿的活化剂可以是硫酸铜，为了活化被石灰抑制的黄铁矿，可用硫酸、碳酸钠或充入二氧化碳气体。碳酸钠和二氧化碳可以沉淀钙离子和降低pH值。黄铁矿浮游的矿浆电位Eh比较低，要低于-0.05V才能浮游。

ZJ-1是一种混合型非直链黄药，它的价格和毒性均低于丁基黄药，捕收力比丁基黄药强，特别是对微细粒级黄铁矿捕收力强，对保证硫的回收率起关键作用，用它作捕收剂对某选矿厂含硫品位28%左右的给矿进行了小型试验和工业试验，经过两粗两扫二精流程，可获得含硫49.96%和46.07%的两种硫精矿，回收率分别为36.90%和54.03%。

为了浮游黄铜矿或闪锌矿，通常是用石灰作黄铁矿的抑制剂，氰化物是黄铁矿最有效的抑制剂，但氰化物有毒，应不用或少用。

T. f. 杆菌在黄铁矿表面作用可以抑制它浮游。

近年来发现了许多新的黄铁矿浮选抑制剂。

CK抑制黄铁矿很有效。有人用$Na_2S_2O_3$、$(NH_4)_2S_2O_8$、$NaClO_3$、CMC、CK

分别作黄铁矿抑制剂进行试验，试验结果表明：抑制剂受 pH 值的影响较大，在低碱度条件下，无机药剂的氧化性越强对黄铁矿的抑制能力越强。上述药剂对黄铁矿的抑制顺序为：CK $\geqslant NaClO_3 >$ $(NH_4)_2S_2O_8 > Na_2S_2O_3$。CK 在低碱性条件下是黄铁矿最有效的抑制剂，但不抑制黄铜矿，可用于铜硫分离。

甘油黄原酸钠（SGX - $CH_2OHCHOHCH_2OCSSNa$）可抑制黄铁矿，同时可用丁黄药浮铁闪锌矿。

在 pH 值为 8 的低碱度下，乳酸、单宁酸、水杨酸、焦性末食子酸、淀粉、糊精等，能不同程度地抑制黄铁矿。在铜硫分离浮选中添加少量焦性末食子酸或单宁酸，能成功地实现铜硫分离，焦性末食子酸作黄铁矿抑制剂效果更为明显。

有机醌和过氧化乙酸类（DP - 1）、过硫酸盐类（DP - 2）和次氯酸盐类（DP - 3），都能抑黄铁矿，但三者中次氯酸盐类更好。次氯酸钠与腐殖酸两者组合抑制黄铁矿，效果更好。

B 磁黄铁矿

磁黄铁矿（$Fe_{1-x}S$），分子式中 $x = 0 \sim 0.2$，比较容易氧化和泥化，可浮性差，难浮而容易抑制。在弱酸性矿浆中一般先加硫酸铜或硫化钠活化，再用长链黄药或脂肪酸捕收。磁黄铁矿的活化药方有硫化钠 + 硫酸铜、草酸 + 硫酸铜、氟硅酸钠 + 硫酸、氟硅酸钠 + 硫酸铜。

磁黄铁矿的抑制剂有石灰、氰化物、亚硫酸及其盐，以加 CaO 和充入 SO_2 最有效，用氟硅酸钠加硫酸活化它比单用硫酸有效，用超声波清洗它表面的氢氧化铁也能活化它。

磁黄铁矿氧化时会消耗矿浆中的氧，对其他硫化矿浮选不利。浮选含磁黄铁矿的其他硫化矿时，要在调浆搅拌时充气以加速磁黄铁矿的氧化。为了除去磁黄铁矿对其他矿物浮选精矿的影响，有条件时可用磁选将它除去。

C 砷黄铁矿

砷黄铁矿（FeAsS），又名毒砂，是多金属硫化矿和贵金属加工中最有害的矿物。因为砷有剧毒，影响精矿质量，但它常和金伴生。

毒砂在酸性介质中易浮，pH 值为 3 ~ 4 时，可浮性最好；pH 值大于 6 可浮性迅速下降；pH 值大于 12 毒砂难以浮游，可以被 Cu^{2+} 等重金属离子活化。充气氧化或加高锰酸钾、漂白粉等可以抑制毒砂，氰化物、硫化钠、亚硫酸钠、硫代硫酸钠与硫酸锌或石灰共用，都是抑制毒砂的有效方法。

EM - 421 是毒砂、硫铁矿的高效抑制剂。用 EM - 421 时矿浆不需提高 pH 值就可有效地分离铜砷（硫），得到高质量的铜精矿（用丁基黄药作捕收剂）。

KM109 捕收起泡剂，它对黄铜矿具有很好的选择性和捕收能力，对黄铁矿和磁黄铁矿的捕收力弱。能提高含砷、铜、锡矿浮选硫化铜精矿的品位和回收率，并降低铜精矿的含砷量。

对铜锡多金属硫化矿浮选硫化铜的工业试验表明，在不改变现场生产流程的前提下，仅用KM－109代替原用的乙、丁基黄药，铜品位提高了0.911%，回收率高了5.12%。

12－12 铜硫分离的基本方法有哪些？

以前铜硫分离的基本方法是用石灰抑硫浮铜。后来发现用石灰抑制硫化铁矿存在许多问题，如大选厂石灰供应困难、降低伴生贵金属的回收率、管道容易堵塞。近年来，研究工作者力图从两个方面解决这个问题，一是找寻能在较低pH值下能有效捕收铜、金等矿物的捕收剂，另一个是找寻可在较低pH值下能抑制硫化铁矿物的有效抑制剂，现在这两方面都有一定的成就，找到了ECTC、IOCTCT和LP－01等捕收剂，也找到了过硫酸盐、次氯酸盐及其他抑制剂可以抑制硫化铁矿物。

浮铜抑硫可以用下面几种方法：

（1）石灰法。即用石灰抑制黄铁矿。过去用黄药作捕收剂处理黄铁矿多的矿石需用大量的石灰，甚至使矿浆中的游离CaO大于600～800g/m^3。对含黄铁矿较少的矿石，要使矿浆pH值达到10～12。为了避免石灰用量过大造成“跑槽”和精矿难以处理，可以补加少量氰化物。后来发现用石灰抑制硫化铁矿最大的危害是大选厂石灰供应困难，会降低伴生贵金属的回收率，管道容易堵塞。

（2）石灰＋氰化物法。对于含浮游活性大的黄铁矿的铜矿石，用石灰＋氰化物法更有效。由于氰化物有毒，应力求用其他方法代替。

（3）石灰＋亚硫酸盐法。对于原矿含硫高或含硫虽不高，但含泥高或黄铁矿不易被石灰抑制的铜硫矿石，用石灰加亚硫酸或SO_2抑制黄铁矿，并注意加强搅拌。在pH值为6.5～7的弱酸性介质中应用此法有效。与石灰法比较，此法操作稳定，铜的指标好，后面活化黄铁矿的硫酸用量低。

（4）用DP－1、DP－2、DP－3分别浮选分离德兴铜矿一段铜硫混合精矿，试验结果表明：DP－1、DP－2、DP－3都是铜硫分离的有效抑制剂，但DP－3（次氯酸盐）的综合性能优于DP－1和DP－2。德兴铜矿泗洲选矿厂，将MAC－12为捕收剂得到的一段铜硫混合精矿作矿样，用DP－3或DP－2抑制硫均可实现铜硫无石灰分离。

（5）次氯酸钠加腐殖酸钠构成组合抑制剂比单用次氯酸钠或单用腐殖酸钠效果更好。

（6）某复杂硫化铜矿，矿物组成较复杂，尤其是铜矿物，种类繁多，铜矿物以蓝辉铜矿、硫砷铜矿为主，其次有辉铜矿、斑铜矿、铜蓝、黄铜矿、硫铁锡铜矿、锌砷黝铜矿。含铁矿物有黄铁矿、白铁矿、磁铁矿、褐铁矿。初步试验筛选出丁基黄药、乙基黄药、QP－02、MAC－12、LP－01等捕收剂进行了铜硫分离的试验探索与对比，试验结果表明：以 MAC－12 和 QP－02 作捕收剂时，铜的回收率及品位都不理想，而使用乙基黄药、丁基黄药时，铜回收率较高，但铜精矿品位较低。而 LP－01 作捕收剂时，铜回收率较高，选择性也好、使用方便、用量少、价格合理。在 pH 值为 9 左右时就能很好地分离铜硫。一次粗选品位可以达到 9.1%，回收率为 85.98%。

12－13 德兴铜矿如何浮选？

德兴铜矿是大型斑岩铜矿。矿石中的硫化矿物有黄铜矿、辉铜矿、砷黝铜矿、铜蓝、斑铜矿、黄铁矿、辉钼矿等。脉石矿物以石英、绢云母为主，此外有白云石、绿泥石、方解石及长石，伴生有金、银等贵金属。开始设计的工艺流程如图 12－8 所示，混合浮选为二粗一扫，粗精矿再磨；混合精矿分离为一粗二精二扫；捕收剂为黄药；起泡剂为 MIBC。1991 年开始投产。

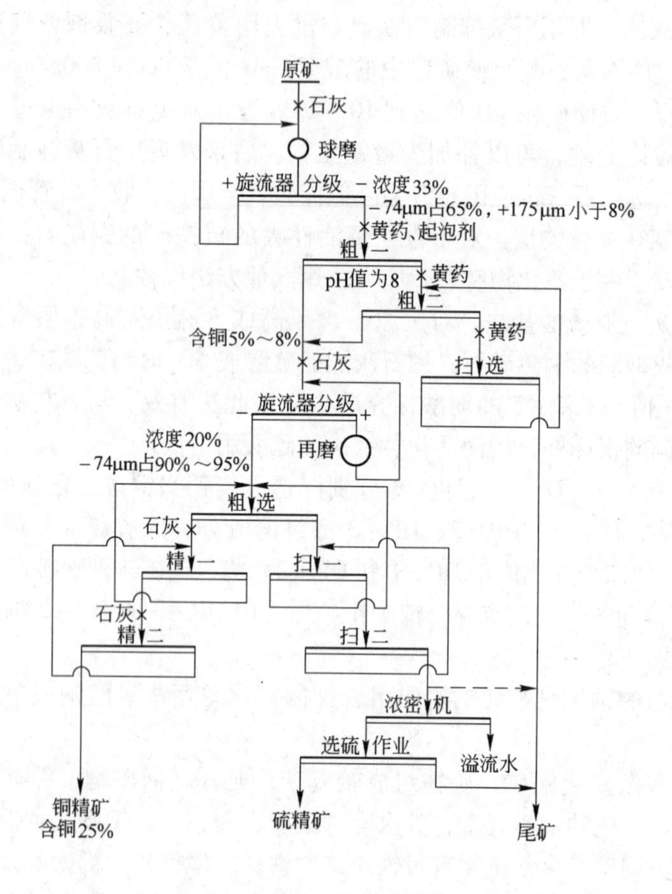

图 12－8 大山选矿厂原设计工艺流程

经过多年生产改进后，设计出如图 12－9 所示的部分优先－混合浮选流程。

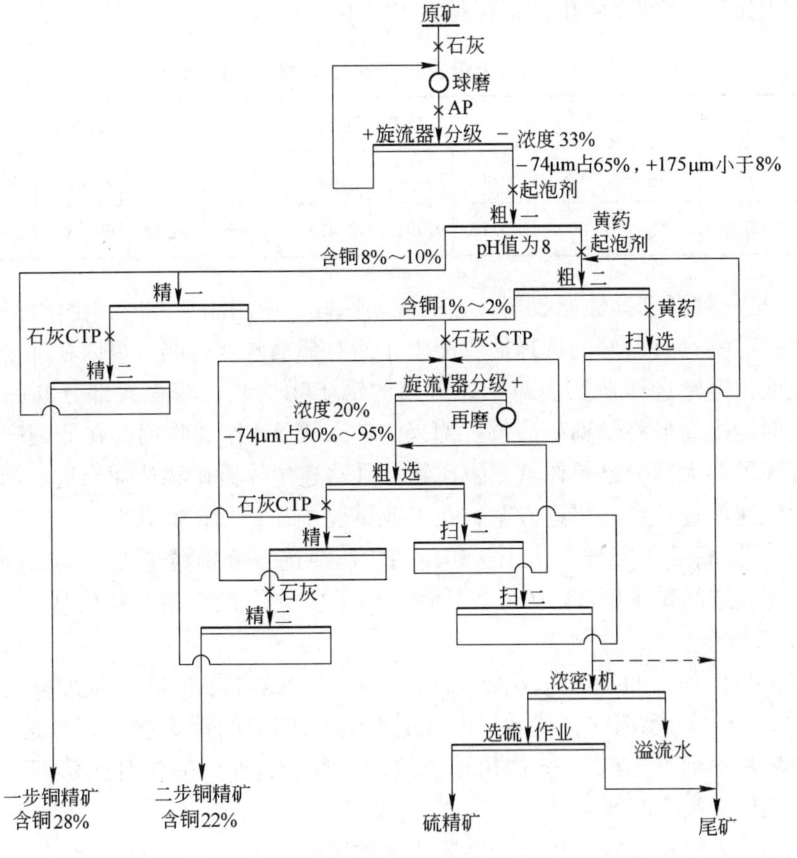

图 12－9 大山选矿厂优先－混合浮选工艺流程

自 1991 年投产以来药剂制度也几经改革：

（1）pH 值由 12 以上变为 11，再慢慢变为 8 左右，同时起泡剂用量也由少而略有增加。pH 值调整剂用石灰。pH 值过高时，黄铁矿及伴生的金、银、钼都受到强烈的抑制，粗选有时出现跑槽，有时泡沫层很薄，难以控制。石灰渣多，石灰供应不上，pH 值降低后，相关问题得到解决。

（2）捕收剂开始设计为一般黄药，1999 年将三种黄药配合使用。w(Y89)：w(乙黄药)：w(丁黄药)＝1∶5∶4（质量比）；部分使用 Y89 黄药，强化了金、银、铜的回收率。金的回收率比 1998 年提高了 4.77%；2002 年用 CSU－A 捕收剂，它具有良好的选择性和捕收力；2003 年改用 MA－1 捕收剂，它具有浮选速度快，捕收力强的特点。

（3）起泡剂开始设计为 MIBC，后因货源短缺改用松醇油，松醇油泡沫过黏，影响生产，1997 年后改用 204 号起泡剂。2000 年已改用 111 号起泡剂，111

号的药性能好，价格比204号低。

大山选矿厂2002年生产指标见表12-14。

表12-14 大山选矿厂2002年累计生产指标

原矿品位/%				精矿品位/%				回收率/%			
Cu	Au	Ag	Mo	Cu	Au	Ag	Mo	Cu	Au	Ag	Mo
0.421	0.213g/t	0.92g/t	0.0098	25.16	9.79g/t	42.42g/t	0.45	86.86	66.88	66.87	66.16

AP是一种高选择性捕收剂，它的流动性好，使用添加方便，化学性质稳定，对硫化铜矿物具有良好的选择捕收能力，而对硫捕收能力弱，可以在部分优先浮选作业或快速浮选作业实现对单体解离的铜矿物早收，获得大部分高品位铜精矿，从而能提高最终铜精矿品位。德兴铜矿采用AP作捕收剂，在低碱度矿浆条件下实现了对大部分已单体解离铜矿物及其富连生体铜矿物快速浮选，泗州选矿厂采用快速浮选-合并粗选方案，在工业试验中，铜精矿品位从24.70%提高到25.59%，提高了0.89%。大山选矿厂用快速浮选-分别精选方案，工业试验结果：快速浮选精矿含铜28.3%，铜回收率61.92%，最终精矿品位从23.52%提高到25.72%。

该厂在设备方面也有许多改进，其中需要一提的是2002年从加拿大引进一台42.44m×10m浮选柱，代替二步精选精选二作业的浮选机，其分选精度高，一次精选可达到浮选机2~3次精选的效果，且精选作业品位对比系列精选二作业精矿品位提高4.62%。

江铜后来又用KYZ-B1065浮选柱代替浮选机。

12-14 武山铜矿如何浮选?

武山铜矿矿物组成复杂，其中铜矿物就有13种，主要铜矿物为黄铜矿，其次为铜蓝、蓝辉铜矿、斑铜矿及砷黝铜矿等含砷的铜矿物。其他金属矿物有黄铁矿、白铁矿、褐铁矿、方铅矿、闪锌矿、磁铁矿、毒砂等。脉石矿物有石英、石榴石、方解石、白云母、透辉石、长石等。

黄铜矿主要呈不规则粒状嵌布于脉石中，与黄铁矿的关系密切，与蓝辉铜矿、铜蓝一起常沿黄铁矿的裂隙充填胶结成网状结构。伴生金呈自然金的独立矿物存在。伴生银大部分存在于铜、硫矿物中。其代表性流程如图12-10所示。原用药剂和新的药剂方案见表12-15，方案生产指标见表12-16。

由表12-15和表12-16可见，新药剂ZY-111和PN4055在不改变任何条件的情况下，使铜、金、银的回收率分别提高1.76%、2.27%和6.47%，并降低选矿药剂成本0.0274元/吨，具有一定的经济效益。

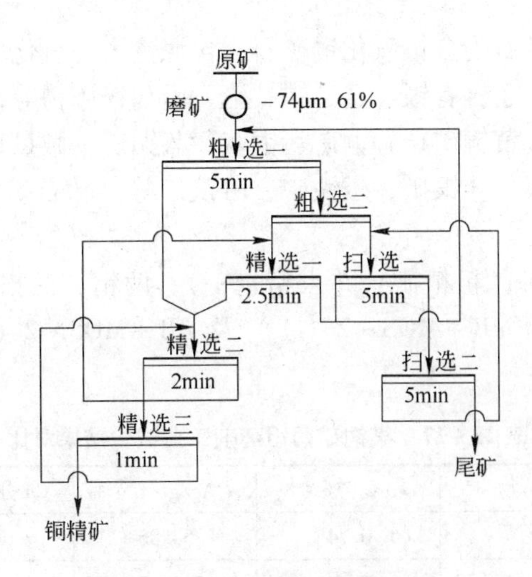

图12-10　武山铜矿磨浮流程

表12-15　原用药剂和新的药剂方案　(g/t)

方案名称	原生产药剂方案				新生产药剂方案			
药剂名称	MA-1	MOS-2	石灰	BK208	ZY-111	PN4055	石灰	BK208
粗选一	15	15	6000	40	15	10	6000	40
粗选二	10	10			10	10		
合　计	25	25	6000	40	25	20	6000	40

表12-16　新老药剂方案生产指标

方案名称	产品名称	产率/%	品　位/%			回收率/%	
			Cu	Au/g·t^{-1}	Ag/g·t^{-1}	Cu	Au
新药剂方案	原　矿	100.0	1.185	0.47	27.50	100.0	100.0
	粗精矿	4.98	20.996	3.40	29.70	88.85	81.03
	尾　矿	95.02	0.139	0.14	13.39	11.15	18.97
老药剂方案	原　矿	100.0	1.171	0.57	31.30	100.0	100.0
	粗精矿	5.04	20.014	3.25	333.5	87.67	78.76
	尾　矿	94.96	0.125	0.43	17.38	12.33	21.24

12-15　山西某铜矿用新药剂FH剂效果如何？

浮选山西某铜矿的矿石，用FH代替MB与MOS-2组合用药，获得较好的效益。FH是一种新型组合捕收剂，它是由几种不同的捕收剂按一定比例混合而成，呈黄色，有刺激性气味的粉状固体，能溶于水，捕收性能好，尤其对氧化了的硫化铜矿、氧化铜矿及氧化铅矿（经过硫化钠进行硫化）浮选的效果显著。

山西某铜矿的矿石为含银氧化铜矿石，含泥量大，氧化率高，矿物组成比较复杂，除铜矿物外，还含有银、金、铁、硫、铅和锌矿物等，铜矿物主要为孔雀石，其次为斑铜矿、黄铜矿、辉铜矿、铜蓝、蓝铜矿及微量自然铜，该矿石中还含有辉银矿、自然银、金银矿、磁铁矿、白铁矿等，脉石矿物主要为石榴子石、方解石、白云石等。

浮选流程为两粗（粗精矿合并入精选一）、两精、两扫。用石灰调 pH 值。工业试验的捕收剂为 MB + MOS – 2（Ⅰ）及 HB + MOS – 2（Ⅱ）两组的试验结果，见表 12 – 17。

表 12 – 17 某铜矿两组药剂工业试验结果对比

药 剂	产 物	Cu/%	Ag/g·t^{-1}	Cu 分布率/%	Ag 分布率/%
Ⅰ MB + MOS – 2	原 矿	0.74	54.86	100.00	100.00
	精 矿	25.18	1698.75	89.49	80.24
	尾 矿	0.080	11.13	10.51	19.76
Ⅱ HB + MOS – 2	原 矿	0.77	46.27	100.00	100.00
	精 矿	24.67	1658.97	91.62	82.97
	尾 矿	0.070	8.06	8.38	17.03
	Ⅱ – Ⅰ	–0.51	–39.78	+2.13	+2.73

由表 12 – 17 可以看出，在工业试验期间，用江铜 FH 捕收剂代替 MB 捕收剂，药剂吨矿成本增加了选别指标，铜、银精矿的品位稍有下降，但结果仍在该矿要求范围之内，而铜、银的回收率却有了较大提高，分别提高了 2.73%、2.13%，而药剂成本只提高了 0.12 元/吨。

12 – 16 某铜矿山老尾矿如何综合回收铜、金、银？

综合回收铜、金、银具体内容如下：

（1）铜矿山老尾矿矿物组成。铜矿物主要有黄铜矿、孔雀石，其次为辉铜矿、蓝辉铜矿、斑铜矿、铜蓝，还有少量赤铜矿。金矿物主要为自然金。银矿物主要为辉银矿、碲银矿、自然银。铁矿物主要为褐铁矿、赤铁矿、磁铁矿及菱铁矿。其他金属矿物有黄铁矿、磁黄铁矿、闪锌矿等。脉石矿物主要为方解石、石英等。

（2）铜山矿老尾矿主要化学成分及物相分析结果见表 12 – 18。

表 12 – 18 铜山矿老尾矿主要化学成分及物相分析结果

化学成分	Cu	Fe	SiO_2	Al_2O_3	CaO	MgO	其他	Au	Ag
含量/%	0.46	14.52	32.67	5.48	17.10	3.8	6.346	0.33g/t	6.96g/t

（3）铜、金、银的化学物相见表 12 – 19。

表 12-19 铜、金、银的化学物相

物 相	原生硫化铜	次生硫化铜	金属铜、自由氧化铜	与铁、锰结合铜	与硅结合铜
占有率/%	33.33	8.89	26.67	22.22	8.89
物 相	裸露金	硫化物中包裹金	氧化铁中包裹金	其他矿物中包裹金	总金
占有率/$g \cdot t^{-1}$	52.79	5.28	15.84	26.09	100%
物 相	裸露银	硫化物包裹银	其他矿物包裹银	总银	
占有率/$g \cdot t^{-1}$	47.33	7.33	45.34	100%	

(4) 捕收剂。进行 Z-200、PAC、Y89 及 BK404 等捕收剂用量为 50g/t 的试验，试验证明 BK404 捕收剂对提高铜、金、银回收率效果较好。

(5) 活化剂。加入活化剂硫酸铜、活化剂 PK、柴油等药剂强化浮选试验结果表明，活化剂 PK 试验效果较好。

(6) 其他条件：磨矿细度 -74μm 85%，松醇油 15g/t，丁黄药 200g/t，硫化钠 700g/t。

由于老尾矿堆存时间很长，部分硫化铜矿物表面存在深度的氧化，形成一层氧化膜，通过磨矿及分散剂表面清洗后，加入活化剂 PK 增强表面活性，使用高效捕收剂 BK404 进一步强化浮选来提高铜、金、银选别指标。闭路试验采用先硫后氧浮选工艺流程（硫化铜矿浮选用一粗、一扫、四精；氧化铜矿浮选二粗、二扫、四精）综合回收铜、金、银。获得铜品位 13.95%，含金 15.21g/t、含银 98.56g/t 的硫化铜精矿，铜回收率 28.97%、金回收率 44.96%、银回收率 13.86%；获得了铜品位 10.18%、含金 3.14g/t、含银 67.67g/t 的氧化铜精矿，铜回收率 22.25%、金回收率 9.76%、银回收率 10.01%。铜、金、银总回收率分别为 51.22%、54.72%、23.87%。

12-17 某铜硫铁矿如何分选？

该铜硫铁矿的选矿除了回收铜和硫外，还可回收磁铁矿。处理这种矿石的方法是在浮选铜和硫之后，从浮选尾矿中用磁选法回收铁。

某铜硫铁矿处理的矿石中含铜矿物主要是黄铜矿，其次有磁黄铁矿和黄铁矿。铁矿物以磁铁矿为主。该厂采用图 12-11 所示的原则流程处理这种矿石。浮选的特

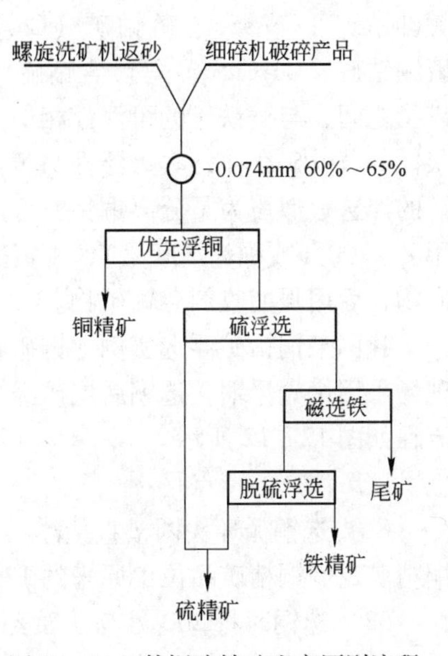

图 12-11 某铜硫铁矿生产原则流程

点是原矿经洗矿后实行泥、砂分选，分别按铜、硫、铁的顺序选出合格精矿。在浮铜时用石灰调整矿浆使其pH值为11～12，还补加少量氰化物抑制黄铁矿。浮硫时向浮选机中通入烧石灰放出的二氧化碳废气，使矿浆pH值降至8以下活化黄铁矿，这样不仅能降低选矿成本，而且能提高硫精矿的品位和回收率。由于原矿中含有大量可浮性较差具有磁性的磁黄铁矿，其容易进入铁精矿中，为了降低铁精矿中的含硫量和提高硫的回收率，该厂还对铁精矿进行脱硫浮选。

药剂制度（g/t）：

浮铜循环　石灰5500（pH值为11～12）；　氰化钠10；　丁黄药 80～100；　2号油60

浮硫循环　CO_2（碳窑废气）（pH值为7）；丁黄药150；2号油70；硫酸铜100；柴油300

铁精矿脱硫　丁黄药100；2号油100；硫酸铜100；柴油500

选别指标（%）：

	原矿品位	精矿品位	回收率
铜	0.84	16～18	86～89
硫	7.48	27.2	60左右
铁	31.9	62.76	37.29

12.4　铜、钴、铋硫化矿分离

12－18　铜钴硫化矿如何浮选？

钴常成硫化物和砷化物存在，含钴的矿物主要有含钴黄铁矿（Fe，Co）S_2、辉砷钴矿（CoAsS）、硫钴矿（Co_3S_4）等，此外还有硫镍钴矿（$(NiCo)_3S_4$）、硫铜钴矿（Co_2CuS_4）等。含钴硫化物的可浮性，介于铜铅硫化矿物与锌铁硫化矿物之间，与黄铁矿的可浮性相似。由于硫化钴的矿物很少单独出现，常成含钴很低的黄铁矿存在，其可浮性与黄铁矿接近，因此铜钴矿的浮选，实际上与铜硫矿的浮选近似。为了分离铜钴，可用选择性较好的捕收剂先选铜抑制钴矿物，如用Z－200（或称为200号）、丁黄药等先捕收铜矿物，用石灰、漂白粉等抑制钴矿物，后用强捕收剂浮钴矿物。

我国某铜钴矿浮选实例，铜矿物主要是黄铜矿，钴矿物主要是含钴黄铁矿。现场采用优先浮铜，选铜后尾矿经浓密机脱水再选钴的流程回收铜和钴，其工艺流程如图12－12所示。

该厂浮选的特点是：

（1）选铜循环头两槽直接浮出大部分铜的粗精矿，粗精矿经一次精选后得铜精矿，使铜精矿品位由原来的12%～13%提高到20%左右。

（2）选铜时将200号与丁黄药组合用，由于200号具有较好的选择性，对含钴黄铁矿捕收力弱，使浮铜循环石灰用量下降了一半。钴浮选也不用硫酸铜、

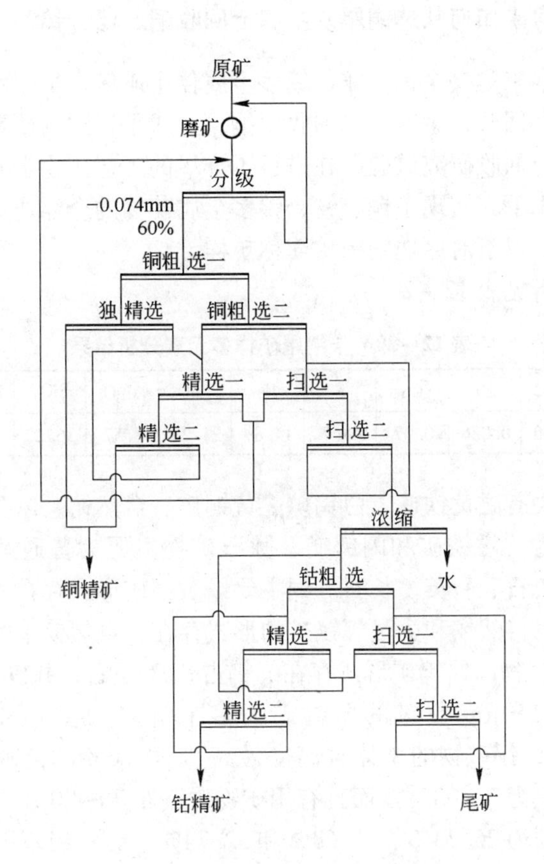

图 12-12 某铜钴矿浮选流程

硫酸等活化剂，直接用黄药、吡啶就能浮出含钴黄铁矿，并且黄药、吡啶的用量下降了1/3~1/2。钴的回收率还可以提高10%左右。

药剂制度（g/t）：

选铜	石　灰	3000~4000	（加入磨矿中）
	200号	4~6	（加入粗选）
	丁黄药	40~50	（加入扫选）
	吡　啶	100~110	（加入粗，扫选）
选钴	丁黄药	120~170	（加入粗、扫选）
	吡　啶	110~150	（加入粗、扫选）

选别指标：

	原矿品位/%	精矿品位/%	回收率/%
铜	0.861	21.124	96.41
钴	0.021	0.352	47.70

12－19 云南卡房矿如何从选铜尾矿中综合回收铜、铋、钨?

云南卡房矿本来是一个铜、铋、钨多金属伴生矿床，早年由于矿石中铜的含量较高，忽视综合回收，生产中只回收了铜，造成了资源的严重浪费。近年来对其尾矿进行了综合回收研究试验，在进行了详尽的工艺矿物学研究的基础上，在高选择性药剂作用下，实现了铜、铋、钨多金属矿物的全浮选综合回收，获得了较好的经济效益。以下对原选铜尾矿简称矿样。

矿样多元分析见表 12－20。

表 12－20 卡铜尾矿样多元素分析结果

元素	WO_3	Mo	Bi	Cu	S	Fe	CaO	MgO	SiO_2	Al_2O_3	CaF_2	其他
含量/%	0.063	0.006	0.086	0.07	4.67	14.89	21.23	8.57	36.20	9.53	4.32	—

金属矿物主要有磁黄铁矿、白钨矿、黄铜矿、自然铋，以及少量辉铋矿、铜蓝、黄铁矿、毒砂、磁铁矿和闪锌矿。脉石矿物主要为普通辉石、石榴石、萤石、方解石、硅灰石、石英、长石。铜主要以黄铜矿形式存在，外有极少量的铜蓝。铋矿物主要以自然铋和少量辉铋矿的形式存在，自然铋中的铋占原矿总铋量的90%左右。钨矿物以白钨矿形式存在的钨占82%左右，并以－43μm 的微细粒嵌布为主，43～150μm 粒级的白钨矿大多未解离。磨矿细度到－74μm 占71.92%的条件下，铋矿物的单体解离度最高达90.06%，钨矿物次之，铜矿物的单体解离度最差为71.03%。而且有用矿物中嵌布于－20μm 粒级范围内的铜、铋和钨占有率分别为25.23%、27.68%和32.74%。该粒级范围的矿物难以有效的回收。初步试验采用图 12－13 所示原则工艺流程。

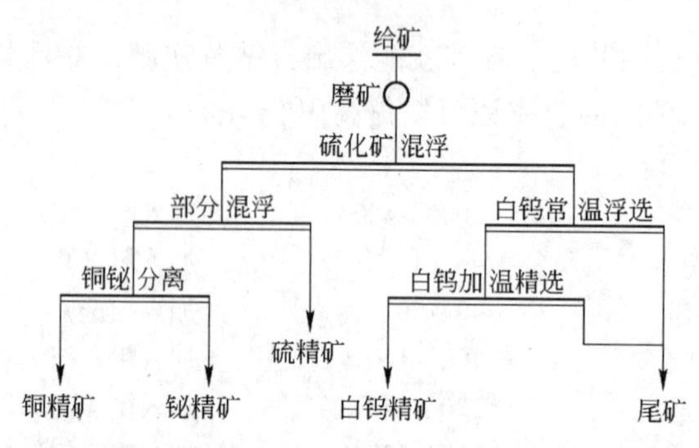

图 12－13 综合回收 Cu、Bi、WO_3 原则工艺流程

矿样铜、铋、钨全流程闭路工艺流程如图 12－14 所示。

要指出的是使用了四个选择性较强的药剂，即 PZO、GW、GY10 和 GBS。PZO 对黄铜矿有高选择性兼有起泡性，尤其是在矿泥较多的尾矿矿浆中其分选效

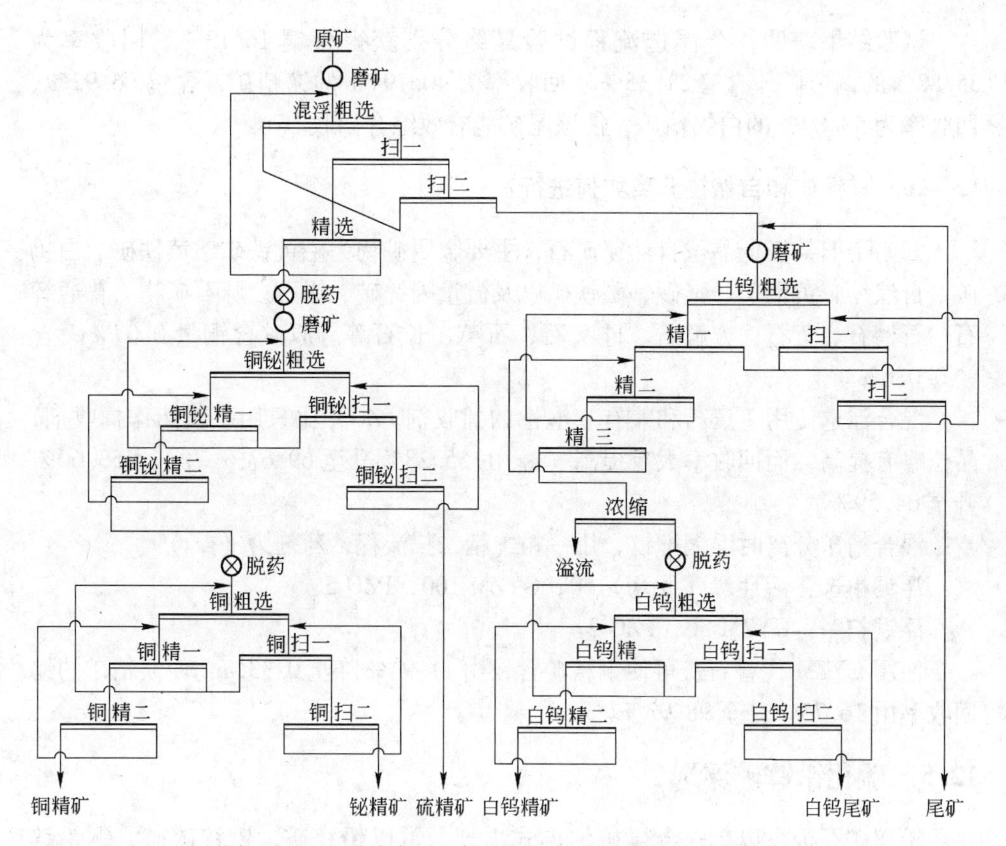

图 12-14 尾矿全浮选铜、铋、钨全流程闭路工艺流程

果更佳；抑制剂 GW 在铜铋浮选分离过程中，能选择性地吸附在自然铋矿物的表面，使它亲水而被抑制；在白钨矿的浮选过程中，捕收剂 GY10 能选择性地以多分子层化学吸附形式作用在白钨矿表面；抑制剂 GBS 对钙硅质细粒脉石矿物有选择性抑制作用，使白钨矿浮选工艺过程稳定性、精矿品位较高。试验结果见表 12-21。

表 12-21 铜、铋、钨浮选的闭路试验结果 (%)

产 品	γ	β_{Cu}	β_{Bi}	β_{WO_3}	ε_{Cu}	ε_{Bi}	ε_{WO_3}
铜精矿	0.156	16.130	0.320	0.052	35.822	0.584	0.120
铋精矿	0.163	0.820	21.35	0.036	1.904	40.794	0.093
硫精矿	9.981	0.250	0.170	0.042	35.478	19.832	6.330
白钨精矿	0.053	0.028	0.057	66.92	0.021	0.036	53.890
尾 矿	89.340	0.021	0.037	0.025	26.674	38.634	33.750

注：γ—产率；β—品位；ε—回收率。

试验结果表明，全浮选流程试验最终分别获得含铜 16.13%、回收率为 35.82% 的铜精矿，含铋 21.35%、回收率为 40.794% 的铋精矿，含钨 66.92%、回收率为 53.89% 的白钨精矿，使该尾矿能有效综合回收。

12－20 某铜矿和自然铋分离如何进行?

云南个旧某极低品位自然铋矿石，主要金属矿物为磁黄铁矿、黄铁矿、白钨矿、自然铋、黄铜矿、毒砂、磁铁矿以及微量闪锌矿、锡石；脉石矿物为普通辉石、石榴石、萤石、方解石、硅灰石、石英、长石等。原矿含铜量 0.07%，含铋 0.086%。

混合浮选使用丁黄药和兼有起泡性的捕收剂 PZO，比只用丁黄药作捕收剂，品位略有提高，而回收率大有提高（ε_{Cu}由 55.28% 升至 69.67%，ε_{Bi}由 53.60% 升至 64.59%）。

混合精矿分离时浮铜抑铋，用一粗二精二扫流程，药剂为（g/t）:

浮铜粗选：活性炭（脱药）60，GYZM 100，PZO 5

浮铜扫一：GYZM 50，PZO 3

使用 GYZM 代替石灰可使铜精矿含铋由 11.94% 降至 0.33%，使铋精矿的铋回收率由 16.75% 升至 98.93%。

12.5 硫化铅锌矿浮选

铅锌矿石极少以单一金属矿的形式出现，常以铅锌矿、铅锌硫矿、铜铅锌矿、铅锌萤石矿等形式出现。铅锌矿中常见的硫化矿物及其可浮性如下。

12－21 方铅矿和闪锌矿的可浮性如何?

A 方铅矿的可浮性

方铅矿（PbS）含铅 86.6%，可浮性良好，常用的捕收剂是黄药、黑药、丁铵黑药和乙硫氮，乙硫氮和丁铵黑药的选择性都不错，而乙硫氮捕收力比黄药强。方铅矿浮游的 pH 值常在 10～13 之间。用黑药时低一些，用硫氮时高一些，当伴生的黄铁矿量大用硫氮作捕收剂时，pH 值一般在 12～13 之间。大理铅锌矿的试验证明，用 SN－9 作捕收剂，在 pH 值为 8.0～12 之间，粗选铅的回收率基本不变。浮游的矿浆电位 Eh 值在 －0.15V 附近。

常用的抑制剂是重铬酸盐、硫化钠、亚硫酸及其盐，水玻璃与其他药剂的组合剂、淀粉、糊精、CMC、YK3－09，对方铅矿都有抑制作用。但用氰化物抑制其伴生矿物时，对它几乎无抑制作用。

从溶度积的观点（溶度积小的化合物优先生成）研究方铅矿与几种常用的捕收剂和抑制剂的关系，可以用 lg$c$－pH 值图讨论药剂作用的可能性。以方铅矿和黄药与几种抑制剂的作用为例。

（1）铅与乙黄药（EX）和己黄药（HX）的反应：

$$Pb^{2+} + 2EX^{-} = Pb(EX)_2 \qquad \text{溶度积：} L_{Pb}(EX)_2 = 10^{-16.7}$$

$$Pb^{2+} + 2HX = Pb(HX)_2 \qquad L_{Pb}(HX)_2 = 10^{-20.3}$$

若黄药量浓度为 3×10^{-5}mol/L，则有：

$$pPb^{2+} = 7.7, \ pPb^{2+} = 11.3$$

它们在 lg$c$ - pH 值图中为两条水平线。

（2）氢氧化铅的生成：

$$Pb^{2+} + 2OH^{-} = Pb(OH)_2 \qquad L_{Pb(OH)2} = 10^{-15.1}$$

故

$$pPb^{2+} = -12.9 + 2pH$$

为一斜线。

（3）Pb^{2+}与抑制剂反应：

由

$$Pb^{2+} + CrO_4^{2-} = PbCrO_4 \qquad L_{PbCrO_4} = 10^{-13.8}$$

取［$CrO_4{}^{2-}$］$=10^{-3}$mol/L，则有 $pPb^{2+} = 10.8$；

由

$$Pb^{2+} + S_2O_3{}^{2-} = PbS_2O_3 \qquad L_{PbS_2O_3} = 10^{-9.5}$$

取［$S_2O_3{}^{2-}$］$=10^{-3}$mol/L，则有 $pPb^{2+} = 6.5$；

由

$$Pb^{2+} + SO_4{}^{2-} = PbSO_4 \qquad L_{PbSO_4} = 10^{-6.2}$$

取［$SO_4{}^{2-}$］$=10^{-3}$mol/L，则有 $pPb^{2+} = 3.2$；

由

$$Pb^{2+} + SO_3{}^{2-} = PbSO_3 \qquad L_{PbSO_3} = 10^{-13.9}$$

取［$SO_3{}^{2-}$］$= 10^{-3}$ mol/L，则有 $pPb^{2+} = 10.0$。

将上面各式绘成图 12－15，其浮选意义是：用乙黄药的浓度为 3×10^{-3} mol/L 时，若硫酸盐及硫代硫酸盐的浓度为 3×10^{-3} mol/L，不能发生抑制作用，因为它们的 Pb^{2+}值 3.2 和 6.5 均小于 7.7。但同样浓度的亚硫酸盐和铬酸盐则可以抑制浮选，因为它们的 Pb^{2+}值 10 和 10.8，均大于 7.7。而改用己黄药则抑制作用受阻，因为它的

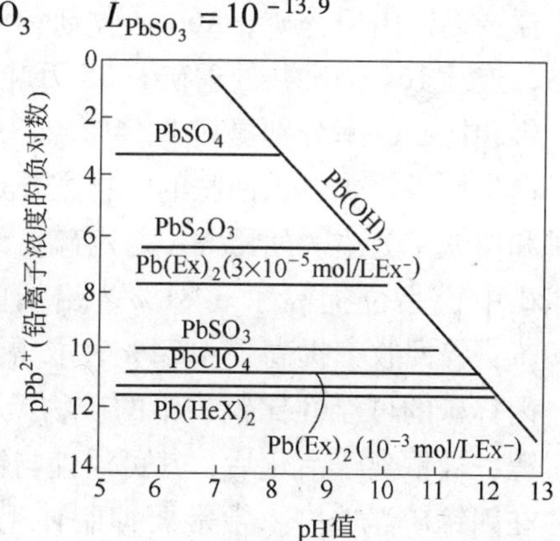

图 12－15 药剂与方铅矿作用的 lg$c$－pH 值图

Pb^{2+}值11.3大于10.8，浮选仍然可以发生。如果把乙黄药的浓度加大，其Pb^{2+}值大于10.8浮选也可能发生。

方铅矿可以被几种嗜硫、嗜铁杆菌氧化和抑制。一般不用活化剂，但被重铬酸盐抑制过的方铅矿很难活化，虽可用硫酸亚铁、盐酸及亚硫酸钠等还原剂使之活化，或在酸性介质中用氯化钠处理后才能活化。

CLS－01在一组浮铜抑铅药剂中抑制方铅矿最有效。有人在铜铅分离中，用CLS－01、CLS－01^{+}、$K_2Cr_2O_7$、$K_2Cr_2O_7+Na_2SO_3$、$Na_2SO_3+FeSO_4$和$K_2Cr_2O_7+Na_2S+ZnSO_4$等抑制剂进行对比试验，试验结果表明，以CLS－01效果最好。

B 闪锌矿的可浮性

闪锌矿（ZnS）含锌67.1%，是锌的主要矿物，铁闪锌矿［(Zn，Fe)S］次之。闪锌矿经常含有铁、锰、镉、铟、镓、汞、锗等杂质，含铁量多的称为铁闪锌矿。浮闪锌矿常用的捕收剂多为丁基黄药。

2－氨基苯硫酚和2－羟基苯硫酚对未经硫酸铜活化的铁闪锌矿的捕收作用比丁基黄药要好。两种苯硫酚的结构式为：

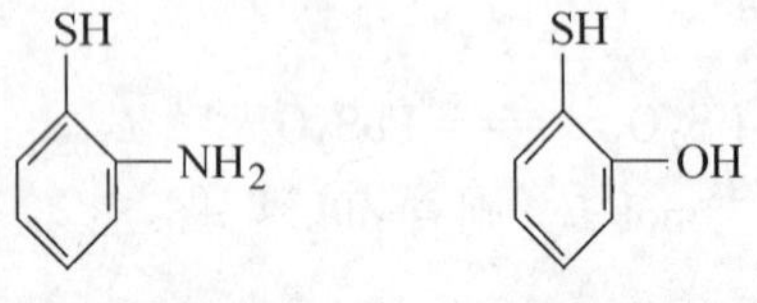

SH　NH$_2$　　SH　OH

2-氨基苯硫酚　　2-羟基苯硫酚

红外光谱测定结果表明，2－氨基苯硫酚、2－羟基苯硫酚对未经硫酸铜活化的铁闪锌矿能发生化学吸附。

浮选锡铁山铅锌矿，A66捕收剂和调整剂T106配合使用，在原生产流程条件下，连续164个班共处理矿石35万吨。在铅、锌精矿质量相当的情况下，铅、金、银和锌回收率分别提高1.14%、18.31%、15.43%和1.40%。

白牛厂铅锌矿可供回收的矿物主要是铁闪锌矿、方铅矿，其他金属矿物以黄铁矿和白铁矿为主。使用MA与乙硫氮组合作捕收剂与丁黄药和硫氮组合相比，铅精矿中铅品位提高了3.81%，铅回收率提高了7.7%，锌精矿品位提高了2.09%，锌回收率提高了4.24%，取得了明显效果。

闪锌矿的可浮性比铜、铅的矿物差，常用硫酸铜活化，Cu^{2+}活化它是自发的过程，被铜离子活化后，其可浮性与铜蓝相似。

在闪锌矿浮选中，常常要抑制伴生的黄铁矿，浮选矿浆的pH值多保持于9～11.5之间，用石灰调节。

抑制闪锌矿的药剂有氰化物、硫酸锌、硫酸亚铁、亚硫酸盐、硫代硫酸盐或二氧化硫气体。铁闪锌矿可浮性比一般闪锌矿可浮性差，铁闪锌矿更容易被石灰抑制。

闪锌矿虽然可受嗜硫、嗜铁杆菌作用，但受细菌作用后其可浮性却很好，有不少用细菌处理抑铅浮锌的报道。

GZT 抑制剂是广西大学研制的新抑制剂，能抑制闪锌矿及其他铅锑矿中的硫化矿杂质。矿石中的镉、铟、镓、锗多散布于闪锌矿中，浮选后进入锌精矿中。

12－22 铜、铅、锌、硫的多金属矿浮选原则流程如何？

铜、铅、锌、硫的多金属矿浮选原则流程在 10－2 问中已经作过介绍。主要有：

（1）优先浮选流程（图 10－4*a*）；

（2）混合浮选流程（图 10－4*b*）；

（3）部分混合浮选流程（图 10－4*c*）。

（4）等可浮选流程（图 10－4*d*），也叫分别混合浮选流程。

以外，还有所谓半优先一混合浮选流程。它们的主要优缺点已经作过介绍，在此不再重述。

12－23 铜、铅、锌矿分离的药剂方案是什么？

复杂的铜、铅、锌、硫多金属矿，常常由于成矿时的互相溶蚀交代和选别过程中的离子活化难以分离，表 12－22 和表 12－23 简明地列出了一些已经使用过的方案。

表 12－22 浮铅抑锌无氰方案

序号	方　案	序号	方　案
1	硫酸锌法	6	硫酸锌＋硫化钠法
2	氢氧化钠（pH 值为 9.5）＋黑药	7	DS＋石灰（防硫酸锌抑锗）
3	硫酸锌＋亚硫酸盐	8	高锰酸钾法
4	硫酸锌＋硫代硫酸盐	9	硫酸锌　YC
5	二氧化硫法		

表 12－23 铜铅分离方案

浮铜抑铅		
序号	药　剂	条　件
1	$SO_2 + Na_2S$	用于黄铁矿多、泥多、次生硫化铜多的矿石
2	$SO_2 + CaO$	pH 值为 5.5，蒸汽加温至 60～70℃

续表 12－23

浮铜抑铅		
序号	药　剂	条　件
3	SO_2＋淀粉	pH值为4.5～5，严格控制用量
4	$Na_2S_2O_3+H_2SO_4+FeSO_4$	pH值为6.5，对被Cu^{2+}活化的方铅矿有效
5	$Na_2S_2O_3+FeCl_3$	对Cu^{2+}活化的方铅矿有效
6	$Na_2SO_3+ZnSO_4+K_2Cr_2O_7$	适于未活化的方铅矿
7	$SO_2+K_2Cr_2O_7$＋蒸汽加温	pH值为5.5，温度为50℃
8	$K_2Cr_2O_7$	未活化的方铅矿，在pH值为7附近效果最差
9	C（活性）$Na_2SiO_3+K_2Cr_2O_7$＋CMC	抑制方铅矿效果比方案7好
10	Na_2SiO_3＋CMC	铜矿物以黄铜矿为主，方铅矿未被活化
11	$Na_2SiO_3+NaSO_3$＋CMC	铜矿物为黄铜矿及辉铜矿，方铅矿可浮性与铜矿物相近
浮铅抑铜（铅铜比小）		
1	$NaCN+ZnSO_4$	抑制原生铜矿为主
2	$NaCN+Na_2S$	抑制原生铜矿为主
3	$K_3Fe(CN)_6$	抑制次生铜矿物
4	NaCN	抑制原生铜矿物
5	NaCN∶ZnO＝2∶1（质量）反应后加硫酸铵混合使用	抑制斑铜矿和砷黝铜矿，但不抑制辉铜矿

广东某铜铅混合精矿，用常规分离方法困难，为了达到铜铅分离的目的，试验采用高频振动细筛，先将混合精矿分级，然后对＋0.088mm筛上粒级进行摇床重选；对－0.088mm筛下粒级，用CMC、亚硫酸钠和水玻璃混合剂作抑制剂，用Z－200作捕收剂，抑铅浮铜。工业试验结果：铜精矿含铜22.35%、含铅4.02%；铅精矿含铅60.31%，含铜2.79%。铜锌分离方案见表12－24。锌硫分离方案见表12－25。

表12－24　铜锌分离方案（一般浮铜抑锌）

序号	药　剂	条　件
1	$CaO+NaCN+ZnSO_4$	严格控制氰化物的用量
2	$Na_2S+ZnSO_4$	适于含次生铜的矿石
3	$CaO+Na_2S+ZnSO_4$	适于含次生铜的矿石
4	$CaO+Na_2S+ZnSO_4+SO_2$	先用硫化钠脱药，加二氧化硫及硫酸锌pH值为5，再加石灰调pH值至6.5浮铜

续表 12－24

序号	药剂	条件
5	$Na_2SO_3 + FeSO_4$	寻求合理的配比
6	$Na_2SO_3 + CaO + ZnSO_4$	合理配比
7	只用丁黄药＋选择性好的杂戊黄药	个别情况

表 12－25 锌硫分离方案

序号	药剂	条件
1	CaO	pH 值为 11～12
2	CaO＋NaCN 少量	有时为得到高质量锌精矿所必需

12－24 会理铅锌矿如何浮选？

矿石中有用矿物主要为闪锌矿、方铅矿、黄铁矿、黄铜矿，还有少量白铅矿，微量硫锑银矿。脉石矿物有方解石、白云石、绢云母和石英菱锌矿等。原矿多元分析见表 12－26。

表 12－26 原矿多元分析

元素	Pb	Zn	Cu	S	SiO_2	MgO	Au	Ag
含量/%	1.43	8.73	0.04	4.89	35.02	9.32	0.02g/t	108g/t

磨矿细度为－74μm 时，闪锌矿的解离率约 90%，而方铅矿的解离率约 82%，而且方铅矿中夹杂有细粒闪锌矿，使方铅矿的可浮性受到影响。

1994 年，曾用等可浮流程，以苯胺黑药作捕收剂获得好的指标，1997 年以后矿石性质变化，选别指标下降严重。2001 年，改用新的工艺。新工艺流程如图 12－16 所示，新旧工艺药剂配伍见表 12－27，会理新旧工艺生产指标对比见表 12－28。

12－25 某铅锌硫矿是如何浮选的？

某铅锌硫化矿属中低温热液裂隙充填交代矿床，矿石类型以含块状黄铁矿的铅锌硫化矿为主，还有少量含粉状黄铁矿的铅锌氧化矿，氧化矿仅占金属量的 6%，铅氧化率 9%～10%，锌氧化率 1.3%～2.3%。矿石中主要金属矿物为黄铁矿、闪锌矿、方铅矿，并含极少量白铅矿、菱锌矿、淡红银矿和辉银矿。脉石矿物主要为石英，其次为方解石、白云石等。矿石中黄铁矿、方铅矿和闪锌矿占

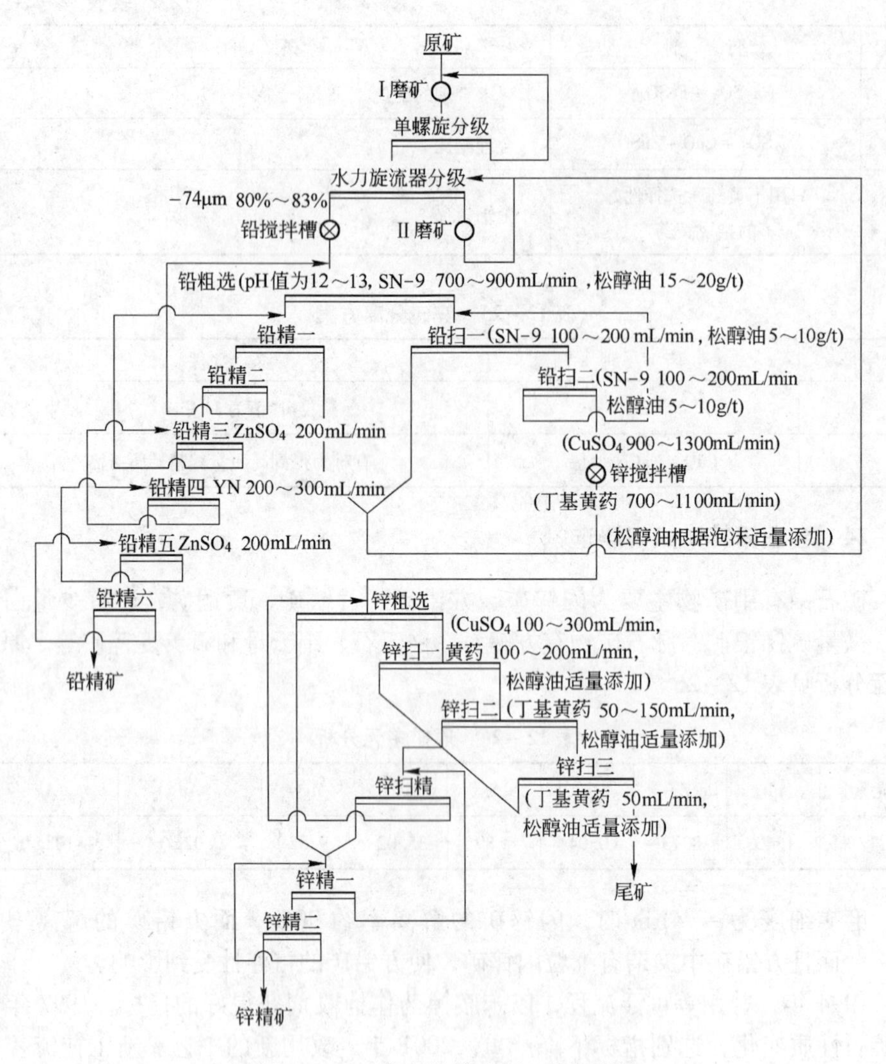

图 12－16 会理铅锌矿新工艺流程图

表 12－27 新旧工艺药剂配伍 (g/t)

工 艺	松醇油	石 灰	丁黄药	黑 药	硫酸锌	硫酸铜
新工艺	108	6730	114	—	308	909
旧工艺	136	4105	116	69	421	992

工 艺	硫化钠	碳酸钠	六偏磷酸钠	YN	SN－9
新工艺	60	—	—	120	64
旧工艺	230	93	52	—	—

表 12－28 会理新旧工艺生产指标对比 (%)

工 艺	产 品	产率	铅品位	锌品位	铅回收率	锌回收率	矿石氧化率
新工艺	原 矿	100.0	1.54	10.24	100.0	100.0	14.34
	铅精矿	1.18	60.63	11.01	46.46	1.27	
	锌精矿	15.89	1.81	54.49	18.54	84.59	
	尾 矿	82.93	0.65	1.75	35.00	14.14	
旧工艺	原 矿	100.0	1.78	10.44	100.0	100.0	10.84
	铅精矿	1.59	51.94	16.40	46.54	2.5	
	锌精矿	15.34	2.29	56.20	19.73	82.57	
	尾 矿	83.07	0.72	1.88	33.73	14.93	

矿物总量的63.6%。方铅矿呈他形粒状或细脉状嵌布在黄铁矿、闪锌矿的间隙和裂缝中。方铅矿粒度大部分在0.01～0.5mm之间，闪锌矿大部分粒度在0.1～0.15mm之间。

工厂投产后工艺流程和条件经过多次演变。曾用过一段磨矿（70% 8～74μm）中矿再磨和苏打－硫酸锌法分离工艺，后改为两段连续磨矿（82% －74μm）粗精矿再磨（85%～90% －44μm）和铅循环高碱度的优先浮选流程。铅锌浮选流程原则流程如图 12－17 所示。

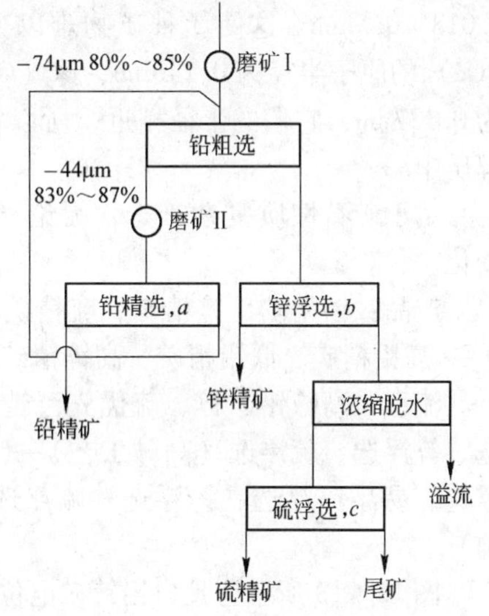

图 12－17 某铅锌硫矿浮选原则流程
a—精选三次；b—二粗三精二扫；c—一粗一扫

采用该工艺后，使铅精矿品位由原来43.79%升至52%以上，回收率由75.79%提高到80%以上。锌浮选指标也有所提高，药剂制度见表12－29，选别指标见表12－30。

表 12－29 某铅锌矿的药剂制度 (g/t)

循 环	pH值（石灰）	丁黄药	硫酸锌	硫酸铜	浓70松油
浮 铅	11～12	300～500	1500～2500	—	8～15
浮 锌	11～12	400～600	—	700～900	30
浮 硫	8	150～250	—	—	80～120

表 12-30 某铅锌矿的选别指标 (%)

元 素	原矿品位	精矿品位	回收率
铅	4~5	55~57	约80
锌	9~11	45~50	92~94
硫	20~25	42~49	45~55

12-26 凡口铅锌矿是如何浮选的?

凡口铅锌矿矿石是热液交代形成的细粒不均匀复杂嵌布铅锌高硫复合硫化矿，主要金属矿物为黄铁矿、闪锌矿、方铅矿，次要矿物有白铁矿、磁黄铁矿、铅矾、白铅矿、毒砂、淡红银矿、辉银矿、黄铜矿等，还伴生有银、镉、锗、镓、汞等稀贵金属。脉石矿物有石英、方解石、白云石、绢云母等。黄铁矿成矿早，晶粒较粗，被闪锌矿、方铅矿的热液溶蚀交代而呈溶蚀交代残余结构。黄铁矿粒度一般在0.1mm以上，闪锌矿粒度为0.1~1mm，方铅矿粒度最小，为0.018~0.5mm。这使3种矿物难以分离。部分黄铁矿的可浮性很好。由于锗（Ge）的原子半径为0.146nm，镓（Ga）的原子半径为0.127nm，锌的原子半径为0.137nm，它们的半径相近，所以93%以上的锗、70%以上的镓都分布在闪锌矿中。

由于矿石性质复杂难选，无论产品或工艺条件，40多年来有过几次大的变化。

产品：铅精矿、锌精矿、硫精矿→铅精矿、锌精矿、铅锌混合精矿、硫精矿→ 高铅精矿、低铅精矿、高锌精矿、低锌精矿、硫精矿。

流程：高碱铅、锌、硫优先浮选（高碱工艺）→高碱铅浮选、铅锌混合浮选、锌浮选、硫浮选（高碱工艺）→（一段）易浮铅浮选、（二段中矿再磨）铅浮选、易浮锌浮选、锌浮选、硫浮选→高碱电位调控浮选（流程基本结构同前）。

图12-18所示为凡口铅锌矿电位调控工艺流程图。其特点如下：

（1）根据原生电位调控理论，将铅粗选电位控制在165~175mV的范围内。

（2）丁黄药:乙硫氮=1:1（药剂质量浓度均为7%）。

（3）精选中用DS抑制剂。

（4）为了防止扫选作业浮选时间过长对控制电位不利，缩短了浮选时间和减少了浮选机的使用容积（见表12-31），大大减少了设备和电功消耗。

（5）从流程的结构分析，是将入选物料分为易浮和难浮的两部分先后浮选，所谓快速浮选，其实质是将铅锌作业的入选物料分为当时可以浮游（易选）的和暂时不能浮游（难浮）的两部分，分别处理，前一部分得到高品位精矿，后浮出的部分得到低品位精矿。2000年2月改造一系统，2001年2月改造二系统。

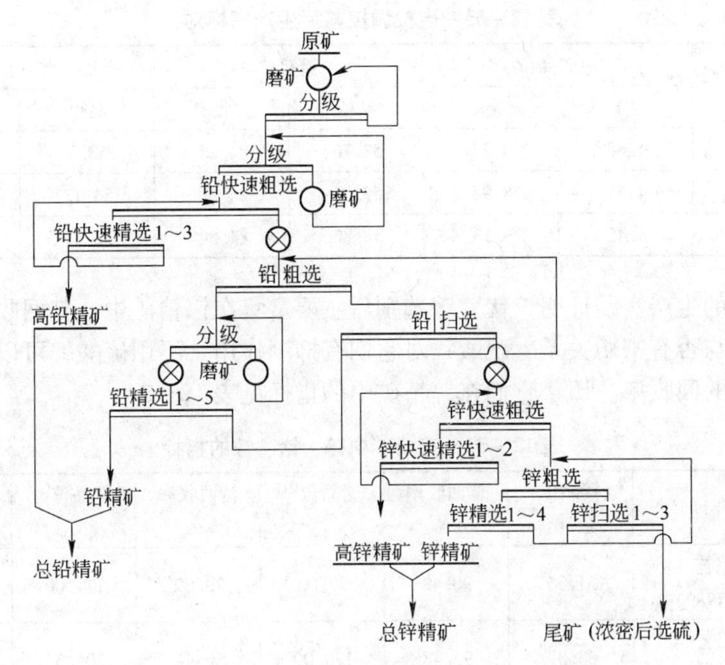

图12－18　凡口铅锌矿高碱电位调控工艺流程

改造前后药剂消耗见表11－32。电位调控前后生产指标对比见表12－33。

表12－31　电位调控前后浮选机的容积

作业容积/m^3	一系列改前	一系列改后	差值	二系列改前	二系列改后	差值
浮　铅	284	183	101	284	183	101
浮　锌	232	205.6	26.4	237.2	199.8	37.4
总浮选机容积	516	388.6	127.4	521.6	382.8	138.8
总功率/kW	1804.5	1432	372.5	1766.3	1435.9	330.25

表12－32　电位调控前后药剂消耗　（kg/t）

年　度	硫酸铜	丁黄药	乙黄药	松醇油	DS
1999	0.772	0.422	0.103	0.120	0.014
2000	0.666	0.450	0.096	0.108	0.041
2001	0.598	0.473	0.091	0.113	0.070
年　度	硫　酸	石　灰	乙硫氮	氢氧化钠	总成本/元·吨$^{-1}$
1999	12.07	10.13	0.176	0.006	18.848
2000	10.856	9.739	0.153	0.006	16.043
2001	10.997	8.804	0.128	0.006	15.462

表 12-33 电位调控前后生产指标对比 (%)

年度	原矿品位		铅精矿		锌精矿	
	铅	锌	品位	回收率	品位	回收率
1999	4.68	9.25	58.76	84.25	53.3	94.08
2000	4.57	8.94	59.06	84.58	53.12	94.14
2001	4.45	9.13	58.82	84.54	52.77	94.20

多年的生产实践证明，锗、镓选别后主要富集在锌精矿中：其回收率与硫酸锌的使用与否有密切关系。硫酸锌对它们有抑制作用。不用硫酸锌可以大幅度地提高它们的回收率。历年它们在锌精矿中的指标见表 12-34。

表 12-34 锌精矿中锌、锗、镓的指标

流程（年度）	锌品位 /g·t^{-1}	锌回收率 /%	锗品位① /g·t^{-1}	锗回收率 /%	镓品位① /g·t^{-1}	镓回收率 /%
高碱工艺（1980~1989）	51.35	90.48	99.00	70.09	171.00	52.31
高碱工艺（1990~1992）	53.37	93.48	120.00	80.44	203.33	52.13
快速优先浮选（1993~1997）	53.60	93.78	118.18	87.89	176.00	52.80
电化学调控浮选（1998~2000）	53.02	94.11	123.00	92.58	194.33	62.25

①它们的品位按每吨锌精矿中所含的克数计算，后面它们的回收率提高是因为用 DS 代替硫酸锌作抑制剂。

12-27 甘肃某铜锌矿是如何选别的？

原矿性质。矿石中主要金属矿物有黄铁矿、铁闪锌矿、闪锌矿、黄铜矿。其次是辉铜矿、铜蓝、方铅矿、毒砂、磁黄铁矿等。脉石矿物主要有石英、绢云母、绿泥石、方解石、石膏等。

黄铜矿主要呈脉状、似脉状等不规则他形晶粒嵌布于黄铁矿晶粒边缘或晶隙之间，少部分黄铜矿呈乳滴状结构嵌布在闪锌矿和铁闪锌中间，粒度大小不均，以中细粒为主，一般粒度为 0.2~0.4mm，小于 0.015mm 较细粒的黄铜矿约占 15%。

闪锌矿根据含铁量不同，有闪锌矿、灰黑色铁闪锌矿和灰白色铁闪锌矿 3 种锌矿物。闪锌矿含铁量为 8%~10%。各锌矿物均呈不规则的他形晶粒嵌布在黄铁矿晶粒边缘，也常充填，胶结并交代黄铁矿。与黄铜矿共生关系密切。粒度一般为中细粒，以细粒（9~18μm）为主，-0.023mm 的约占 50%。

黄铁矿在矿石中的含量一般为 75%~90%，平均在 85% 以上，以中细粒他

形晶粒状结构为主，少量呈自形晶粒及半自形晶粒状结构。

原矿多元素分析结果和物相分析见表 12－35。

表 12－35　原矿多元素分析结果和物相分析

原矿多元素分析结果									
元　素	Cu	Zn	Pb	Fe	S	SiO_2	Al_2O_3	MgO	CaO
含量/%	0.575	1.89	0.27	38.0	39.8	6.36	1.6	1.19	1.6

原矿物相分析							
相　别	原生硫化铜	次生硫化铜	氧化铜	总铜	硫化锌	氧化锌	总锌
含量/%	0.455	0.09	0.03	0.575	1.747	0.43	1.89
占有率/%	79.13	15.65	5.22	100.0	92.43	7.57	100.0

生产流程如图 12－19 所示。原矿经两段磨细到 －0.074mm 85% ~90% 后，

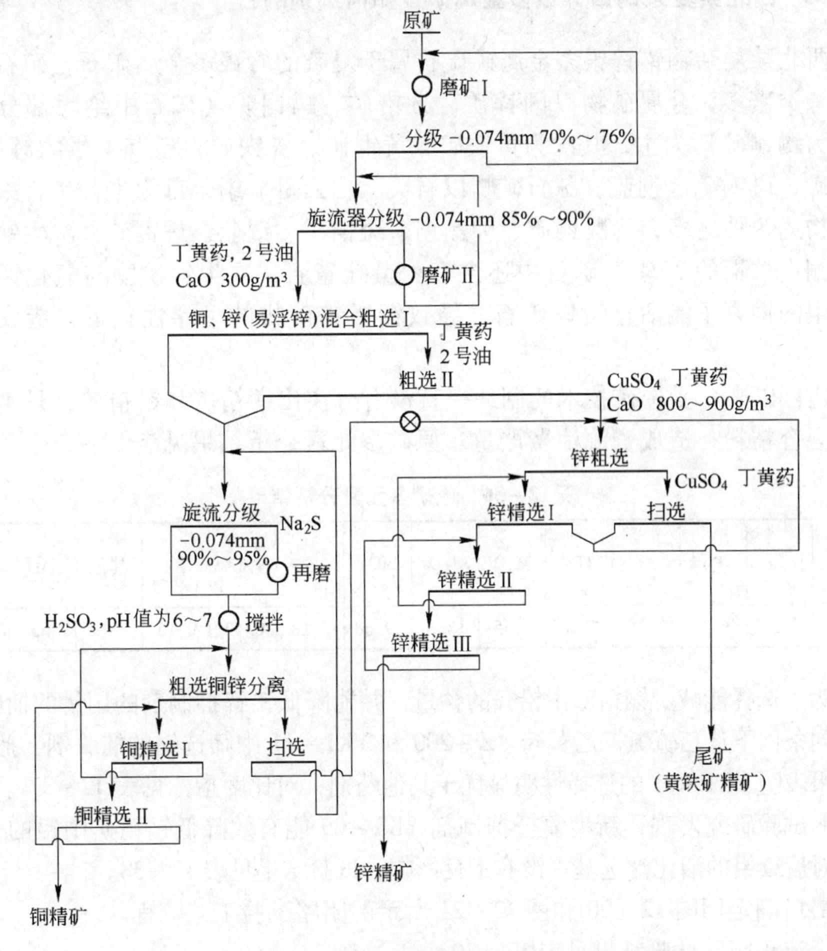

图 12－19　甘肃某铜锌矿石选矿生产流程及药剂制度

用石灰中钙（CaO 含量为 200～400g/m^3 条件下）进行铜锌等可浮选，得到铜锌混合精矿；槽内为锌硫产物。

铜锌混合精矿经再磨至 -0.074mm 95%，以亚硫酸-硫化钠控制 pH 值在 6～7 浮铜，两次精选，得到最终铜精矿。铜锌分离尾矿（含锌硫）与铜锌等可浮尾矿合并进入锌硫分离回路中，在高钙（CaO 含量为 800～900g/m^3 矿浆）条件下，用硫酸铜活化闪锌矿后浮锌抑硫，3 次精选后得锌精矿，终尾矿为硫精矿。

代表性生产指标（主成分/%）：

铜原矿	铜精矿	铜回收率	锌原矿	锌精矿	锌回收率
1.503	13.2	80.58	2.903	40.74	39.92

该实例因细粒难选指标不佳，但方法有一定的代表性。

12-28 西北某复杂铜铅锌银多金属矿是如何选别的？

西北某复杂铜铅锌银多金属矿矿石属于复杂的含银多金属矿石，矿石中的矿物种类繁多，金属矿物以闪锌矿、方铅矿、黝铜矿（矿石中绝大部分银的载体为黝铜矿）为主，其次为黄铁矿、黄铜矿、褐铁矿，还有微量的辉铜矿、蓝铜矿、斑铜矿、铜蓝。脉石矿物以石英、白云母、绢云母为主，矿石中次生铜矿物达 5 种之多，为黝铜矿、砷黝铜、斑铜矿、铜蓝、辉铜矿，次生铜矿物所含铜占总铜的 75%。矿石中还含有少量孔雀石。次生铜矿物与氧化铜矿物所产生的铜离子能活化铅锌矿石，导致铜铅锌矿物的可浮性相近，造成分选困难。

建厂以来，受选矿技术的制约一直没有分离出铜精矿和铅精矿，只生产出铅锌混合精粉，造成资源浪费严重。原矿多元素分析结果见表 12-36。

表 12-36 原矿多元素分析结果

元素	Cu	Pb	Zn	TFe	MgO	Al_2O_3	SiO_2	S	Sb	As	其他	Ag	Au
含量/%	0.86	3.63	5.35	2.5	2.55	13.3	59.68	5.18	0.42	0.13	5.12	226g/t	0.06g/t

为了选择能减少铜精矿中铅锌的含量，并能降低铅锌抑制剂的用量的捕收剂，在相同条件下从乙硫氮、乙黄药、Z-200 和 YK1-11 中筛选铜的捕收剂，捕收试验结果表明 YK1-11 的选择性明显优于其他药剂，对比度指标见表 12-37 。通过大量的试验研究发现，新型复合抑制剂 YK3-09 能有效降低铜精矿中铅的含量，而且对后续铅的活化浮选基本没有不良影响，试验结果见表 12-38。

最后确定用图 12-20 和图 12-21 所示的闭路试验工艺流程。

全流程闭路试验结果见表 12-39。

表 12-37 铜捕收剂筛选试验结果

捕收剂种类	产品名称	产率/%	品位/%			回收率/%		
			Cu	Pb	Zn	Cu	Pb	Zn
乙硫氮	铜粗精矿	20.13	3.56	15.71	12.05	84.32	89.35	45.07
乙黄药	铜粗精矿	19.54	3.77	16.02	12.22	83.73	86.47	44.15
Z-200	铜粗精矿	17.81	3.89	15.27	11.76	80.47	74.51	38.42
YK1-11	铜粗精矿	13.57	4.93	11.98	9.70	76.05	45.15	23.94

表 12-38 抑制剂 YK3-09 对铜粗选影响试验结果

YK3-09 用量 /$g \cdot t^{-1}$	产品名称	产率/%	品位/%			回收率/%		
			Cu	Pb	Zn	Cu	Pb	Zn
1000	铜粗精矿	7.32	8.75	14.91	15.50	74.51	30.17	20.95
0	铜粗精矿	13.57	4.93	11.98	9.70	76.05	45.15	23.94

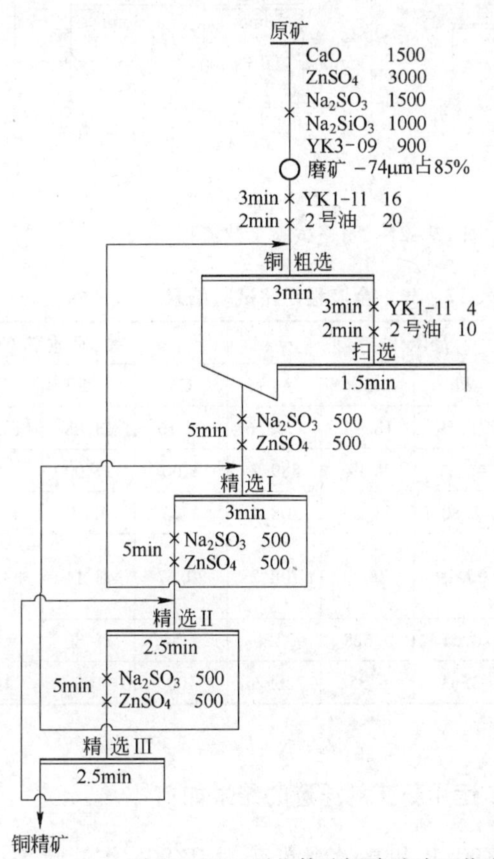

图 12-20 西北某矿闭路试验工艺流程

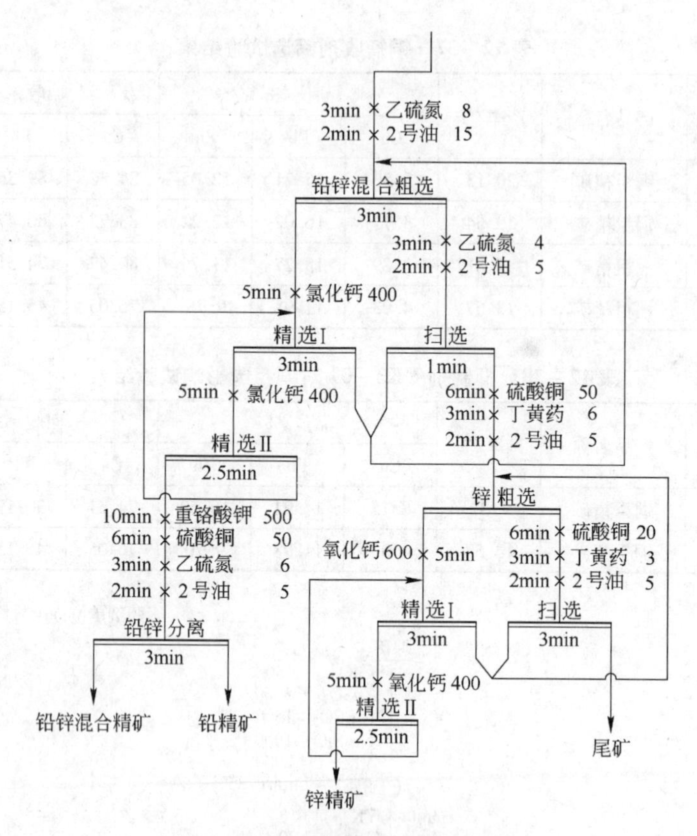

图 12-21 闭路试验工艺流程

表 12-39 全流程闭路试验结果

产品名称	产率/%	品位/%				回收率/%			
		Cu	Pb	Zn	Ag①	Cu	Pb	Zn	Ag
铜精矿	3.07	17.12	16.39	18.54	4753.6	61.16	13.88	10.65	64.54
铅精矿	2.04	1.53	48.11	8.39	589.1	3.60	27.00	3.20	5.31
锌精矿	5.35	0.84	2.86	43.26	108.4	5.23	4.21	43.27	2.56
铅锌混合精矿	6.21	2.83	25.19	28.5	708.2	20.47	43.11	33.10	19.45
尾 矿	83.33	0.098	0.51	0.628	22.1	9.54	11.80	9.78	8.14
原 矿	100	0.86	3.63	5.35	226.25	100	100	100	100

①单位为 g/t。

12-29 某些铜、铅、锌矿运用新药剂浮选的结果如何？

采用高效浮铜药剂 BK905B 和高效浮铅药剂 BK906 作捕收剂，浮选某银、铜、铅和锌多金属硫化矿；采用适合该矿石性质的流程优先浮选工艺，全流程闭路结果，可从含铜1.09%、铅6.06%、锌8.87%、金0.90g/t、银203g/t的给矿，得到含铜18.25%，回收率为93.09%的铜精矿；含铅69.07%，回收率为89.48%的铅精矿；含锌53.88%，回收率为92.08%的锌精矿；铜精矿和铅精矿中金银总回收率分别为57.44%和92.88%。

某铅锌矿很难选，曾用丁基黄药、乙基黄药、SN-9号、丁基铵黑药、25号黑药、苯胺黑药等常用硫化矿捕收剂浮选，效果均不理想，后来研制EML3和EML6两种螯合捕收剂进行试验，效果很好。从含铅7.56%、含锌8.76%的给矿，用EML3和EML6作捕收剂的闭路试验结果为：铅精矿含铅59.38%、锌3.45%，铅回收率为77.07%，锌精矿含锌43.26%、铅2.43%，锌回收率74.61%。

浮选云南某铅锌矿HP1与黄药分别浮选云南某铅锌矿对比试验结果是：使用HP1作捕收剂浮选结果优于丁基黄药，锌回收率提高了约4%。

某铅锌硫化矿嵌布粒度细，伴生关系复杂，用Na_2CO_3作pH值调整剂，DZ作抑制剂抑制闪锌矿，用丁基铵黑药优先浮选方铅矿，浮铅尾矿浮锌。先用硫酸铜活化被DZ抑制的闪锌矿，用丁基黄药浮锌。闭路试验结果：原矿含铅3.49%和锌4.61%。铅精矿含铅56.26%，铅回收率为93.36%，锌精矿含锌48.56%，锌回收率为93.36%。

G24捕收剂是由几种捕收剂混合而成，天水、厂坝、青矿山实际应用证明，G-624捕收力较强、用于铅锌硫化矿浮选，回收率能提高1%~2%。

ZY101捕收剂工业品为棕褐色透明液体，无异臭，微溶于水，兼有起泡性能，ZY101毒性对小白鼠$LD_{50}=932$，4mg/kg，毒性比丁黄药（小白鼠$LD_{50}=442$mg/kg）小，以ZY101为主，辅以黄药在低碱度条件下在某选厂进行了小型浮选试验和工业试验，工业试验可从锌品位2.36%的给矿，得到锌品位为48.97%，作业回收率92.29%的锌精矿。7个月的生产实践表明，锌品位提高了0.7%~0.9%，锌回收率提高了3%~5%。

某硫化铅锌矿复杂难选，采用硫酸锌与MY1组合抑制剂抑锌，在自然pH值条件下浮铅，粗精矿再磨后精选，得到铅精矿，浮选铅尾矿采用M2抑制SiO_2浮选锌，得到比较好的指标。闭路试验结果为：铅精矿铅品位56.4%，回收率为87.72%；锌精矿锌品位54.1%，回收率为82.67%。用其他抑制剂试验，得不到这种指标。

用DS+YD组合抑制剂浮铅抑硫。在碱性条件下，DS+YD组合抑制剂对黄铁矿有抑制作用，而对方铅矿没有抑制作用。人工混合矿和实际矿石试验结果证实，用石灰调浆至pH值为9，用黄药作捕收剂，DS+YD作组合抑制剂，能有效地实现方铅矿与黄铁矿浮选分离。单用DS抑制剂130g/t，石灰10kg/t，pH值为12，用黄药作捕收剂，可从含铅4.87%的给矿中，得到含铅57.84%，回收率为83.61%的铅精矿；如用DS+YD组合抑制剂420g/t，石灰3kg/t，pH值为9，黄药作捕收剂，可从含铅4.93%的给矿中得到含铅57.89%，回收率为84.78%的铅精矿。说明用DS+YD的组合剂量比单用DS能大量节约石灰，并提高浮铅指标。

12.6 钼矿与铜钼矿的浮选

12-30 辉钼矿的可浮性如何？

常见的钼矿物有辉钼矿（MoS_2）、钼华（MoO_3）、彩钼铅矿（PbMoO）、钼钨钙矿［Ca(Mo, W)O_4］等。以前能回收的多为辉钼矿，近年来才有回收氧化钼矿物的。

辉钼矿有片状结构，是天然疏水性矿物，可浮性好。未氧化的辉钼矿只用起泡剂就能浮游。捕收剂主要是非极性油类，如煤油、变压器油、蒸汽油和其他烃油，煤油最常用。有人研究烃油的馏分对辉钼矿的捕收性。煤油中各馏分的占有量为：150℃的占3.03%，150~180℃的占94.95%，180~220℃的占2.02%，不含220~243℃馏分；而有一种命名为YC的辉钼矿捕收剂，没有180℃以下的馏分，180~220℃的馏分占13.73%，220~243℃的馏分占86.36%，可见YC中的烃油分子比煤油中的烃油分子大。烃油的分子越大，沸点越高，对辉钼矿的捕收能力越强。用煤油和YC捕收剂浮选某辉钼矿的工业试验结果对比如下：用煤油时，原矿钼含量0.138%，精矿钼品位52.30%，回收率84.87%；用YC捕收剂时，原矿钼品位0.134%，精矿钼品位52.18%，回收率86.55%，表明用YC捕收剂时回收率比用煤油高1.68%。图12-22所示表明馏程温度与浮选辉钼矿指标的关系。据称，分馏温度高于310℃，烃油的捕收活性不再增强。

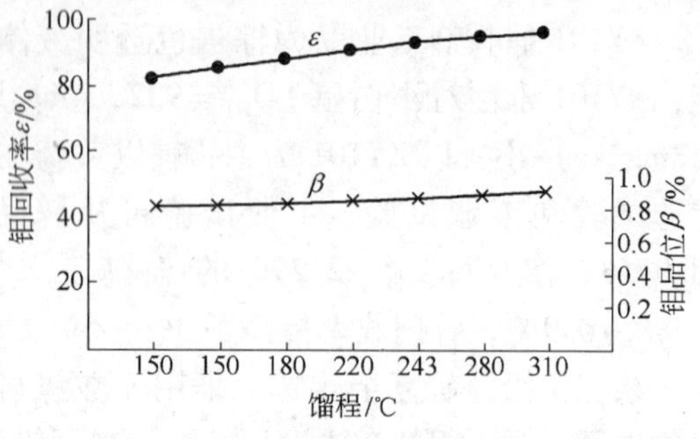

图12-22 辉钼矿粗选回收率与分馏温度关系图

为了提高烃油的活性，常用下列两种乳化剂：

$$\begin{array}{l} CH_2OCOC_{11}H_{29} \\ | \\ CHOH \\ | \\ CH_2OSO_3Na \end{array}$$

辛太克斯结构式

$$\begin{array}{c} HO(CH_2—CHO)_nH \\ \quad\quad | \\ \quad\quad CH_3 \end{array}$$

聚丙烯乙二醇结构式

辛太克斯，即椰子油磺化产物，是最常见的乳化剂，是兼有捕收力和起泡性的辉钼矿浮选活化剂，能增强烃油类在辉钼矿表面的浸润和扩散能力，能改善辉钼矿及其连生体的可浮性。另一种柴油乳化剂为聚丙烯乙二醇，可用于乳化柴油。

有人在用烃油类浮选辉钼矿前，先加些水玻璃、六偏磷酸钠等可能大幅提高其回收率，这些药剂大概可防止油滴被细泥覆盖，使烃类油容易与辉钼矿表面作用。

用烃油浮辉钼矿如何提高其分散性，是许多研究工作者的研究方向。近年来我国有些新的浮辉钼矿的药剂，如将 C_2 ~ C_{18} 的烃油在磁场中磁化，可降低烃油分子间的作用力，使它在矿浆中易于分散，试验结果表明：在浮选指标相近的情况下，磁化油用量可降低 20% ~50%。

F 药剂，成分以烃油为主，是一种淡黄色液体，有较好的低温流动性，雾化性好，来源广，价格比煤油低 10% 左右，捕收力比煤油强，可代替煤油。

TBC－114 可代替煤油和松油，生产指标与煤油相近，成本低于煤油。但单用它泡沫发黏，需加入少量煤油，以降低其黏度。

BK310 是一种在水中易弥散的液体，低温下流动性好，对辉钼矿的捕收能力比常用的钼矿物捕收剂——煤油或柴油强，比黑药类捕收剂选择性好。

CSU－23 是一种浮钼的捕收剂，是用石油分馏时的一种馏出物与一种高效硫化矿捕收剂的复配产品。

除了烃油外，含 $R_2C=O$ 基的奥气油、花生油、椰子油、鲱油、棉籽油等植物油对辉钼矿的捕收力比柴油要好，它们大部分有双键。

近年来，也有人提倡对 MIBC 和 Dowfroth250 等起泡剂嵌入硫原子，以提高它们对辉钼矿的捕收力。

辉钼矿浮选最佳条件与 pH 值和 ζ－电位的关系，如图 12－23 所示。

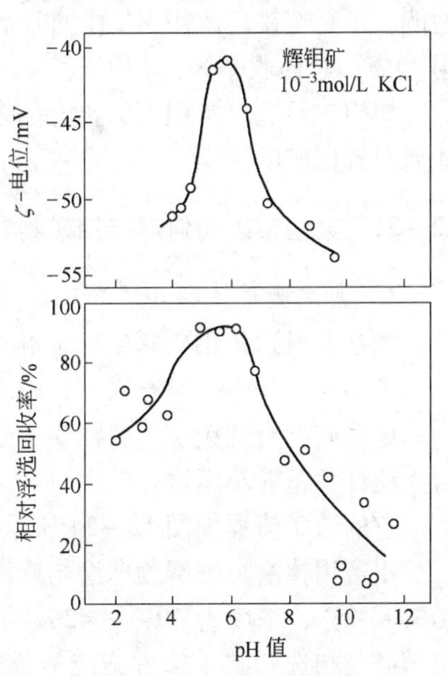

图 12－23 辉钼矿的可浮性和 ζ－电位与 pH 值的关系

图 12－23 所示辉钼矿回收率最高时，pH 值在 6 附近，ζ－电位接近 －40mV。但是在工业生产中粗选常用石灰把矿浆 pH 值调到 9.5 ~11.5，以抑制黄铁矿。pH 值为 12 以上，辉钼矿也受抑制。辉钼矿与其他金属矿物混合浮选的实际生产中选用的 pH 值，可以根据混合浮选要回收的其他矿物

浮游的 pH 值一并考虑。

辉钼矿较难被抑制，可以用淀粉、糊精、动物胶、皂素、BK－510 等作抑制剂。

辉钼矿硬度小易过粉碎，加上对精矿质量要求高，而原矿品位低，与脉石嵌布细密，所以选矿时常用多段磨选，其精选次数常到 6～8 次。常用石灰或碳酸钠调 pH 值。用水玻璃分散矿泥和抑制脉石，当矿石中含碳质页岩时用六偏磷酸钠抑制页岩，用松醇油作起泡剂。

辉钼矿常与白钨矿、黄铜矿、黄铁矿、钨锰铁矿、辉铋矿、磁铁矿等共生。在浮选辉钼矿时，常用硫化钠、硫氢化钠、氰化钠、巯基乙醇、巯基乙酸钠、丙三醇、砷诺克斯或磷诺克斯试剂等抑制伴生硫化矿物。

钼精矿含铅高时，采用粗精矿再磨再选，用磷诺克斯［P－NOKe（Lϕ—774）］药剂抑制方铅矿再选，所得钼精矿用三氯化铁、盐酸和氯化钙混合液，浸出钼精矿中的铅，得到较好效果。

辉钼矿石中有时含少量易浮的滑石和蛇纹石，用中性油类作捕收剂先浮它们，用松油作起泡剂。必要时可用 FT 反浮钼矿中的滑石和蛇纹石；在浮钼时，也可用 TZK－3 抑制易浮杂质。

赤峰金鑫选矿厂处理的钼矿石，通过用煤油、SCL、PJ、MC、异丙基黄药、异丁基黄药等捕收剂的浮选对比试验，发现 MC 捕收剂具有较好的选择性和捕收性能。于是选矿厂改用 MC 作捕收剂，其选矿指标为原矿含钼 0.03%，精矿品位为 43%、总回收率为 66.19%。

辉钼矿浮选时常用再磨再选的多段磨浮流程，也有人用砾磨代替钢磨以减少铁屑对辉钼矿的污染。

12－31 某些钼矿如何浮选钼矿物？

A 加拿大恩达科钼矿选矿厂（实际生产能力可达 27000t/d）

加拿大恩达科钼矿辉钼矿矿化带产于大断层破碎的细粒充填带和热液蚀变区。矿体大而集中。矿石较碎，平均品位为钼 0.09%。

金属矿物有辉钼矿、黄铁矿、磁铁矿及少量黄铜矿，与石英脉紧密共生。围岩为粉红色粗粒花岗岩。

它的选矿流程如图 12－24 所示。

粗磨用棒磨，细磨为球磨与旋流器构成闭路，旋流器溢流细度为－0.074mm 40%～42%，浓度为 40%～42% 的固体。经一次粗选、一次扫选得最终尾矿，粗精矿与扫选精矿一起进旋流器分级，经再磨后进行第一次精选，尾矿返回扫选。精选Ⅰ精矿浓缩后，经旋流器分级再磨进精选Ⅱ，精选Ⅱ精矿再分级再磨后，进行Ⅲ、Ⅳ、Ⅴ次精选得到钼精矿。浮选精矿在脱水前用盐酸浸出，以降低

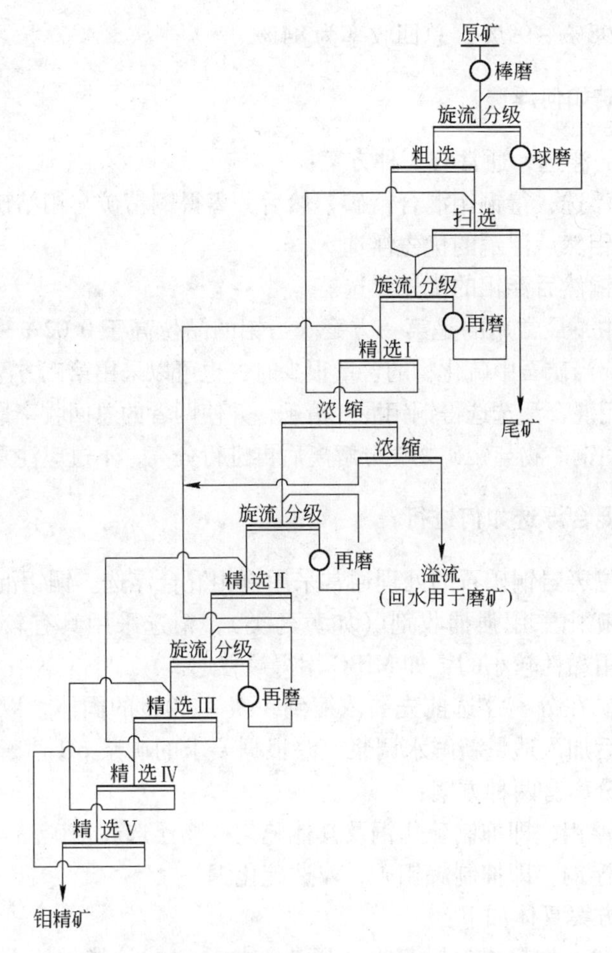

图 12－24 加拿大恩达科钼矿选矿厂选矿流程

方解石含量，使 CaO 含量从 0.4% 降到 0.03%，以减少焙烧后残存的硫，同时也减少钼精矿中的铁含量。

捕收剂为蒸汽油，用超声波乳化，制成乳状液用脉冲式给药机添加，并用硫酸化椰子油使乳状液稳定。捕收剂大部分加在第一段磨机中，少量加于扫选。起泡剂采用松油，粗选还添加硫酸化椰子油，用量约为 14g/t 原矿。虽然随着季节与矿石类型的变化，其用量波动较大，平均耗量约 23g/t。精选作业中加入偏硅酸钠有助于分散脉石矿泥，其用量按磨矿量计为 104g/t，矿石中因含有少量黄铜矿，因此在磨机中加入 NaCN 15g/t，使 90% 左右的铜矿物被抑制，最终产品含铜 0.02% ~0.05%。一次精选的尾矿曾经废弃，后改为返回扫选，因为这样可提高泡沫的稳定性并能节省药剂。

生产指标：粗选的富集比为 60∶1 ~125∶1。最终钼精矿品位为钼 54%，精选作业回收率为98%～99%，总回收率为84%。

12－32 铜钼矿如何浮选？

铜钼矿石的浮选，通常有3种方案：

（1）混合浮选，得铜钼混合精矿，然后分离得铜精矿与钼精矿。

（2）先浮钼然后浮铜的优先浮选。

（3）先浮铜然后浮钼的优先浮选。

生产实践中，最常用的是第一方案。当钼的品位高于0.02%～0.03%时，可采用第二方案，当矿石中硫化物的含量很少时，也可以采用第三方案。尽可能在粗磨的情况下采用混合浮选选得铜钼混合精矿，并使两者的总回收率最大。然后将混合精矿再磨，使铜矿物与钼矿物充分解离后再进行分离，不过应注意不要过磨。

12－33 铜钼混合浮选如何进行？

对于低品位斑岩铜矿石的处理通常采用铜钼混合浮选。铜钼混合粗选时，国外约有60%的矿山采用强捕收剂（如黄药类），精选采用具有较好选择性的药剂。起泡剂则用黏性较小的，如MIBC用得最普遍。

钼混合精矿在分离浮选前先要浓缩到45%～60%的固体，以除去矿浆中残存的药剂。然后加入适量新鲜水调浆，并根据要求的矿浆pH值，进行粗选。铜钼混合精矿的分离有两种方案：

（1）抑铜浮钼，即抑制硫化铜及其他硫化矿物浮选辉钼矿。

（2）抑钼浮铜，即抑制辉钼矿，浮选硫化铜。

抑铜浮钼方案具体如下：

（1）加热法。加热法包括蒸吹（通蒸汽加热）或焙烧，使铜矿物表面的药剂破坏。有的厂蒸吹到约100℃足以破坏矿物表面残存的浮选药剂。

（2）化学药剂法。具体包括：

1）硫化钠法。硫化钠、硫氢化钠、硫化铵以及其他一些类似的化学药剂是硫化铜与硫化铁矿物很有效且应用很广的抑制剂。硫化钠的用量与矿浆pH值浓度、温度等有关。实例表明：通入蒸汽，使矿浆温度升高到50～100℃后再行浮选，可使硫化钠的用量由30kg/t降到8kg/t，有利于铜铁硫化物的抑制。若用氮气作充气介质，硫化钠的用量可以减少75%。

2）诺克斯药剂法。它可以是磷诺克斯药剂或砷诺克斯药剂。磷诺克斯对含有铜与铁硫化物的精矿更有效，砷诺克斯对次生富集的铜矿物极有效。

3）氧化剂法。其常见的氧化剂有次氯酸盐、过氧化物、过锰酸盐及重铬酸盐。氧化剂常与氰化物共用。

4）氰化物、锌氰化物与亚铁氰化物法。对于以辉铜矿、铜蓝为主的矿石，宜用亚铁氰化物加硫酸法、亚铁氰化物加氰化物法和诺克斯药剂抑铜，其他方法适用于黄铜矿和斑铜矿为主的矿石。

5）钼伴生矿物合成有机抑制剂。

这类抑制剂的特征结构如下：

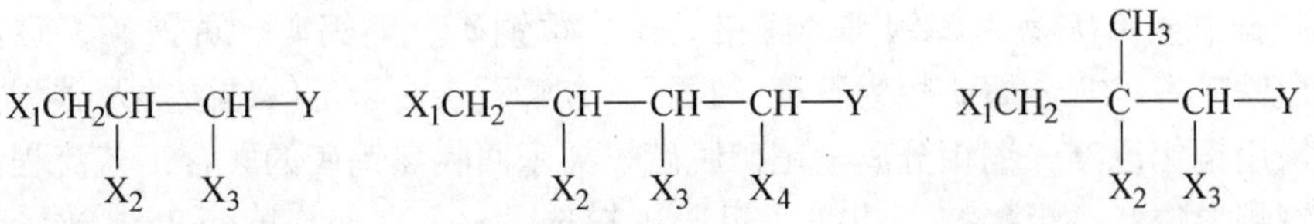

$$\underset{\text{I}}{X_1CH_2\underset{|\atop X_2}{CH}-\underset{|\atop X_3}{CH}-Y}\qquad \underset{\text{II}}{X_1CH_2-\underset{|\atop X_2}{CH}-\underset{|\atop X_3}{CH}-\underset{|\atop X_4}{CH}-Y}\qquad \underset{\text{III}}{X_1CH_2-\overset{CH_3\atop |}{\underset{|\atop X_2}{C}}-\underset{|\atop X_3}{CH}-Y}$$

具有Ⅰ、Ⅱ、Ⅲ式结构的有机物，均属于这种特效硫化矿抑制剂。在Ⅰ、Ⅱ、Ⅲ式中，Y为SO_3M或—COOH，或OH；X_1、X_2、X_3、X_4为SH或H；也可以是2、3或4个SH；SO_3M中的M为H、Na、K等。上述Ⅰ、Ⅱ、Ⅲ类抑制剂用来抑制黄铁矿、磁黄铁矿、黄铜矿，用量少，效果好。

例如某铜钼粗精矿，含铜16.4%，钼0.32%，用$C_4H_8SO_2$为抑制剂，煤油为捕收剂，通过一次粗选、一次扫选、六次精选，获得含钼40.78%、回收率83.79%、含铜0.301%的钼精矿，铜精矿品位为17.56%、铜回收率为95.43%的指标。

这类抑制剂的特点是非常值得注意和研究的。它的官能团多，亲水性可以调节，对于许多矿物都有较好的亲固性质，它的疏水基很短，亲水性大于疏水性，可以作为很多矿物的抑制剂。由于它的亲固基包括巯基也包括羟基，所以它应该不仅可以抑制硫化矿，也可以抑制氧化矿，是极有前途的抑制剂。

12-34　某些铜钼矿是如何选别的?

某些铜钼矿的选别具体如下：

（1）内蒙古某铜钼矿石中主要有价元素为铜和钼，采用混合浮选-铜钼分离选别工艺流程，混选时用YS-324作铜钼混浮捕收剂，铜钼分离时，用硫化钠抑制铜矿物，用YS-511捕收辉钼矿。获得含铜20.65%、铜回收率为86.58%的铜精矿，含钼45.87%、钼回收率为78.47%的钼精矿。

（2）安徽某铜钼矿采用铜钼混浮，粗精矿经一段再磨后进行铜钼分离、8次精选工艺流程，用煤油作捕收剂，BK301C作辅助捕收剂。BK301C能强化煤油对辉钼矿的捕收作用，同时对硫化铜也有较好的捕收作用，能综合回收钼铜矿物（BK301C、BK330B、BK988是北京矿冶研究总院针对不同类型铜钼矿开发的高效选择性捕收剂）。

（3）针对西藏某矽卡岩型钼矿石的性质，采用一段磨矿后粗选。用柴油和黄药作捕收剂，松醇油作起泡剂，得到混合精矿，将混合精矿再磨后，进行铜钼分离，采用组合抑制剂 WL 抑制铜矿物，经过 4 次精选，得到含钼 52.6%、回收率为 89.31% 的钼精矿，铜精矿铜品位为 19.69%，回收率为 92%。

12－35 江西某铜钼钨多金属矿是如何选别的?

矿石中金属矿物为辉钼矿、辉铅铋矿、黄铜矿、黑钨矿、黄铁矿、磁黄铁矿、白铁矿等；非金属矿物为石英、长石、方解石、白云母等硅酸盐及碳酸盐矿物。采用铜钼混浮—铜钼分离—尾矿脱硫—摇床回收黑钨矿的联合工艺流程。

铜钼混选：一粗一扫。药剂（粗选＋扫选，g/t)：丁基黄药 75＋30，丁基黑药 65＋25，2 号油 10＋10。

铜钼分离：一粗五精。药剂（粗选＋1～5 次精选，g/t)：硫化钠 250＋100＋75＋50＋35＋0＋0，煤油 250＋0＋0＋0＋0＋0＋0。

铜钼浮尾脱硫：一粗一扫，丁黄药 35g/t。

摇床收钨：一粗二精。

试验结果见表 12－40。

表 12－40 各产物指标 (%)

产 物	β_{Cu}	β_{Mo}	β_{WO_3}	ε_{Cu}	ε_{Mo}	ε_{WO_3}
铜精矿	26.38	0.02		91.35	6.83	
钼精矿	4.43	51.23		0.08	83.54	
钨精矿	—	—	52.58	—	—	65.49
浮选尾矿	0.53	0.01		8.57	9.63	
原 矿	5.07	0.054	0.42	100.00	100.00	100.00

注：β—品位；ε—回收率（或占有率）。

12－36 某矿钼硫分离是如何进行的?

该矿石属石英斑岩型含钼矿床。矿样中主要矿物为辉钼矿、黄铁矿、石英、绢云母等。原矿含钼 0.071%，含硫 4.87%，其中硫化钼中所含钼占 85.92%，氧化钼含量为 14.08%。钼矿物与绢云母紧密共生，需细磨才能解离。

原则流程为：原矿磨矿到钼矿物与黄铁矿基本单体解离的细度后，先钼硫混选，再钼硫混合精矿分离，钼粗精矿再磨到钼矿物与绢云母能解离，再浮选钼，浮钼尾返回钼硫分离。试验方案原则工艺流程如图 12－25 所示。

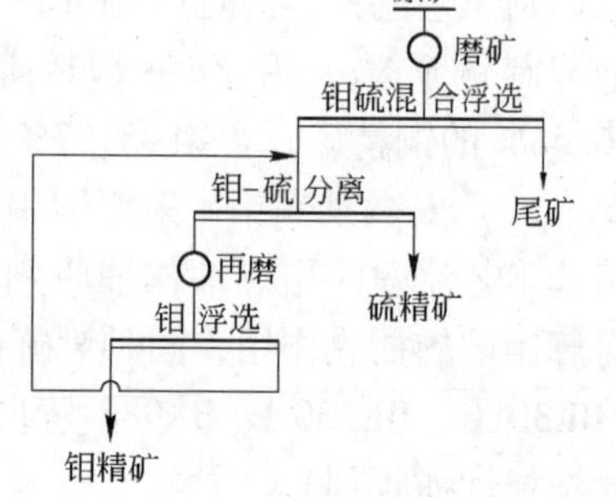

图 12－25 试验方案原则工艺流程

钼硫混合浮选：细度 －74μm 70%，一粗二精二扫。

药剂（粗选+一扫+二扫，g/t）：Na_2CO_3 200+100+0

SN-9+丁铵黑药 70+20

松醇油 10+2.5+0

钼硫混合精矿分离：二精二扫。

药剂（分离粗选+一扫+二扫，g/t）：Na_2S 750+500+0

煤油 2.5+2.5+2.5

松醇油 2.5+0

钼粗精矿再磨（38% -μm）再选：一粗一精一扫。

药剂（粗+一扫，g/t）：Na_2S+LP 501.5

煤油 5+2.5

松醇油 2.5+2.5

全流程试验结果见表12-41。

表12-41 全流程试验结果 （%）

产物	钼品位	钼回收率
钼精矿	45.00	80.02
硫精矿	0.021	2.27
尾矿	0.014	17.71

12-37 金堆城钼矿如何综合回收钼、铜、硫、铁、铼等金属？

金堆城钼矿是大型中高温热液细脉浸染矿床。主要有用矿物有辉钼矿、黄铁矿、黄铜矿、磁铁矿等，伴生有少量稀有元素铼、钴、镓等。原矿主成分见表12-42。

表12-42 原矿主成分含量 （%）

元素	Mo	S	Cu	TFe	Re
含量	0.11	2.8	0.028	7.9	3.59×10^{-5}

综合回收了钼、铜、铁等元素，原则流程如图12-26所示。

钼精选，即浮钼抑铜硫。丁黄药作捕收剂，松醇油作起泡剂，巯基乙酸钠和磷诺克斯试剂作抑制剂抑铜、铁硫化矿物。钼精矿品位为52%~57%，回收率大于85%。铼一般含于辉钼矿中。尾矿浓缩脱水脱药后浮铜抑硫。

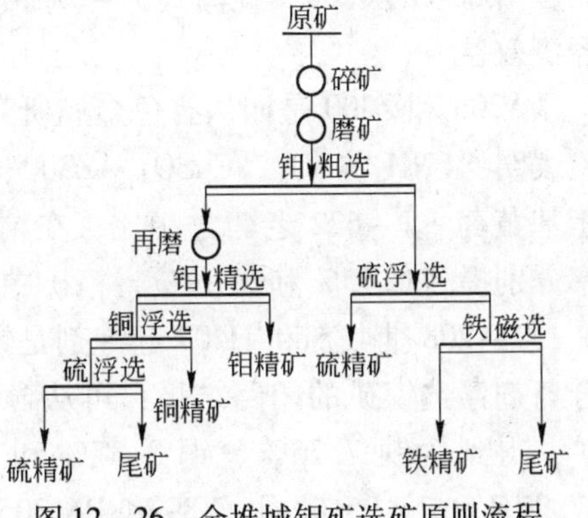

图12-26 金堆城钼矿选矿原则流程

浮铜抑硫：流程为一粗二扫四精，

以丁黄药或苯胺黑药为捕收剂，松醇油为起泡剂，石灰、水玻璃和木质素为抑制剂。铜精矿品位高于22%，回收率高于80%。银富集在铜精矿中，铜精矿含银约100g/t。尾矿浮硫。

浮硫：流程一粗一扫二精。丁黄药为捕收剂，松醇油为起泡剂。硫精矿品位大于48%，回收率为63%以上。

磁选磁铁矿：包括磁粗选、粗精矿再磨（细度 -38μm 占 90% 以上）、两次磁精选、一次筛分。获得铁精矿品位62%以上，含硫低于0.2%。

12.7 镍矿与铜镍矿选别

12-38 镍有哪些矿物？其可浮性如何？

含镍的矿物有数十种，其中主要镍矿物有镍黄铁矿［$(Fe,Ni)_9S_8$］、针硫镍矿（NiS）、紫硫镍铁矿［$(Ni,Fe)_3S_4$］、红镍矿（NiAs）和含镍黄铁矿，镍与铜经常伴生。镍铜矿中的铜矿物，一般为黄铜矿。镍矿石中常常含有铂、钯、铑、铱、锇等铂族元素。金川镍矿富矿含镍1.5%；贫矿含镍0.6%。

含镍矿物的浮选pH值与黄铁矿颇为相似，在酸性介质中，铁离子对镍黄铁矿有活化作用，在pH值为9~10以上，铁离子形成亲水性的氢氧化铁薄膜，起抑制作用。国外某些镍矿，浮选pH值多在3~5之间。我国金川二区贫矿浮选的pH值为5.5~6.5，镍矿物可以被硫酸铜活化。

镍矿物的捕收剂可以用丁基黄药、戊基黄药、丁铵黑药、C-125、MBT（一种橡胶工业的硫化促进剂）、E-105等，一般是将上述捕收剂的两种以上组合使用。Y89-2与PN405组合取代丁黄药+J-622浮铜镍矿物，能提高铜、镍的回收率。

C-125是一种酯类捕收剂，对镍矿物的选择性好，C-125与丁基黄药组合，代替现场使用的丁基黄药和25号黑药组合，工业试验表明：选厂镍精矿镍品位由原来的6.60%提高到7.42%，回收率由87.68%提高到88.87%，增加了经济效益。

A203和Z300是四川有色金属研究院和山东栖霞选矿药剂厂共同研制的。试验表明：$(NH_4)_2SO_4$、$CuSO_4$+Z300、Al_2O_3+J-622与$(NH_4)_2SO_4$、$CuSO_4$+丁基黄药+J-622老药方相比，在精矿镍和铜品位相当的情况下，镍和铜回收率分别提高0.75%和0.89%，精矿中MgO降低0.62%。

T-208捕收剂和H407起泡剂是铁岭选矿药剂厂研制的浮镍新药剂，用该组合药剂浮选镍矿的闭路结果：可从含镍1.42%、铜0.81%和MgO 25.25%的给矿，得到含镍7.76%、铜3.37%和MgO 7.38%的镍精矿，镍和铜回收率为87.27%和73.95%；用Y89和PN 305闭路试验可从含镍1%~43%、铜0.82%

和 MgO 25.52% 的给矿，得到含镍 7.72%、铜 3.76% 和 MgO 7.5% 的镍精矿，镍和铜回收率分别为 86.46% 和 73.32%。对比结果表明：T－208 作捕收剂，H407 作起泡剂的指标优于或接近 Y89 和 PN405。工业试验结果表明：Y89－2 和 PN405 稍优于或接近丁基黄药和 J－622。

二甲基二硫代氨基甲酸酯简称 DMDC，浮选含铂族金属的铜镍矿的研究和实践证明，用 DMDC 代替异丙基甲基硫逐氨基甲酸酯（ITC）和丁黄药浮选含铂族金属的铜镍矿，能增加铂族金属的回收率，并降低药剂消耗。

某镍矿日益贫化，用传统的捕收剂浮选捕收率下降，进行了新型捕收剂 CJ－112的研究。试验结果表明，在磨矿细度为 －0.074mm 占 70% 的条件下，粗选回收率达到 90% 以上，同时使用 CMC 抑制脉石，可从含镍 1.66% 的给矿，得到含镍 6.85%，含 MgO 5.30% 的镍精矿，镍回收率为 75.68%。

由于镍矿石一般产于基性岩，含氧化镁的脉石矿物高，常用六偏磷酸钠、羧甲基纤维素（或改性 CMC）、硅酸钠等作为脉石矿物抑制剂。

SK－118 为高分子聚合物，KQ 为高分子化合物。两者组合使用，对黄铁矿、磁黄铁矿和含镁矿物有特殊的抑制作用。

12－39 金川镍矿如何浮选？如何改进？

金川镍矿区矿石主要硫化矿物有镍黄铁矿、磁黄铁矿、紫硫镍矿、黄铁矿和黄铜矿，主要脉石矿物有橄榄石、辉石、角闪石和蛇纹石等。主要镍矿物由镍黄铁矿与磁黄铁矿等硫化矿物组成硫化物的集合体，一部分呈不规则细脉状嵌布于脉石矿物中。磨矿细度 －74μm 70%～80%，能使 80%～85% 的目的矿物单体分离。主要有用成分分析见表 12－43。在一般选别情况下富矿与贫矿选矿指标见表 12－44。

表 12－43 矿石主要成分分析

矿石类型	含量/%					含量/$g \cdot t^{-1}$			
	Ni	Cu	Co	Fe	S	Au	Ag	Pt	Pd
海绵晶铁富矿	2.08	1.31	0.059	18.65	7.7	0.16	5.84	0.19	0.53
浸染状贫矿	0.67	0.38	0.023	12.17	2.5	0.13	1.4	0.053	0.061

表 12－44 富矿与贫矿选矿指标对比

矿石类型	原矿品位/%		精矿产率/%	精矿品位/%		回收率或占有率/%	
	Ni	MgO		Ni	MgO	Ni	MgO
富　矿	1.5	24	19.3	7	7	91	5.63
贫　矿	0.6	27	6.4	7	7	75	1.66

富矿已采选多年，原则流程如图 12－27 所示。浮选条件为：镍铜混选Ⅰ，一粗一精，自然 pH 值，丁黄药，松醇油。用六偏磷酸钠抑制脉石矿物；镍铜混选Ⅱ，一粗三精；浮硫：一粗一扫三精。贫矿组织过多次攻关。1997 年，9 个单位推荐的流程及指标见表 12－45。

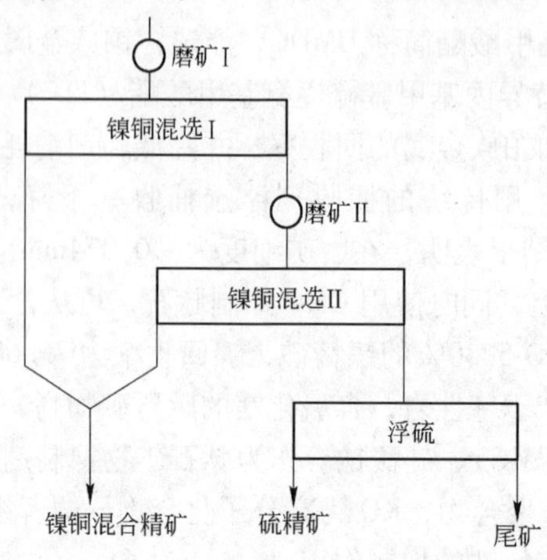

图 12－27　金川镍矿富矿浮选原则流程两段磨矿、三循环浮选

表 12－45　1997 年各单位推荐的浮选流程及指标

单位	元素	原矿品位/%	精矿品位/%	精矿回收率/%	精矿MgO/%	磨矿细度(－74μm)/%	浮选流程	pH 值	药剂名称及用量/$g \cdot t^{-1}$			
西北院	Ni Cu	0.70 0.40	6.59 3.8	74.91 75.89	6.00	一段 65 二段 －43μm	一粗 一扫 三精	自然	R2 Y89 J－622	5000 280 87	M6 $CuSO_4$ 六偏磷酸钠	100 600 200
广东有色院	Ni Cu	0.64 0.35	7.60 4.12	77.25 76.05	6.40	一段 74	一粗 二扫 二精	自然	LD + MD AH + YH 松醇油	1000 330 60	$CuSO_4$	600
北京有色总院	Ni Cu	0.63 0.37	8.44 5.00	75.14 75.49	7.81	一段 85	一粗 二精 二扫	碱性	Na_2CO_3 CMC BY－2	2500 490 80	$CuSO_4$ 丁铵黑药	50 60
中南工大	Ni Cu	0.66 0.35	6.70 3.59	75.42 77.51	5.24	一段 85	一粗 二扫 三精	碱性	Na_2CO_3 CMC Na_2SiO_3	2000 140 200	$CuSO_4$ 乙黄药 BA	100 130 37.5
金川钴镍院	Ni Cu	0.69 0.41	7.24 4.29	75.96 75.41	6.97	一段 78 粗精矿再磨 －43μm 92%	一粗 二扫 三精	碱性	Na_2CO_3 CMC Na_2SiO_3	2500 150 1000	$CuSO_4$ 丁黄药 松醇油	200 100 62.5

续表 12－45

单位	元素	原矿品位/%	精矿品位/%	精矿回收率/%	精矿MgO/%	磨矿细度(－74μm)/%	浮选流程	pH值	药剂名称及用量/g·t⁻¹			
昆明理工大	Ni Cu	0.63 0.39	6.6 4.5	75.16 83.16	4.32	一段75	一粗 二扫 三精	酸性	H_2SO_4 CMC MC	12000 150 140	松醇油	40
北京矿冶总院	Ni Cu	0.66 0.34	7.22 3.77	78.32 80.99	3.42	一段70	一粗 四扫 四精	酸性	BK－382 BK－220 $CuSO_4$	3250 170 300	戊黄药 BK－204	100 40
北京有色设计总院	Ni Cu	6.4 0.37	6.55 4.04	80.20 84.25	4.25	一段80	一粗 一扫 三精	酸性	F H_2SO_4 R－8	15 14000 1500	$CuSO_4$ 松醇油 抑制剂	600 20 E85
成都综合所	Ni Cu	0.65 0.36	6.16 3.53	75.57 80.11	7.54	一段80	一粗 一扫 三精	酸性	H_2SO_4 Na_2SiO_3 CMC	10000 1700 270	丁黄药 丁铵黑药 松醇油	170 170 100

从表 12－45 不难看出：对于贫矿，原矿磨到－74μm 占 80% 就可以；浮选流程不要很复杂；用硫酸调制的酸性介质中浮选结果比较好，在 pH 值 5.5～6.5 的条件下浮选，效果好，对设备的腐蚀不大。试用的药剂品种不少，但结果差别不大，一般可以将两种以上的捕收剂、抑制剂组合使用，硫酸铜有活化作用，但用量应小于 600g/t。

有人认为该矿磁黄铁矿占硫化矿物总量的 46% 以上，含镍一般在 0.1% 以下，如果说从硫化物精矿中分出 30% 的磁黄铁，可以使镍精矿品位由 7% 提高到 12% 以上，而镍的回收率只损失 0.5%，这样做对于冶炼非常有利。建议在 9 个试验方案的基础上进行扩大试验，以便作为设计依据。

近年来，用 Y89－2＋PN403 代替丁黄药，J－622 浮选金川铜镍矿得到较好指标，小型试验和工业试验表明，新药方能改善选别指标，降低镍精矿中氧化镁含量，提高铜镍回收率，新药方镍回收率比旧药方提高 0.64%，铜回收率提高 0.97%，镍精矿中 MgO 含量降低 0.219%，颇有经济效益。

研究表明，用组合药方 ZNB1、ZNB2，ZNB3 可提高金川铜镍矿铜回收率。在一段浮选用 ZNB1 组合剂作捕收剂，其选择性和捕收性能均较其他药剂好，粗精矿中墨铜矿的铜品位为 0.28%～0.3%，墨铜矿在粗精矿中得到较好富集，如采用分批加药并适当延长浮选时间，更有利于提高浮选指标，如在粗选中添加活化剂和调整剂更能提高浮选指标。二段浮选采用组合药剂 ZNB1、ZNB2、ZNB3 比用 Y89 效果好，如二段添加活化剂 $(NH_4)_2SO_4$ ＋ACMC＋$CuSO_4$ 组合剂，并采用两次空白精选，精矿含 MgO 最低，但铜镍回收率略低于精选添加 ACMC 方案，因此，二段精选采用空白精选也是可行的。

BF 系列捕收剂分子中有支链及双键，外观为黄色粉状固体，性能稳定，方便运输和储存，有 BF3 和 BF4 两种，它们的捕收力强，选择性好，有一定的起泡性能，浮选速度快，用量少，并能降低起泡剂用量。用它浮选金川铜镍矿石，在用清水调浆的条件下，与丁基黄药相比，镍回收率提高了 0.7%，精矿 MgO 含量有所降低，铜回收率提高 1.8%，优于丁基黄药。

2011 年，为了增强金川镍基地的可持续发展后劲，金川公司逐步加大贫矿开发力度与规模，确定从磨矿分级、磨浮流程、药剂制度、工艺参数和设备效率 5 个方面进行技术攻关，要求选矿环节提高贫矿和精矿镍品位，以提升冶炼产能与技术指标，降低生产成本。研究后主要从以下几个方面改进：

(1) 提高碎矿筛分产品合格率，破碎产品 -12mm 含量由 87.72% 提高到 90.40%。

(2) 确定适合 Ⅰ 区贫矿的最佳磨矿细度为：一段 -0.074mm 72% ±2%，二段不小于 -0.074mm 84%；Ⅲ矿区贫矿磨矿细度为：一段 -0.074mm 68% +2%，二段不小于 -0.074mm 80%。

(3) 考虑乙黄药选择性比丁黄药好，贫矿系统药剂组方由“乙丁基混合黄药 + 丁基铵黑药 + 碳酸钠”逐步改为“乙基黄药 + 丁基铵黑药 + 碳酸钠”。为稳定操作和两种药剂制度的平稳过渡，分 3 个阶段进行实施，每阶段在原有基础上增加乙黄药 30g/t，减少丁基黄药 30g/t，黄药总量 180g/t 保持不变。

(4) 对 Ⅰ 矿区贫矿两种浮选流程的一段和二段均定为两次精选，有利于精矿品位的稳定。

(5) Ⅲ矿区矿石浮选采用集中精选方案，使精矿镍品位控制点由两个变为一个。

(6) 保持 JJF-4 浮选机假底循环孔径大小不变，假底与槽底距离在原基础上抬高到 110mm。JJF-8 自吸式浮选机除将假底抬高 30mm 外，还将循环孔由 ϕ80mm 扩到 ϕ100mm。通过对精选作业浮选机进行局部改造，使浮选作业回收率明显提高，有效地防止了金属后窜现象，同时避免了因浮选机假底积矿沉死，频繁放矿而造成的金属流失，也减少了操作人员的劳动强度。

此外还改善了补球、换排砂嘴、微调精选浮选机放矿闸板高度等操作问题。

工业试验证实：Ⅰ 矿区贫矿和精矿镍品位提高 0.321%，Ⅲ矿区贫矿和精矿镍品位提高 0.127%，药剂单耗降低 40.74%。

12-40 云南金平白马寨难选镍矿是如何提高指标的？

云南金平白马寨难选镍矿因其含镍磁黄铁矿与滑石成分高而难选著称。矿石性质有以下特点：

(1) 有用镍矿物为镍黄铁矿、含镍磁黄铁矿，镍在磁黄铁矿中分布高达37.5%。

(2) 有用镍矿物中镍含量低，如含镍磁黄铁矿中镍仅为0.89%，因而难以获得高品位镍精矿。

(3) 脉石矿物为绿泥石和滑石。滑石含量20%以上，对镍矿石浮选造成困难。

2004年，形成了“脱泥－浮选新工艺”，通过滑石脱泥浮选，有效消除了滑石对含镍硫化矿物浮选的影响，使镍精矿品位保持在3%左右时，镍回收率从60%～65%提高到70%～75%。2008年形成了“贫镍矿全泥强化浮选工艺”。该工艺的特点如下：

(1) 利用滑石的天然可浮性，优选合适起泡剂，在进入硫化镍矿浮选前，预先浮选滑石。在滑石浮选中镍损失量可以控制在2%～4%。

(2) 选择含镁硅酸盐矿物的有效抑制剂CMC，抑制残留滑石及绿泥石的浮选。

(3) 采用高效组合捕收剂，实现镍黄铁矿和含镍磁黄铁矿等含镍硫化矿物的同步浮选。

通过工艺条件和浮选流程不断优化，获得了良好的技术经济指标。镍选矿回收率提高到75%～80%，铜总回收率达到90%以上，镍精矿镍品位保持在3%左右。

12－41 超级镍精矿是如何制备的?

磐石镍矿中硫化矿物有镍黄铁矿、紫硫镍铁矿、针镍矿和磁黄铁矿，磁黄铁矿数量最大，而且与含镍矿物嵌布关系密切。脉石矿物属于超基性辉长岩型，有斜长石、滑石、透闪石、辉石、角闪石等。次生蚀变脉石矿物较多，滑石、绢云母、绿泥石等约占矿物总量的75%。矿石总的选别原则流程如图12－28所示。

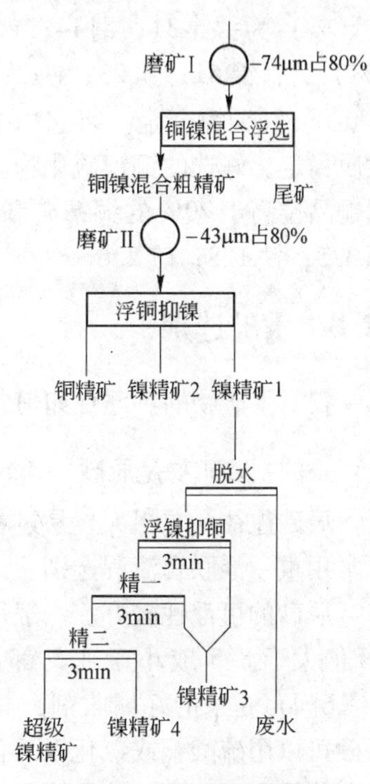

图12－28 磐石镍矿制备超级镍精矿选别流程

原则流程（药剂用量/$g \cdot t^{-1}$）：

铜镍混选：pH值为6.5；$(NH_4)_2SO_4$为1000；Na_2CO_3为1000；丁黄药为190；C－125为75；CMC为600。

浮铜抑镍：CaO为8000；Q－2为60；$ZnSO_4$

为400；Na_2SO_3 为400；Z－200为35；C－125为150。

浮镍抑铜：丁黄药为70；C－125为15；KQ为120；SK－118为50；硫酸为300。

浮铜抑镍分出3个产物：铜精矿，第一镍精矿和第二镍精矿。第一镍精矿含镍12.47%，含铜0.085%，用于制备超级镍精矿，先浓缩脱水脱药，用新水重调浆，接着用硫酸调pH值为3～5。浮镍抑铜，3个作业的用药情况见表12－46。

表12－46 浮镍抑铜的药剂制度 (g/t)

作 业	pH值	丁黄药	C－125	KQ	SK－118	H_2SO_4
分离浮选一	3	50	10	120		300
精选一	5	20	5			
精选二	5				50	

最后得到超级镍精矿。含镍17.68%；含铜0.24%；含量比为镍:铜＝736:1。

12－42 高镍锍是如何浮选的？

对于用浮选法难于分离的铜镍混合精矿，先用闪速炉熔炼，得到镍锍，其组成（%）为：镍31；铜14；铁28；硫24。接着送转炉吹炼得到高镍锍，其组成（%）为：镍51；铜23；铁2；硫2.6。其主要物相为硫化镍（Ni_3S_2）、硫化铜（Cu_2S）和铜镍合金。将它由800℃缓慢冷却到200℃后，可得到结晶粒度粗、性质稳定、好选的铜镍硫化物。最后将高镍锍进行阶段磨选，浮铜抑镍，可以得到铜品位高于70%的铜精矿和二次镍精矿，后者的含量（%）为：镍63～67；铜3.5；铁1.8；硫2.6。

12.8 汞矿选别

12－43 汞矿物的可浮性如何？

汞的主要矿物是辰砂（HgS，Hg 86%），偶尔见到硫汞锑矿（$HgS \cdot 2Sb_2S_3$）。

辰砂往往晶粒粗大，易过粉碎，而且粗粒产物朱砂比细粒精矿价值更高，所以常用重－浮联合流程选别。

辰砂的可浮性较好。一般用黄药捕收，pH值为6或7.5，pH值为6.5较差，pH值大于8.5或小于4.5都浮不好。近年来发现二苯基二硫代次膦酸（见5－16问）是汞的好捕收剂，其捕收作用比黄药好。用石灰或硫酸调整pH值。辰砂可以用硫酸铜或氯化汞活化，将辰砂和雄黄分离时用糊精抑制雄黄，此时辰砂可能受影响，应加少量活化剂。

硫汞锑矿的可浮性介于辰砂与辉锑矿之间。辰砂与辉锑矿的分离方法见后。

辰砂与雄黄（AsS）、雌黄（As_2S_3）分离，用糊精抑制雄黄及雌黄，与毒砂和黄铁矿分离可用氰化物抑制毒砂及黄铁矿。一般用一粗二扫流程就可以。

12-44 贵州汞矿 B 选矿厂如何选矿？

贵州汞矿 B 选矿厂原矿性质为含汞矿物，主要为辰砂；个别矿段有少量自然汞，黑辰砂极少见。伴生矿物为少量的黄铁矿、辉锑矿、闪锌矿。脉石矿物主要为白云石，其次为石英、方解石，还有少量的玉髓、云母、长石等。辰砂嵌布粒度不均匀，粗大者达 12mm，细小者 0.002mm，以 0.1~0.5mm 居多。生产流程图如图 12-29 所示。

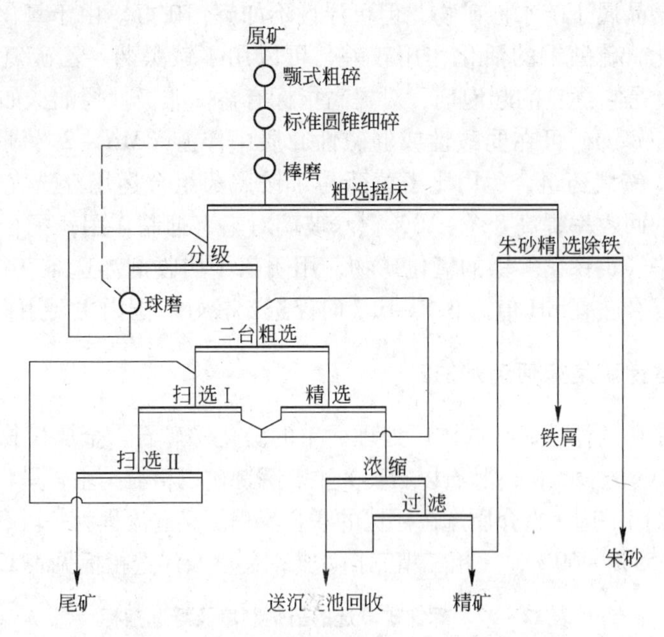

图 12-29 贵州汞矿 B 选矿厂生产流程图

棒磨机排矿粒度 0.3mm 进摇床选别。摇床粗精矿（含 HgS 约 50%）送朱砂精加工间磁选除铁，再用红外线干燥获得朱砂。摇床尾矿送入球磨-分级回路中，分级溢流粒度为 -0.074mm 70%~80%，浓度为 25%~30% 固体，送入浮选作业。

浮选药剂是（g/t）：硫酸铜 240；乙黄药 190；2 号油 60。

选别指标：原矿品位汞 0.3%；精矿品位汞 15%~20%；选矿总回收率 95%~97%。

其中石朱砂产品（按 Hg 计）的回收率占 40%~50%，最终尾矿品位汞 0.01%左右。

12.9 锑矿浮选

12-45 锑矿物的可浮性如何？

我国锑的储量居世界首位，因为许多锑矿含可浮性差的氧化锑矿物，所以常用重浮联合流程处理。

常见的锑矿物有辉锑矿（Sb_2S_3）、锑华（Sb_2O_3）、黄锑矿（Sb_2O_4）和黄锑华（$H_2Sb_2O_5$）等。硫化锑的矿物易浮，氧化锑的矿物难浮而且不能硫化，可考虑重选。

辉锑矿结晶属于疏水性矿物，但可浮性不如辉钼矿好。由于氧化等原因，常用硝酸铅活化，硫酸铜的活化作用较差，可以用丁铵黑药、乙硫氮、黄药等捕收。FX-127是它优良的起泡剂，对提高指标有益。非极性烃油，如页岩油可作辅助捕收剂。辉锑矿可在弱酸性或弱碱性介质中浮游。MA-2（湖北首石药剂厂生产）与丁铵黑药组合运用比丁黄药与丁铵黑药组合运用浮选龙山金锑矿矿石，能使金的回收率提高8%～10%。水玻璃对它有抑制作用，配合石灰抑制作用更强。锑华、黄锑矿等锑的氧化矿物，用阴离子捕收剂浮选难获得好的结果，用十八胺或混合胺在pH值为3.8～6.7时浮选比较好。国内主要用重选回收。

12-46 某些锑矿是如何选别的？

（1）某锑矿的浮选。某选矿厂处理简单的硫化锑矿石，金属矿物以辉锑矿为主，伴生有少量的黄铁矿，脉石以石英为主。辉锑矿以粗粒为主，呈粗细不均匀嵌布。选矿厂采用手选+重介质选+浮选的联合流程。浮选流程为一段磨矿，分级溢流-74μm占55%～60%，一粗三精三扫。药剂制度及浮选指标见表12-47。

表12-47 辉锑矿浮选的药剂制度及浮选指标

药剂制度/g·t⁻¹					
丁黄药	60～80	乙硫氮	100～110	油页岩	350～450
煤 油	60～80	新松油	120	硝酸铅	100～200

选别指标/%		
原矿品位	精矿品位	精矿回收率
锑3.08/3.5	48	93.74

（2）新宁某锑矿浮锑，采用硝酸铅作活化剂，NN+25号黑药（100+16，g/t）为捕收剂，松醇油为起泡剂，采用一次粗选、两次扫选、四次精选、中矿顺序返回的闭路流程，可从含锑2.71%的给矿中，选出锑品位为48.26%、回收率为77.38%的锑精矿。

（3）对陕西商南某锑矿进行锑硫分离回收锑浮选试验，试验结果表明，采用硝酸铅作活化剂，乙硫氮与丁基铵黑药混用作捕收剂，糊精作抑制剂抑黄铁矿，经过一次粗选、三次扫选、四次精选闭路试验，可从含锑 1.76% 的给矿得到含锑 51.76% 的锑精矿、回收率为 76.08%。

（4）长坡选矿厂使用广西大学研制的新抑制剂 GZT 提高铅锑精矿的品位。GZT 是一种有效的硫化矿选择性抑制剂，长坡选矿厂工业试验中使用 GZT 后，使铅和锑在精矿中的含量提高 9.61%，铅锑精矿中的锌降低 2.79%，铅和锑的回收率分别提高 4.75% 和 4.19%。

12-47 旬阳汞锑矿是如何浮选的？

陕西旬阳汞锑矿床是一大型汞锑矿床，矿石中的主要有用矿物有辉锑矿和辰砂。辰砂以星点状和细粒浸染状分布于汞锑矿体中。其次有少量黄铁矿、褐铁矿和锑华等。脉石矿物以白云母、石英为主，其次为方解石、重晶石等。原矿含汞 0.76%，含锑 5.82%。

做过小型试验。原则流程为锑汞混合浮选—精选粗精矿再磨—脱药脱水—浮汞抑锑分离。详细流程及药剂制度如图 12-30 所示。选别指标（闭路试验）见表 12-48。

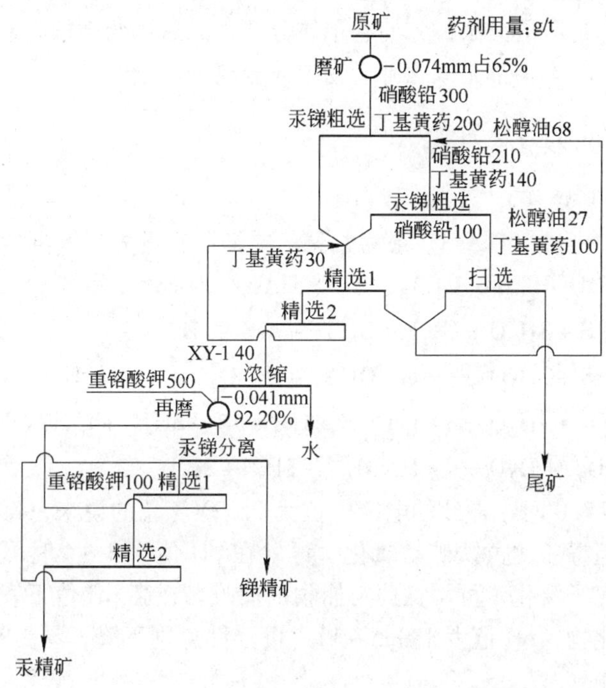

图 12-30 某汞锑矿闭路试验流程

表 12－48 旬阳汞锑矿闭路试验指标 (%)

产品名称	产率	汞品位	锑品位	汞回收率	锑回收率
汞精矿	0.88	76.38	3.08	85.41	0.46
锑精矿	9.79	0.81	55.47	10.08	92.25
尾矿	89.33	0.04	0.48	4.51	7.29
原矿	100.0	0.78	5.88	100.0	100.0

12.10 硫化矿降砷问题

砷是剧毒元素，其氧化物毒性很大，可作杀菌剂、防腐剂，砷是致癌物质。选矿和冶炼的废水、废渣和废气对环境影响都很大。我国地表水Ⅰ、Ⅱ、Ⅲ类（水源头或饮用水）规定总砷不大于0.05mg/L，送冶炼的精矿含砷小于0.5%。砷的矿物种类繁多，有150多种。选矿工作者常遇到的有毒砂、硫砷铜矿、砷黝铜矿、雄黄、雌黄、金属砷以及含砷的铁、铅、锌、锑、银、金、镍、锡矿等，使选矿精矿降砷成为常见的难题。

要抑制矿石中的砷，先了解砷的存在形式。如果砷是矿物晶格中的成分，如硫砷铜矿、砷黝铜矿中的砷不易用选矿方法除去，只能用较复杂的方法将这些矿物抑制；如果砷是以独立的矿物形态存在，只是与有用矿物紧密共生，常常可用细磨或混合精矿再磨的方法，先使它单体分离，然后用药剂抑制。后面讲的各种药剂抑制方法，基本上都是以含砷矿物单体分离为基础的。

12－48 砷矿物的可浮性如何？

A 毒砂的可浮性

硫化矿石中毒砂（FeAsS）最为常见。要抑制它需先了解毒砂的可浮性。毒砂氧化时生成 FeOOH、$Fe(OH)_3$、AsS、$HAsO_4^{2-}$、SO_4^{2-} 和 S^0。

$$FeAsS + 3H_2O \longrightarrow Fe(OH)_3 + AsS + 3H^+ + 3e$$

$$FeAsS + 7H_2O \longrightarrow Fe(OH)_3 + HAsO_4^{2-} + S^0 + 10H^+ + 8e$$

$$FeAsO_3 + 9H_2O \longrightarrow FeOOH + H_2AsO_3^- + SO_4^{2-} + 15H^+ + 12e$$

$$H_2AsO_3^- + H_2O \longrightarrow HAsO_4^{2-} + 3H^+ + 2e$$

在pH值为7.0时，毒砂的电极电位为0.32V。总的说来，毒砂的可浮性与黄铁矿相似，但毒砂比黄铁矿易氧化。毒砂在pH值为3～4时可浮性最好，容易被铜、铅等离子活化，可用黄药类捕收剂捕收。在高pH值下表面生成亲水的氢氧化铁等氧化物，pH值大于9.5～11，可浮性急剧下降，易受石灰、漂白粉、高锰酸钾等抑制。

PALA分子中有—COO—和—O＝C—NH_2 等亲水基，可抑制毒砂而不抑制铁闪锌矿，可将铁闪锌矿与毒砂分离。EM－421是毒砂、硫铁矿的高效抑制剂。采用EM－421时，矿浆不需提高pH值就可有效地分离铜砷（硫），得到高质量的铜精矿（用丁基黄药作捕收剂）。

B 金属砷（As）的可浮性

使用人工合成的金属砷和石英的混合物作研究对象，以乙基钾黄药为捕收剂浮选金属砷，矿浆的pH值和矿浆电位（Eh）对砷可浮性的影响结果如下：在pH值为5～10范围内，使用乙基黄药作捕收剂，Aero－froth 65作起泡剂，浮选8min。砷回收率为95%，进一步升高pH值，砷的回收率慢慢降低；在pH值为6时，砷金属在矿浆电位＋125～275mV范围内，可浮性较好，但是超出临界电位＋375mV；在较强的还原性条件下（低于＋125mV）其浮选回收率慢慢降低，此时浮选速度变慢；在pH值为10时，砷金属的电位为－300～＋225mV范围内，可浮性较好。浮选速度数据表明，矿浆电位低于＋225mV时，浮选速度较慢，在pH值为6没有捕收剂时，金属砷不浮，这说明砷没有天然可浮性，重要的是在较宽的pH值范围内，通过控制浮选电位和使用简单的药剂可脱除精矿中的金属砷。

12－49 含毒砂矿石降砷可用哪些方法？

（1）选择高选择性的捕收剂。如硫氮、Z－200、甲基硫氨酯、胺醇黄药等浮有用的目的矿物。

（2）结构成分与捕收剂性质类似的抑制剂。如烷基三硫代碳酸盐（RSCSS-Na）可以从毒砂表面排除黄药；如丙烯基三硫代碳酸盐（ИТТК）和丙氧基硫化物（ОПС）组成的新药ПРКС，可固着在毒砂的表面，阻止黄药在毒砂表面吸附，使其亲水。

（3）石灰与其他药剂的组合抑制剂。石灰本身有提高pH值的作用，Ca^{2+}也有抑制作用，将它与其他药剂组合，以加强抑制作用。如石灰＋铵盐（硝酸铵或氯化铵）；石灰＋亚硫酸钠；石灰＋硫化钠（后者沉淀铜离子）；石灰＋氯化钙。

（4）氧化。从前面硫化矿物的氧化递减顺序知道黄铁矿比许多矿物都容易氧化，所以可以利用毒砂比其他矿物先氧化亲水的特性，加氧化剂抑制它。常用的氧化剂有高锰酸钾、双氧水、二氧化锰、漂白粉、过氧二硫酸钾（$K_2S_2O_8$）、次氯酸钾、重铬酸钾等。在毒砂与黄铁矿的分离中可用过硫酸钾抑制毒砂。

（5）硫氧酸盐类组合剂。如亚硫酸钠、硫代硫酸钠与硫酸锌、硫化钠、栲胶等组合抑制毒砂都有成功的报道。

（6）硫酸锌＋碳酸钠生成胶体碳酸锌抑毒砂。

（7）有机抑制剂。如糊精、腐殖酸钠、丹宁、聚丙烯酰胺、木素磺酸盐、

H23 等单用或与其他药剂混合使用抑砷。

（8）SN 抑制毒砂。在黄铁矿浮选中，曾使用石灰、$KMnO_4$、腐殖酸钠和 SN 等多种抑制剂抑制毒砂。试验结果表明，SN 对毒砂的抑制效果比石灰、$KMnO_4$ 和腐殖酸钠的抑制效果好，并使给矿含砷 1.78% 的硫精矿含砷降到 0.22%。

（9）MF 有机抑制剂可用于硫精矿降砷，对云南某地磁选尾矿矿石性质分析后，用浮选方法考察了有机抑制剂腐殖酸、GP、RC、MF 和它们的用量对硫精矿降砷的结果，其中以 MF 较好，硫砷精矿经一次粗选、两次精选、一次扫选获得硫精矿硫品位 43.89%、砷品位 0.58%，硫回收率 54.95%；砷精矿含砷 11.41%，含硫 9.23%，砷回收率 65.80%。

（10）Y－As 抑制剂可用于硫精矿降砷。Y－As 是一种无机和有机的组合抑制剂，无毒、廉价、来源广。可在酸性矿坑水用量为 1000 mL/kg 造成 pH 值为 6.5 以下，加适量的（1.0kg/t）Y－As 能够有效地抑制毒砂，但当 Y－As 过量时也会使部分黄铁矿受抑制。硫精矿降砷闭路试验试样为含砷硫精矿，含硫 42.45%、含砷 0.23%，试样中 －45μm 粒级中硫、砷的分布率较高，分别达到 72.76%、84.12%。

在 pH 值为 6.5、Y－As 用量 1000g/t 的条件下，采用一次粗选、一次精选、两次扫选的浮选工艺流程进行闭路流程试验。获得硫精矿含硫 49.21%、含砷 0.104%、含金 1.03%、硫回收率 92.42%、金回收率 93.13% 的硫精矿。

（11）丙基黄原酸钠抑制砷。自多金属硫化矿砷硫分离，采用“砷硫混浮－砷硫分离”的工艺流程，选择高效低毒药剂丙基黄原酸钠作砷抑制剂进行了砷硫分离，最终获得硫品位 43.05%、含砷 0.51% 的硫精矿，硫回收率 79.53%。闭路试验流程如图 12－31 所示。试验结果见表 12－49。

硫砷铜矿与含铜矿物的分离，其工业意义较小。有几种方法可考虑：

（1）黄药用量 20mg/L，电位 －250mV，pH 值为 9.0，抑制黄铜矿反浮硫砷铜矿，可参看 11－3 问。

（2）在 pH 值为 9 时，用 250mg/L MAA（是镁铵混合物，由 0.5mol/L 六水氯化镁，2.0mol/L 氯化铵，1.5mol/L 氢氧化铵混合）抑制硫砷铜矿，用黄药浮黄铜矿。

（3）MAA（镁铵混合剂）抑制砷黄铁矿浮黄铁矿，砷黄铁矿与黄铁矿分离的最佳条件是 pH 值为 8.2，乙基黄药浓度为 2.14×10^{-3} mol/L，MAA 浓度 250mg/L，在此条件下，砷黄铁矿回收率为 25.5%，黄铁矿回收率为 62.1%，砷黄铁矿和黄铁矿回收率分别降低 63.0% 和 7.5%。

（4）在有 H_2O 和 O_2 的条件下，用氧化亚铁杆菌、氧化硫硫杆菌等细菌浸出硫砷铜矿。

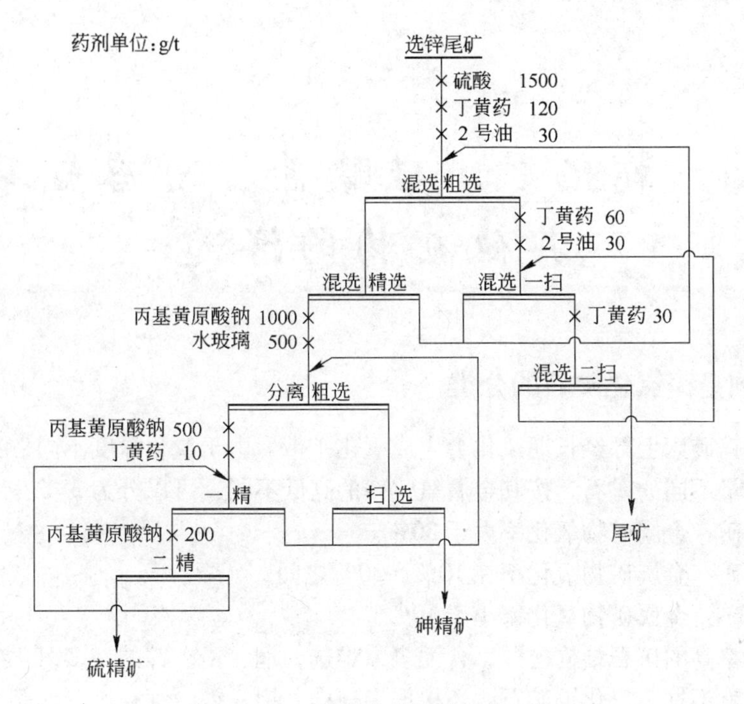

图 12-31　砷硫分离闭路试验流程

表 12-49　砷硫分离闭路试验结果　（%）

产物名称	β_S	β_{As}	ε_S	ε_{As}
硫精矿	43.05	0.51	79.53	8.08
砷精矿	9.03	9.21	7.97	69.65
尾　矿	2.60	0.54	12.51	22.27
给　矿	13.26	1.55	100.00	100.00

注：β—品位；ε—回收率。

对于高砷的精矿（如高砷金矿），在不得已的情况下，使用焙烧法使砷变为氧化砷挥发除去。

13 氧化矿、硅酸盐、可溶盐及其他矿物的浮选

13.1 铜铅锌氧化矿石的分类

铜铅锌矿床上部经长期风化会生成氧化矿带。由于氧化深度不同，会形成氧化矿物含量不同的矿石，按其金属氧化率的高低不同，可以分为3类：

氧化矿：金属矿物氧化率大于30%。

混合矿：金属矿物氧化率在10%～30%之间。

硫化矿：金属矿物氧化率小于10%。

氧化率高的矿石结构松散，含泥多，难选，铜、铅、锌的许多氧化矿物本身的可浮性就不好。氧化铜矿石，还根据铜与硅、铝、铁、锰、钙、镁等元素结合的多少，分为游离氧化铜和结合氧化铜。结合率（%）的计算公式如下：

$$结合率=\frac{结合氧化铜量}{矿石的总铜量}\times 100\%$$

一般氧化率高的矿石难选，结合率高的尤其难选。结合氧化铜可能以微细粒的包裹体存在于非铜矿物中，或者以分子形式吸附于脉石上，或者作为晶格杂质与脉石相结合，使选矿指标变坏。

13.2 氧化铜矿及氧化钼矿的选别

13-1 氧化铜矿物的可浮性怎么样？如何选别？

氧化铜矿物有如下几种：

（1）孔雀石［$CuCO_3\cdot Cu(OH)_2$］可用硫化钠硫化后用黄药、长碳链黄药捕收，或用脂肪酸类捕收。

（2）蓝铜矿［$2CuCO_3\cdot Cu(OH)_2$］其可浮性与孔雀石相似。

（3）硅孔雀石［$CuSiO_3\cdot 2H_2O$］，其可浮性很差，因为它是组成和产状不稳定的胶体矿物，表面亲水性很强，捕收剂吸附膜只能在矿物表面或孔隙内形成，而且附着不牢固，对浮选的pH值要求很严格。

（4）水胆矾［$CuSO_4\cdot 3Cu(OH)_2$］，微溶于水，很难浮。

（5）胆矾［$CuSO_4\cdot 5H_2O$］为可溶性矿物，浮选时溶解且破坏过程的选

择性。

氧化铜矿石的处理方法有以下几种：

（1）硫化后黄药浮选法。这是较实用的方法，即先用硫化钠或硫氢化钠等药剂将氧化铜矿物硫化，硫化时 pH 值应小于 10 ~ 10.5，作用时间宜短，硫化剂应分段添加。硫酸铵有助于矿物硫化。可以预先硫化的矿物为孔雀石、蓝铜矿和赤铜矿。硅孔雀石难以硫化。

（2）脂肪酸浮选法。该法只适用于脉石多为硅酸盐类矿物的矿石，多用 C_{10} ~ C_{20} 的脂肪酸捕收，同时加碳酸钠调浆，用水玻璃和偏磷酸盐抑制脉石矿物。矿石中含大量铁、锰矿物及钙镁矿物时浮选指标不佳。

（3）特殊捕收剂浮选法如用羟肟酸、苯并三唑、孔雀绿、B－130、N 取代二乙酸等捕收剂与黄药组合使用，近年推出的新药剂有 B－130、OK2033。

（4）B－130。它是四川有色金属研究院研制的一种新型螯合捕收剂，是一种石油化工产品，有固体和液体两种形态，呈强碱性反应，来源广、价格低，燃点和沸点高，易溶于水，配制方便，无刺激性气味，是氧化铜矿的良好捕收剂。湖北铜绿山选矿厂浮选工业试验结果表明，铜精矿铜品位提高了 0.8%，氧化铜回收率提高 5.25%，金回收率提高 6%。该药剂已在该厂推广使用。

（5）OK2033 是由几种对氧化铜矿有较强捕收能力的药剂组合而成，呈油状液体，性质稳定。

（6）此外可以用浸出－沉淀－浮选法。用硫酸先将氧化铜矿物中的铜浸出，然后用铁粉置换出金属铜（沉淀铜），再用浮选浮出铜。酸的用量因矿石性质而异，可从数千克到 30 ~ 40kg，置换 1kg 铜需要铁粉 1.5 ~ 2.5kg，而且溶液中必须保留过量的残留铁粉。浮选的 pH 值为 3.7 ~ 4。捕收剂用双黄药或甲酚黑药。

还可以用离析－浮选或浮选－水冶法处理。

13－2 某些氧化铜矿如何浮选？

浮选过程具体如下：

（1）某铁铜矿石，边缘过渡带为铜矿石。主要金属氧化矿物为磁铁矿、赤铁矿、自然铜、孔雀石；硫化矿物为黄铜矿、斑铜矿、黄铁矿、辉铜矿。次要矿物为白铁矿、砷黝铜矿、银金矿、蓝铜矿、赤铜矿、赤铁矿、褐铁矿等，脉石矿物为方解石、石英、蛇纹石、高岭土、绿泥石、绢云母等。该氧化矿含铜、铁量都高，氧化程度深、含泥量大，结合率高。其选别流程如图 13－1 所示。

矿石在常温下硫化后用黄药类（400g/t）捕收剂和起泡剂浮选，硫化钠（3000g/t）分段添加。pH 值为 8.5 ~ 10。

浮选：尾矿用磁选选出铁精矿。

其技术指标（%）：

铜精矿：铜品位 18. 10；回收率 89. 10。

铁精矿：铁品位 66. 80；回收率 65. 30。

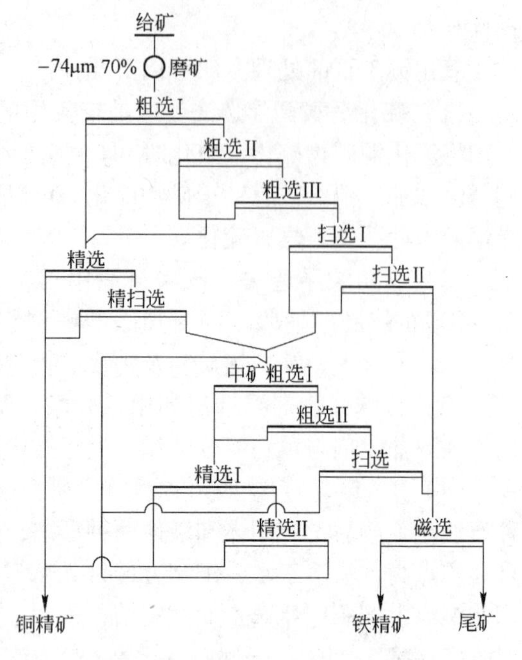

图 13－1 某氧化铜矿浮选流程图

（2）云南某氧化铜矿用硫化后黄药浮选法没有得到好结果，用新型捕收剂 Pr2000 进行浮选试验，铜精矿品位达到 13. 98%、回收率 70. 19%，铜精矿含银 6g/t、回收率 71. 93%，明显优于硫化－黄药浮选。

（3）吉林某地氧化铜矿，以硅孔雀石为主，蓝铜矿次之。铁矿物主要是褐铁矿，脉石矿物以铁质黏土为主，还有石英、方解石、云母、石榴子石、蛇纹石等，含铜 2. 25%，氧化率 97. 24%。用 OK2033 浮该铜矿石原矿含铜 1. 2%，粗选铜精矿品位 8. 43%、铜回收率 72. 93%，开路精选铜精矿品位为 20. 29%、铜回收率 47. 29%。

（4）吉尔吉斯斯坦铜矿金属矿物主要是孔雀石、少量硅孔雀石，氧化率 98% 以上，铜含量 1. 4%，采用 B－130 作捕收剂，经三次粗选、两次扫选、两次精选，获得铜品位 20. 44%、铜回收率 75. 17% 的合格精矿，使用 B－130 比丁基黄药更有效并降低了药剂成本。

（5）四川某氧化铜矿组成复杂，具有氧化率高、含碳量高等特点，使用硫化钠、硫酸铵作硫化剂，丁基黄药和丁基铵黑药作捕收剂，有较强抑制能力的 T－206作抑制相关条件下的易浮矿物，松醇油作起泡剂，通过两次粗选、一次扫选、两次精选流程闭路试验，可从含铜 0. 951% 的给矿，得到含铜 18. 43% 的铜精矿、回收率为 67. 56%。

13－3 某氧化钼矿如何浮选？

某氧化钼矿十分难浮选，经过探索后，用 RJT 为捕收剂，用量 350g/t，Na_2CO_3 为 pH 值调整剂，用量 1500g/t，改性水玻璃为脉石抑制剂，用量 800g/t。采用一粗二扫三精的流程进行氧化钼矿的浮选，可从含钼 0. 38% 的给矿得到含钼 23. 60% 的氧化钼精矿，回收率为 42. 83%，尾矿含钼下降到 0. 082%。

13.3 氧化铅锌矿浮选

13-4 主要氧化铅锌矿物的可浮性如何？有哪些选别方法？

常见的氧化铅矿物有白铅矿（$PbCO_3$）、铅矾（$PbSO_4$）、砷铅矿[$PbS(AsO_4)_3Cl$]、铬铅矿（$PbCrO_4$）、磷氯铅矾［$PbS(PO_4)_3Cl$］和钼铅矿($PbMoO_4$)等。

方铅矿、铅矾和钼铅矿可用硫化钠、硫化钙、硫氢化钠等硫化，硫化后用黄药类捕收剂。但铅矾硫化时要求硫化剂用量大而且接触时间长。砷铅矿、铬铅矿和磷氯铅矿难以硫化，大部分会损失于尾矿中。

常见的氧化锌矿物有菱锌矿（$ZnCO_3$）、红锌矿（ZnO）、异极矿（$Zn_2SiO_4 \cdot H_2O$）和硅锌矿（$ZnSiO_4$）。锌的碳酸盐和氧化物可以加温至50~70℃硫化，而硅酸锌矿物难硫化。只能用阳离子捕收剂捕收。

浮选氧化锌的方法可归为4类：

（1）硫化后用胺类捕收。用硫化钠在常温下硫化，用脂肪酸伯胺捕收，是当今主要的浮选氧化锌法。其优点是对氧化锌矿物有较好的选择性和捕收力。缺点是要预先脱泥，脱泥时会损失大量的锌；不适宜处理含大量云母、绢云母、绿泥石、页岩或碳质页岩的矿石，因为上述脉石矿物在浮选过程中会与氧化锌一起上浮，药剂消耗量大，成本高。为了提高该法的效果，做了大量的研究和实践，并制定了如下的措施：

1）将铵盐和硫化钠按一定比例混合配成乳浊液加入矿浆中（乳浊液法）。我国柴河铅锌选矿厂，用上述方法后，锌精矿品位提高了近90%，回收率提高了近一倍，达到80.28%。乳浊液法可以取消单用胺类浮选前的脱泥作业，减少金属的损失量，提高锌的回收率。该法不仅适用于菱锌矿、水锌矿的回收，而且也适用于异极矿和硅锌矿的浮选。

2）阳离子捕收剂和阴离子捕收剂混用（阴阳捕收剂组合法）：混合胺与黄药（特别是仲辛基黄药）混用，可以加强异极矿（铁染异极矿）、铁菱锌矿等难浮氧化锌矿物的捕收作用，在选含大量褐铁矿（大约为30.7%），且有1/3的锌矿物为铁菱锌矿的试料时，采用混合捕收剂可以使回收率提高5.3%，尾矿品位降低1/3。昆明冶金研究所指出：将混合胺与仲辛基黄药按2∶1混合，在矿浆pH值为11.5时，处理会泽氧化锌矿的矿石。粗精矿的锌品位和回收率均有较大幅度的提高。把胺与黄药按3∶1的比例混合来选别会泽铅锌矿平坑脉矿时，在连续试验中，不脱泥直接浮选氧化锌得到的选别指标比单用混合胺先脱泥浮选的指标还要好。

3）混合胺用煤油、松油乳化（极性与非极性捕收剂组合）：Billi发现，把十二胺、松油、煤油和水按质量比12∶4∶2∶73的比例配成乳化液，其捕收性能比使用单一的胺类捕收剂好得多。Tyniagh 选厂以含椰油胺 40%、燃料油 5%、松油 5.5% 和 Ethomeen C_{25}（1g 椰油脂肪胺浮选与 2.5g 环氧乙烷的反应产物）的乳化液为捕收剂，在 pH 值为 12 时，浮选氧化锌矿石，得到精矿品位为 37% ~ 40%，回收率为 60% 以上的氧化锌精矿。云南澜沧砂铅矿，由于含泥量很大，含铁也极高（达到 31%），褐铁矿含锌占总锌量的 1/3，因此胺的消耗量高达 900g/t，若将混合胺用煤油乳化（混合胺: 煤油 = 1∶5），可以使胺的用量降低 1/3。

（2）脂肪酸作为捕收剂直接浮选。一般说来，该法捕收力强，选择性差。法国有人以油酸作捕收剂来浮选含硅酸盐脉石矿物的氧化锌矿中的菱锌矿，并通过用 $Na_2CO_3 + Na_2SiO_3$ 抑制硅酸盐脉石，最终得到锌精矿品位为 44.6%，回收率为 84.5% 的选别指标。

（3）加温硫化黄药法。意大利某选矿厂对铅浮选的尾矿进行试验，将矿浆 pH 值调整到 11，并且加温至 45 ~ 50℃，矿浆中的菱锌矿和异极矿经硫化和硫酸铜活化后，用戊基黄药来捕收。对锌品位为 6.3% 的原矿，浮选后精矿品位可达到 38%，回收率可达 76%。

（4）螯合捕收剂法。18 – 羟基喹啉、2 – 羧亚胺基羧酸、己基羟肟酸钾、5 – 烷基醛肪二硫腙和氨基硫酚、水杨醛肟、CF 等对氧化锌矿有较强的捕收力。但是，螯合剂价格昂贵且单独作捕收剂时，由于它造成的矿物表面疏水性不够强，需要用量很大，因此目前还难以在生产实践中广泛应用。

用 E – 5 作捕收剂浮选氧化锌矿。E – 5 是一种改性的新型烷基胺类浮选氧化锌的螯合捕收剂，价格比十二胺和十八胺低，固体，外观白色，其密度为 1.1g/cm^3。E – 5 水温 58℃时溶于水，E – 5 浮选菱锌矿，可从给矿锌品位 4.65%，得到含锌 33.76%，回收率为 85.39% 的锌精矿。在相近品位的前提下，用 E – 5 作捕收剂，比用十八胺的回收率提高 4%。E – 5 属低毒物质。

近年文献中也推荐了一些捕收氧化铅锌矿的新药剂。如二烷基硫代磷酸铵系列，对孔雀石、白铅矿、菱锌矿都有捕收力。CF 捕收剂（主成分是 N – 亚硝基 – N – 亚苯胲铵盐）和 LD_{50} 浮白铅矿。在 58℃时配成溶液使用，用 E – 5 和十八胺分别作捕收剂浮选氧化锌矿试验中，E – 5 可从给矿锌品位 4.65%，得到含锌 33.76%，回收率 85.39% 的锌精矿。十八胺可从含锌 4.77% 的给矿得到含锌 32.83%，回收率 81.35% 的锌精矿。在相近品位的前提下，用 E – 5 作捕收剂，比用十八胺提高回收率 4%。工业试验结果与小试结果相近。

ZP – 50。为了回收会理锌选矿厂尾矿中的氧化锌，采用硫化浮选工艺。对流程和新型捕收剂 ZP – 50 进行了实验室小型试验。当 ZP – 50 用量为 400g/t 时，可从含锌 1.26g/t 的给矿，获得含锌 36.04%，回收率为 57.58% 的锌精矿。

苄基丙二酸：苯甲羟肟酸为 1∶4.6 时，在 pH 值为 7 ~ 9 时，组合剂用量

1000g/t，浮选菱锌矿，回收率最大值为75.6%。

有人建议用4RO－12浮选菱锌矿和硫酸铅矿，用ζ－电位及红外光谱证明，2RO－12在菱锌矿、硫酸铅表面发生化学吸附。菱锌矿都能捕收。巯基苯并噻唑（MBT）对氧化铅矿选择性好，氯基苯硫酚（ATP）对氧化锌矿选择性好。苯基硫脲基烃基硫酸二苯酯对白铅矿捕收力强。当组合捕收剂中苄基丙二酸：苯甲羟肟酸为1∶4.6时，pH值为7～9。

总之，目前氧化锌矿的浮选，只有第一类方案最实用，第二方案在条件合适时可用，第三类方案只可作分析问题参考。

13－5 氧化铅锌矿工业浮选常用哪些方法?

氧化铅锌浮选最实用的方法是：氧化铅矿物硫化后用黄药类捕收剂捕收，氧化锌矿用伯胺类捕收。从浮选的顺序上讲，有两种方案：

（1）方铅矿－氧化铅矿－闪锌矿－氧化锌矿；

（2）方铅矿－闪锌矿－氧化铅矿－氧化锌矿。

在硫化过程中，硫化钠应分步添加，以防HS^-和S^{2-}过高起抑制作用，也应避免pH值过高（应小于10.5）。为了防止Ca^{2+}、Mg^{2+}在白铅矿等矿物表面生成它们的氢氧化膜，应加入少量硫酸铵。氧化锌矿硫化后，也要用硫酸铜活化，用强力捕收剂加中性油类捕收。

用伯胺类捕收剂浮选氧化锌矿是常用的方法。它适合于处理含铁高的物料。胺类中以C_{12}～C_{18}的伯胺最好。C_{16}以上的胺在25～50℃才能很好地溶解。伯胺作捕收剂浮选的pH值为10.5～11.5，用硫化钠调整最好。

用硫化钠在常温下硫化，用脂肪酸伯胺捕收。其优点是对氧化锌矿物有较好的选择性和捕收力。缺点是要预先脱泥，脱泥时会损失大量锌；不适宜处理含大量云母、绢云母、绿泥石、页岩或碳质页岩的矿石，因为上述脉石矿物在浮选过程中会与氧化锌一起上浮，药剂消耗量大，成本高。

用阳离子捕收剂浮选，矿泥的影响比较明显。小于10μm的细泥含量低于15%，可以加苏打、水玻璃、羧甲基纤维素、木素磺酸盐、腐殖酸钠等消除矿泥影响。当小于10μm的细泥含量超过15%时常常要先脱泥，以减少药剂消耗，并在脱泥时加入硫化钠、硅酸钠等分散剂。

13－6 新疆某氧化铅锌矿如何浮选?

矿石中的主要金属矿物有白铅矿、铅矾、菱锌矿、水锌矿、方铅矿、闪锌矿、黄铁矿、褐铁矿和针铁矿。脉石矿物主要有方解石、白云石、石英、石膏、黏土矿物等。要细磨至－37μm，铅锌矿物才有90%单体解离。确定的磨矿细度为－74μm 93%。

原矿多元分析见表13－1，原矿物相分析见表13－2。

表13－1 新疆某氧化铅锌矿原矿多元分析

元素	Pb	Zn	Cu	S	Fe	As	Mn	SiO_2	Au	Ag
含量/%	8.67	16.48	0.025	1.87	15.04	0.09	0.095	4.17	0.41g/t	32.80g/t

表13－2 原矿物相分析 （%）

项 目	总铅	碳酸铅	硫酸铅	硫化铅	其他铅	总锌	碳酸锌	硫化锌	其他锌
含 量	8.67	5.97	0.94	0.42	1.23	16.32	15.02	0.83	0.47
占有率	100.0	69.74	10.98	4.91	14.37	100.0	92.03	5.09	2.88

从表13－2可以看出，铅矿物氧化率为95.09%，锌矿物氧化率高达94.91%，氧化铁矿物含量达23.85%。矿石松散呈土状。

浮选铅的条件是：浮选的pH值为9～10，用碳酸钠调浆比用氢氧化钠好，用硫化钠作硫化剂，与黄药一起分段添加，硫化钠用量为2＋2kg/t，丁基黄药用量为400＋100g/t。做过丁黄药＋丁铵黑药、丁黄药＋环己铵黑药与单用丁基黄药的对比，结果是单一丁基黄药最好。由于氧化铅精选时容易掉槽，加入50g/t油酸钠有好处。对于脉石矿物抑制剂，做过水玻璃、淀粉、腐殖酸铵和栲胶对比，结果以水玻璃加腐殖酸铵为最好。

浮选锌的条件是：用栲胶抑制脉石比腐殖酸好，栲胶用量为400g/t。捕收剂用烷基十二胺500g/t，羟肟酸30～40g/t。试验中还发现加药顺序对结果有影响，最后定下的药剂用量及加药顺序如图13－2所示。

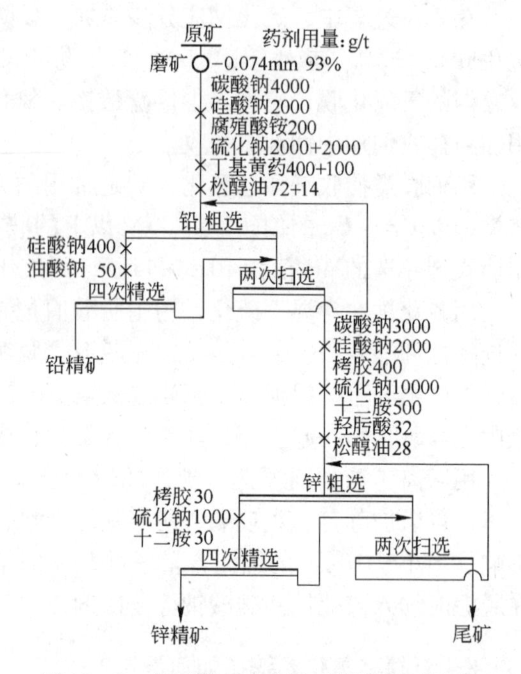

图13－2 新疆某氧化铅锌矿闭路浮选流程

表13－3所示为闭路流程浮选试验结果。

13－7 云南某氧化铅锌矿的选矿工艺结果如何？

云南某氧化铅锌矿石，原矿中主要金属矿物有菱锌矿、闪锌矿、方铅矿、白

表 13-3 闭路流程浮选试验结果 (%)

产物名称	产率	铅品位	铅回收率	锌品位	锌回收率
铅精矿	12.21	54.82	77.06	7.75	5.68
锌精矿	35.84	1.85	7.63	36.13	77.73
尾 矿	51.95	2.56	15.31	5.32	16.59
原 矿	100.0	8.69	100.0	16.66	100.0

铅矿及异极矿，脉石矿物以白云石、方解石和石英为主。原矿主要化学成分及铅、锌物相分析结果见表 13-4~表 13-6。

表 13-4 原矿多元素分析结果 (%)

元素	Pb	Zn	S	As	Au	Ag	SiO_2	Fe	Al_2O_3	CaO	Mg
含量	2.40	6.45	0.80	0.02	<0.2	6.5	20.20	3.11	3.49	24.68	3.99

表 13-5 铅物相分析结果 (%)

化学相	硫酸盐	碳酸盐	硫化物	铅铁矾及其他	全 量
含 量	0.16	1.19	0.85	0.20	2.4
分布率	6.67	49.85	35.42	8.33	100.00

表 13-6 锌物相分析结果 (%)

化学相	碳酸盐	硅酸盐	硫化物	锌尖晶石及其他	全 量
含 量	3.9	0.92	0.95	0.65	6.42
分布率	60.73	14.37	14.80	10.10	100.00

条件试验确定的合适条件：

磨矿细度：-74μm 70%；

浮硫化铅矿物：$ZnSO_4 + Na_2SO_3$ 1000+500g/t，乙黄药 40g/t；

浮硫化锌矿物：$CuSO_4$ 100g/t，丁黄药 150g/t；

浮氧化铅矿物：Na_2S 1.0kg/t，丁黄药 100g/t；

浮氧化锌矿物：Na_2S 4.0kg/t，FX 捕收剂 400g/t。

确定的试验原则流程：先硫后氧+先铅后锌（氧化锌浮选前先脱泥）+氧化锌浮选中矿摇床重选。试验结果见表 13-7。

表 13-7 浮重选闭路试验结果 (%)

产 物	产 率	β_{Pb}	β_{Zn}	ε_{Pb}	ε_{Zn}
硫化铅精矿	1.39	62.24	8.13	35.31	1.75
氧化铅精矿	2.38	49.62	5.21	48.20	1.92

续表 13－7

产物	产率	β_{Pb}	β_{Zn}	ε_{Pb}	ε_{Zn}
硫化锌精矿	1.47	1.67	58.32	1.00	13.27
氧化锌精矿	8.29	0.59	38.86	2.01	49.85
矿泥	18.07	0.45	5.16	3.32	14.43
尾矿	68.40	0.36	1.77	10.16	18.78
给矿	100.00	2.45	6.46	100.00	100.00

注：β—品位；ε—回收率。

铅精矿含铅 54.12%，含锌 6.29%，铅回收率 83.51%。锌精矿含锌 41.78%，含铅 0.76%，锌回收率 63.12%。

该例的特点是用摇床处理氧化锌矿物与用 FX 作氧化锌矿物的捕收剂。某地氧化锌矿含锌 7%～10%，给当地环境造成影响，采用 P－2000 作氧化锌矿捕收剂，给矿（150t/d）含锌 3.6%，工业试验中获得含锌 25.58%，回收率 74.31% 的试验结果。

13.4 铁矿石的浮选

13－8 主要铁矿物有哪几种？可浮性如何？

富的铁矿石可以直接送冶炼，磁铁矿可以磁选，嵌布细含杂质多的赤铁矿、假象赤铁矿、褐铁矿才用浮选。

（1）赤铁矿和假象赤铁矿（Fe_2O_3），含铁 70%，在水中表面生成 $Fe(OH)_3$ 后，零电点为 6.7～7.10，在中性或弱碱性介质中可用各种脂肪酸类捕收剂捕收。长沙矿冶研究院研制的 RN665 螯合剂作浮铁矿物的捕收剂，效果比脂肪酸类好。也可以用硫酸化皂、石油磺酸盐类作捕收剂。当苄基丙二酸与 $C_{7\sim9}$ 羟肟酸之比为 2∶8 组合时，用量 500g/t，赤铁矿回收率达最大值 95.6%。研究结果表明，在矿物表面存在穿插吸附和多层吸附。

用 RFE－136 改性脂肪酸捕收氧化铁矿。RFE－136 捕收剂是用氯化十二烷 25g、羟基化煤油 13g、硫酸化混合脂肪酸 32g、柴油 5g、再加辅助剂吐温－80 3g、水 22g。通过搅拌、混合、乳化均匀而成。使用时用水配成 2% 的溶液。用 RFE－136 阴离子捕收剂反浮选鄂西含磷难选鲕状赤铁矿的焙烧——弱磁选精矿，获得铁品位 58% 以上、含磷 0.17%、作业回收率大于 80% 的铁精矿。

用 TL－5 捕收赤铁矿。TL－5 是高效组合捕收剂，主要组分为 LJ 和 LB。LJ 是脂肪酸，能与赤铁矿表面生成脂肪酸铁沉淀；LB 属于螯合捕收剂，它的分子中含有氮、氧原子，当与赤铁矿作用时，赤铁矿表面的铁可以取代 LB 的氮、氧原子上的氢，而与吸电原子氮、氧成共价结合，形成两种不同的氮、氧五节环结构的螯合物沉淀，而固着于赤铁矿表面，烃基疏水使赤铁矿上浮。用 TL－5300g/t（LJ 和 LB 的质量比为 2∶1），浮赤铁矿，比生产上用油酸钠作捕收剂，浮选温度由 30℃降到 26℃左右，一次粗选铁精矿品位和回收率分别为 39.97%和 90%，提高到 40.47%和 92%，效果比油酸钠好。

赤铁矿可以用淀粉（特别是玉米淀粉，其次是木薯淀粉）、单宁、纤维素、水玻璃等抑制，正磷酸对赤铁矿有抑制作用，而偏磷酸对赤铁矿有活化作用，Ca^{2+}、Al^{3+}、Mn^{2+}等在用脂肪酸浮选时对赤铁矿有抑制作用。

废啤酒酵母溶解相含量有与淀粉相似的极性官能团。因此对赤铁矿有抑制作用。

（2）菱铁矿（$FeCO_3$）含铁 48.3%。在中性介质中，可以用 RA715 捕收，在强碱性介质中可用阳离子捕收剂或 TS 捕收剂浮选。在强碱性条件下，新型捕收剂 TS 对菱铁矿有很好的选择性和捕收性。改性水玻璃对赤铁矿有很好的抑制作用，采用这两种药剂对菱铁矿和赤铁矿人工混合矿进行浮选试验获得了较好的指标，在 TS 用量 600g/t、pH 值为 11 时进行浮选，得到铁品位 63.9%、铁回收率 92.8%的赤铁矿精矿，铁品位 43.7%、铁回收率 80.8%的菱铁矿精矿。光电子能谱分析结果表明，TS 在菱铁矿表面大量吸附，改性水玻璃在赤铁矿表面大量吸附，两种药剂均属化学吸附。

（3）褐铁矿（$Fe_2O_3 \cdot H_2O$）含铁 60%，特别易泥化。可用脂肪酸类捕收，研究过的几种捕收剂对褐铁矿的捕收能力大小顺序为：油酸钠 > 苯甲羟肟酸 > 731 > C_7 ~ C_9 羟肟酸。当 pH 值为 6.5 ~ 10.5 时，褐铁矿具有较好的可浮性，且 pH 值为 8.6 时最好。

低品位铁精矿常用反浮选去硅及其他杂质。反浮捕收剂多为胺类，其中包括十二胺盐酸盐、氯化二甲基苄基十二胺和溴化三甲基十六烷基胺。

CS－22 是氯化二甲基苄基十二胺与溴化三甲基十六胺质量比 2∶1 的混合物，用CS－22 作捕收剂从磁铁矿和镜铁矿中浮出石英，比十二胺盐酸盐和溴化三甲基十六胺好。

DAPD 是 N－十二烷基－β－十二烷基－p－氨基丙酰胺盐酸盐的缩写，可分离石英与铁矿物。DAPD 的分子式为 $CH_3(CH_2)_{10}CH_2NHCH_2CH_2OONH_2 \cdot HCl$，与十二胺相比，DAPA 对石英捕收能力较弱，但选择性较强，DAPA 捕收石英的能力明显大于对赤铁矿、磁铁矿和镜铁矿，在 pH 值小于 6.5 时能将铁矿物与石英分离。

武汉理工大学研制的阳离子捕收剂 GE609，具有选择性高、能耐低温浮选、易消泡等特点，用于反浮硅酸盐矿物，同时用淀粉抑铁矿物，经一粗、二扫、一精、中矿顺序返回的闭路浮选，获得铁品位 67.12%，回收率为 83.55%的铁精矿。

醚胺［$R-(OCH_2)_3-NH_2$］可反浮石英，醚胺的中和度以 25% ~ 30% 为宜。

鞍钢研制出的 YS－73 阳离子捕收剂可在 15℃的低温下使用。

由长沙矿冶研究院研林禅辉等制出的 RA 系列（包括 RA315、RA515、RA715、RA915）阴离子捕收剂可用于反浮硅，也可作铁矿正浮选捕收剂。多年工业应用和实践表明，该系列药剂性能稳定，选矿性能比较好。

LKD8－1 可反浮选赤铁矿。用臭氧（O_3）氧化油酸进行改性，合成新捕收剂 LKD8－1，氧化部分主要反应如下：

$$CH_3(CH_2)_7CH{=}CH(CH_2)_7COOH \xrightarrow{O_3} CH_3(CH_2)_7\underset{\displaystyle H}{\overset{|}{C}}\begin{matrix} -O-CH(CH_2)_7COOL \\ \qquad\quad | \\ -O-O \end{matrix}$$

20113－57GH 捕收剂。用于反浮赤铁矿，在给矿含铁 42.28%，得到铁精矿品位 63.59%、铁作业回收率 73.33%、尾矿铁品位 12.65% 的指标。

13－9　浮选铁矿石常用的方法有哪几种?

浮选铁矿石有以下 4 种方法：

（1）用脂肪酸类捕收剂正浮选。用油酸、塔尔油、氧化石蜡皂、磺化石油等作捕收剂，单用或组合用，用量为 0.5 ~ 1.0kg/t。用碳酸钠或硫酸调浆，pH 值中性范围最好。有时要预先脱泥。其优点是药剂价格低，缺点是只适用于脉石较简单的矿石，精矿品位不高，精矿泡沫发黏，脱水困难。温度对浮选影响明显。以前我国浮选氧化铁矿以此法为主。

在东鞍山现用正浮选流程的基础上增加中矿Ⅰ再磨工序，使铁连生体得以单体解离，再用捕收剂 RN－665 进行浮选，因 RN－665 选择性好，可获得品位 64.02%，回收率为 76.23% 闭路优质铁精矿。

（2）用阴离子捕收剂 RA715 正反浮分离铁矿中的菱铁矿和赤铁矿。东鞍山烧结厂含碳酸盐难选铁矿的浮选工艺中，用 RA715 捕收剂分步浮选。第一步在中性条件下，用 RA715 作菱铁矿的捕收剂，淀粉作赤铁矿的抑制剂正浮出菱铁矿。第二步将浮选菱铁矿的尾矿加 NaOH、CaO 和适量的淀粉作调整剂，用 RA715 作捕收剂反浮选赤铁矿。闭路结果：从含 TFe 52.30% 的给矿，获得含铁 66.34%，回收率为 71.60% 的铁精矿。

（3）用阴离子捕收剂反浮选。要浮游的石英类脉石，先用 Ca^{2+} 活化，再用脂肪酸类捕收。用淀粉、磺化木素等抑制铁矿物，用 NaOH 将 pH 值调至 11 以上。该法适用于铁品位高而脉石易浮的矿石。近年来，我国齐大山用此法反浮磁选混合精矿，获得成功，并在工业中应用。

齐大山矿石中的主要有用矿物有赤铁矿、假象赤铁矿和磁铁矿，主要脉石矿物有石英、角闪石、透闪石、阳起石等。磨矿分级后用弱磁、中磁和强磁选出磁性混合精矿，进行阴离子反浮选。浮选流程为一粗、一精、三扫，药剂用量(g/t)为：NaOH 330；CaO 345；RA315（捕收剂）465；玉米淀粉 15700。半工业试验给矿品位 α - Fe 为 44.05%；精矿品位 β - Fe 为 65.91%；尾矿 θ - Fe 为 13.72%；作业回收率 ε - Fe 为 86.95%。

例如：RA515 用于齐大山选厂，精矿铁品位 68.32%，尾矿品位 17%，优于 MZ - 21。又如 RA915 用于鞍山红山选厂，精矿铁品位 65.08%，尾矿品位 16.80%，优于 MH - 88。他们还研究了捕收剂 A 和高分子抑制剂 B，A 和 B 配合使用不必添加调整剂烧碱、抑制剂淀粉和活化剂石灰，便于操作使用。

反浮选捕收剂 SKH 无毒，用量少，原料来源广，是降低铁精矿中钾、钠含量较好的药剂，以 A4 为反浮选抑制剂，SKH 为捕收剂，在药剂用量最佳的条件下，可从含铁 57.65%，钾、钠含量 0.5789% 的氧化矿系列反浮选给矿中获得含铁 59.93%，回收率 90.17%，钾钠含量 0.3047% 的粗铁精矿，其中，钾钠脱除率达 47.73%；可从含铁 60.60%，钾钠含 0.4062% 的磁铁矿系列化浮选给矿中获得含铁 61.85%，回收率 95.15%，钾钠含量 0.2365% 的粗铁精矿，其中钾钠脱除率达 41.78%。

MG 捕收剂反浮选铁精矿。MG 是一种能在常温下浮选的阴离子捕收剂。繁峙腾飞矿业公司用 MG 捕收剂反浮选铁精矿，得到含铁 65.18%、回收率为 92.7%、尾矿含铁 25.52% 的指标，与原用药剂相比，回收率提高了 7.62%，尾矿品位降低 9.96%，浮选时矿浆温度由过去的 35℃降低到 20 ~ 25℃。

西部矿业巴彦淖尔铁矿磁选精矿品位较低，含硫高，铁矿物嵌布粒度细，脉石矿物主要为含铁硅酸盐。用 MG 捕收剂采用常温阴离子反浮选的工艺流程，所用药剂淀粉、石灰、MG 合适用量分别为 660g/t、650g/t、733g/t 时，给矿经一次粗选、两次扫选反浮闭路试验，可将铁品位 62.47% 给矿，选出含铁量 68.55% 的精矿，铁回收率 94.7%，相应产物中的 SiO_2 含量由 7.19% 降到 1.85%，硫含量由 0.49% 降到 0.22%。

将混合脂肪酸改性并复配而成的高磷铁矿反浮选降磷捕收剂 RFP - 138，可以实现赤铁矿和胶磷矿的浮选分离。RFB - 138 合成的基本配比为：氯代十二烷 25g、羟基化煤油 13g、硫酸酸化混合脂肪酸 32g、柴油 5g、吐温 - 80 3g、水 22g。红外光谱证明 RFP - 138 与胶磷矿表面发生了化学吸附。pH 值在 9 左右，用量 160g/t，反浮降磷捕收剂 RFP - 138，可以实现赤铁矿和胶磷矿的浮选分离。可从含 TFe 64.64%、含磷 1.05% 的给矿，选得含 TFe 70.37%、磷 0.12% 的精矿，铁回收率 91.3%（人工混合矿）。

用 MD - 30 和 HDSS 捕收剂反浮选磁选精矿。MD - 30 是阴离子捕收剂。合成原料主要是脂肪酸加螯合剂和催化剂，将原料混合后在 60 ~ 95℃反应 4h 即成产品，产品的主要有效含量为80%～85%，有机物含量为90%～95%，杂质小于1.5%，酸值不小于175，碘价不大于40。

用MD－30浮选磁选粗精矿，结果是：给矿含铁60.22%，先磨至－0.076mm占90%，然后加MD－30调浆反浮选硅，获得最终精矿铁品位66.36%，回收率为94.59%。

綦江铁矿石采用焙烧－磁选－阴离子反浮流程。为寻找合适的反浮选捕收剂，曾用RA315、RA715和HDSS等药剂进行对比试验，原矿磨到－0.043mm占98.5%，用NaOH 800g/t，pH值为10，用淀粉500g/t，石灰200g/t，进行反浮选。HDSS反浮结果的指标相对较好，可得到产率61.91%，铁品位60.84%，回收率为86.99%的铁精矿。

（4）用阳离子捕收剂反浮选，捕收剂为胺类捕收剂。

广东某褐铁矿矿石，共生关系比较简单，采用强化矿浆分散，阳离子捕收剂反浮选脱硅工艺，用$NaCO_3$ 1250g/t，水玻璃640g/t，实现矿浆的强化分散，反浮选脱硅，在磨矿细度为－0.074mm 80%，用200g/t十二烷基胺作捕收剂进行选别，获得铁精矿铁品位59.25%，回收率为83.42%。

金堆成钼矿磁铁矿平均铁品位0.77%。选矿的原则流程是优先选钼，浮钼粗尾浮硫，浮硫尾矿回收铁。目前铁精矿品位TFe不小于60%，产量已达40000t/d，将铁精矿再精选提纯。流程是再磨磁选丢尾，磁选精矿用十二胺作捕收剂反浮硅，可溶性淀粉和水玻璃抑制铁，通过三次精选，得到的铁精矿TFe品位为71.50%，含SiO_2 0.40%，回收率为44.30%；中矿Ⅰ含铁63.20%，回收率19.29%；中矿Ⅱ含铁65.32%，回收率15.06%，中矿Ⅲ含铁70.26%，回收率20.15%，尾矿含铁8.20%。

反浮选石英可以用醚胺［$R-(OCH_2)_3-NH_2$］，醚胺的中和度以25%～30%为宜。醚二胺和单醚胺混合可以改善某些铁矿的浮选。将20%的柴油混合到醚胺中可以降低成本。可以用聚乙二醇作起泡剂。

武汉理工大学研制的阳离子捕收剂GE609，具有选择性高、能耐低温浮选、易消泡等特点，对齐大山矿石，用淀粉作抑制剂，GE609作捕收剂反浮硅酸盐矿物，经一粗、二扫、一精、中矿循序返回的闭路浮选，获得铁品位为67.12%，回收率83.55%的铁精矿。

用TS捕收剂反浮选磁铁精矿，TS是鞍山新达矿山公司生产的捕收剂。以NaOH为pH值调整剂，淀粉为抑制剂，石灰为活化剂，TS为捕收剂，对由SLon磁选机处理龙烟鲕状赤铁矿得到的强磁精矿，通过一粗、一精反浮选，得到含铁62.3%，回收率为53.07%的铁精矿。

用阳离子YS－73反浮－磁选联合流程对张岭选矿厂磁选精矿进行提高铁品位降硅试验，一年多工业试验和运行结果表明，工艺流程顺行，生产指标稳定，浮选铁精矿铁品位达到68.8%，铁回收率达到98.50%。

用新型阳离子捕收剂的组合剂［CS2: CS1 =2］进行了铁矿反浮选脱硅试验，试验结果表明，在pH值为6～12范围内，它们的捕收能力与十二胺相当，但选择性更好。新组合药剂在获得与十二胺相近铁品位的前提下，铁回收率提高了8.32%，同时对硬水有较好的适应性，铁精矿铁品位仍可保持在69%以上，回收率90%以上，可见该组合捕收剂是铁精矿反浮选的有效捕收剂。

13－10 铁矿低温浮选有什么药剂?

（1）CYZ－34和CY－66捕收剂反浮选。长沙矿冶研究院罗良飞等研究过太钢袁家村铁矿、太钢尖山铁矿弱磁选精矿、湖南祁东铁矿五段脱泥沉砂矿样的低温反浮选。重点研究的太钢袁家村铁矿扩大试验样品中，铁矿物主要是假象赤铁矿，其次为磁铁矿、半假象赤铁矿和少量褐铁矿；金属硫化物为黄铁矿，但含量很低；脉石矿物以石英居多，其次是绿泥石、黑硬绿泥石、方解石和白云石绿泥石的铁矿。推荐浮选温度为15℃，用药剂CYZ－34和CY－66作捕收剂反浮选，浮选浓度35%，NaOH用量860g/t、CYZ－34用量900g/t，CY－66用量600g/t，进行了低温浮选一粗、二精、二扫闭路试验，数质量流程如图13－3所示。

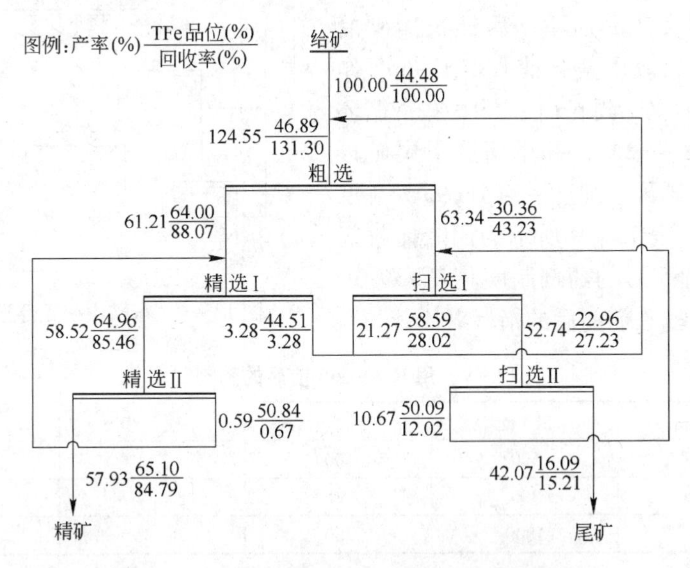

图13－3 铁矿低温浮选闭路试验数质量流程

从图13－3看来低温反浮选结果不错，和常温浮选相比，经济效益高、环境污染小。

（2）鞍钢研制出的YS－73阳离子捕收剂反浮硅，可在15℃的低温下使用。

13－11 东鞍山铁矿是如何浮选的？

东鞍山铁矿石属于沉积变质铁矿床，赤铁矿石英岩。主要矿物有假象赤铁矿、半假象赤铁矿，其次有磁铁矿、褐铁矿。脉石矿物主要有石英，其次为角闪石、绿泥石等，呈带状构造，浸染粒度细，原矿多元分析见表 13－8。

表 13－8 东鞍山铁矿原矿多元分析 （%）

元素	TFe（总铁）	FeO（氧化铁）	SiO_2	Al_2O_3	CaO	MnO	烧损
含量	32.08	0.82	52.60	0.83	0.20	0.11	1.04

赤铁矿和石英粒度一般都为 0.02～0.2mm 左右。矿石磨至－74μm 90%～95%才能较好地单体分离，但过去由于磨矿细度只有约－0.74μm 80%，使用一粗一扫三精流程，用改性氧化石蜡皂和硫酸化塔尔油类捕收剂，两者质量比为4∶3，总量265g/t，精矿品位只有59%～60%。

由于该精矿品位太低，影响后面的炼铁、炼钢及产品质量。后经长沙矿冶研究院研究，改用螯合捕收 RN－665 作捕收剂，Na_2CO_3 调 pH 值至 9，鞍钢循环水，水温 28～32℃，并用精选Ⅰ尾矿再磨的流程中矿再磨细度－74μm 95%（见图 13－4）。表 13－9 所示为用老捕收剂和用 RN－665 后的药剂制度。表 13－10 所示为改用捕收剂前后的指标对比。

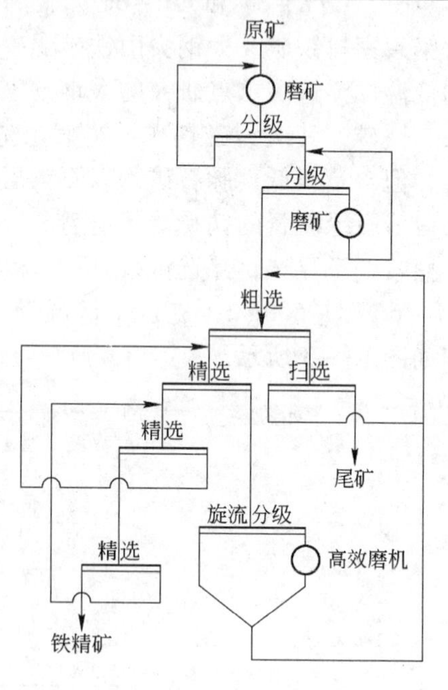

图 13－4 东鞍山矿正浮选流程

表 13－9 用 RN－665 前后的药剂制度 （%）

作业名称	粗 选	扫 选	精 选	合 计
原捕收剂	500	100		600
RN－665	300	50		350
Na_2CO_3	1800	200		2000

表 13－10 新老工艺浮选对比指标 （%）

指标名称	精矿含铁	铁回收率	尾矿含铁
新工艺（RN－665）	64.02	76.23	12.34
老工艺（原捕收剂）	62.14	74.87	13.14

KS－Ⅲ浮选东鞍山难选铁矿。KS－Ⅲ是一种多官能团复合型阴离子捕收剂，用植物油脂肪酸为主要原料，经过磺化、氯化、氨化和水解等反应合成，同一分子中含有氨基、羧酸和磺酸基的捕收剂，呈棕褐色油膏状物，碘值79～81，皂值158～162，M.P.4～16℃。用KS－Ⅲ作捕收剂浮选东鞍山铁矿矿石（主要矿物有假象赤铁矿、半假象赤铁矿，其次有磁铁矿、褐铁矿，脉石矿物主要有石英），闭路试验结果可从含铁49.16%的给矿，得到铁品位为66.17%、回收率为77.39%的铁精矿，2010年该捕收剂已用于工业生产。

13.5 钛铁矿的选矿

钛合金为航空设备的重要材料，也可作颜料。

常见的钛矿物为钛铁矿（$FeTiO_3$）、金红石（TiO_2）和锐钛矿（TiO_2）。以二氧化钛计，钛铁矿约占80%，而金红石和锐钛矿占20%。它们都属于金属氧化物，尚无捕收力和选择性都很好的捕收剂。

13－12 钛铁矿的可浮性如何？

钛铁矿颗粒表面上的钛、铁质点在水溶液中溶解并发生水化反应，生成各种配离子及中性配合物。

钛铁矿溶解组分的溶解对数图 lg$Q$－pH 图如图13－5所示。可见在pH值3～5范围内，Ti^{4+}主要是以$Ti(OH)^{3+}$及$Ti(OH)^{2+}$的形式存在，而Fe^{2+}则主要以$Fe(OH)^+$的形式存在。pH值对浮选效果的影响如图13－6所示。

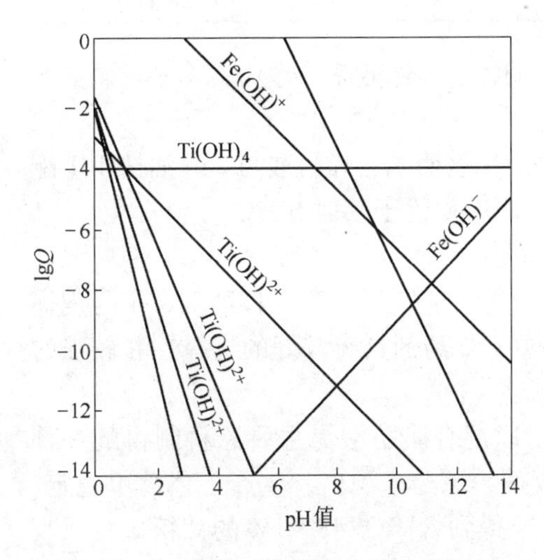

图13－5 钛铁矿溶解组分的溶解对数与pH值关系图

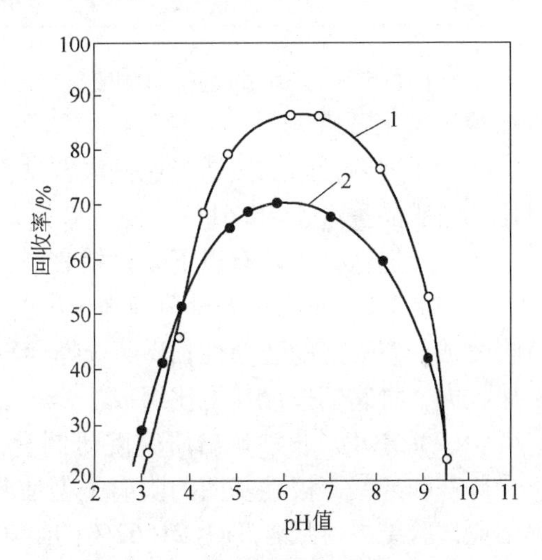

图13－6 两种捕收剂浮钛铁矿与pH值的关系

1—水杨羟肟酸；2—苯乙烯膦酸

石蜡皂、塔尔皂、水杨羟肟酸（SHA）、磺酸基苯基油酸酰胺（LS）、苯乙烯膦酸、苄基胂酸、煤油等，都是可作钛铁矿的捕收剂。2号油、高级醇对它也有一定的捕收作用。不同捕收剂对钛铁矿的浮选结果对比见表13-11。

表13-11 不同捕收剂浮选钛铁矿的结果 （%）

药 剂	产品名称	产率 γ	TiO_2 品位 β	回收率 ε
油 酸	硫精矿	4.46	7.03	2.96
	钛精矿	52.17	16.21	79.21
	钛尾矿	43.37	4.24	17.33
氧化石蜡皂	硫精矿	4.99	8.12	3.72
	钛精矿	47.06	16.17	78.46
	钛尾矿	47.95	4.05	17.82
水杨羟肟酸	硫精矿	6.41	8.15	4.63
	钛精矿	17.48	26.20	40.60
	钛尾矿	76.11	8.12	54.77
磺酸基苯基油酸酰胺	硫精矿	3.92	6.67	2.38
	钛精矿	11.80	10.24	10.98
	钛尾矿	84.28	11.31	86.64
苯乙烯膦酸	硫精矿	4.52	7.48	3.03
	钛精矿	30.92	30.91	85.84
	钛尾矿	64.56	1.92	11.13

它们浮选钛铁矿的选择性和捕收能力的综合浮选效率顺序为：苯乙烯膦酸>油酸>氧化石蜡皂。

一系列两种药剂按适当比例混合试验对比表明苯乙烯膦酸与2号油按4∶1配比，精矿品位可达46.61%，回收率为54.26%。优于其他方案。

此外选钛铁矿还有以下几种捕收剂：

（1）XT。攀钢对大量药剂筛选出各有特点的A、B、C三种药剂，A药剂捕收力强，有一定的选择性；B药选择性较好；C药剂具有较好的选择性和较强的捕收力，将它们按最佳配比组成。

（2）ROB。长沙矿冶研究院研制它是以混合脂肪酸为主要原料制得的一种含羧基和羟基等极性基团的阴离子型捕收剂，该药来源广，生产工艺简单稳定。工业试验结果可从含 TiO_2 21.62%的给矿，得到含 TiO_2 48.41%的钛精矿、回收率为75.03%。与2000年5月生产线Ⅱ系列用MOS作捕收剂生产指标相比，精矿品位提高0.65%，回收率提高7.3%，每吨钛精矿-浮选药剂成本降低40.54元，经济效益显著。

（3）ZY。由何虎、余德文研究开发的 ZY 浮钛铁矿捕收剂，是以油脂化工厂和石油化工厂的副产品为主要原料合成，价格低廉。对两种 -0.074mm 含量为22.19%和6.18%的给矿进行浮选试验结果，精矿含 TiO_2 达到47%以上，回收率分别为83.77%和72.88%，且能回收 +154μm 的粗粒级钛铁矿。

（4）RST 捕收剂由长沙矿冶研究院研制，该药剂采用塔尔油为基本原料，经过适度氧化反应所得产物，再配一定比例添加剂而成 RST，可捕收攀枝花钛业公司的微细粒钛铁矿，用含19.75% TiO_2 的给矿，先浮选脱硫用 H_2SO_4 作 pH 值调整剂，草酸作抑制剂，再加入 RST 作捕收剂，调浆后浮选，经一次粗选、4 次精选的闭路流程，得到含 TiO_2 48.28%，回收率为79.9%的钛精矿，比生产上用的 MOS 有捕收性能和价格优势。

（5）F968 浮钛铁矿捕收剂是峨眉矿产综合利用研究所研制的一种新药剂。它与众多浮钛药剂相比，具有选择性好、捕收性力强等优点，用它作捕收剂浮选攀枝花微细级钛铁矿闭路试验，可从给矿品位 TiO_2 22.67%，得到含 TiO_2 48.22%~48.47%的钛精矿，回收率达91.27%~86.68%。

（6）TAO 系列捕收剂是分别用一个羟基、两个羟基和三个羟基的低碳链含氮有机物与一种高级脂肪酸按 1∶1 摩尔分数比混合在 N_2 保护下置恒温水槽中，强烈搅拌 1h，制得捕收剂 TAO-1、TAO-2 和 TAO-3。这类捕收剂为淡黄色膏状物，易溶于水，密度为 $0.9g/cm^3$，用蒸馏水配成1%的溶液使用，浮选钛铁矿单矿物试验结果：在 pH 值为 5~8 时，对钛铁矿捕收能力较强，而钛辉石捕收力较弱（回收率只有20%）。混合矿试验结果：给矿含 TiO_2 0.34%，经一粗二精开路试验，精矿品位 TiO_2 48.81%，回收率为69%。

（7）F2 可从含量绿泥石高的磁选精矿中浮选钛铁矿。

（8）EM2-510 浮选钛铁矿。某低品位钒钛磁铁矿选铁尾矿，含 TiO_2 7.88%，针对该尾矿的性质采用强磁-浮选联合工艺，所得强磁精矿，筛析结果 +0.15mm 产品为入选物料，含 TiO_2 18.54%，采用 EMZ-519 作调整剂，EM2-518 作抑制剂，EMZ-510 作捕收剂，经一次粗选、四次精选、三次扫选，从含 TiO_2 8.54%给矿，得到含 TiO_2 为 48.20% 钛精矿、回收率为 80.65%（相对原矿为37.73%）。

（9）捕收剂 H717 对钛铁矿具有较好的捕收能力和选择性。试验结果表明，H717 和柴油作捕收剂，可从含29.92% TiO_2 的给矿，得到含 TiO_2 45.00%、回收率为53.23%的钛精矿。

浮选钛铁矿较长期实际应用的捕收剂有 MOS、MOH、MOH2。钛铁矿的活化剂有 $Pb(NO_3)_2$ 和 H_2SO_4。

钛铁矿使用多种捕收剂回收率都是在 pH 值在 4~7 之间最高。常用硫酸作调整剂。

13－13 攀枝花铁矿密地选矿厂细粒钛铁矿是如何浮选的？

我国攀枝花铁矿密地选矿厂所处理的矿石，试验研究人员曾作过详细的研究。现在先介绍一下该厂处理的矿石成分。攀枝花矿区钒钛磁铁矿属晚期岩浆矿床，矿石产于辉长岩岩体中。主要金属矿物有钛磁铁矿、钛铁矿，另有少量的赤铁矿、褐铁矿，针铁矿及次生磁铁矿。硫化物以磁黄铁矿为主，另有少量的钴镍黄铁矿、硫钴矿、硫镍钴矿、黄铜矿及墨铜矿。脉石矿物以钛普通辉石，斜长石为主，其次有橄榄石、钛闪石，另有少量的绿泥石、蛇纹石、绢云母、伊利石等。

“七五”、“八五”期间，许多研究单位对攀枝花钛铁矿的浮选进行了深入的研究，所用的捕收剂有油酸、水杨羟肟酸、氧化石蜡皂、苯乙烯膦酸等，在试验室都取得了较好的结果，但在工业试验中效果都不理想，要么回收率低，要么精矿品位达不到47%。朱建光教授合成的专利产品MOS，试验室试验和工业试验表明：该药剂是一种捕收性强、选择性好的钛铁矿捕收剂。浮钛铁矿的MOS，由A、B、C三种有机物按一定比例混合而成，A、B、C分子中有C、H、O等元素，含有双键和共轭双键的烃基，官能团能与钛铁矿表面的金属离子生成难溶于水的盐或螯合物而吸附在钛铁矿表明烃基疏水。MOS为淡黄色固体，成分固定，微溶于水。使用时用硫酸作为pH值调整剂（在pH值较高时，硫酸对钛铁矿有活化作用），羧甲基纤维素作为抑制剂，水玻璃作为分散剂和抑制剂。MOS（以及后述的MOH、MOH2）由湖北石首荆江选矿药剂有限责任公司生产，1997年5月，MOS捕收剂被攀钢集团矿业公司选钛厂用作浮钛捕收剂。

2007年4月，用MOH代替MOS作钛铁矿捕收剂，精矿回收率较之前提高6.22%。只用硫酸作调整剂。捕收剂用量较之前降低1.075kg/t，硫酸用量较之前降低0.5275kg/t。

据2011年王洪彬、孟长春所写《攀枝花密地选钛厂粗粒钛铁矿回收新工艺研究》的文章指出：细粒钛铁矿浮选原矿中－0.074mm粒级含量达到65%左右，原矿中没有＋0.154mm粒级物料；而粗粒钛铁矿浮选原矿中－0.074mm粒级含量仅有45%左右，且原矿中＋0.154mm粒级含量高达15%左右。针对原矿中粗粒级含量较高，为此研发了捕收剂MOH2。

13－14 密地选钛厂粗粒钛铁矿是如何浮选的？

密地选钛厂矿石中含TFe 31%～35%、TiO_2 11%～12%，V_2O_5 0.28%～0.343%，钴0.014%～0.023%，镍0.008%～0.015%。

该厂选别铁、钛、硫、钴用磁—重—浮—电选的联合流程，选钛厂的原则流程如图13－7所示。将前部磁选的尾矿通过斜板分级后按粒度组成不同分为粗粒级（矿物粒级组成主要为＋0.074mm）和细粒级钛铁矿。按照粒度组成的特性，

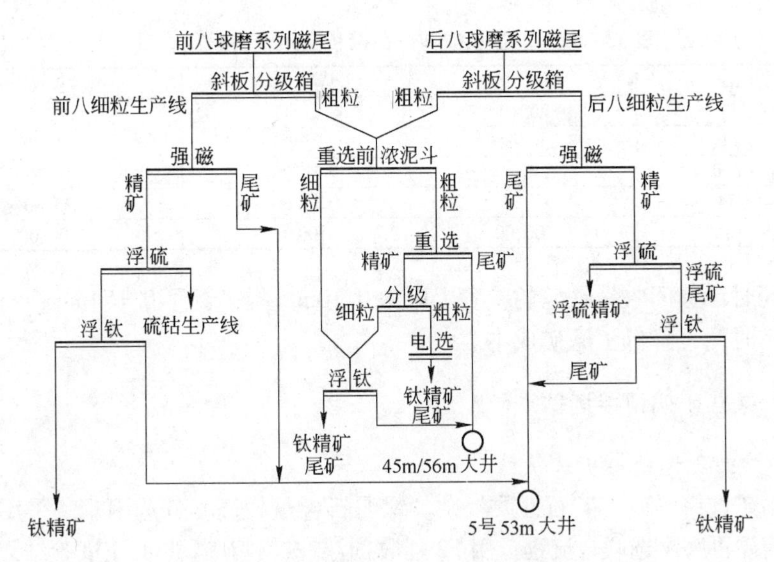

图 13-7 选钛厂生产工艺原则流程

选钛厂粗粒级钛铁矿回收采用“重选—电选”工艺，即通过重选（螺旋选矿），将原矿初步富集后再将得到的粗钛精矿进行干燥、电选；细粒级钛铁矿回收则采用“强磁—浮选”工艺。2005 年，实验室试验中进行了两段强磁抛尾试验，两段强磁作业将一段强磁的精矿 TiO_2 品位从 20.45% 提高到 23.24%，产率为 81.79%，回收率为 92.95%，同时抛弃了 TiO_2 品位为 7.92%、产率为 18.21% 的尾矿。于是决定采用两段强磁。

选钛厂将选矿厂的选铁尾矿通过斜板分级后按粒度组成不同分为粗粒级（矿物粒级组成主要为 +0.074mm）和细粒级 -0.074mm 给矿。按照粒度组成的特性，选钛厂粗粒级给矿回收采用“重选-电选”工艺，即通过重选（螺旋选矿）将原矿初步富集后再将得到的粗钛精矿进行干燥、电选；细粒级钛铁矿回收则采用“强磁—浮选”工艺。

2010 年 1 月，选钛厂经过扩能改造后建成了粗粒钛精矿生产线，形成了粗粒级和细粒级两大钛精矿生产线，粗粒生产线设计年产 33 万吨钛精矿，而细粒级钛精矿生产线设计年产钛精矿 14.9 万吨。粗粒级钛精矿生产线采用“隔渣—一段弱磁—一段强磁—筛分分级—粗粒级磨矿—两段弱磁—两段强磁—浮选”的工艺流程。选钛厂粗粒钛铁矿浮选线采用 XCF-16m^3 与 KYF-16m^3 浮选机联合机组配置的一粗、三精、两扫流程，浮选捕收剂采用 MOH2。其浮选原矿、精矿、尾矿粒度筛析结果见表 13-12。

从表 13-12 可以看出，浮选原矿中 +0.154mm 粒级含量高达 20.10%，-0.074mm粒级含量仅为 45.23%，浮选钛精矿中 +0.154mm 粒级含量达 20.10%，说明在原矿较粗的情况下，浮选药剂 MOH2 的捕收能力强、泡沫稳定

表 13-12 浮选原矿与产品筛析结果（各粒级含量） （%）

粒级/mm	原 矿	精 矿	尾 矿
+0.154	20.10	21.17	30.03
-0.154 +0.10	6.03	21.33	21.80
-0.1 +0.074	28.64	23.90	14.37
-0.074	45.23	33.60	33.80
合 计	100.00	100.00	100.00

性好，同时浮选回收钛铁矿的粒度上限由 0.10mm 提高到了 0.154mm，有效地减少了磨矿时间，降低了磨矿成本。

13-15 某些矿如何浮选钛铁矿？

A 黑山矿选铁尾矿选钛铁矿

黑山矿选铁尾矿，矿石性质复杂，绿泥石含量较高，分选困难。采用弱磁-强磁粗精矿再磨浮选联合流程，用 F2 捕收剂浮选钛铁矿浮选工业试验结果，从品位 30.54% TiO_2 的给矿，选得精矿 TiO_2 品位 46.50%、作业回收率为 75.01%。

B 某矿综合回收磷钛

某含磷钛铁矿石，含 P_2O_5 1.85%、TiO_2 5.96%、TFe 12.41%、CaO 11.23%、SiO_2 37.91%、MgO 5.65% 和 Al_2O_3 10.37%。为了综合回收其中的磷灰石和钛铁矿，采用先浮选可浮性好的磷灰石，再浮选钛铁矿的流程。浮选磷灰石时，用水玻璃 2.5kg/t，捕收剂 A 0.8kg/t，通过一粗二精得到含 P_2O_5 36.99%，回收率为 89.07% 的磷精矿。从浮选磷尾矿中浮选钛，用 H_2SO_4 1.5kg/t、Na_2SiF_6 0.4kg/t 作调整剂，捕收剂 B 用量为 1.5kg/t。经一粗二精，精 Ⅱ 尾矿返回精 Ⅰ。精 Ⅱ 精矿脱泥后得到细泥和 TiO_2 品位 47.17%，回收率为 51.33% 的钛精矿。

C 某矿从浮磷尾矿中浮钛铁矿

某矿浮磷尾矿，采用弱磁选机除铁，除铁尾矿用 SLon-750 脉动高梯度磁选机两段磁选，使铁尾矿中的钛铁矿初步富集，采用 FM121 作钛铁矿捕收剂，通过一粗一扫四精流程，可从含 TiO_2 7.89% 的给矿，得到含 TiO_2 45.97% 的钛精矿，回收率为 51.5%。

13.6 金红石选矿

13-16 金红石的可浮性如何？

金红石（TiO_2）的捕收剂。原矿性质简单时可以用脂肪酸类、美狄蓝等捕收剂浮选，矿石性质复杂难选时可以用 $C_7 \sim C_9$ 羟肟酸、苯乙烯膦酸、苄基胂酸、水杨羟肟酸，或更复杂的组合捕收剂 SY 等捕收。对其中部分药剂，对金红石的捕收力顺序为：$C_7 \sim C_9$ 肟酸 > 苯乙膦酸 > 苄基胂酸 > 水杨羟肟酸。对金红石的选择顺序为：苯乙烯膦酸 = 甲苯胂酸 > C_7 ~ C_9 羟肟酸 > 水杨羟肟酸。

用水杨羟肟酸（SHA）和 TPRO 分别作捕收剂浮选金红石、石英单矿物的混合矿，试验结果表明，TPRO 比 SHA 具有更强的捕收能力和较高的选择性，且无需活化。在最佳的浮选条件下，金红石回收率可达到 97.5%。混合矿浮选精矿中，金红石品位大于 80%，回收率大于 97%，紫外光谱和红外光谱测试结果表明，TPRO 与金红石表面发生化学吸附和螯合作用。

浮选金红石的 pH 值，用胂酸、膦酸类捕收剂时为 4 ~6，用硫酸调节；用其他捕收剂时，pH 值也可以到 10。金红石可用硝酸铅活化。与萤石分离时，可用糊精作抑制剂，与磷灰石分离时可用硫酸铝作抑制剂。

用双膦酸作捕收剂浮选铌铁金红石时，用焦磷酸钠等抑制铌铁金红石的顺序如下：

焦磷酸钠 > 水玻璃 > 六偏磷酸钠 > CMC

pH 值对几种捕收剂浮金红石的影响如图 13 -8 所示。

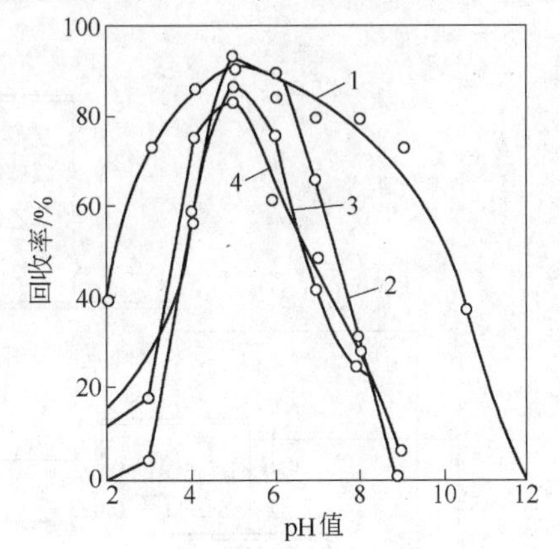

图 13 -8 pH 值对各种捕收剂浮选金红石的影响

1—十二胺双甲基膦酸（25mg/L）；
2—辛胺双甲基膦酸（40mg/L）；
3—苄基胂酸（300mg/L）；
4—辛基羟基双膦酸（55mg/L）

13 -17 某些矿是如何选别金红石的？

A 河南甲地金红石矿的浮选

河南甲地金红石矿是我国现已查明的主要金红石矿床之一。有用矿物及脉石矿物含量为金红石 2%、钛铁矿 2% ~3%，脉石矿物中主要有角闪石、石榴石、绿帘石、钛辉石、还有少量的榍石、磷灰石、白云母等。

该金红石矿用图 13 -9 所示的流程和药剂浮选。

B 河南乙地金红石矿的浮选

该矿主要矿物为金红石，其次为钛铁矿，还有少量脉石矿物与榍石等。通过磁选能使金红石与钛铁矿分离，获得金红石精矿，含硫 0.16%，含磷 0.069%，均未达到部级颁发的标准，必须进行除杂质处理。先磁选，磁选结果见表 13 -13。

表 13 -13 浮选精矿磁选分离 （%）

产品名称	产率		品位		回收率	
	作业	对原矿	金红石（TiO_2）	$TTiO_2$	作业	对原矿
精矿	51.24	1.45	82.85	84.81	75.78	53.11
尾矿	48.76	1.38	34.45		24.22	16.98
浮选精矿	100.00	2.83	56.02		100.00	70.09

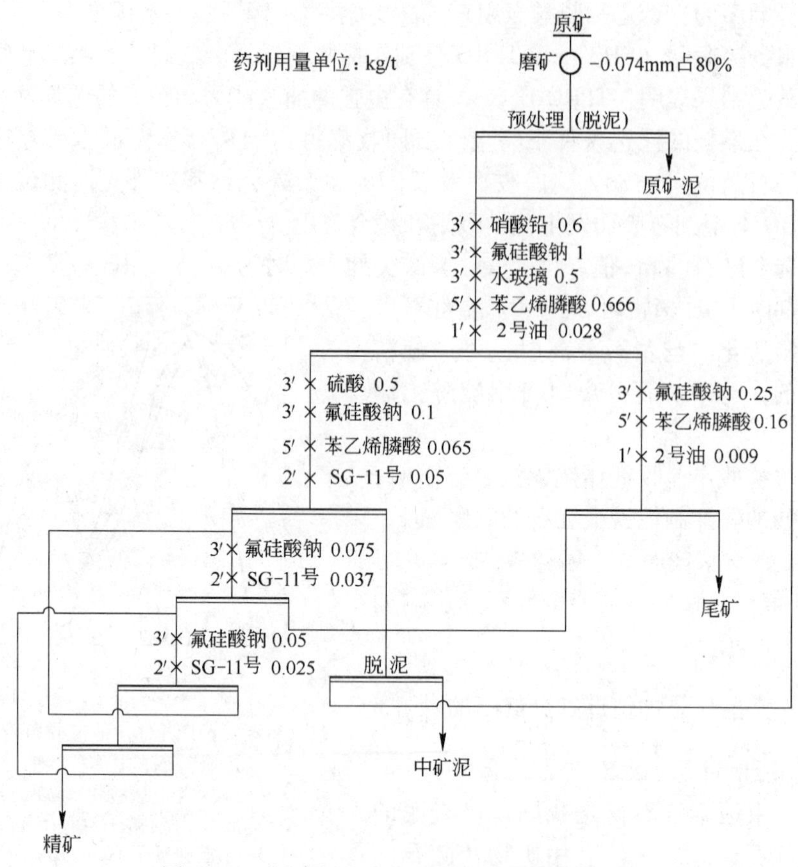

图 13－9　河南甲地金红石浮选流程和药剂制度

磁选金红石精矿再经焙烧、酸洗后，硫、磷杂质降至 0.05% 以下，使金红石精矿中 TiO_2 为 85.13%，回收率为 86.52%。

C　山西某矿处理金红石的方案

矿石先用浮选方法除去滑石和云母等易浮矿物，因滑石易浮，只用 MIBC 起泡剂便可浮出，较难浮的脉石用脂肪酸作捕收剂浮出，然后进行金红石浮选，浮出脉石后的尾矿，金红石品位提高到 2.72%，回收率为 93.6%，用硫酸作调整剂，BK4233（与苯乙烯膦酸有相同官能团—PO_3H）作捕收剂进行浮选，可从 TiO_2 品位为 2.72% 的给矿，得到含 TiO_2 66.68%，回收率 74.95% 的金红石精矿。用强磁选除去顺磁性矿物得含 TiO_2 74.49% 的金红石精矿。再通过重选，重选精矿再用 BK423 作捕收剂，Na_2SiF_6 作抑制剂抑制硅酸盐矿物浮选，获得含 TiO_2 95.98% 一级浮选精矿，重选精矿为二级精矿，含 TiO_2 80.53%、回收率为 22.41%。

13.7　钨矿浮选

钨的矿物可分为黑钨矿和白钨矿两类，黑钨矿按其成分中含铁锰的高低分为钨锰铁矿[(Fe,Mn)WO_4]、钨铁矿（$FeWO_4$）和钨锰矿（$MnWO_4$），它们主要的选矿方法是重选，其细泥才用浮选。白钨矿（$CaWO_4$）是典型碱土金属成盐矿物，可浮性比黑钨矿好，浮选是回收它的主要方法。

13-18 黑钨矿细泥如何浮选？

浮选黑钨矿常用的捕收剂有脂肪酸类、磺化琥珀酸盐（A-22）、甲苯胂酸、烃基膦酸和异羟肟酸。用脂肪酸类浮黑钨矿在中等碱性介质中进行，用苯胂酸和烃基膦酸在酸性介质中进行，用硫酸或盐酸调浆，用硝酸铅作活化剂。近年来，用 CF 捕收剂（N-亚硝基-N-亚苯胺铵盐）同时浮选黑白钨矿物。黑钨矿可以被大量草酸、氟硅酸和水玻璃抑制，用有关药剂抑制其伴生矿物时应严格控制用量。其伴生的硫化矿物（最好先浮选）和脉石可以用重铬酸盐、水玻璃或水玻璃与金属离子的组合剂抑制。

大吉山选矿厂用 FB 和 TA-3 浮选原生和次生钨细泥。FB 是黑钨细泥捕收剂，TA-3 用于浮选白钨。使用此药剂矿浆泡沫脆，精矿产率小、品位高、回收率高，选择性明显。经过几年的生产实践证明，效果显著，矿泥精矿品位由 40% 提高到 50% 以上，含硫由 7% 以上降到 1.3%。

OS-2 浮钨矿。柿竹园野鸡尾矿选矿厂小型试验和工业试验表明，采用 OS-2捕收剂浮钨，粗精矿品位和回收率均高于现场药剂，小型试验给矿含 WO_3 0.36%，得到粗精矿 WO_3品位 13.29%、回收率 80.49%；用含 WO_3 0.38% 的给矿进行工业试验，获得粗精矿 WO_3品位 12.12%、回收率为 77.76%，证明它是一种较好的浮钨捕收剂。

F305 是一种新型螯合捕收剂，对黑钨矿和白钨矿都有捕收性能，F305 的捕收能力比 733 氧化石蜡皂强。对柿竹园矿石的试验结果是：可从含 WO_3为 0.548% 的给矿，浮选得到含 WO_3为 62.39%、回收率为 77.14% 的钨精矿及含 WO_3 1.09%、回收率为 9.01% 的钨中矿，其中精矿经盐酸处理后，WO_3品位达到 73.93%，中矿经摇床处理，WO_3品位达到 26.85%，整个浮选过程钨总回收率为 86.15%。用红外光谱研究证明：F305 与黑钨矿之间作用机理是强烈的化学吸附。

广州有色金属研究院研制的捕收剂 GYB（改性脂肪酸）与 ZL（长碳羟肟酸皂化物的混合物）组合使用有正的协同效应，能从含 WO_3 0.828% 的给矿，获得含 WO_3 30.07% 的粗精矿、回收率为 88.79%；对粗精矿加温精选获得品位 WO_3 68.24%、回收率为 60.02% 的白钨精矿；精选尾矿用摇床选别，获得 WO_3品位 66.17%、回收率为 13.24% 的黑钨精矿，次钨精矿 WO_3品位 32.72%、回收率为 10.79%，对含 WO_3 0.828% 的给矿，钨总回收率为 84.55%。

13-19 白钨矿如何浮选？

白钨矿（$CaWO_3$）是含钙的成盐矿物，可浮性好，对脂肪酸类易发生化学吸附和化学反应。731 氧化石蜡皂、733 氧化石蜡皂、植物油酸等都是它的良好捕收剂，尤其山苍子油酸对它有优良的捕收性和选择性。苯甲羟肟酸是锡石、黑钨矿和白钨矿等氧化矿物捕收剂。

白钨矿浮游的 pH 值为 9～10。用碳酸钠作调整剂。

北京矿冶研究总院研发的铜铁灵－CF 捕收剂，即 N－亚硝基 B－苯胲铵，对白钨矿的捕收性能很好，尤其适用于黑白钨矿共生的钨矿。

湖南某白钨矿采用先浮选脱硫，浮硫尾矿用 TA 捕收剂浮钨，用碳酸钠作 pH 值调整剂，改性水玻璃作抑制剂进行粗选和精选，小型试验从含 WO_3 0.36% 的原矿获得 WO_3品位 70.19% 的白钨精矿、回收率为 82.88%。连选扩大试验结果从 WO_3 0.361% 的给矿得到 WO_3 品位为 65.41% 的白钨精矿，回收率为 81.12%。

TAB－3 对白钨矿具有较好的捕收能力，而对萤石的捕收能力较弱，因此对含萤石较多的白钨矿的选择性和捕收性都较好。几种捕收剂对白钨矿的捕收力顺序为：TAB－3 > TA－3 > 733 > 731 > ZL。

长沙矿冶研究院在 RA 系列铁矿阴离子反浮选捕收剂基础上，通过功能基团修饰得到的一种新型阴离子型捕收剂 EA－715，可浮选白钨矿。EA－715 的红外光谱图显示它含有羧酸二聚体、甲基、亚甲基，为脂肪酸类的改性药剂。

瑶岗仙钨矿用 K 捕收剂从浮钼、铋硫化矿的尾矿中浮白钨矿。粗选闭路试验和加温精选闭路试验结果表明，可从含 WO_3 0.32% 的给矿得到含 WO_3 64.76% 的白钨精矿，回收率为 87.78%。再用 2% 的盐酸洗涤得到产率 98.02%、WO_3品位 65.11% 的合格精矿。

白钨矿不易被抑制，即使在加温的条件下，用大量水玻璃也难抑制，和它伴生的硫化矿物一般预先浮出，未浮干净的部分用对应的硫化矿物抑制剂抑制，如硫化钠、氰化物、铬酸盐、淀粉等。抑制其伴生的脉石矿物可以用水玻璃或水玻璃与金属离子的组合剂、丹宁、多聚偏磷酸钠等抑制剂。

GYB 和 GYR 组合剂作白钨矿捕收剂，$Pb(NO_3)_2$ 作活化剂，碳酸钠和水玻璃作脉石抑制剂进行的钨矿粗选，粗精矿采用常规加温精选，得到 WO_3 品位 35.22%，回收率为 69.84% 的钨精矿。

用 733 + F305 浮黑、白钨矿时，用 D1 作抑制剂抑制方解石和萤石，对柿竹园矿石试验结果表明，经一次粗选从含 WO_3 为 0.51% 的给矿得到含 WO_3 为 4.56% 的钨精矿，回收率为 82.14%。

白钨矿的精选有加温精选择和常温精选两种方法。加温并加大量水玻璃蒸煮的方法称为彼得洛夫法。其优点是对于难选矿石可以获得合格产品，稳妥可靠，所以获得广泛应用；常温精选法只加入碳酸钠和水玻璃作调整剂（见后面的荡坪钨矿实例），它只在极个别的情况下会成功。其优点是工艺简单，成本低。

彼得洛夫法是将用脂肪酸类浮选得的低品位白钨粗精矿，加入按精矿量计约40～90kg/t的水玻璃，升温至60～90℃煮一段时间（如30～60min）后，搅拌、脱水（即脱药），重调浆，再精选4～8次，可得到品位较高的精矿。

如果精矿中还含较多重晶石，可用烷基硫酸盐或磺酸盐，在pH值为2.5～3.0的条件下反浮重晶石。当精矿含磷超标时，可用盐酸浸出精矿，以溶解其中的磷矿物，可以得到合格精矿。

对于白钨粗精矿加温精选历史悠久的彼得洛夫法，我国已有改进，其中一种方法是TT＋水玻璃，配合新捕收剂TAB－3。

13－20 柿竹园多金属矿是如何选别的？

柿竹园多金属矿是特大型钨钼铋矿床，矿石综合利用价值高，具有极高的经济价值和战略意义。柿竹园多金属矿有用矿物品种多，共生关系十分密切，矿石物质组成复杂，属于难选矿石，主要体现在：矿石中含有钼、铋、铁的硫化矿物、氧化矿物、黑白钨矿物和萤石，矿物嵌布粒度粗细不均而偏细，原矿中钨、钼、铋、萤石的品位低，要达到合格产品并获得较高回收率难度大；矿石中硫化物与钨矿物共生，白钨矿与黑钨矿共生交代蚀变严重；矿石中含有与白钨矿可浮性极为相似的萤石、方解石和石榴石等含钙矿物，浮选分离异常难。由于矿石选矿难度大，长期以来柿竹园多金属矿选矿指标不很理想。在国家“八五”、“九五”科技攻关中，由柿竹园有色金属公司、北京矿冶研究总院、广州有色金属研究院、长沙有色冶金设计研究院等单位联合攻关，提出了以主干全浮流程为基础，钼铋等可浮、铋硫混选、以螯合捕收剂浮选为核心的黑白钨混合浮选、粗精矿加温精选、黑钨细泥浮选的综合选矿新技术，简称柿竹园法。其原则流程如图13－10所示。

柿竹园法包含了多项关键技术和创新成果，如高效的钼铋等可浮－铋硫混选－分离新工艺，高效螯合捕收剂混合浮选黑钨矿和白钨矿新工艺以及钨细泥和萤石浮选新工艺等。柿竹园法在工业上实施取得了良好的选矿指标，使用螯合捕收剂实现了黑钨矿和白钨矿的混合浮选，很好地解决了白钨矿与含钙矿物的浮选分离难题，首次采用螯合捕收剂和组合调整剂制定的钨细泥浮选新工艺回收细粒钨矿物，有力地促进了柿竹园多金属矿选矿技术的发展。

在柿竹园“十一五”攻关中提出了以下选矿流程：硫化矿浮选尾矿经脉动高梯度强磁机分离黑、白钨（流程未表示出），黑钨、白钨分别进行浮选：白钨粗选用733，精选采用加温浮选；黑钨用螯合捕收剂浮选。通过脉动高梯度磁选机将黑白钨矿物分离，分别进行处理，减小了原矿中黑白钨比例波动对选矿指标的影响，提高了钨的综合回收率。380选矿厂采用该流程可使钨的综合回收率提高5%～10%，另一种试验流程是在硫化矿浮选之后，先用脂肪酸类捕收剂浮选白钨矿，之后用脉动高梯度强磁机回收黑钨矿，强磁精矿再用浮选法得到黑钨产品。

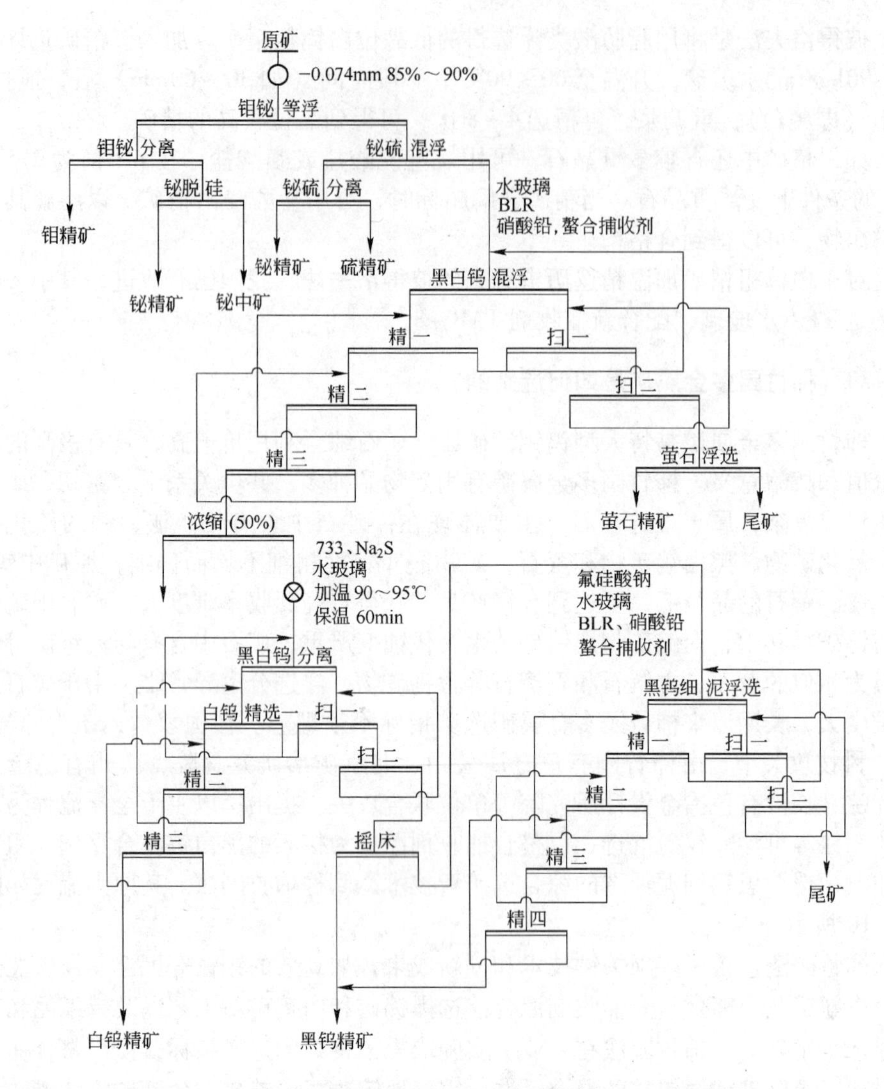

图 13－10 综合回收多金属矿柿竹园法原则流程（浮选部分）

前面谈到了不少黑白钨的浮选药剂，如 CF、GYB、GYR 等，是以柿竹园法的研究为基础的。

柿竹园法的白钨矿精选是用大量水玻璃加温精选。后面的萤石选矿中有的方法也是以柿竹园的研究为基础的。

13－21 荡坪钨矿宝山矿区的矿石是如何选别的？

荡坪钨矿宝山矿区的白钨精选用常温精选法，在我国是具有代表性的。荡坪钨矿宝山矿区为细粒嵌布的矽卡岩型白钨矿、铅锌硫化矿多金属矿床。

金属矿物主要为白钨矿、方铅矿、闪锌矿、黄铜矿、磁黄铁矿、黄铁矿，脉石矿物为钙铁辉石、萤石、正长石、石榴子石、阳起石、绿泥石、绢云母和高岭土等。白钨矿粒度通常在 0.1 ~ 0.2mm，大者可达 0.6mm，最小为0.016mm，矿石中钨矿物主要是白钨矿（据物相分析，白钨矿占 87%），还有少量钨华与黑钨矿。

原矿破碎后进行两级正手选丢废。合格矿经磨矿后首先进行硫化矿浮选，综合回收铜、铅、锌，其原则流程如图 13 - 11 所示。

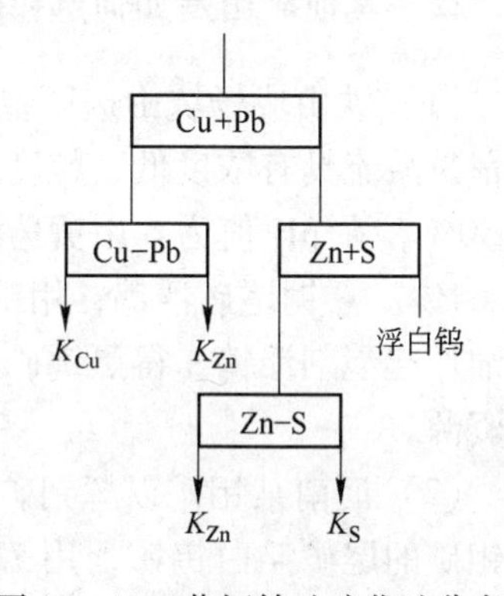

图 13 - 11　荡坪钨矿硫化矿分离原则流程图

硫化矿浮选尾矿进入白钨浮选作业，粗选以 731 和 733 为捕收剂，以碳酸钠和水玻璃作调整剂，采用一粗三扫一精流程获得浮选白钨粗精矿，在较高的浓度条件下，加水玻璃长时间搅拌（约 45min）后进行白钨矿常温精选，经一粗二扫五精流程选别，得到合格的白钨精矿，白钨矿浮选流程如图 13 - 12 所示。

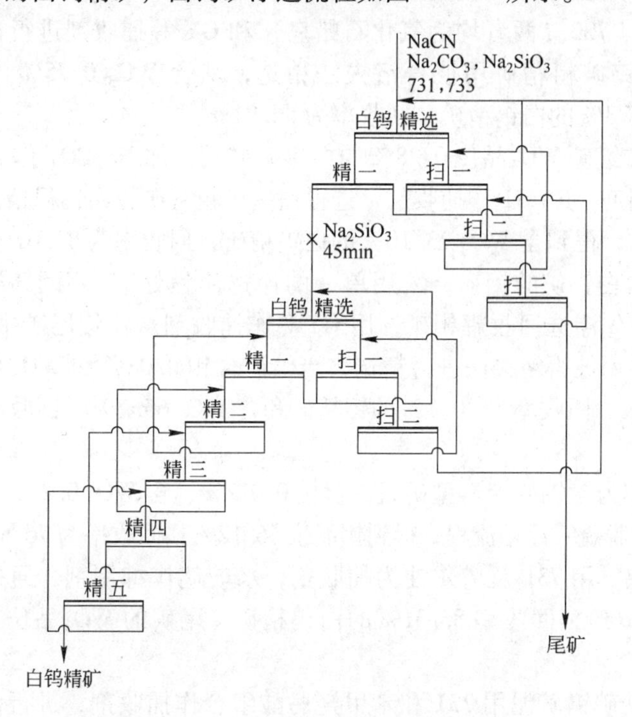

图 13 - 12　荡坪白钨粗精矿矿常温精选流程

钨的选别指标为：原矿含 WO_3 0.364%，精矿含 WO_3 67.91%，尾矿含 WO_3 0.08%，回收率为 79.64%。

13-22 其他矿山是如何选钨的?

（1）铁山垅杨坑山选厂主要选别黑钨矿，采用重浮联合工艺回收钨铜。重选精矿溢流具有浓度低、粒度细的特点，故先将重选精矿溢流浓缩，使其浓度达到30%，在pH值为6用黄药浮选铜，得铜精矿，其铜品位12.93%，回收率为94.64%。浮铜尾矿浮钨，用苄基胂酸作捕收剂、水玻璃和Na_2SiF_6作调整剂、松醇油作起泡剂浮钨，得黑钨矿精矿含WO_3 26.2%，回收率为80.77%，综合回收了资源。

（2）河南某钼矿以辉钼矿和白钨矿为主要有用矿物。含WO_3 0.05%，浮选辉钼矿的尾矿浮白钨矿，用731（氧化石蜡皂）作捕收剂，Na_2CO_3作pH值调整剂，水玻璃作抑制剂，浮得含WO_3 45%~58%、回收率为67.74%的白钨矿精矿。

（3）江西某大型白钨矿矿石含铜0.15%，含WO_3 0.7%~1.2%。钨矿物中90%是白钨矿，少量黑钨矿和钨华，金属硫化物是黄铜矿，少量辉铋矿和闪锌矿。脉石主要是透闪石、钙铝榴石、萤石、方解石和石英等。采用磨矿后优先浮铜，曾用731、733（两者均为氧化石蜡皂）和GY等捕收剂进行试验，其中以GY最好，白钨矿粗精矿用彼得洛夫法精选，从含WO_3 0.75%的尾矿，得到WO_3品位65.73%的白钨精矿，回收率为86.31%。

（4）某矿给矿WO_3品位0.28%的白钨矿矿石，加Na_2CO_3作pH值调整剂，水玻璃作抑制剂，R-31作捕收剂，选得白钨矿粗精矿，白钨粗精矿采用水玻璃加温精选工艺，得到含WO_3 73.10%的白钨精矿，回收率为81.67%。

（5）某含白钨矿的钼矿，采用单一的浮选流程处理。用水玻璃作抑制剂，在碱性介质中先浮选回收辉钼矿，用GYW作捕收剂从浮钼尾矿中浮选白钨矿，白钨矿粗精矿用彼得洛夫法进行精选，当给矿含钼0.08%和WO_3 0.58%时，获得含钼45.5%、回收率为80.1%的钼精矿和含WO_3 65.7%、回收率为75.9%的白钨矿精矿。

（6）某矿为含钨矽卡岩型矿石，含钼0.012%，含WO_3 0.27%，结构比较简单。采用全浮脱硫-浮钼流程，得到钼品位46.12%，回收率为76.87%的钼精矿，脱硫尾矿浮钨，用731及塔尔油为捕收剂，水玻璃作抑制剂，通过一粗六精得WO_3品位70.16%，回收率85.31%的白钨精矿，尾矿的WO_3品位很低，精矿质量好。

（7）对某矿钨矿泥用731和苯甲羟肟酸组合作捕收剂，进行浮选试验，既回收白钨矿，又回收了黑钨矿，在pH值为7~8弱碱性条件下，通过一粗、二扫和四精、中矿顺序返回流程，可从含WO_3 0.49%的给矿，得到含WO_3 21.93%的钨精矿，回收率为86.01%。

13.8 锡石细泥浮选

13－23 锡石的可浮性如何？

锡石的主要选矿方法是重选，其细泥可用浮选。锡石可用羧酸、烃基硫酸盐、烃基磺酸盐、异羟肟酸（如烷基水杨羟肟酸和苯甲羟肟酸）、有机膦酸或甲苯砷酸类捕收剂捕收。但前3类捕收力强而选择性差，精矿品位不易达到要求。最常用苯乙烯膦酸、甲苯胂酸和苄基胂酸作捕收剂。异羟肟酸为螯合型捕收剂，在矿物表面吸附的稳定性差，用量较大，价格较高。有机膦酸类对锡石捕收力强，但有 Fe^{2+}、Ca^{2+} 矿物时其选择性低。苄基胂酸类可与锡石发生化学吸附，作用牢固，只是它有毒，容易造成环境污染。

用油酸作捕收剂时，pH 值为9.0～9.5左右；用水杨羟肟酸作捕收剂，pH值为7～8；用苄基胂酸作捕收剂，粗选 pH 值为5～6，精选 pH 值为2.5～4。

锡石浮选时，通常加入水玻璃抑制伴生的石英和硅酸盐矿物，用六偏磷酸钠、羧甲基纤维素抑制钙镁矿物，加草酸抑制黑钨矿。

具体浮选实例如下：

（1）大厂长坡选矿厂对几种浮选锡石药剂优劣的对比结果是：胂酸＞膦酸＞A－22＞油酸＞烷基硫酸钠（流程：浮选硫后浮锡，一粗、二扫、二精）。

大厂长坡用混合甲苯胂酸和苄基胂酸浮选锡石细泥的结果见表13－14。

表13－14 浮选锡石细泥结果对比 （%）

捕收剂	原矿品位 α_{Sn}	精矿品位 β_{Sn}	精矿回收率 ε_{Sn}
混合甲苯胂酸	1.405	30.86	90.17
苄基胂酸	1.010	30.85	87.88

（2）某砂锡矿给矿含锡0.9%、SiO_2 21.3%和 $CaCO_3$ 16.3%，磨矿时加磷酸三丁酯90g/t，固体浓度50%，pH 值为6.8，所得矿浆给入旋流器分级，小于0.039mm 的细粒级不预先脱泥，加入水玻璃260g/t 抑制脉石，加入苯甲羟肟酸80g/t 捕收锡石，矿浆 pH 值为6～8。加松醇油25g/t，采用两粗一扫三精流程浮得锡精矿，其锡品位和回收率分别为26.5%和83.6%。

（3）某铅锌矿的浮选尾矿含锡0.2%，用BY－a 为捕收剂，P－86为辅助捕收剂，BY－5（木质磺酸钠）和碳酸钠为调整剂，采用一粗、三扫、三精流程，中矿Ⅱ和中矿Ⅲ顺序返回。获得含锡8.56%，回收率为33.22%的粗精矿，将粗精矿再精选两次，获得锡品位53.58%，总锡回收率50.12%的精矿。

13－24 大厂老尾矿资源综合回收的生产实践是如何进行的？

华锡集团凤凰矿业分公司原长坡锡矿选矿厂，是大厂矿区一家具有50多年历史的老企业，主要产品以锡精矿为主，伴生产品为锌精矿和铅锑精矿。随着矿山富矿资源的逐渐枯竭，生产经营也面临着越来越大的困难。2008 年下半年全球金融危机的爆发，矿产品市场价格急剧下滑，为了扭转选厂生产出现亏损的问题，在相关试验研究的基础上，确定采用重—浮—重—浮—重原则流程，于 2009 年转产处理长坡 7 号坝老尾矿。采用一系列新技术措施，提高老尾矿选厂给矿的入选品位，改善各环节的分选效率，降低单位生产成本，综合回收了老尾矿中的锡、铅、锑、锌等有价金属，实现了老尾矿资源的综合利用。

矿石性质特点。长坡 7 号坝尾矿库的尾砂中主要金属矿物有黄铁矿、毒砂、铁闪锌矿、锡石、脆硫锑铅矿及白铅矿、铅矾、菱锌矿、异极矿等，脉石矿物有石英、方解石、矽质页岩、灰岩、风化灰岩、菱铁矿等，平均含锡 0.26%、铅 0.28%、锑 0.25%、锌 1.55%。经预处理后的入选尾矿多元素化学分析结果见表 13－15。

矿物组成分析结果见表 13－16。

表 13－15　入选尾矿多元素化学分析结果　(%)

元素	Sn	Pb	Zn	Sb	S	As	Fe	SiO_2	CaO	MgO	Ag
含量	0.26	0.28	1.55	0.25	6.29	0.24	6.29	40.09	7.14	1.02	27g/t

表 13－16　入选尾矿矿物组成分析结果　(%)

锡石	铁闪锌矿	黄铁矿	脆硫锑铅矿	毒砂	磁黄铁矿	脉石	合计
0.40	1.22	6.84	0.50	1.02	1.94	88.08	100.00

深入分析该入选尾矿（以下简称矿石）有以下 4 个特点：

(1) 有价矿物解离度低、粒度细。尾砂矿中主要金属矿物锡石的综合单体解离度为 61.72%，脆硫锑铅矿为 64.92%，铁闪锌矿为 73.51%，其中 －0.1mm 以下级别主要金属矿物已完全单体解离。粒度组成中 －0.074mm 粒级占产率 37.07%，锡、铅、锌金属分布率分别为 76.37%、80.97% 和 66.25%。

(2) 矿物共生关系复杂。尾矿中有价矿物多以连生体和细粒、微细粒存在，相对比较难磨难选。尾矿中的铅锑、锌、锡等矿物粒度组成不均匀，在选别过程中容易相互影响。

(3) 铅锑、锌矿物氧化率高。由于尾矿粒度细，堆存时间较长，导致部分硫化矿物表面发生较严重的氧化。其中铅锑的氧化率达到 44%，锌的氧化率也达到 27.49%，非常不利于铅锑、锌的浮选回收。

(4) 矿石泥化程度高。由于尾矿经过了磨矿处理，在尾矿粒度组成中，细粒级所占比重较大，在生产中容易形成泥化现象，从而影响选别效果。

经过大量试验，借鉴同类选厂处理老尾矿的生产经验，并结合该公司现有厂房、设备及工艺流程特点，设计采用图 13－13 所示的“重—浮—重—浮—重”原则流程。

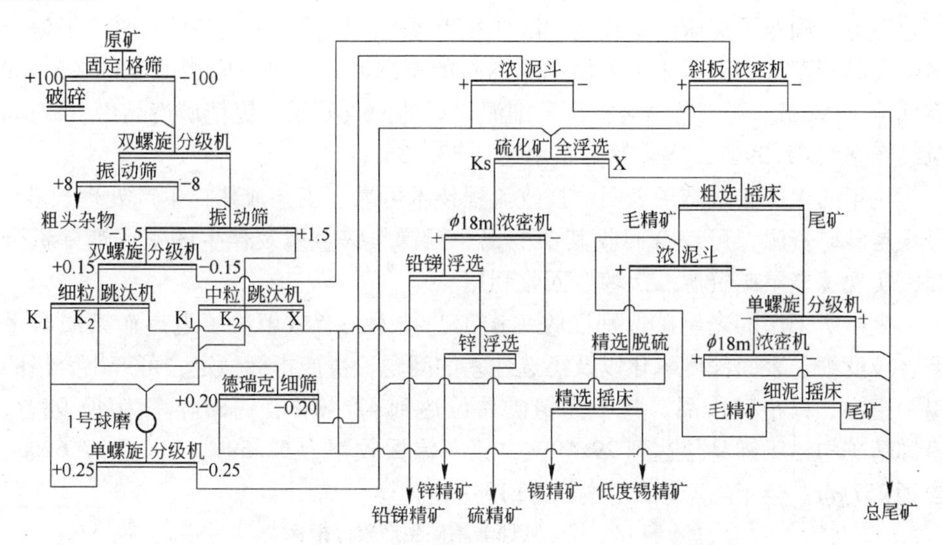

图 13－13 大厂处理尾矿设计工艺原则流程

该流程的特点是：

（1）用预处理技术抛弃部分尾矿富集入选给矿。前重工段采用双层激振筛、中细粒双室跳汰机和高频细筛联合丢弃中粗粒尾矿，使前重抛废率达到 50% 左右，而入选矿石品位提高一倍，大大减少选厂各作业的无效功，降低选矿成本，使生产能力 2000t/d 的选矿厂能产出更多的精矿，创造更多的财富。

（2）使用分步脱硫浮选。利用硫化矿可浮性的差异，分步进行浮选回收。即在硫化矿全浮作业中先回收大量易浮的硫化矿，而少量难浮的硫化矿则在摇床锡粗精矿浮选作业中再强化浮选回收。这样既节约药剂成本，又减少锡的夹带损失。

（3）使用高效组合剂提高铅锑、锌浮选分离的效果。针对老尾矿氧化率高、矿石泥化严重、杂质含量高的特点，研发高效组合分散剂，使矿泥充分分散，避免矿泥对浮选的影响，同时减少锡石夹杂；采用选择性强的抑制剂，回收复杂难选的铅锑矿物，产出较高品位的铅锑精矿。

（4）采用多段选别、多次富集提纯的技术。针对原矿金属品位低、性质复杂的特点，采用“重—浮—重—浮—重”流程，即：采用振动筛预先筛分，筛上 +1.5mm 直接作为尾矿丢弃；筛下 −1.5mm 经螺旋分级机和螺旋溜槽联合选别丢弃尾矿；螺旋溜槽精矿磨矿后与细泥合并浮选，硫化矿浮选流程为“部分混合铅锑—浮锌抑硫”；后重摇床回收锡粗精矿，流程为一粗一扫；摇床粗精矿锡精选系统，经浮—重流程选别，产出最终锡矿。

(5) 锡细泥回收使用新工艺。针对原矿 -0.074mm 粒级中，细泥锡金属分布率高达 76.37% 的特点，采用新型高效水力分级箱，完善细泥分级隔渣与浓缩工艺设施，确保了摇床给矿粒度、浓度和矿量达到较佳的工艺条件；采用云锡公司生产的新型微细泥摇床，可使细泥锡石的重选回收粒度下限由原来的 +37μm 降低至 +19μm。新工艺显著提高了细泥锡石的回收效果，锡精矿产品中 -37μm 粒级产率为 31.39%，锡金属分布率达到 33.73%。

一年的生产实践结果表明，技改流程技术可靠、工艺成熟，生产处理长坡 7 号坝尾砂矿资源，可综合回收其中的锡、铅锑、锌金属及伴生的银、铟稀贵金属，实现了老尾矿资源二次综合回收利用。

生产所采用的老尾矿选别回收关键工艺技术，有效解决了老尾矿杂质含量高、粒度细、表面深度氧化以及可选性差的问题，生产指标稳定，可产出合格的锡、铅锑、锌精矿产品，其中锡精矿品位达到 47.40%，锡回收率为 40.98%；铅锑精矿中铅 + 锑品位达到 29.59%，铅 + 锑回收率为 62.59%，含银 57.62%，含铟 257g/t。全年生产累计指标见表 13 - 17。

表 13 - 17 处理老尾矿生产累计指标

项 目	品位/%				回收率/%			
产 品	Sn	Pb	Sb	Zn	Sn	Pb	Sb	Zn
精 矿	47.4	15.13	14.46	43.10	40.98	63.12	62.21	57.62
给 矿	0.20	0.17	0.14	1.30	100	100	100	100

13.9 钽铌矿的选别

钽铌矿粗粒以重选为主，处理微细粒钽铌矿才用浮选法。浮选的药剂与黑钨矿相似。捕收剂可用脂肪酸类，如氧化石蜡皂 731、733、苄基胂酸、苯乙烯膦酸、二膦酸、烷基羟肟酸、苯甲羟肟酸等。

苯甲羟肟酸浮选钽铌矿方法：将试样磨碎后，先用湿式高梯度磁选丢掉 70% 低品位尾矿，再用苯甲羟肟酸和辅助捕收剂 WT - 2 混用浮选细粒级钽铌矿，浮选给矿品位 Ta_2O_5 0.029%，获得品位 0.882%，回收率为 88.45% 的浮选精矿，将浮选精矿用弱磁 - 浮硫 - 重选方法进一步分离可获得品位 13.53% Ta_2O_5，作业回收率为 89.25%，对浮选给矿回收 78.94% 的铌钽精矿。其活化剂和抑制剂也与黑钨矿大同小异。

13 - 25 湖南某钽铌矿如何浮选？

我国湖南和江西两个大型钽铌矿中的主要钽铌矿物有：铌钽锰矿 [$(Mn, Fe)(Nb, Ta)_2O_6$]、富锰钽铌铁矿（其分子式应与前者一样，只是类质同象成分比例不同）、细晶石 [$(Na, Ca)_2Ta_2O_3(O, OH, F)$] 和高钽锡石。三者中细晶石含 Ca 和 OH、F 等成分，能与捕收剂形成钙盐、生成氢键。

它们都是金属的氧化物，可浮性与锡石和铁锰的氧化物有相似性。可以用脂肪酸类、羟肟酸类、苯胂酸类、膦酸盐类捕收。

有人用苄基胂酸、苯乙烯膦酸、二膦酸、环烷肟酸和烷基羟肟酸分别浮选人工合成铌钙矿，试验结果表明：二膦酸对铌钙矿的选择性最好，环烷羟肟酸浮选铌钙矿的捕收力最强。其他药剂的捕收力次序如下：环烷羟肟酸 > C_7 ~ C_9 羟酸 > 二膦酸 > 苯乙烯膦酸 > 苄基胂酸。二膦酸的选择性最好，其他药剂的选择性次序如下：二膦酸 > 苄基胂酸 > 苯乙烯膦酸 > C_7 ~ C_9 羟肟酸 > 环烷羟肟酸。20mg/L 二膦酸在 pH 值为 2.5 ~ 5.0 范围内浮选铌钙矿，回收率为 83.27% ~ 85.10%。红外光谱研究结果表明，二膦酸在铌钙矿表面上发生了化学吸附。α - 羟基 1，1 二膦酸在钽铌矿的表面也能发生化学吸附。红外光谱研究又表明：苯甲羟肟酸在铌钽锰矿表面上与锰离子生成五元环螯合物，化学吸附为主，Mn^{2+} 是铌钽锰矿的主要浮选活性中心。

用单矿物浮选试验研究了苄基胂酸、双膦酸和 C_7 ~ C_9 羟肟酸三种捕收剂对铌铁金红石、铌钙矿和铌铁矿的捕收性能。苄基胂酸对这三种矿物的选择性顺序为：铌铁金红石 > 铌铁矿 > 铌钙矿；双膦酸和 C_7 ~ C_9 羟肟酸对这三种矿物的选择性顺序为：铌钙矿 > 铌铁金红石 > 铌铁矿。在适宜的用量范围内，苄基胂酸、双膦酸和 C_7 ~ C_9 羟肟酸对三种铌矿物的综合捕收力依次为：双膦酸 > C_7 ~ C_9 羟肟酸 > 苄基胂酸。双膦酸对三种含铌矿物综合捕收力最强。

钽铌矿物可以用硝酸铅活化。

钽铌矿的选矿方法有重选和浮选两种，但次生矿泥用重选法获得的回收率不过才 11% ~18%，很不可取。湖南某矿根据其原矿组成的特点，采用高梯度强磁选 + 浮选的方法，获得较好的结果。

湖南该钽铌矿的主要金属氧化矿物含量（%）为：铌钽锰矿 0.0229，黑钨矿 0.03，磷铁锰矿 0.9858，毒砂、黄铜矿、磁黄铁矿、黄铁矿等共计 0.9186，石英、长石共计 87.0223，云母 11.0111。先用 SLHGI - 1200 - 5 型湿式高梯度磁选机选出产率 γ 为 27.08% 的磁选精矿，$\beta_{Ta_2O_5}$ 为 0.0294%，作业回收率 ε 为 78.45%；尾矿产率 γ 为 72.925%，尾矿品位 $\theta_{Ta_2O_5}$ 为 0.003%。

由于高梯度磁选精矿中含有多种硫化矿和铁质矿物，故用浮选脱硫、磁选脱铁后再进入钽铌矿浮选。流程为一粗、一精、一扫。

药剂用量（g/t）为：

粗选：改性水玻璃 1250
　　硝酸铅 1000
　　苯甲羟肟酸 + WT2 400
　　松醇油 20

扫选：WT2 130

试验结果见表13－18。精选结果见表13－19。

表13－18　某钽铌矿试验结果　(%)

产　物	产　率	Ta_2O_5含量	回收率
精　矿	2.947	0.882	88.45
尾　矿	97.035	0.0035	11.55
给　矿	100.00	0.0294	100.0

表13－19　湖南某钽铌矿精选结果　(%)

产　物	作业产率	对给矿产率	Ta_2O_5品位	作业回收率	对给矿回收率①
钽铌精矿	5.82	0.171	13.53	89.25	78.94
铁质矿物	10.68	0.315	0.084	1.02	0.90
硫化物	19.85	0.585	0.101	2.28	2.02
尾　矿	63.65	1.876	0.103	7.45	6.59
给　矿	100.0	2.947	0.882	100.00	88.45

①对细泥给矿的回收率为61.93%。

13－26　我国某大型钽铌钨矿的选别方法如何?

我国某大型钽铌钨矿，为细粒钠长石化白云母花岗岩矿床，主要有用矿物为黑钨矿、白钨矿及少量的钽铌铁矿、细晶石、钽易解石、绿柱石和辉铋矿等。原矿中黑钨矿、白钨矿、钽铌铁矿、细晶石的嵌布粒度皆为不均匀嵌布，黑钨矿与白钨矿的嵌布粒度相对较粗，一般为0.04～0.8mm，而钽铌铁矿及细晶石的嵌布粒度很细，一般为0.04～0.2mm。钽的赋存状态为细晶石占40%，钽铌铁矿占21%，石英、长石、云母中的钽占27%，以钽矿物存在的钽金属量仅占原矿的65%，分散率比较高。原矿多元素分析见表13－20。

表13－20　原矿多元素分析　(%)

成分	WO_3	Ta_2O_5	Nb_2O_5	Bi	K_2O	Na_2O	TiO_2	SiO_2	Al_2O_3	CaO	BeO	其他
含量	0.387	0.016	0.010	0.026	2.83	3.02	0.22	72.9	13.82	2.04	0.048	0.96

由给矿样筛水析结果可知，－0.030mm粒级钨金属量占91.67%、钽金属量占74.95%；－0.010mm粒级钨金属量占30.53%、钽金属量占27.56%。由于粒度细，钽矿物分散率高，该细粒级物料分选难度高。

原矿经破碎、棒磨机磨矿、分级后，分为粗粒级和细粒级，分别作以重选为主和以浮选为主的试验，如图13－14和图13－15所示。

粗粒级物料（－1.0＋0.074mm）采用螺旋选矿机——摇床选别获得粗粒重选粗精矿，做到粗粒早收，减少有用矿物的过粉碎损失。尾矿用球磨机开路再磨，螺旋分级机分级，＋0.074mm粒级采用螺旋溜槽——摇床再选，再选粗精

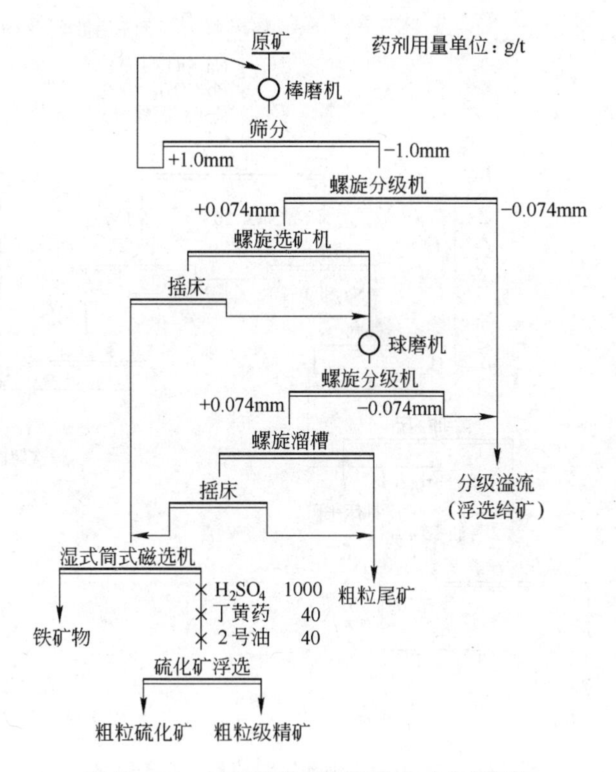

图 13－14　钽铌粗粒级物料试验工艺流程图

矿与螺旋选矿机——摇床粗精矿合并，经湿式弱磁选脱除杂铁、硫化矿浮选脱除硫后得到粗粒级精矿。粗粒级物料试验工艺流程如图 13－14 所示。粗粒级物料试验结果为：当原矿含 Ta_2O_5 0.0159%、WO_3 0.387% 时，可获得品位 Ta_2O_5 0.794%、WO_3 40.95% 的钽铌钨粗粒精矿。对原矿回收率 Ta_2O_5 为 29.77%、WO_3为 63.08%。

分级溢流粒度较细的－0.074mm 部分，作浮选给矿，试验采用螯合捕收剂苯甲羟肟酸与辅助捕收剂 FW 组合浮选钽铌钨细泥，取得了较好的试验结果。浮选精矿经微细摇床精选，浮选脱硫后获得较高品位钽铌钨精矿。细粒级物料试验工艺流程与药剂制度如图 13－15 所示。细粒级物料试验结果为：当细粒级物料给矿含 Ta_2O_5 0.013%、WO_3 0.198% 时，可获得品位 Ta_2O_5 2.376%、WO_3 47.30% 的钽铌钨精矿，作业回收率 Ta_2O_5 39.31%、WO_3 51.92%。

根据以上试验设计了图 13－16 所示的全流程试验原则流程。

试验结果见表 13－21。当原矿含 Ta_2O_5 0.0159%、WO_3 0.387% 时，全流程最终取得品位 Ta_2O_5 1.058%、WO_3 42.01% 的钽铌钨混合精矿，对原矿回收率 Ta_2O_5 为 48.27%、WO_3 为 78.03%。

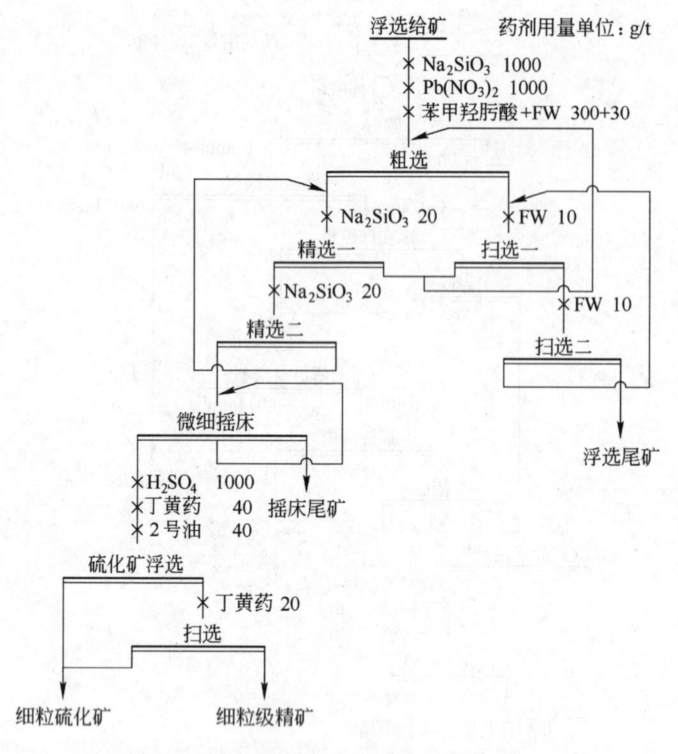

图 13-15 钽铌钨细泥试验流程与药剂制度

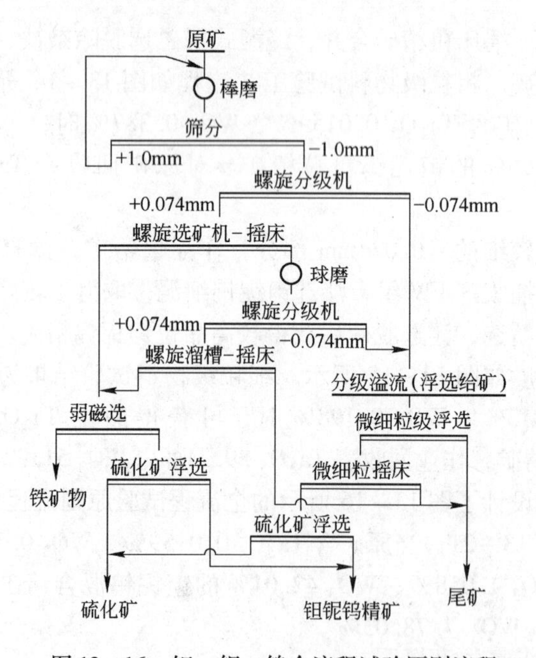

图 13-16 钽、铌、钨全流程试验原则流程

表 13-21 全流程试验结果 (%)

产品名称	产 率	品 位		回收率	
		WO_3	Ta_2O_5	WO_3	Ta_2O_5
钽铌钨精矿	0.72	42.01	1.058	78.03	48.27
铁矿物	0.08	5.15	0.0961	1.05	0.48
硫化矿	0.22	2.78	0.078	1.52	0.98
尾 矿	98.98	0.075	0.0080	19.40	50.27
原 矿	100.00	0.387	0.0159	100.00	100.00

13.10 稀土元素分类及其矿物选别

13-27 镧系元素和锕系元素包括什么元素？

稀土元素一般是指镧系元素和钇、镥。因为两者之间仅差两种元素，对稀土元素的讨论，基本上与对镧系的讨论是一致的。

锕系元素都是放射性元素。其中位于铀后面的元素，即 93 号镎（Np）至 102 号锘（No）被称为“铀后元素”或“超铀元素”。锕系元素的研究与原子能工业的发展有着密切关系。当今，除了人们所熟悉的铀、钍和钚已大量用作核反应堆的燃料以外，诸如 138Pu（钚）、244Cm（锔）和 252Cf（锎）这些核素，在空间技术、气象学、生物学直至医学方面，都有着实际的和潜在的应用价值（有关描述根据大连理工大学《无机化学》第 5 版）。

13-28 稀土金属包括什么元素？我国储存情况如何？它们有什么用途？

依据稀土元素相对原子质量等因素将其分为轻稀土元素和重稀土元素：

La Ce Pr Nd Pm Sm Eu　　　　Gd Tb Dy（Y）Ho Er Tm Yb Luo

轻稀土元素（铈组）　　　　重稀土元素（钇组）

稀土元素的矿物，主要有含轻稀土元素的独居石（磷酸铈镧矿，Ce 和 La 等的磷酸盐）和氟碳铈镧矿（Ce 和 La 等的氟碳酸盐）以及含重稀土元素的硅铍钇矿（$Y_2FeBe_2Si_2O_{10}$）、磷酸钇矿 YPO_4 和黑稀金矿[$(Y, Ce, La)(No, Ta, Ti)_2O_6$] 等。

我国的稀土资源以内蒙古自治区白云鄂博的储藏量最大，它以氟碳铈矿和独居石为主。其次是分布于广东、海南、台湾等地的海滨砂矿（以独居石为主）和遍布鄂、湘、滇、桂、川、赣、粤、鲁等省的坡积和冲积砂矿，它们多属重稀土矿类。

我国稀土资源丰富，已探明的储量为世界总储量的百分之三十几（一说是

23%）。目前世界所消费的稀土约90%是由我国提供的，但某些国家仍对我国保护资源说三道四，极不公平。

稀土元素可做五大重要材料。即稀土超导陶瓷、稀土贮氢材料、稀土激光材料、稀土永磁材料和抛光材料。目前最受瞩目的是钕铁硼（$Nd_2Fe_{14}B$）磁性材料，它是20世纪80年代初开发出的第三代新型高磁能积稀土永磁材料。

13－29 独居石如何选别？

A 一般处理方法

独居石又名磷酸铈镧矿。其化学组成比较复杂，含（Ce，La，Th，Ca）[PO_4，SiO_4，SO_4]，其中稀土主要是Ce和La，而Th（锕系元素）氧含量达50%～68%，P_2O_5含量介于22%～31.5%，类质同象混入物Y_2O_3，在50%以下，ThO_2为5%～28%，ZrO_2可达7%。

独居石原产于伟晶岩中，风化后常见于河砂、海砂矿中，与磁铁矿、钛铁矿等共生。独居石的密度为4.9～5g/cm^3，有时可用重力选矿法初步富集。用浮选法处理更为普遍。

B 独居石浮选

可用脂肪酸及其皂类捕收，也可用膦酸、羟肟酸类捕收剂捕收。其可浮性与氟碳铈矿接近，两者分离方法见13－30问。

13－30 白云鄂博矿的矿物组成如何？碳氟铈的可浮性如何？

白云鄂博已发现矿物142种，其中铁矿物5种，稀土矿物15种（稀土矿物以氟碳铈矿和独居石为主），铌矿物17种。矿物粒度细，分布均匀，粒度多在0.02～0.07mm之间，稀土矿物多呈细粒集合体与萤石、磁铁矿、赤铁矿、白云石、钠辉石、磷灰石及铌矿物共生。原矿主要成分见表13－22。

表13－22 原矿多元分析（部分合并） （%）

元素	TFe	FeO	REO	TiO_2	ThO_2	Nb_2O_3	其他成分
含量	31.5	4.00	7.0	0.45	0.036	0.135	56.879

氟碳铈矿的捕收剂有脂肪酸类、邻苯二甲酸、苯乙烯膦酸C_5～C_9羟肟酸、环烷羟肟酸、苯甲羟肟酸、水杨羟肟酸、N－羟基邻苯二甲酰亚胺、H205（2－羟基－3萘甲羟肟酸）、改性H205、F802、H103、H205、H316、H894、LF6、LF8、L247等。其中H205捕收效果好，但价格贵，已用LF6和LF8代替。

羟肟酸类捕收剂与碱土金属阳离子Ca^{2+}、Ba^{2+}、Mg^{2+}形成的螯合物强度最小，而它们与稀土元素和钨等高荷电的阳离子形成的螯合物强度大。

H205低毒、稳定，其捕收力和选择性好，适应性强，不要用有毒的氟硅酸钠作活化剂，只和水玻璃配合使用。但价格贵（1996 年 3 ~ 10 万元/吨），要用氨水配制。

H316 是 H205 的改性药剂，选择性好，性质稳定，无毒，不要氨水皂化，和水玻璃配合使用在分选含量 50% 品级稀土精矿时，H316 比 H205 能提高稀土回收率 10. 09% 。每吨稀土精矿药剂成本降低 44. 22 元。H316 对解决稀土矿物与铁矿物、重晶石、硅酸盐和碳酸盐矿物的分离有明显效果。

新药剂 LF－8 和 LF－6 在稀选一分厂工业生产试验中使用，该药剂对包钢选矿厂强磁中矿适应性强，药剂当地生产，购运方便，价格便宜，LF－8 可将原液直接添加，新药剂较原药剂（H205＋H316）每吨精矿节省捕收剂 4. 48kg，节省起泡剂 2. 26kg；加之低温节能，年新增综合经济效益近千万元。

为了分离氟碳铈矿和独居石，可以用柠檬酸抑制氟碳铈矿，或者用明矾抑制独居石。

13－31 包钢稀土矿的选矿原则流程如何？

工艺流程都是在铁和稀土分离后，再对稀土中间产品进行选别。

某系统产铁精矿和稀土泡沫的原则流程如图 13－17 所示，稀土泡沫再用重

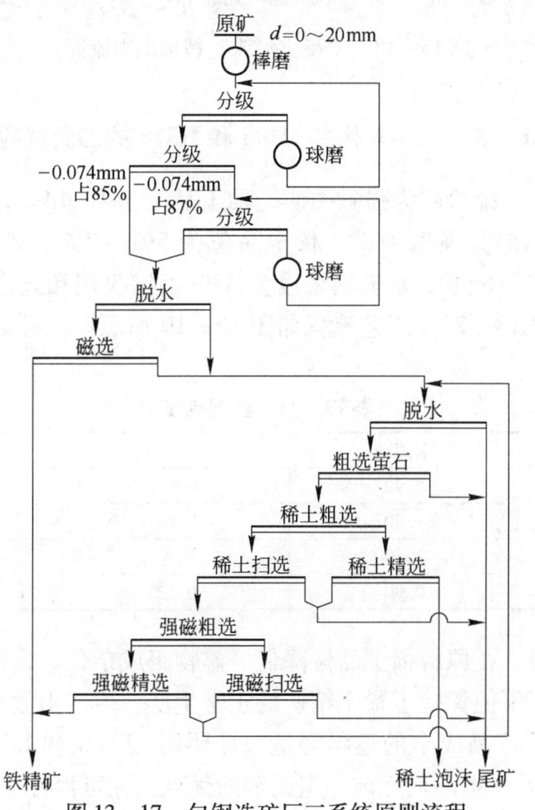

图 13－17 包钢选矿厂三系统原则流程

—浮流程（见图13－18）选得高品位稀土精矿和中品位稀土精矿。

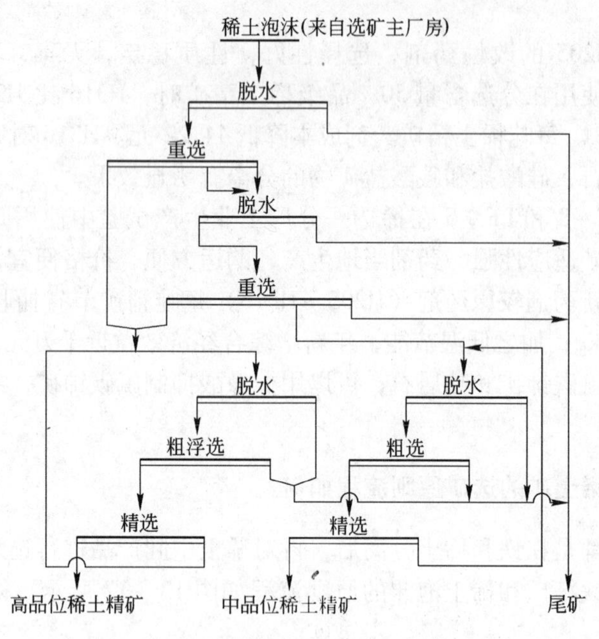

图13－18 “稀土泡沫”精选原则流程

13－32 用新药LF－8、LF－6代替H205和H316的工业试验结果如何？

试验条件：北系统给矿为强磁中矿，稀土品位为10.14%，南系统给矿为北系统尾矿再补加一部分强磁中矿，稀土品位为5%～7%，矿浆浓度为40%～70%，浮选温度55～65℃，水玻璃浓度为20%，捕收剂和起泡剂为原液直接加入，药剂制度见表13－23，工艺流程如图13－19所示。工业试验平均综合技术指标见表13－24。

表13－23 药剂制度 (kg/t)

药 剂	水玻璃	LF－8	LF－6
北系统粗选	5.99	0.63	0.24
北系统一精选	1.50	0.16	—
南系统粗选	3.59	0.4	0.02
南系统一精选	0.90	0.12	—

经一年多检验，在原料稀土品位降低、矿物组成杂化、含泥量增加等不利条件下，稀选试验厂不但保持了稀土精矿的正常生产，生产出数万吨合格的稀土精矿，而且还保证了产品成本的逐年降低。证明用LF－8和LF－6代替H205和H316是成功的，后一组药剂比前一组药剂的优点，在可浮性一节，已有描述。

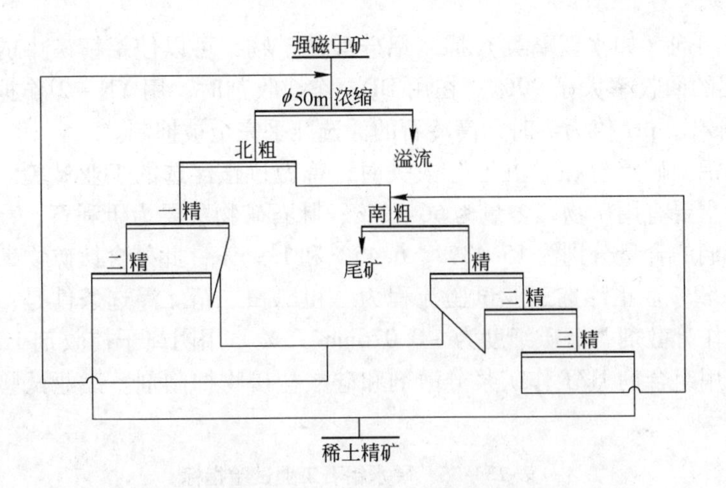

图 13-19 稀土 LF-8、LF-6 工业试验工艺流程

表 13-24 工业试验平均综合技术指标 (%)

指标	产率	品位	回收率
给矿	100.0	10.18	100.0
精矿	10.75	60.63	63.89
尾矿	82.94	3.98	32.59

13.11 铝土矿的选别

13-33 铝土矿的矿物组成如何?

自然界中铝的矿物包括多种铝硅酸盐，如高岭土（$Al_2O_3 \cdot 2SiO_2 \cdot 2H_2O$）、铝矾土（$Al_2O_3 \cdot xH_2O$）、刚玉（$Al_2O_3$）等。我国铝土矿资源位居世界第五，不算少，但硬水铝石占总量的99%，铝硅比10以上的矿不到7%，多数铝硅比在4~6之间，加工困难。必须经过选矿使其铝硅比高于10，才能用拜耳法冶炼。

我国铝土矿中的主要矿物有硬水铝石(或叫一水硬铝石)($Al_2O_3 \cdot H_2O$)、高岭石[$Al_4(Si_4O_{10})(OH)$]、叶蜡石[$Al_2(Si_4O_{10})(OH)$]、伊利石[$K_{1-x}(H_2O)_xAl_2(AlSi_3O_{10})(OH)_{2-x}(H_2O)_x$]，此外有些锐钛矿和铁的矿物。显然铝土矿本身是氧化物，而高岭石、叶蜡石和伊利石等3个主要的脉石矿物是硅酸盐，钛铁矿是氧化物。

13-34 硬水铝石如何正浮选?

从矿物组成分析，氧化矿物用脂肪酸类捕收比较容易浮游，有试验表明，铝土矿的可浮性比锐钛矿好些。用RL捕收剂（新型阴离子捕收剂）浮硬水铝石，用无机抑制剂（如水玻璃类）抑制铝硅酸盐矿物，可以使铝精矿中的铝硅比大于11，铝的回收率大于90%。在用DDA作捕收剂时，用YN－2作抑制剂，其用量80mg/L，pH值为7时，高岭石的浮选几乎完全被抑制。

我国铝土矿浮选在“九五”攻关时，曾做过正浮选的工业试验。原矿中硬水铝石为主要有用矿物，含量为66.72%；脉石矿物主要为伊利石、高岭石和叶蜡石，它们的含量分别为15.43%、6.45%和1.96%，此外含钛矿物2.92%，其他矿物6.52%。正浮选工业试验流程为一粗二扫二精。浮选条件是：在磨机中加碳酸钠作分散剂，磨矿细度为－0.076mm 75%。用阴离子捕收剂HZB浮选硬水铝石，用组合剂HZT作矿浆分散剂和硅酸盐矿物抑制剂。工业试验指标见表13－25。

表13－25 硬水铝石工业试验指标

产品	产率/%	品位/%		回收率/%		铝硅比
		Al_2O_3	SiO_2	Al_2O_3	SiO_2	
精矿	79.52	70.87	6.22	86.45	44.76	11.39
尾矿	20.48	43.13	29.81	13.55	55.24	1.45
原矿	100.00	65.19	11.05	100.0	100.0	5.90

正浮选的基本特点是：

（1）精矿脱水难，精矿水分高。

（2）用脂肪酸作捕收剂要求较高的矿浆温度。

（3）精矿含大量有机物，对后面的浸出过程有一定的影响。

13－35 硬水铝石如何反浮选？

由于与硬水铝石伴生的3种主要脉石矿物都是铝硅酸盐，可以用胺类捕收剂捕收，近年来我国大的研究机构做过许多硬水铝石反浮选的工作。

中南大学研究者在详细分析有关矿物结晶构造以后，认为硬水铝石单位表面破坏键的密度比高岭石等大，其天然亲水性比高岭石、叶蜡石和伊利石大。而且后3者表面有破裂的硅氧键，有利于胺类捕收剂的吸附；再则硬水铝石的等电点pH值为6.4，高岭石、伊利石和叶蜡石的等电点分别为3.6、2.8和2.4。等电点间有一定的差距，在pH值为3.6~6.4之间，硬水铝石表面荷正电，而高岭石等黏土矿物表面荷负电，用胺类捕收剂反浮黏土矿物是有依据的。他们先后用了十二烷基胺（DDA）、*n*－2－胺基乙基、*n*－十二酰胺（AEDA）、*n*－（3－氨基丙基）、*n*－十二酰胺（APDA）和*n*－癸基二胺基丙烷（$RNHC_3H_6NH_2$，式中$R=n-C_{12}H_{25}-$，简记为DN_{12}）等阳离子捕收剂做反浮选试验。试验表明：在pH值为3~9的范围内，DN_2使高岭石的回收率高于85%，而伊利石的回收率为

60%，在中性 pH 值矿浆中，用 DN12 作黏土矿物的捕收剂反浮选是合适的。

甲萘胺对叶蜡石的回收率超过 98%，对伊利石和高岭石的捕收能力相对较弱。甲萘胺对叶蜡石、伊利石和高岭石的捕收能力降低次序为叶蜡石 > 高岭石 > 伊利石。

用十二胺作捕收剂，分别用阳离子淀粉（CAS）、甲基羧基淀粉（CMC）、两性淀粉（AMS）和溶解淀粉（SS）作抑制剂反浮选水铝石，试验结果表明，这 4 种抑制剂对水铝石的抑制性能呈下列顺序：两性淀粉（AMS）> 阳离子淀粉（CAS）> 溶解淀粉（SS）> 甲基羧基淀粉（CMC）。用吸附量测定、ζ－电位测定和红外光谱技术研究其作用机理。试验结果表明，带正电的淀粉（CAS、AMS）有利于吸附在水铝石表面，对阳离子捕收剂有排斥作用，降低阳离子捕收剂的吸附，CAS、AMS 是通过氢键和发生螯合作用固着于水铝石表面，将它抑制的。

新近有试验表明：阴离子型淀粉（LSDZ）在 pH 值为 4 ~ 11 范围，能抑制一水硬铝石浮选；用（CY）作捕收剂浮硅，BK501A 作铝土矿抑制剂；用十二胺浮高岭石，阳离子聚丙烯酰胺可作抑制剂抑制一水硬铝石。

用 DDA 作捕收剂时，六偏磷酸钠可以有效地抑制硬水铝石。一种用羟肟酸改性的淀粉 HA 能够活化高岭石。据分析这是因为 HA 淀粉在高岭石颗粒间的（001）基面起絮凝桥联作用，使颗粒絮凝并减少了亲水面，如图 13－20 所示。

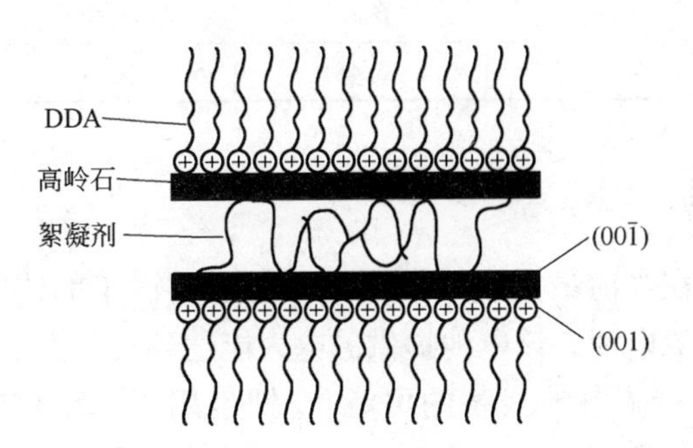

图 13－20　用 DDA 作捕收剂时，HA 淀粉对高岭石的絮凝活化作用示意图

对河南省硬水铝石矿的反浮选条件是：磨矿细度 －0.074mm 85%，磨矿后先脱泥两次，接着进行了二粗、二扫、一精浮选，流程如图 13－21 所示。

用 DTAL 阳离子捕收剂，用 SFL 作分散剂。结果见表 13－26。

该反浮选的基本特点为：

（1）浮少抑多，原则上更合理；

（2）进入精矿的浮选药剂较少，对后面溶解过程的影响较小；

(3) 阳离子捕收剂 DTAL 可在不小于5℃的低温下使用；

(4) 精矿脱水性好。

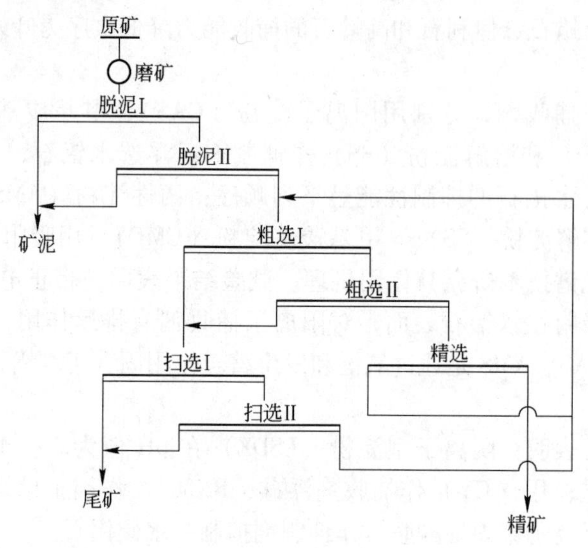

图 13－21 铝土矿反浮选扩大试验工艺流程

表 13－26 铝土矿反浮选结果（槽底精矿） （%）

产率 γ	$\beta_{Al_2O_3}$	β_{SiO_2}	Al_2O_3/SiO_2	回收率 $\varepsilon_{Al_2O_3}$
80.4	68.88	6.46	10.6	86.2

13.12 锂矿的选别

锂的用途。锂在当前最受瞩目的用途是做电动汽车的锂电池（但有人正在研发可充电的镁－硫电池，该电池提供的电力能达到目前锂电池的两倍，所以不久后锂电池有被镁－硫电池代替的可能），锂也用于军事核应用。其次用于玻璃、陶瓷、铝加工业和润滑剂。

锂主要从锂辉石、锂云母和干旱区盐湖的卤水（我国西部储量丰富）中提取。锂辉石化学式为 LiAl［Si_2O_6］，含 Li_2O 4% ~7%。锂云母化学式为 $Al_2O_3 \cdot 3SiO_2 \cdot 2(K,Li)F$，含二氧化锂 3% ~4%。

锂辉石的选矿。结晶粗大的矿石可以先破碎手选，锂辉石本身密度 3.2，可以重选。

13－36 锂辉石如何浮选？

纯锂辉石容易以油酸浮游，但由于共生矿物极易为重金属和碱土金属的化合物或离子所活化，所以为了强化过程的选择性，必须作好洗矿工作。机械擦洗可以在特殊的擦洗机中进行，当矿浆浓度为50%时，擦洗2.5～3h，也可以在垫有胶皮具有低转速的磨矿机中擦洗20～30min。如果磨矿机用金属衬板就不能达到预期的目的。

把洗涤剂加入擦洗机中，可以提高清洗矿粒表面的效力，如HF（5%）、Na_2SiF_6、Na_3PO_4、Na_2S、NaOH都可以作洗涤剂。HF在实例中比较常见，但价贵、难得而且有毒，用NaOH较方便，它可以单独添加，也可以和Na_2S共用。

锂辉石的可浮性。pH值为6.5～8.5时，可用油酸、油酸的皂和塔尔油的馏分等作捕收剂，在酸性介质中可用烷基硫酸盐、磺酸盐和磷酸盐作捕收剂。也可以用第一胺的醋酸盐作捕收剂。我国近年有人推荐用成分未公开的TXLi－1作锂辉石的捕收剂，其效果比氧化石蜡皂好。

用$CaCl_2$在pH值为11.5以上时能有效地活化锂辉石，或选用$FeCl_3$在pH值为4～10的范围内能有效地活化锂辉石，在对应的pH值下，有效的活化成分为$Ca(OH)^+$、$Fe(OH)_2^+$，用油酸与羟肟酸组合捕收剂捕收，可用糊精抑制。

锂辉石可用正浮选，也可以用反浮选处理。下面是一个反浮选实例。

实例：卡一马因太恩厂锂矿石的浮选。该厂处理的矿石中主要的锂矿物为锂辉石，其次含有石英、长石、云母等。

以前曾用过直接优先浮选锂辉石的流程，那时使用的药剂是油酸、NaOH（pH值为7～8）和起泡剂，得到含90%锂辉石的精矿，回收率为70%。

后来应用阳离子捕收剂进行反浮选。流程如图13－22所示。

重选Ⅰ用32台螺旋选矿机，重选Ⅱ在摇床上选别。进入浮选的给矿粒度为－0.48～＋0.074mm，矿浆浓度为20%～25%，pH值为10.1～11。

浮选的药剂制度是：NaOH 0.3kg/t加入磨矿机中，CaO 0.45kg/t，糊精0.23kg/t，胺类捕收剂0.18～0.32kg/t，起泡剂0.18kg/t，加入调整槽中，调整1min，调整时的矿浆浓度为55%固体。粗选时浮出石英、长石、云母，锂辉石留在尾矿中，粗选尾矿浓缩至65%～75%固体，加0.16kg/t HF于调整槽中搅拌，然后加入焦油酸的钠盐0.9kg/t和0.4kg/t的起泡剂。浮选4min，使铁的矿物进入泡沫中，而锂辉石留在尾矿中。

该矿之所以采用反浮选，是因为矿石中的白云母含量很高，而且还必须分出长石精矿，采用该流程比较合理，云母有较高的可浮性，浮选长石时很难抑制它。将矿石擦洗脱泥和油酸调整以后，添胺类25～50g/t，将云母和锂辉石一起浮游，然后将混合精矿在酸性介质中（2kg/t H_2SO_4）搅拌3～4min后浮选，白云母和含铁矿物浮起，而锂辉石残留于尾矿中。最后用阳离子捕收剂在氟氢酸造成的酸性介质中，从锂辉石和云母浮选的尾矿里选出长石。

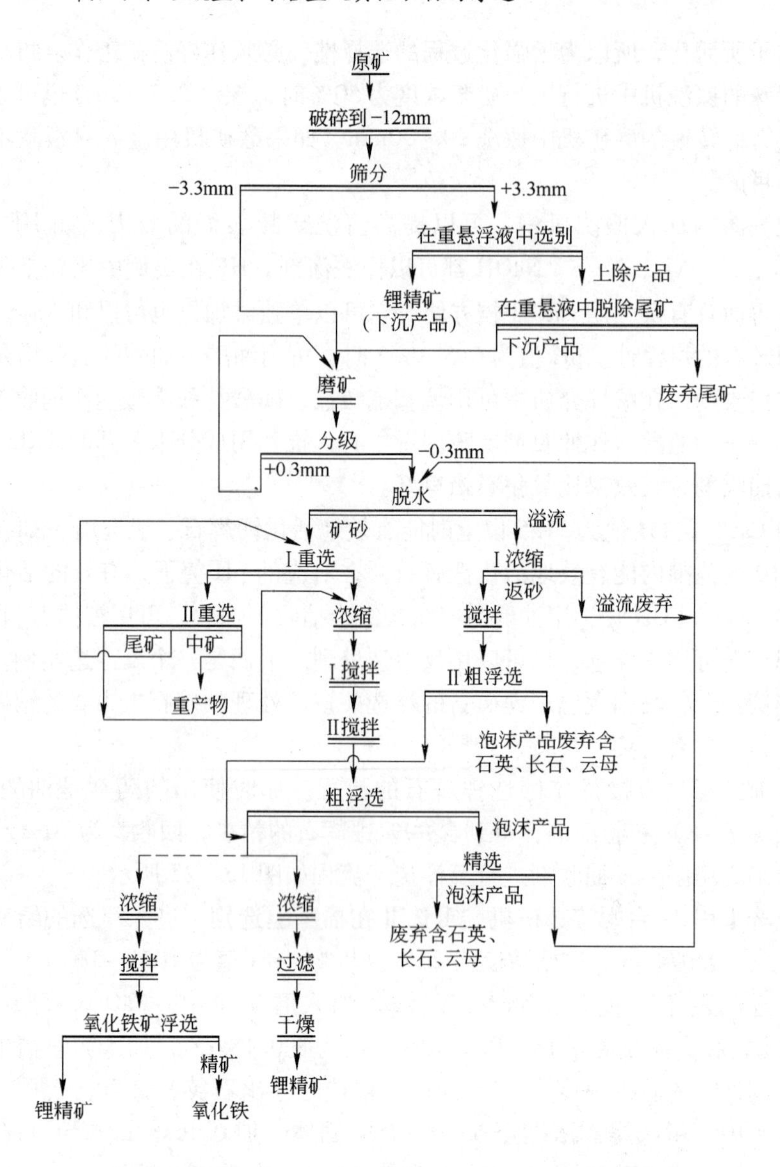

图 13-22　卡一马因太恩厂的锂辉石选别流程

13-37　锂云母如何浮选？

宜春钽铌矿的主要钽矿物为富锰铌钽矿、细晶石和钽锡石；云母有锂云母、锂白云母、磷锂云母、铁锂云母；脉石矿物为钾长石、钠长石、石英、黄玉和绿柱石等。钽铌矿物用重选选别。锂云母是浮选的主要目的矿物，石英和长石是除去的对象。云母粒度较粗，-0.75mm 部分 Li_2O 的品位低于尾矿品位，金属占有率只有14.60%，故重选尾矿用旋流器分级脱泥，浮选用一粗一扫(即二粗)，其精矿与一粗合并的流程，如图13－23所示。

捕收剂椰子油胺∶盐酸＝1∶1.5（体积比)，反应完后加水稀释至2%～5%。以胺计的用量为130～160g/t。矿浆pH值为中性。温度高于17℃(胺的凝固点)比较好。

酸和胺用计量泵按比例送入反应釜中，溶解、搅拌、稀释都在精密控制下在密闭容器中进行。各加药点的加药量用电脑控制的自动加药机进行。

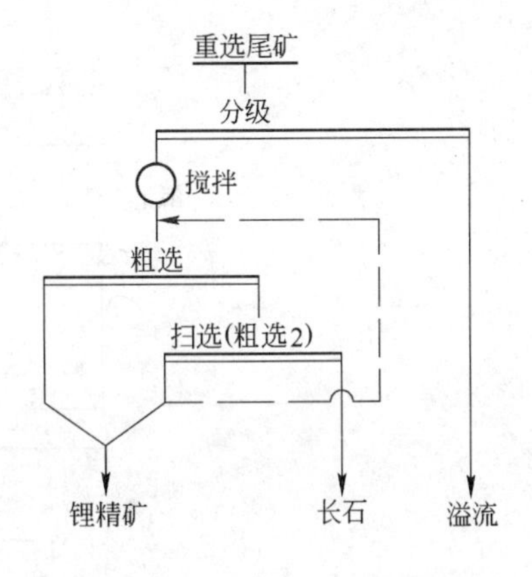

图13－23 锂云母浮选流程

13.13 铍矿石的选别

13－38 铍矿有哪些矿物？绿柱石可浮性如何？

铍可制造合金和作原子反应堆的中子减速剂，也是做绿宝石的材料。

主要矿物是绿柱石$Be_3Al_2Si_6O_{18}$，其次为硅铍石$2BeO \cdot SiO_2$、日光榍榴石$Mn(BeSiO_4)_6S_2$。共生矿物有长石、石英、电气石、白云母、阳起石、黄玉、榍榴子石等。

晶体粗大的绿柱石常用手选，近年也用放射性选矿，浮选用于选别细粒的绿柱石。

晶格中含有Al^{3+}的铍矿物（如绿柱石)，在pH值接近中性的介质中（pH值为6～8时）容易浮游。在pH值为2～4的酸性介质中，可用胺类的阳离子捕收剂捕收。也可以用油酸和羟肟酸的组合剂捕收。

铍矿石在浮选前用HF、H_2SO_4、Na_2S、NaOH等先处理，接着洗矿，常能提高浮选效果，提高铍矿物的可浮性、清除脉石表面的活性离子，但当苏打、水玻璃、苛性钠和酸的用量过大，都可能抑制绿柱石。处理低品位难选矿石时，加温常常有益。铍矿浮选的原则流程有两类，即酸处理和碱处理浮选流程。在酸处理浮选流程中，用硫酸和氢氟酸作调整剂，先后用阳离子及阴离子捕收剂捕收。在碱处理浮选流程中，用苛性钠、苏打和硫化钠作调整剂、用阴离子捕收剂捕收。

13－39 浮选绿柱石常用什么流程？

最常用的是图13－24所示的酸处理混合浮选流程。

在该流程中，硫化物与云母浮选后，用氢氟酸和硫酸处理。用阳离子捕收剂浮选出绿柱石－长石的混合精矿，将石英留在尾矿中，然后用3次冲水和浓缩，

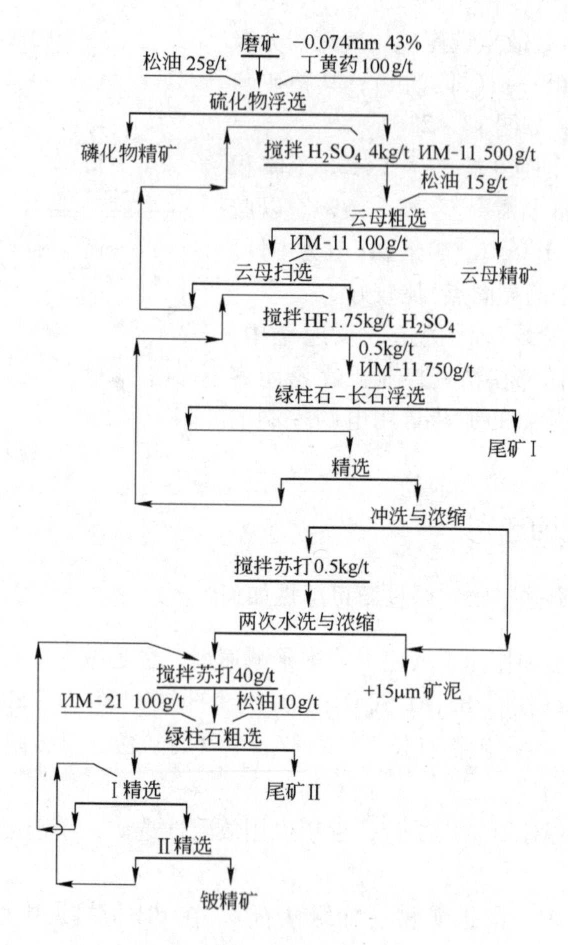

图 13－24 绿柱石矿用酸处理的混合流程

（ИМ－11 相当于 $C_7 \sim C_9$ 羟肟酸）

并加入苏打排除残余药剂，细泥也因此排除，用油酸或其他脂肪酸类阴离子捕收剂浮绿柱石，此时，长石被氢氟酸抑制而进入尾矿中。

在用酸处理的流程中，对长石而言有两个方案，即直接优先浮选和先混合浮选。当矿石中含有较多的风化厉害的长石，用直接优先浮选流程比较合理。

将绿柱石与石英、长石分离，一般可以成功地按酸处理流程进行。但有许多矿石中，有多量的磷铝石$(Li,Na)Al(PO_4)(F,OH)$和角闪石，它们会混入铍精矿中。用0.5kg/t苏打和0.1～0.2kg/t水玻璃，在85℃时煮粗精矿并接着精选，此时角闪石、绿柱石进入泡沫中。绿柱石—磷铝石粗精矿，用水玻璃和少量阴离子捕收剂煮过以后再精选，可将磷铝石分入泡沫产品，而绿柱石残留在尾矿中。

酸处理直接优先浮选流程如图 13－25 所示。

碱处理的浮选流程如图13－26所示。在该流程从含 1.3% BeO 的原矿中可以

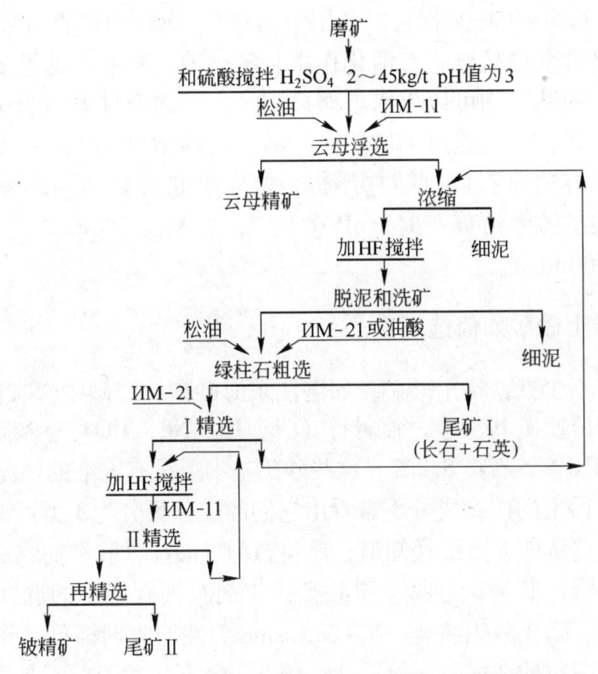

图 13－25 酸处理的绿柱石矿直接优先浮选流程

选出含 12.2% BeO 的精矿，回收率为 74.7%。

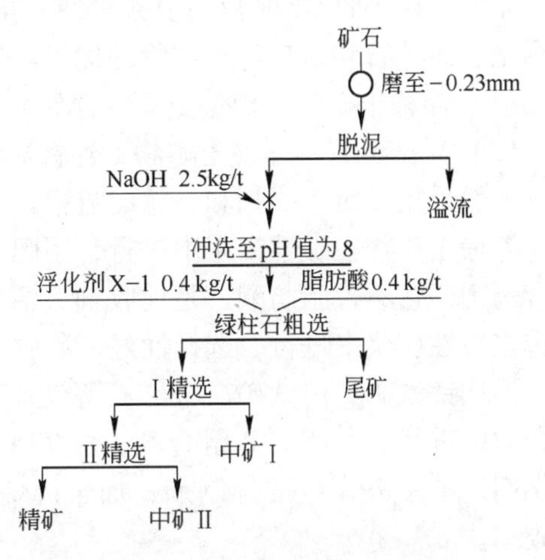

图 13－26 碱处理的绿柱石浮选流程

13.14 锆矿石的选别

锆在耐火材料、炼钢、原子能工业中用途很大。锆可作燃料棒的外壳。

锆英石（$ZrSiO_4$）含锆 35.2%，常产于砂矿床中，常与钛、钍等元素的重砂矿物共生，多用重选（螺旋选矿机和溜槽）获得粗精矿。粗精矿分离可用磁选、静电选与浮选。生产规模较小时，用电选－磁选联合流程较经济；生产规模大时，用浮选－磁选联合流程分离，可以获得较好的指标，因为电选生产力小，干燥等过程在大规模时也不容易。

13－40 锆英石如何浮选？

锆英石的浮选可采用正浮选或反浮选（有用成分多时）。常用油酸作捕收剂，在 pH 值为 4.5 ~ 9 时捕收它，其用量为 400 ~ 500g/t；也可以用胺类捕收剂捕收。少量的高价金属盐对它有活化作用。氯化钠、硅氟酸钠等氟盐与丹宁能抑制它。与它共生的钛矿物可以用水玻璃抑制。为了加强过程的选择性，用加热和用酸处理有时必要，用的酸可为硫酸或盐酸。盐酸浓度为 1% ~ 10% 时，用脂肪酸类捕收剂，如有独居石可以随它浮游。盐酸浓度为 10% ~ 20% 时，独居石不能浮游。我国某矿粒浮锆英石时，pH 值为 7，加油酸 500mL/t 毛砂（重选粗精矿），废柴油 1500mL/t。

13 - 41 钛锆稀土砂矿如何选别?

我国南方有不少钛锆稀土砂矿，如湛江东海砂矿，海砂中含有钛铁矿 39.4%，锆英石金红石和白钛矿 10.0%，独居石（Ce，La，Nd，Th)PO_4 和磷钇矿（YPO_4）4.2%，电气石 3.0%，石英 8.2%。这些砂矿基本上没有太细的细泥。

从钛、锆、稀土的矿物成分不难看出它们的成分可分为 3 类：钛的矿物为金属氧化物，其可浮性从前一节已经知道；锆英石为硅酸盐，胺类捕收剂对它有特殊的作用；独居石和磷钇矿为磷酸盐，膦酸类捕收剂对其有特定的选择性。烷基膦酸盐、苯乙烯膦酸、磺化琥珀酸盐、N - Sarcosine 两性捕收剂都可以作为它们的捕收剂。一般也可用脂肪酸类捕收，但选择性较差。脉石矿物简单不易浮时可用。

东海砂矿 1986 年前曾用复杂的重—电—磁—电—磁流程，后来研究成功浮选稀土、锆英石和钛矿 3 类矿物的优先浮选方法，其浮选顺序有两个：

（1）浮稀土矿物 - 浮锆英石 - 浮钛矿物；

（2）浮锆英石 - 浮稀土矿物 - 浮钛矿物。

一般采用一粗、一扫和一精的流程。

浮稀土矿物在碱性矿浆中进行，用肥皂和洗衣粉作捕收剂。浮锆英石用 79A 组合药剂，它不含脂肪酸，是捕收剂、活化剂、脉石抑制剂和消泡剂的混合物。浮选在酸性矿浆中进行，选择性好、易脱药。粗选泡沫可以继续精选。

浮选钛铁矿、白钛矿、金红石等钛矿物，采用 79B 组合药剂在中性或弱碱性介质中进行。所谓 79B 组合剂，由 79A 衍变而来，用一种无机盐作钛矿物的活化剂，不用 79A 中的抑制剂，加长链烷烃作辅助捕收剂，以提高浮选速度和回收率。

若要将钛铁矿选成单独的产品，可利用钛铁矿的磁性磁选出钛精矿，非磁性产物含金红石和白钛矿。这种流程比原来的重 - 磁 - 电流程简单有效。

13.15 萤石浮选

13 - 42 萤石的可浮性及其选矿方法如何?

萤石的可浮性。萤石（CaF_2）属碱土金属成盐矿物，可浮性好。可用油酸、油酸代用品（如提取油脂的下脚、石油化工生产中含羧酸的副产物）、烃基硫酸盐、烃基磺酸盐、人工合成的双膦酸、两性捕收剂美狄兰（烯基－N－甲基羧酸）等捕收。

当试样主要含萤石、石英、长石、高岭土、钾云母，方解石和重晶石等矿物，用增强型环烷酸钠作捕收剂，在调整剂的配合下，在室温下进行浮选，试验结果表明，环烷酸浮选效果良好，它可代替油酸等脂肪酸使用。

为了节能，提高油酸在低温下使用的效能，可以用增效油酸 HOL710、HOL224 或 AOS 等乳化剂。H06 和 F69 适于在低温下浮选萤石。

低温捕收剂 F69 与油酸浮选某萤石矿试验结果对比如下：

油酸在 15℃不加温浮选，精矿含 CaF_2 98.27%，含 SiO_2 0.79%，回收率为 15.67%。油酸加温至 50℃浮选，精矿含 CaF_2 96.85%，含 SiO_2 21.09%，回收率为 65.19%。

F69 在 0℃时浮选萤石，所得精矿含 CaF_2 98.35%，含 SiO_2 21.94%，回收率为 77.15%，在气温 －10℃以上均能浮选萤石，对于节能大有好处。

萤石浮游的适当 pH 值为 8～11，用碳酸钠调浆。萤石一般不易抑制，但浮重晶石抑制萤石时，可用柠檬酸、氯化钡、铵盐等作萤石抑制剂。

萤石的浮选方法，因矿石类型而异，具体如下：

（1）含硫化矿物的萤石矿。较多见的硫化矿物为铅、锌的硫化物，但湖南柿竹园多金属矿则是含钼、铋的硫化物。一般先用黄药类捕收剂先浮选硫化矿物，后用油酸类捕收剂浮选萤石，同时根据影响精矿质量的硫化矿物种类，选择性地用硫酸锌、硫化钠等抑制剂抑制残存的硫化矿物。

（2）石英萤石型萤石矿。用油酸类捕收剂捕收萤石，pH 值为 8～9，用水玻璃抑制脉石，注意控制用量，少量水玻璃对萤石浮选有利，过量水玻璃使萤石的浮选受影响，也常将水玻璃与 Fe^{3+}、Al^{3+}、Cr^{3+}、Zn^{2+} 等离子组合使用抑制其伴生矿物。精矿降硅的一个重要问题是要使萤石与石英充分单体分离。

（3）方解石萤石型萤石矿。用油酸类捕收剂时，萤石与方解石的分离比较难一点。但可以在合适的 pH 值下，用水玻璃、酸性水玻璃、栲胶、六偏磷酸钠、苛性淀粉、柠檬酸、木素磺酸钠、白雀树胶等抑制方解石。

如某碳酸盐萤石矿浮选，将酸化水玻璃 M 与抑制剂 Y、添加剂 A 三者组合成抑制剂，W:Y:A＝0.5:0.3:0.05，而酸化水玻璃用硫酸酸化，其配比（体积比）为 $Na_2SiO_3:H_2SO_4:H_2O=4:1:40$。浮选的 pH 值为 9～10，油酸 240g/t。效果较好。

（4）重晶石萤石型萤石矿。这类矿石可以采用优先浮选萤石或优先浮选重晶石的方案，也可以用先混合浮选再分离的方案。混合物浮选用碳酸钠调 pH 值，水玻璃抑制硅酸盐矿物，油酸捕收萤石和重晶石，分离时用油酸浮萤石，用木素磺酸、糊精、氟化钠、水玻璃组合剂等抑制重晶石；或在氢氧化钠调制的强碱性介质中，用烷基硫酸钠浮重晶石，用柠檬酸、氯化钡、铵盐、水玻璃等抑制萤石。

13-43 某些矿的萤石如何浮选？

浮选萤石的具体实例如下：

（1）柿竹园选厂浮钨尾矿含有丰富的萤石，先用磁选对浮钨尾矿除去磁性矿物，非磁性矿物进入萤石浮选，对比的3种脂肪酸类捕收剂用量均为300g/t时，选矿效率分别为：油酸30%、T-9（改性油酸）35%、G05 57.71%。含22.8% CaF_2 的浮钨尾矿，用G05捕收剂浮选后，能获得含 CaF_2 97.84%、含 SiO_2 0.95%的萤石精矿，萤石回收率为69.79%。

H06捕收剂在8℃时是液态，0℃时仍为液态，在低温矿浆中易于分散。用作捕收剂浮选柿竹园萤石的分选效率达到61%，比用油酸高24%以上。它与油酸皂和改性油酸等对比的选择性降低顺序如下：

H06 > 改性油酸 > 油酸皂 > 油酸

（2）浮选内蒙古某萤石矿采用一粗七精流程、中矿集中返回精选，在矿浆温度24℃时，将YSB-2（一种改性脂肪酸皂）与烷基苯磺酸钠混用作捕收剂，以 Na_2CO_3、水玻璃和硫酸作调整剂。从含 CaF_2 63.93%、SiO_2 0.99%、CaO 6.45%、Al_2O_3 5.73%和 Fe_2O_3 1.16%的给矿，选得 CaF_2 品位98.76%，回收率为89.26%的萤石精矿，萤石精矿中含 SiO_2 0.93%，$CaCO_3$ 小于0.37%。

选矿效率的计算方法有多种，用得较多的是

$$E_C = \frac{\beta - \alpha}{\beta_{max} - \alpha}\varepsilon$$

最简单的是

$$E = \varepsilon - \gamma$$

式中 E，E_C ——效率；

β ——精矿品位；

β_{max} ——最高精矿品位；

α ——原矿品位；

γ ——精矿产率；

ε ——回收率。

某萤石矿含 CaF_2 65.87%，CaO 11.12%（方解石和白云石含量为18.09%），用油酸作捕收剂，用一般的抑制剂进行浮选，无法得到合格精矿，采用M∶Y∶A的组合抑制剂得到较好效果，组合抑制剂中的M代表酸性水玻璃，Y和A为添加剂，当M∶Y∶A为0.5∶0.3∶0.05时效果最好，可得到含 CaF_2 大于98%，含方解石小于1.0%的萤石精矿，萤石回收率为84.5%~85.7%。

13.16 磷灰石浮选

磷矿石为磷肥原料，磷灰石矿种类繁多，有火成岩型、沉积岩型、硅酸盐型、碳酸盐型和黏土型之分，可以采用擦洗、磁选、煅烧、浮选等方法提高品位，但浮选法最重要。

13-44 磷灰石的可浮性如何？

磷灰石在浮选过程中与方解石和白云石都微溶于水，可以相互转变。如

$$\underset{\text{磷灰石}}{Ca_{10}(PO_4)_6(OH)_2(s)} + 10CO_3^{2-} = \underset{\text{方解石}}{10CaCO_3(s)} + 6PO_4^{3-} + 2OH^-$$

在 pH 值为 9.3 附近有一个转变点，pH 值小于 9.3 磷灰石比方解石稳定；pH 大于 9.3 方解石比磷灰石稳定。磷灰石和白云石[$CaMg(CO_3)_2$]之间也有类似的转变，转变的 pH 值为 8.2 ~ 8.8。这就使三者的分离异常困难。

浮选磷灰石的捕收剂种类较多，如油酸、塔尔油、改性氧化石蜡皂、十二烷基硫酸钠、十二烷基磺酸钠、乙基氧化膦酸盐、乙基氧化磺酸盐、磺化琥珀酸及其盐、羟肟酸、阳离子捕收剂动物脂胺醋酸盐、两性捕收剂肌氨酸等。此外也常加些添加剂（又叫捕收剂的调整剂），如烷基酚基乙氧化物、壬基酚基乙氧化物、吐温-80（Tween80）、脂肪异醇（Exol-B）燃料油等，以改善气泡表面和捕收剂的性质，增大接触角。有一种抗硬水能在常温下浮磷灰石的捕收剂 APE，其通式为$[R_m(OC_2H_4)_nO]_2P(O)OH$，可以抗 Ca^{2+}、Mg^{2+} 的影响，耐低温，pH 值为 8 时，能将磷灰石与方解石分离。

浮磷矿捕收剂 HND 是 α-氯化脂肪酸钠和 α-氯化脂肪酸柠檬酸单酯按一定比例混合而成。油脂皂化得脂肪酸钠（肥皂）和甘油，脂肪酸钠用硫酸酸化得混合脂肪酸，脂肪酸氯化得 α-氯化脂肪酸钠；用碱中和得氯化脂肪酸钠（代号 B）。将 α-氯化脂肪酸钠与二氯二氧硫反应得 α-氯化脂肪酸酰氯，后者与柠檬酸反应得 α-氯化脂肪酸柠檬酸酯（代号 C）。将 B、C 按一定比例混合浮磷捕收剂得 HND。

用它浮选磷矿和常用脂肪酸对比结果，脂肪酸用量 1.8kg/t，磷精矿含 P_2O_5 24.30%，回收率为 22.70%；HND 用量与脂肪酸相同，给矿品位也十分接近，浮选结果精矿含 P_2O_5 25.28%，回收率为 83.70%，显然 HND 优于常用脂肪酸。

TS 捕收剂也是脂肪酸类捕收剂，在弱酸性介质中能反浮选胶磷矿中的钙、镁矿物，在磨矿细度为 -0.074mm 75.5% 的条件下，以硫酸作抑制剂，经一粗二精反浮，选某磷矿石，获得含 P_2O_5 37%，MgO 0.5%，P_2O_5回收率为 91.39% 的精矿。用紫外和红外光谱等手段研究表明，TS 在矿物表面以溶度积小的脂肪酸镁和脂肪酸钙的形式吸附。

国内近年也推荐许多未公布成分的新药，如用 S-08 浮磷矿、PA-55 反浮镁、TA-03 反浮硅。

新型螯合捕收剂 YH-2 可以有效分选白云石和胶磷矿。实际矿物浮选试验

采用两段正浮工艺，浮选温度35℃。闭路试验所获精矿 P_2O_5 品位31.16%、精矿 MgO 品位1.31%、回收率90.73%、尾矿 P_2O_5 品位3.42%，取得了良好的分选效果。在pH值为9的条件下，当YH-2药剂浓度为 8×10^{-5}mol/L时，胶磷矿与白云石上浮率差达到55.2%，比油酸钠（简记为NaOL）有更好选择性。借助红外光谱测试表明，当pH值为9时，胶磷矿表面药剂的吸附量为白云石表面的吸附量的2.5倍，且YH-2在胶磷矿表面主要为牢固的化学吸附。

用油酸类捕收剂浮磷灰石的pH值约在9~10，比抑制磷灰石的pH值低得多，如用硫酸将pH值调到4~6。磷灰石可以用双膦酸盐抑制，也可以用硫酸铝和酒石酸（2:1）抑制。

二乙烯三胺多膦酸抑制剂使用这种抑制剂的好处是：用硫酸或磷酸抑制磷灰石时，因在强酸性矿浆中浮选，硫酸或磷酸用量大，一般为6~10kg/t，而用这类抑制剂时，在自然pH值下浮选，其用量只要0.6kg/t，节约了大量药剂费用和运输药剂费。

浮火成岩磷灰石矿，玉米淀粉是最好的脉石矿物抑制剂。它比古尔胶、丹宁、乙基纤维素都好。

YY1是碳酸盐矿物的抑制剂，在磷矿浮选中，添加YY1后正浮选尾矿MgO质量分数从2.31%上升到18.23%，尾矿中MgO回收率从原矿的8.86%提高到46.88%。而精矿中MgO回收率从原来的91.12%降到53.11%。证明YY1对白云石等碳酸盐有明显的抑制作用。

13-45 不同的磷灰石矿用什么不同的浮选方法?

浮选磷灰石可用正浮选、反浮选、双反浮选、正反浮选或反正浮选。下面列举几种：

（1）火成岩型磷灰石。矿物结晶好，脉石矿物较简单，可用塔尔油、氧化石油等浮磷灰石，用水玻璃、淀粉等抑制脉石，pH值为10左右，用一粗、二扫、三精流程。或用N-取代肌氨酸在pH值为8~11时捕收磷灰石（正浮）。

（2）含碳酸盐的磷灰石浮选法之一是：在 H_2SO_4 调制的酸性介质（pH值为5.5~6）中，磷灰石可能由于表面生成 $CaHPO_4$ 而受抑制，用脂肪酸类浮选白云石等矿物，有的只加起泡剂就能浮出白云石（反浮）。

（3）含白云石-硅酸盐-磷灰石矿，可以用反正浮选，如用硫酸铝和酒石酸在pH值为5.5~7.8时抑制磷灰石，用脂肪酸先反浮白云石，在反浮白云石后用硅酸钠调浆，在pH值为6~7时用脂肪酸类浮磷灰石（反正浮）。

（4）含白云石-硅酸盐-磷灰石矿，也可以用双反浮法，如TVA法。先脱去-0.037mm的矿泥，脱泥矿在矿浆浓度65%下加双膦酸搅拌抑磷，用油酸和松油浮出白云石，再用胺从磷酸盐矿物中浮出二氧化硅（双反浮）。

（5）IMC 法。用胺缩合物先浮出二氧化硅。槽内产品脱水，在弱酸性和高固体浓度下加牛脂胺醋酸盐和柴油搅拌，用一粗一扫和 1～2 次精选，从白云石中浮出磷酸盐矿物（反正浮）。

（6）含重晶石的磷灰石矿用 C_{16}～C_{18} 的烷基硫酸钠为捕收剂，聚亚烷基二醇醚为起泡剂先浮重晶石。

（7）有硫化矿时先浮硫化矿，有磁性矿物先磁选。

13－46 某些矿的磷灰石是怎么浮选的？

具体实例如下：

（1）湖北某地硅镁含量较高的难选磷矿。用 MG 为阴离子捕收剂（由武汉理工大学自制）和 GE609 捕收剂双反浮选胶磷矿。GE609 配成溶液使用，GE609:HCl＝5:4 配成 1%～2.5% 溶液使用，采用 MG 浮镁，用 GE609 阳离子捕收剂反浮硅的双反浮工艺，对含 P_2O_5 25.07% 的胶磷浮选，得到的磷精矿含 P_2O_5 为 32.51%，含 MgO 0.87%，回收率为 91.23%。

（2）TA－03 是较好浮选硅的捕收剂。某矿用 TA－55 反浮选出白云石后，再用 TA－03 反浮选硅酸盐矿物，可从含 P_2O_5 24.18%，MgO 4.42% 的给矿中，获得 P_2O_5 31.67%，MgO 0.73% 的磷精矿，回收率为 85.54%，MgO 脱除率达 89.14%。

（3）某磷矿选厂针对不能连续供热的现状，用 PA－900B 捕收剂低温浮磷灰石，对该矿石进行浮选试验表明：矿浆温度为 8～9℃时，PA－900B 用量为 0.8kg/t 的条件下浮选，可从含 P_2O_5 3.8% 的给矿，选得含 P_2O_5 32% 的精矿，回收率在 90% 以上。

（4）某单位以宜昌高品位磷矿为研究对象，用棉籽油皂脚工业品为捕收剂，用单泡浮选管试验，进行增效剂的筛选，试验结果表明十二烷基硫酸钠、十二烷基磺酸钠、十二烷基苯磺酸钠作添加剂，试验表明十二烷基硫酸钠具有良好的增效作用。当 pH 值为 8，浮选温度降至 10～12℃时，在棉籽油皂脚中添加十二烷基硫酸钠占皂脚的 5%，精矿回收率可提高 30.68%，为胶磷矿低温浮选打下基础。

（5）四川某铜矿为了综合回收选择铜尾矿中的低品位磷灰石，研制了新型捕收剂 ZP－02。单矿实验证实，ZP－02 比油酸和氧化石蜡皂具有更强的捕收能力和更好的选择性。用水玻璃作抑制剂，在 pH 值为 10 的矿浆中对该选厂的尾矿进行了试验，获得含 P_2O_5 25.43% 的磷精矿，回收率为 69%，实现了尾矿中磷灰石的综合利用。

（6）沙特 Jalamid 磷矿。用 WF－01 捕收剂浮选该矿上、中、下层采场混合矿试验结果表明：WF－01 对其有适应性，浮选的精矿 P_2O_5 品位达到 33% 以上，回收率在 80% 以上。

(7) 某磷矿矿石主要由磷灰石和白云石组成，脉石有石英、方解石、水云母和微量黄铁矿。F－66 是石油提炼中的副产品，来源广，对磷灰石有较好的选择性和捕收力。某磷矿用 TF－66 作捕收剂，用一次粗选、两次精选和中矿顺序返回流程进行浮选，可从含 P_2O_5 为 20.07% 的给矿，得到含 P_2O_5 为 35.94%、含 MgO 0.89% 的磷精矿，回收率为 88.27%。

(8) 清平磷矿。矿石磨至细度 －74μm93% 的条件下，用 Gd 作捕收剂，正反浮选其磷矿，都不用添加碳酸钠作抑制剂，在给矿含 P_2O_5 为 22.22%，连续 72h 的 1t/d，扩大连续试验，获得含 P_2O_5 为 30.3%，含 MgO 0.53% 的磷精矿，产率 60.70%，回收率为 82.99%。

(9) 对四川某磷矿反浮选试验采用硫酸＋TXZ 组合抑制剂，可获得含 P_2O_5 34.11%、MgO 0.92% 磷精矿、回收率为 81.59% 的指标，回收率比单用硫酸作抑制剂提高了 9.61%。

(10) 在印度用双反浮选法处理含白云石和磷灰石的磷矿，用二乙烯三胺多膦酸作磷灰石的抑制剂。二乙烯三胺是多膦酸系列有机物的一种，该系列有机物均可用作磷灰石的抑制剂。首先用脂肪酸作捕收剂混合浮选，得白云石和磷灰石混合精矿，丢掉石英和硅酸盐矿物。然后用大量的硫酸或制剂抑制磷灰石，在较强的酸性 pH 值条件下，用脂肪酸浮出白云石，然后经过多次扫选和精选，得合格磷灰石精矿，后来设计出一系列上述的 PA1、PA2、PA3 等白云石－磷灰石浮选分离的抑制剂，这些抑制剂与常用捕收剂配合使用抑制磷灰石。在自然 pH 值下浮出白云石，能从含 MgO 13.3% 的给矿得到含 MgO 0.15% 的磷灰石精矿。

(11) 河北省矾山磷矿，用 AW－02 作磷灰石捕收剂。AW－02 是一种聚复型磷矿捕收剂，具有在常温、粗磨、低碱或无碱工艺条件下浮选，该药剂来源广、无毒、价格低、无三废排放。与该矿过去使用的 H907 相比，每吨药剂可节省 1000 元以上，自使用 AW－02 以来，该选厂磷精矿 P_2O_5 品位基本稳定在33%～37%，回收率达到 93%～95%，比用 H907 提高了 5%，经济效益相当可观。

(12) 新浦磷矿浮选实例。新浦磷矿为沉积变质磷灰岩矿床，磷矿石以细粒磷灰岩为主，矿物以磷灰石、方解石和白云石为主，石英、白云母次之。选矿厂生产采用一粗二扫二精流程，调整剂为 Na_2CO_3，脉石抑制剂为 Na_2SiO_3、捕收剂为 ZX986。由于 ZX986 用量大、要加温、价格贵，拟改用新捕收剂 S－08。评价流程如图 13－27 所示。

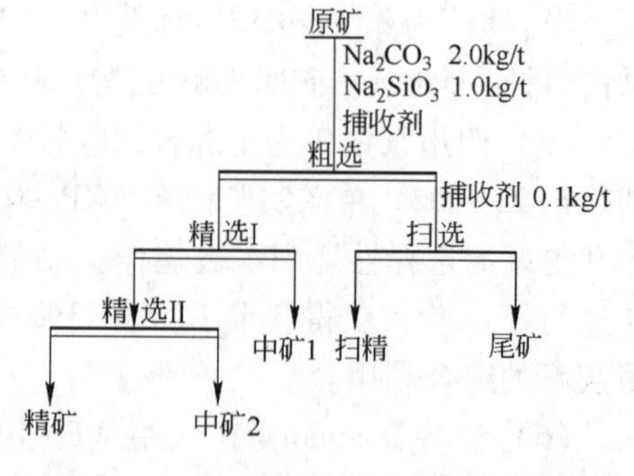

图 13－27 新浦磷矿捕收剂评价流程

新老药剂对比结果见表 13－27。生产温度，用 ZX986 要求 35℃，而用 S－

08 只要 20℃就可以。

表 13－27 新老药剂对比（20℃） （%）

药 剂	精矿产率	精矿品位 $\beta_{P_2O_5}$	回收率
S－08	54.90	38.05	83.13
ZX986	38.05	37.29	56.83

（13）锦屏磷矿根据 PA－8042 能耐低温，容易在矿浆中分散的特性，作了它和油脚皂的对比试验，用一粗二精开路试验结果表明，PA－8042 确实比油脚皂更适合在低温下浮选磷灰石。据称 PA－8042 也可以浮萤石。

13.17 可溶盐类浮选

可溶盐矿中，一般含有石盐（NaCl）、钾石盐（KCl）、光卤石（$KCl \cdot MgCl_2 \cdot 6H_2O$），此外还有钾镁矾（$KCl \cdot MgSO_4 \cdot 2.75H_2O$）、无水钾镁矾等。浮选分离盐类矿物中，钾石盐和石盐的分离最受关注。表 13－28 所示是有关离子水化的数据。

表 13－28 26℃时电解质溶液中几种离子水化作用的特性

离 子	半径/μm	ΔE/kJ · mol^{-1}	水化能/kJ · mol^{-1}
Na^+	0.95×10^{-3}	+2.345	422.9
K^+	1.333×10^{-3}	－1.507	339.1
Mg^{2+}	0.65×10^{-3}	+3.350	1943.9
Cl^-	1.81×10^{-3}	－0.879	351.7

由于 Na^+ 的半径小，Mg^{2+} 的价数高，带有高密度的电荷有正的短程水化作用；而 K^+ 和 Cl^- 离子半径大，电荷密度小，有负的水化作用。钠镁离子水化壳中水的迁移率低，接触角小；而钾离子的离子半径大，水化壳中水的迁移率高，在温度低于 26℃时，钾盐接触角比钠盐的接触角大。温度高于 27～28℃时，两者的接触角相等。在捕收剂的使用上两者也不同。钠盐用烷基吗啉作捕收剂，而钾盐用烷基胺作为捕收剂。

世界各地有许多组成不同的可溶盐矿床，加工方法各异。我国主要以光卤石为原料生产氯化钾。生产氯化钾有热溶、冷结晶分离和正浮选（浮氯化钾即钾盐）、反浮选（浮石盐）等方法。下面介绍正反浮选的要点。

13－47 石盐如何浮选？

以前通过光卤石加热至 95～100℃溶浸，然后冷结晶分出 KCl 的方法，燃耗高，设备腐蚀大，现在用先反浮 NaCl，再从其尾矿中正浮 KCl 的方法。

浮选 NaCl，在 18～29℃时，用十六烷基吗啉（$OC_4H_8NC_nH_{n+1}$）作捕收剂，比十四到二十烷基的其他吗啉更好，29℃的选别结果最好，泡沫产品中石盐的回收率更高。而以乙二醇酯为基础的起泡剂 V－1 作起泡剂最好，V－1 能改善烷基吗啉水溶的胶体性质，促进烷基吗啉在石盐上的吸附，使捕收剂的用量降低 1/3～1/2，并降低烷基吗啉在液相中的残留浓度。

石盐浮选前预先脱泥，使矿泥含量降至 2.9%，用 KS－MF 作抑制剂，C_{16}和C_{18}烷基吗啉作捕收剂，V－1 作起泡剂处理矿泥，可使 70%～75% 的细粒级石盐回收到泡沫产品中，使经过选矿处理的细粒矿石中的 KCl 含量增加 48%～51%，改善钾盐的浮选指标，降低其捕收剂和抑制剂的用量。

13－48 钾盐如何浮选？

钾盐浮选可用 C_{16}～C_{18}的脂肪胺作捕收剂；用乙二醇酯作起泡剂，能促进烷基胺对钾盐的捕收作用，能降低捕收剂的用量，使钾盐的浮游粒度从－0.55mm 增至－0.70mm；用 KS－MF（俄文为 KC－MΦ，是一种由尿素和甲醛缩合成的药剂）作抑制剂，其效果与古尔胶接近，但比古尔胶便宜得多，用它比用羧甲基纤维素、糊精、木素磺酸盐都好。它不与胺作用，可以降低矿泥对胺的吸附量达 50%～60%。降低胺用量 20%～25%，提高 KCl 的回收率 1%～2%。由于矿泥对过程的影响很大，必须先脱泥。钾盐浮选工艺流程如图 13－28 所示。

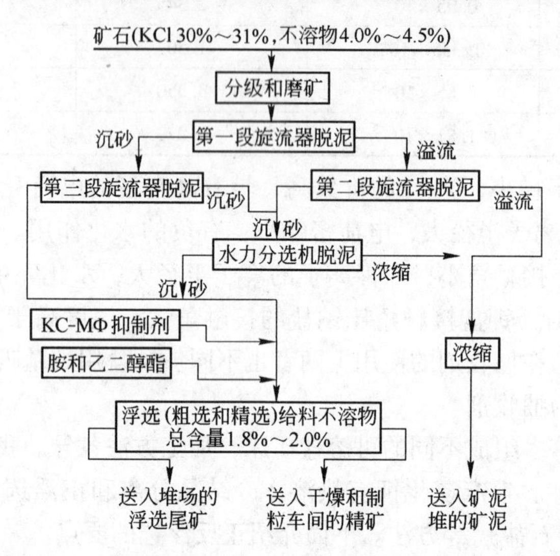

图 13－28 别列兹里科夫斯克第三浮选厂钾盐浮选的工艺流程

（胺的用量：80g/t；KS－MF 用量：50～100g/t）

14 粒　　浮

14-1　粒浮有什么用途？是根据什么原理？

粒浮又称为浮游重选或团粒浮选，它浮游的矿粒较一般泡沫浮选更粗，所以称为粒浮。它的实质是表层浮选，在摇床或溜槽等重选设备上同时进行重力选矿和浮游选矿。我国南方选矿厂，又把摇床上进行的重力浮选称为枱浮，也把在溜槽中的浮游重选称为粒浮。有用矿物的重选粗精矿，常常含有比重相差很小的杂质，如钨锡精矿中常存在铁、铜、铅的硫化矿，在重力选矿过程中，不能将它们与钨锡矿物分离，而利用浮游重选法就可以在粒级较粗（-3～4mm）的情况下将它们分开。

粗粒的重选中矿，若用一般泡沫浮选处理，先要将它细磨会造成过粉碎，在经济和技术上都不合算，应用粒浮就比较合理。粒浮除了可用于从钨锡精矿中分出硫化矿外，还可以用来处理粗粒的白钨矿、绿柱石、独居石等。

粒浮之前，物料是在润湿的状态下和捕收剂作用，一方面使矿粒疏水，另一方面，矿粒接触适量的空气后即形成小气泡和矿粒组成的比重小于水的疏水团粒，进入枱浮摇床或粒浮溜槽能够漂浮在水面；而未形成团粒的矿物在水中按比重不同分离。

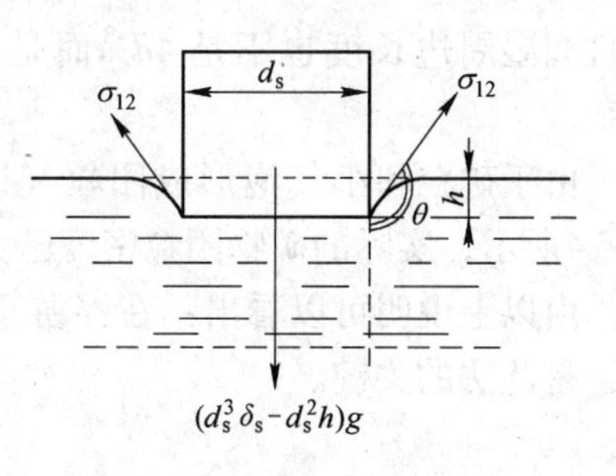

图 14-1　$\theta > 90°$的矿粒漂浮于水面

我们先取一颗立方体矿粒，分析表层浮选能浮起多大的矿粒（见图14-1）。

设矿粒边长为 d_s（cm），体积为 d_s^3，矿粒的密度为 δ_s（g/cm^3），液体表面张力为 σ_{gl}（设矿浆为70mN/m），则矿粒质量为 $d_s^3\delta_{sg}$（g/cm^3），水对矿粒的浮力为 $d_s^2 \cdot h \cdot l$，矿粒润湿周边长为 $4d_s$（cm）。

矿粒浮在水面时有下列的平衡关系，见式（14-1）和式（14-2）：

$$(d_s^3\delta_s - d_s^2h)g - 4d_s\sigma_{gl}\cos(180° - \theta) = 0 \tag{14-1}$$

$$(d_s^3\delta_s - d_s^2h)g + 4d_s\sigma_{gl}\cos\theta = 0 \tag{14-2}$$

式（14-1）和式（14-2）平衡关系需在 θ 大于90°时才可能成立。若 $\theta <$

90°，则 $4d_s^3\sigma_{gl}\cos\theta$ 方向向下，平衡破坏，矿粒可能下沉，但当润湿周边处在立方体顶部时（见图 14－2），具有一定尺寸的矿粒仍有条件浮在水面，此时平衡关系见式（14－3）和式（14－4）：

$$(d_s^2\delta_s-1)g-4d_s\sigma_{gl}\cos(90°-\theta)=0 \quad (14-3)$$

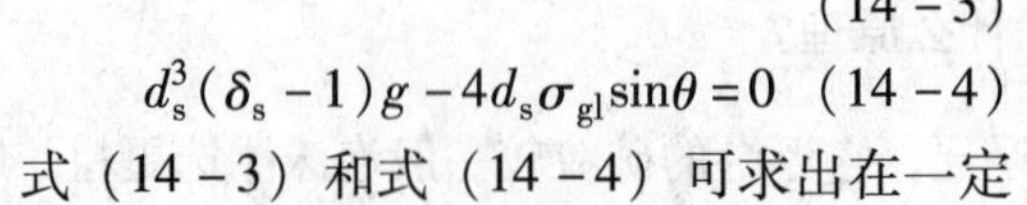

$$d_s^3(\delta_s-1)g-4d_s\sigma_{gl}\sin\theta=0 \quad (14-4)$$

图 14－2 $\theta<90°$ 的矿粒

式（14－3）和式（14－4）可求出在一定接触角的情况下，可浮的最大矿石粒度，如矿浆的表面张力 σ_{gl} 为 70nN/m，矿粒密度 $\delta=7.5$、$\theta=60°$ 的矿粒的最大粒度可按式（14－5）和式（14－6）求得。

$$d_s^3(\delta-1)g-4d_s\sigma_{gl}\sin\theta=0 \quad (14-5)$$

$$ds=\frac{4\sigma_{gl}\sin\theta}{g(\delta_s-1)}=\frac{4\times70\sin60°}{981(7.5-1)} \quad (14-6)$$

$$=0.198\text{cm}=1.98\text{mm}$$

由此可见，表层浮选可能浮起很大的颗粒，即使 θ 不很大也能浮起不小的颗粒。θ 越大能浮起的颗粒越大。

上述的计算并不很精确，因为实际上矿粒沉入水中的深度不是 d_s 而是 d_{s+h}，而且润湿周边长度也不是 $4d_s{}^3$ 而是 $4d_{s+h}$（见图 14－3），此时的计算将更为复杂。

由于矿粒和小气泡形成团粒（即许多矿粒和许多小气泡的集合体），如图 14－4所示，实际的矿物团粒密度已大大地减小，所以更易于浮在水面。

由以上说明可以看出：在浮游重选时，增大矿粒的接触角和构成稳定的团粒，是此法的关键。

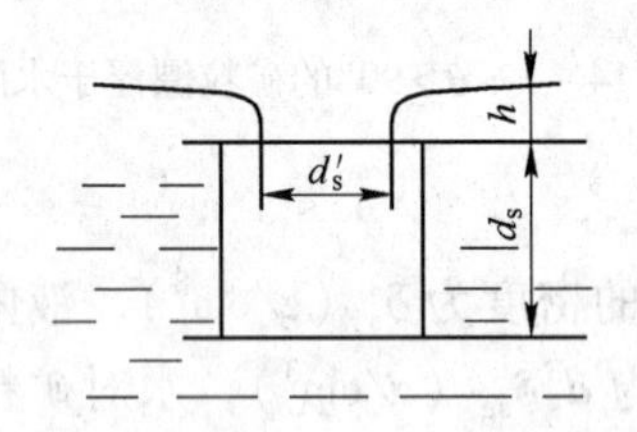

图 14－3 矿粒沉入水中的实际情况

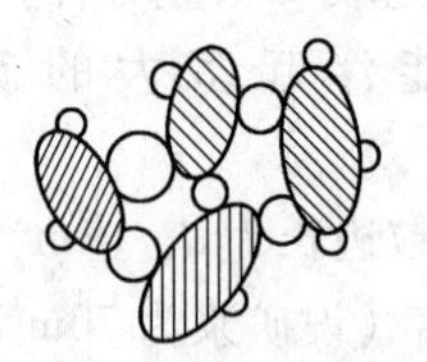

图 14－4 矿粒和气泡形成团粒

（有弧形边缘的为气泡，左下方白色者及气泡之间的黑色者为方铅矿粒（约 1.5mm））

下面来进一步讨论粒浮操作上的重要因素。

（1）脱泥和分级。原料中矿泥的存在，可以消耗大量药剂，污染矿浆，同时细泥会附在矿浆表面上混入团粒，降低精矿品位，因此矿石必须预先脱泥。为了提高选矿指标，可以将原矿按粒度分级。粒级范围越窄其分选效果越好。这种情况也是相对的，为了简化操作和流程，对某些矿石（如钨锡粗精矿）不用分级处理，其效果也可以达到预期的目的。

（2）药剂的选择。所用药剂种类与一般浮选过程是类似的，可根据不同的矿物采用捕收剂、调整剂、抑制剂等。一般说来，处理的矿石粒度粗大，粒浮的矿粒最大可达3～4mm，粒浮还要依靠小气泡与矿粒构成团粒以增大其浮力。为了增大矿物的疏水性所用捕收剂的用量要大（0.5～1kg/t），同时要加入中性油类强化疏水性，油类可以吸附在经过其他化学捕收剂作用后的矿粒表面形成油膜，增强矿粒的疏水性，一般的油膜越薄越好，它使矿粒和气泡黏附得更牢固。抑制剂、活化剂的用量比一般泡沫浮选大得多，pH值调整剂用硫酸或碳酸钠，视所浮矿物需要的pH值高低而定。但浮游重选过程通常不加起泡剂。

（3）调浆。脱泥物料放在搅拌桶（或盆）中与药剂一起拌和，由于搅拌作用可以使部分空气进入矿浆中与矿粒接触。为了使药剂充分而有效地作用，调浆多采用75%～82%的高浓度矿浆，这个浓度与矿石粒度粗细有关，矿粒粗应用较大的浓度，矿粒细则浓度可小一些。调浆的时间视药剂的性质而异，一般为3～4min。

（4）稀释和充气。调浆后的矿粒，放在薄水层的重选设备上（摇床或溜槽），进行重力浮选时，为了形成稳定的团粒，就必须让矿粒与空气充分接触。矿浆在设备上进行稀释是充气的一个重要方法，因为洗涤水流的运动可从大气中带空气到矿浆中。除此以外在选别过程中还可以通过一系列的方法使空气与矿粒接触。例如：

1）在床面上安放焊接成排的能向床面吹气的空气导管架，把空气流送到矿浆面上（见图14－7右上方）；

2）向摇床面上喷射细水流；

3）扒动溜槽上的物料；

4）摇床面倾斜而有细水流，物料自然会越过床面上的来复条移动而接触空气。

14－2 浮游重选常用哪些设备？

浮游重选所用设备主要是枱浮摇床、粒浮溜槽和卧式螺旋粒浮机。不管在哪种装置中进行浮游重选，总的要求是矿粒能与空气充分接触，在浅水流或上升水流的条件下，使疏水团粒浮在水面，流向特定的收集槽，而亲水尾矿随矿浆从另一位置排出。下面逐一介绍3种设备。

A 枱浮摇床

枱浮摇床如图14－5所示。枱浮摇床工作情况是这样的：原矿送入接矿漏斗1中，由此经过斜槽2，进入螺旋给矿器3，同时向给矿器加水和药剂，然后进入搅拌桶5内，搅拌筒是长1200mm、直径400mm的回转圆筒。为了增加搅拌作用，在筒内壁可以安装纵向木条，其转速为30～40r/min。

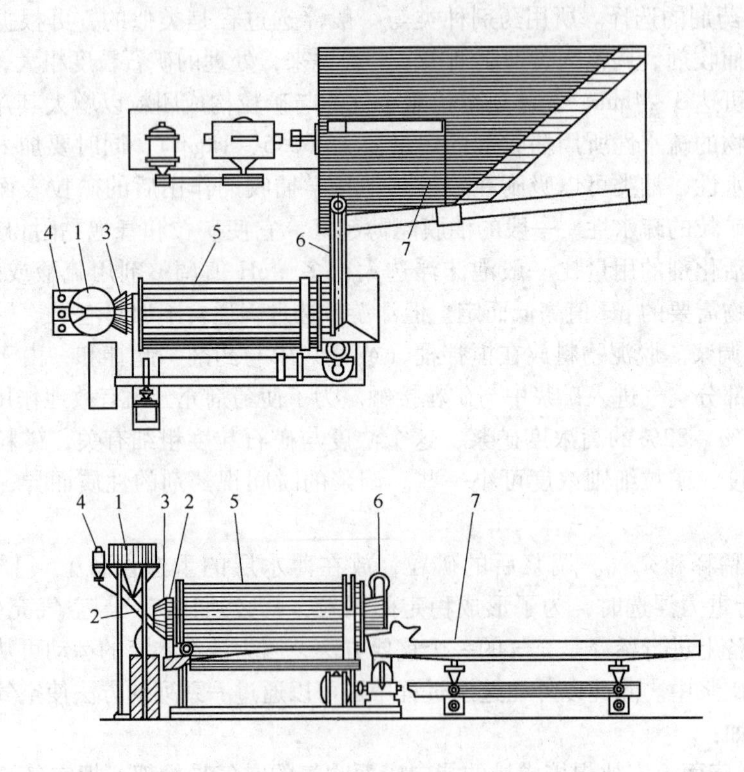

图14－5 枱浮装置的示意图

1—给矿漏斗；2—斜槽；3—螺旋给矿器；4—给矿槽；5—搅拌桶；6—螺旋运输机；7—小矩形为辅助床面，其下的大矩形床面为枱浮主摇床

已经调好的矿浆经螺旋运输机6送到摇床的给料斗中，先进入辅助床面，再落入摇床床面上，同时在此处要加入洗涤水，矿粒就在床面上进行分选。已形成团粒的矿粒浮在水面，越过来复条被水冲洗到床面横向的接矿槽中。未形成团粒的矿物在水中按密度的不同分为精矿、中矿和尾矿（与普通摇床相似）。因此枱浮的结果得到4种产物即浮选精矿（团粒）、重选精矿、中矿和尾矿。

(1) 在摇床给矿端的主床面上安设一辅助床面，矿浆经辅助床面流到主床面上，辅助床面的倾斜角比主床面大11°～12°，此时矿粒在小床面的来复条间呈三角形堆积，其接触空气的表面大于在主床面的来复条间呈方形堆积时的情况。因而与空气接触机会更多。这种装置如图14-6所示。

（2）在摇床面上装设垂直于来复条的凸起横条，矿粒在越过这些横条时能从大气中带入一些空气，增加了空气的饱和程度，也增加了矿粒与空气接触的机会。

（3）在床面上设喷水装置使喷出的水流将部分空气带到矿浆中去。

（4）在床面上设多孔的输气管，将空气吹入矿浆中去，输气管的安装如图14-7所示，主风管沿床面的水平方向安装，在主风管侧面装数条支管（ϕ25.4），其底部（面对床面）有一排小孔，孔距约20mm，孔径为2mm，支管的安装与床面上矿石分布的扇形面相适应，距床面高为25~20mm，这种设备的输气设备采用鼓风机，风压约为280mm水柱。

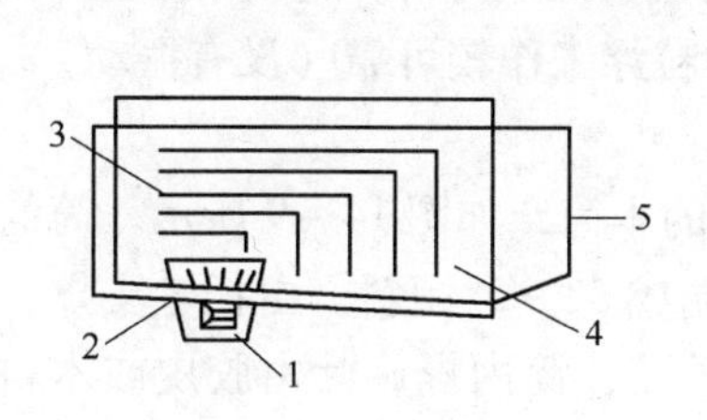

图14-6 枱浮摇床面上的辅助床面
1—喷水料斗；2—匀分器；3—来复条；
4—凸出横条；5—溜板

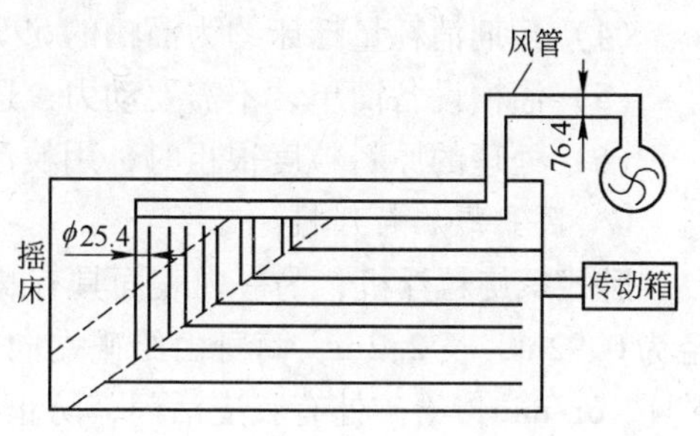

图14-7 枱浮摇床面上装的吹气装置

B 粒浮溜槽——溜槽浮游重选

粒浮溜槽的设备如图14-8所示，基本原理和摇床浮游重选相同，只是用溜槽代替摇床进行分选，并由人工控制。即调浆后的矿浆流入溜槽的匀分溜板上，使其均匀地分布于溜槽上面，由于溜槽面上有细水流过，团粒浮于水面随水流向沉淀池，未形成团粒的矿物沉于槽底，在操作时为了使未浮的疏水矿粒与空气充分接触，工人必须用耙子由低向高逆水流不断翻动矿砂，使疏水的矿粒及时浮起。当选过的尾砂沉积到一定厚度时停止操作，取

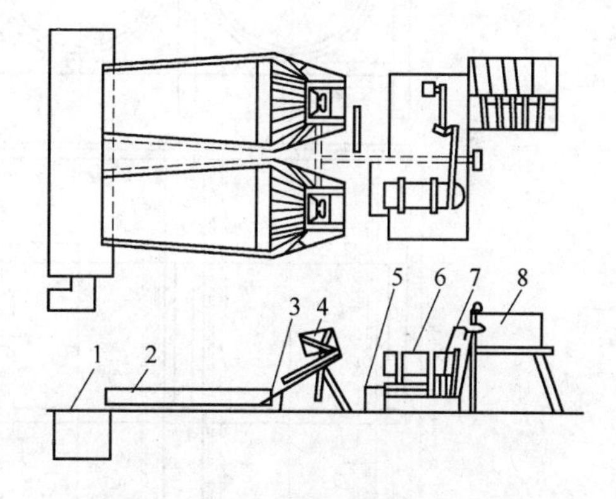

图14-8 粒浮溜槽设备示意图
1—沉淀池；2—溜矿槽；3—匀分溜板；4—喷水给料斗；
5—盛矿槽；6—圆鼓搅拌机（30~40r/min）；
7—给料口；8—给药器

出，换一批给矿重新进行粒浮操作，所以这种设备的生产是间断的。

粒浮和枱浮的比较如下：

（1）粒浮的处理量远低于枱浮，根据实践资料处理钨精矿中的硫化矿时，枱浮单位面积的处理量为粒浮的3～7倍。因为摇床可以连续作业，矿石经过一次处理即可得到合格精矿，而溜槽则需反复处理，有时要处理5～20次以上，而且每次都要出槽，推砂。

（2）粒浮的劳动条件差，连续工作时间长，而且金属的机械损失也大。

（3）溜槽操作中过粉碎的作用大，处理细粒时溜槽易将细粒的重矿物（如粉钨）混入硫化矿中；而摇床则可以单独回收细粒产品，粒浮溜槽处理钨精矿的回收率约为96.25%，而枱浮的精矿回收率可达98.36%。

（4）药剂消耗量摇床约为溜槽的59%。

（5）溜槽设备简单，不需要动力，适于处理小批量物料，适用于小型矿山。

（6）处理的原料粒度很粗时，用粒浮溜槽粒浮工作较可靠（没有振动）。

C 卧式螺旋粒浮机

卧式螺旋粒浮机，为一内表面具有螺旋线的木筒，如图14－9所示。筒的直径为0.92m，长2.2m，筒身由给矿端向排矿端成3°～5°倾斜。由托轮支撑，转数4～6r/min，给矿处有胶皮活门，防止矿浆外流，筒内螺旋叶由胶皮或木料制成，高×宽为20mm×10mm。螺距由给矿端向排矿端逐渐缩小，一般为68～48mm。

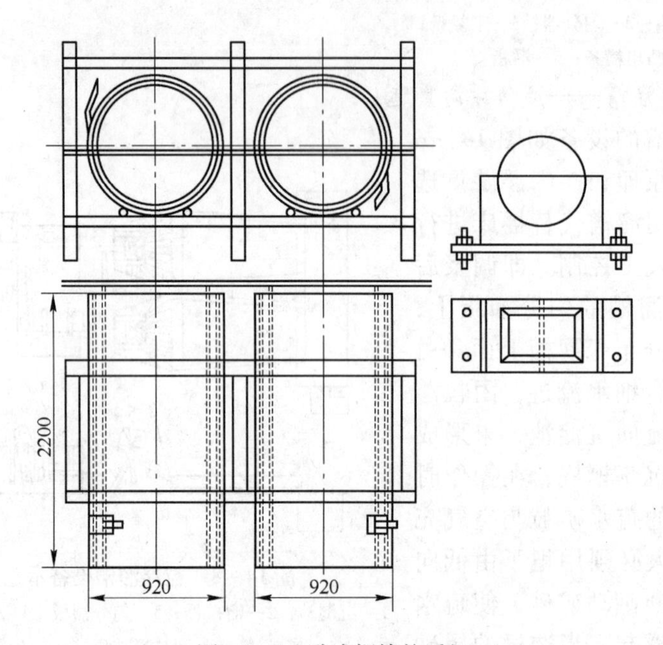

图14－9 卧式螺旋粒浮机

筒内两侧有喷水管。当调好的矿浆给入后，由于筒体转动和喷水，使矿物和空气充分接触，疏水矿粒与小气泡形成团粒漂浮于矿浆面上，从给矿端溢出。矿砂由于螺旋叶作用随筒体转动运输到排矿端排出。

这种粒浮设备操作时要注意圆筒转数、喷水量并防止圆筒振动。

某矿利用这种设备粒浮硫化铜矿时获得95.38%的回收率，生产率比粒浮槽高4~5倍。

14-3　某些矿是如何进行浮游重选的？

A　*某砂矿粒浮独居石*

某独居石矿用粒浮法处理，在弱碱性矿浆中进行。具体药方为：粗选时，加碳酸钠1.2kg/t；油酸与煤油以1:2比例混合，加700mL/t，水玻璃500mL/t。扫选时，加碳酸钠0.6kg/t，油酸300mL/t，水玻璃500mL/t。精选时，加水玻璃2000mL/t。所得独居石精矿含4.5%~5.0% ThO_2，回收率约为95%。

B　*某钨矿用枱浮得到钼、铋、铜、黄铁矿的混合精矿再分离*

某钨矿出窿原矿中含 WO_3 0.24%，铋0.02%、铜0.02%、钼0.01%。该厂投产初期，枱浮混合精矿曾采用先浮钼，后浮铋的钼、铋直接优先浮选方案，因铋金属损失严重，后改用钼铋混合-分离浮选方案。流程如图14-10所示。

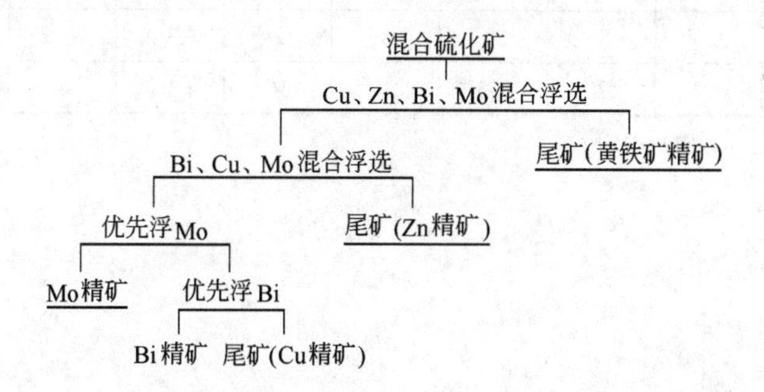

图14-10　某钨矿枱浮混合精矿分离钼、铋、铜、锌、黄铁矿浮选流程

重选摇床高硫中矿，粒度多为-3mm，先用大量（0.5~1kg/t）黄药和煤油，在硫酸调制的较低pH值下枱浮，得到硫化矿的混合精矿。

矿石经重选和枱浮分选后得出含钼1.50%、铋1.5%、铜0.8%的硫化物混合精矿。该精矿含有辉钼矿、辉铋矿、斜方辉铅铋矿、黄铜矿、黄铁矿、闪锌矿、磁黄铁矿、毒砂等矿物。钨的矿物留在枱浮尾矿中。

某钨矿枱浮混合精矿分离出钼、铋、铜精矿的方法：

混合精矿矿粒表面，因为含有大量黄药和煤油，分选前预先用硫化钠（5kg/t硫化矿物）搅拌脱药、脱水，然后再磨（细度为-0.074mm 70%），用一般浮选方法再分离。并在弱碱性介质中加氰化钠抑制铜、铁等硫化矿物，浮出钼铋混合精矿。钼铋混合精矿经两次精选后，再用硫化钠抑铋浮钼。泡沫产品经精选后得钼精矿：槽内产物即为铋精矿；从钼铋浮选的尾矿中再进行浮铜。最终得钼、铋，铜 3 种精矿。各作业的药剂用量如下：

Cu – Zn – Bi – Mo 混合粒浮区：石灰 20kg/t，NaCN 160g/t，硫酸铜1. 2kg/t，丁黄药 200g/t，煤油 2kg/t；

Cu – Bi – Mo 混合粒浮区：NaOH 20kg/t，苏打 400g/t，NaCN 960g/t，$Pb(NO_3)_2$ 600g/t，硫酸锌 320g/t，丁黄药 680g/t；

Mo 优先粒浮区：Na_2S 5kg/t，乙黄药 200 g/t；

Bi 优先粒浮区：H_2SO_4 1. 8kg/t，NaOH 1. 2kg/t，NaCN 1. 3kg/t，丁黄药 0. 7kg/t。

粒浮中矿粒较粗，药剂用量较大。Cu – Zn – Bi – Mo 粒浮指标见表 14 – 1。

表 14 – 1　Cu – Zn – Bi – Mo 粒浮指标　（%）

产　品	产率	β_{Mo}	β_{Cu}	β_{Bi}	β_{Zn}	ε_{Mo}	ε_{Cu}	ε_{Bi}	ε_{Zn}
原　矿	100. 0	0. 07	0. 24	0. 72	5. 17	100. 0	100. 0	100. 0	100. 0
混合精矿	10. 8	35	5	2	15	82	86. 8	85	38. 5
钼精矿	1. 1	51	4	3	10	76	13	3. 5	5. 3
铜精矿	3. 5	5	22	8	2	3	70. 2	2	2. 5
锌精矿	6. 2	2	0. 5	1	46	1	4	1	65

注：β—品位；ε—回收率。

15 与浮选药剂及尾水有关的环保问题

由于无法获得全面系统的资料，只能把不同来源的零碎资料摘录于后。大体按捕收剂、起泡剂、调整剂、废水、尾矿及国标的顺序排列。

15-1 浮选药剂的毒性如何？

具体内容如下：

（1）黄药。曾用作杀虫剂，有毒。对虹鳟鱼 96h 50% 至死，浓度试验结果表明，乙基钠黄药的平均致死浓度为 14~16mg/L，而戊基钾黄药为 70~75mg/L。又有试验表明：浓度 0.17mg/L 的乙基钠黄药和 0.1mg/L 的戊基钾黄药溶液，虹鳟鱼在接触药物 28 天后有危害。对脊椎动物（水蚤）的最低致死剂量更低。

黄药易燃，有臭味，它分解出的挥发性气体（CS_2）对神经系统有害，应注意防护。

（2）黑药对虹鳟鱼的平均致死浓度要高得多，为 400~1000mg/L 以上。

（3）脂肪酸。某些脂肪酸钠盐对鱼的最低致死剂量定为 5.0mg/L，但对一种无脊椎动物（水蚤）的最低致死剂量仅为 1.0mg/L。有一个研究人员认为 3~4mg/L 的脂肪酸浓度阻碍硝化作用，并建议把生活用水池中脂肪酸浓度限制在 0.1mg/L 以下。

（4）胺类。不同胺类对老鼠的 50% 致死浓度为 0.39~0.77g/kg 体重。不同的胺对鲦鱼的临界值为：二戊基胺的 5~20mg/L，二乙基亚硝基胺的 900~1100mg/L。醋酸松香胺甚至在浓度为 0.4mg/L 时对某些鱼类就是致命的。

（5）燃料油。可能用于浮选的燃料油的气味阈一般低于 1mg/L。较大剂量的燃料油肯定会影响植物生命。除牵涉到可见的漂浮油的严重污染情况外，有关燃料油对家畜和野生哺乳动物的致毒资料论据不足。游离的油或乳浊液可能黏附到鱼鳃上而影响呼吸，还可能阻碍一些鱼食（如水藻）的生长。

（6）松油对人是一种轻微的变态反应源和有刺激性的物质。实验结果确定，松油的主要组分—萜烯醇对虹鳟鱼的毒害浓度范围为 10~100mg/L。

（7）醇类。醇类对老鼠的口服剧毒量按其体重计为：乙醇 9.1mg/L，戊醇为 2.75mg/kg。对耐药力中等的鲦鱼的临界值为：正丙醇 350~500mg/L，甲醇 8000~17000mg/L。

（8）甲酚。甲酚对鲑鱼的临界值低达 1.65mg/L。对海峡小鲴鱼的 96h 50%

致死浓度为11.2mg/L。虹鳟鱼的中毒值在3.2～5.6mg/L之间。

（9）表面活性剂。表面活性剂浓度超过0.5mg/L时形成泡沫，对公共水源来说是十分讨厌的。表面活性剂在剂量低至1g/kg体重时就对老鼠有毒，并能除去水禽羽毛上的保护性油脂覆盖层，而使它们在水中下沉。对鱼的致死浓度在0.2～10.0mg/L之间，视磺酸盐类型和鱼的种类而定。

（10）栲胶。栲胶对公共水源无毒。在浓度15mg/L以内，栲胶对虹鳟鱼和蓝鳃的翻车鱼无毒害。在公共水源中需要较高的氯气处理丹宁酸（栲胶的一种组分）和其他浮选用丹宁，丹宁在浓度为2～4mg/L时使水带有木头味。丹宁酸对鳟鱼的致死剂量为0.25mg/L，而对奇诺克的鲑鱼幼苗的极限浓度为1.72～2.85mg/L。

（11）铜盐。铜是大多数动物的重要的营养性元素，但铜在人体内大量积累而排不出时就成为重病，可以致死。铜在浓度为1～5mg/L时，能赋予水以味觉。除绵羊外，家畜能忍受相当高的铜盐含量，对许多鱼而言，铜盐在浓度小于1mg/L就有毒，毒性在软水中比在硬水中高。根据土壤条件，营养液中铜盐浓度为0.1～1.0mg/L就对许多植物有毒。

（12）锌。锌是大多数动物生命的重要元素，牲畜能吸取相当大量的锌而无明显不良影响。当代许多食用商品有加锌现象，因人能忍受高得多的含量而不见的危害后果。锌的味觉阈为5mg/L左右，其致死浓度对个体大的鱼要比对鳟鱼高好几倍。在软水中锌的浓度低达0.3mg/L，会使成鱼致命，而在硬水中，虹鳟鱼能忍受3.0mg/L的浓度。锌在低pH值的土壤中对一些植物有毒性。

（13）硅酸钠。硅酸钠浓度在256mg/L时对小鳟鱼无毒。其钠离子对许多植物是有毒的。

（14）碳酸钠。碳酸钠的味觉阈约为75mg/L，饮食不受限制的人每天平均可吸收6g碳酸钠而不受损害。浓度超过1000mg/L能使一般家畜腹泻。据报道，对某些鱼类，碳酸钠的致死浓度低达70mg/L。

碳酸盐的钠离子对许多植物是有毒的。灌溉用水中的允许浓度，取决于土壤条件和水中钙、镁含量及其他因素。一般认为，碳酸钠浓度超过132mg/L的水不宜用于灌溉。

（以上内容为美国1976年前的数据，见M. C. 富乐斯特瑙编《浮选》607～613页，胡力行等译，但黄药中的二硫化碳危害和食品加锌等极个别字句为本书作者加入。）

（15）几种捕收剂的毒性：

捕收剂名称/$mg \cdot kg^{-1}$	小白鼠口服急性中毒LD_{50}
混合甲苯胂酸	32.2
铜铁灵	185.31

苯甲羟肟酸	1318.45
水杨羟肟酸	1883.17

（16）重铬酸钾。有毒。长期吸入含六价铬的有毒产品，能破坏鼻粘膜，引起鼻粘膜和鼻中隔软骨穿孔，使呼吸器官受到损伤。皮肤接触重铬酸钠溶液和粉末时易引起铬疮皮炎，当破伤的皮肤与之接触时，会造成不易痊愈的溃疡；眼睛受到沾染时，将引起结膜炎，甚至失明。因此，如有重铬酸钠溶液或粉末溅到皮肤上，应立即用大量水冲洗干净；如不慎溅入眼睛内，应立即用大量水冲洗15min以上，并滴入鱼肝油和30%磺胺乙酰溶液进行处理。误食铬盐会引起急性铬中毒，出现腹痛、呕吐、便血，严重者会出现血尿、抽搐、精神失常，应立即用亚硫酸钠溶液洗胃解毒，口服1%氧化镁稀溶液，喝牛奶和蛋清等。

（17）六偏磷酸钠。大鼠（经口）LD_{50} 4g/kg，小狗（静脉注射）LD_{50} 0.14g/kg，口服水处理用的六偏磷酸钠能引起严重的中毒。症状为休克、心率不齐、心跳过缓、身体强直现象。急救方法：用白垩粉洗胃，并静脉注射葡萄糖酸钙。

铜铅分离废水中的Cr^{6+}可以用Na_2SO_3及CaO处理，使铬沉淀。

（18）氰化物。有剧毒，很小的剂量即可致死人。选矿尾矿在尾矿场存放一段时间，使氰化物与尾矿中的物质反应或氧化可减轻危害。

（19）三氧化二砷（砒霜）剧毒，0.1g可致死人。

15－2 有毒废水如何处理？

A 甲苯胂酸类（含有机胂酸类）的选矿废水的处理

（1）可以用三氯化铁、硫酸铁及聚丙烯酰胺除砷，使废水中的残留砷降到国家排放标准（0.5μg/g）以下。如果矿坑水含铁离子高，可直接将井下水与选矿废水相混合而达到除砷效果。

（2）用钠滤膜除去水中的砷。含砷废水在室温下进行钠滤膜过滤试验结果表明：钠滤膜对五价砷的除去率很高，一般大于90%，且明显大于3价砷的除去率。随着出水膜As^{3+}浓度的提高，钠滤膜除去率下降，水的pH值影响钠滤膜对砷的除去率，pH值越高。钠滤膜对砷的除去率越高。

（3）用骨碳脱除水中的砷研究结果表明，在pH值为10，吸附时间为30min和骨碳加入量为0.6g/L时，能使初始含砷浓度0.5mg/L的水，其砷除去率达95.2%。

B 巯基乙酸乙酰壳聚糖作絮凝剂除去多种金属离子

通过用正交法试验研究制备巯基乙酸乙酰壳聚糖（MAC）的合成条件，试验结果表明：最佳条件为壳聚糖∶巯基乙酸为1∶2，pH值为5.0，反应时间为

3.5h，制备的MAC用作絮凝剂絮凝水中的重金属离子 Cu^{2+}、Cd^{2+}、Ni^{2+}，除去率分别为 Cu^{2+} 99.13%，Cd^{2+} 99.95%，Ni^{2+} 79.14%。MAC对金属离子的选择性顺序为 $Cd^{2+} > Cu^{2+} > Ni^{2+}$。

C 用针－板电极脉冲放电处理含氰废水研究

针－板电极脉冲放电处理含氰废水研究的试验流程和装置如图15－1和图15－2所示。

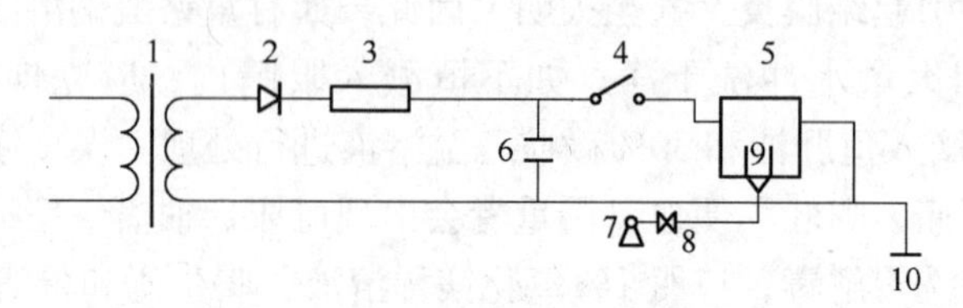

图15－1 针－板式反应器试验流程

1—变压器；2—二极管；3—水电阻；4—空气间隙开关；5—反应器；6—电容；7—空气压缩机；8—流量计；9—砂芯漏斗；10—接地

研究结果如下：

（1）pH值在9～12之间时，氰化物的去除率随着pH值的增加而减少；pH值在9～10之间时，氰化物的去除率远高于pH值为11～12时的去除率。

（2）氰化物的去除率随着通入空气流量的增加和放电时间的延长而增加。

（3）pH值在8～12之间，通入空气、通入氮气、不通气3种方式比较，通空气放电时氰化物的去除效果最好。

（4）最佳试验条件为：pH值为10.03、电压为18kV、空气流量1.0L/min氰化物的去除率最高，为97.59%。

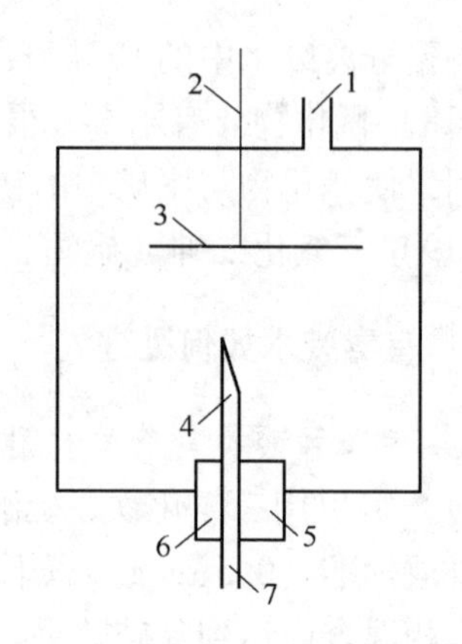

图15－2 针－板式反应器装置

1—出气口；2—接地；3—板电极；4—针电极；5—橡胶塞；6—接高压；7—进气口

D 其他

用脂肪酸作捕收剂浮选除去废水中磷酸镁铵沉淀。在相同pH值和添加量的条件下，随着脂肪酸碳链长度的增长捕收能力下降，下降的程度与pH值有关，pH值越高下降越明显，如在添加量均为1000mg/L，浮选pH值为9时，十二烷基脂肪酸、十四烷基脂肪酸和十六烷基脂肪酸的浮选除去率分别为97.25%、92.81%和89.62%；在pH值为10时，这3种脂肪酸除去率分别为96.13%、90.21%和70.30%。

15－3　某些选矿厂是如何处理尾矿和废水的?

具体内容如下:

(1) 金岭铁矿选矿厂尾矿絮凝沉降研究。分别采用聚丙烯酰胺、明矾、高岭土、CMC和十二烷基苯磺酸钠等絮凝剂对金岭铁矿选矿厂尾矿进行絮凝试验。试验结果表明,聚丙烯酰胺效果最好,在中性和弱碱性条件下,更容易引起矿浆絮凝,使尾矿废水变清。

(2) 铅锌矿选矿厂废水处理及循环使用。PFS－$FeSO_4$复合絮凝剂的制备:用硫铁矿烧渣和硫酸反应后过滤得到酸浸出液,将绿矾加入浸出液中,经氯酸钠氧化后得PFS;PFS－$FeSO_4$制备:取一定绿矾加入总铁浓度为167.55g/L,盐基度为12.2%的液体PFS中,加热溶解制得PFS:$FeSO_4$为1:1的PFS－$FeSO_4$复合絮凝剂。

用PFS处理废水,当用量(以铁计)为56mg/L时,Cu^{2+}、Pb^{2+}和浊度除去率分别达到90.63%、99.97%和100%。但Cr^{3+}除去率仅为24.98%。用PFS－$FeSO_4$复合剂处理废水,当用量(以铁计)分别为42、750mg/L时,Cu^{2+}和Pb^{2+}除去率分别为81.25%和99.97%,Cr^{3+}除去率为88.74%。但浊度除去率降至86.06%;当用量(以铁计)为84mg/L,并在0.5L废水中加入0.5g Na_2S时,Cu^{2+}、Pb^{2+}、Cr^{3+}和浊度除去率分别为84.69%、99.97%、98.9%和99.14%,除Cr^{3+}效果显著增加。处理后的废水中Cu^{2+}、Pb^{2+}、Zn^{2+}、Cr^{3+}含量低于国家污水综合排放标准(GB 8787—1966),工业扩大试验表明处理后的废水可循环使用。

(3) 四川会东铅锌矿废水处理。为解决四川会东铅锌选厂废水循环使用问题,用混凝沉降－活性炭吸附法对废水处理回收,取得好的结果。该法有效地除去废水中的重金属离子及有机污染物。处理后的废水不会影响选矿产品的质量,可实行选矿废水零排放,工业效果好。

(4) 凡口选矿厂废水用絮凝剂处理。曾研究了DPA150、PAM＋SH930、3号絮凝剂和三氯化铁等6种药剂对凡口选矿废水沉降的影响,以及上述药剂分别处理后的废水对选矿效果的影响。试验结果表明:只有3号絮凝剂和SH930絮凝处理的废水对铅浮选影响小,且3号絮凝剂效果优于SH930的絮凝效果,用量可以更少。

(5) 某多金属矿尾矿废水用石灰和阳离子聚丙烯酰胺处理。某多金属矿尾矿废水中含悬浮物3728mg/L,氧化耗氧量74mg/L,总铜0.245mg/L,总铅2.75mg/L,总锌8.94mg/L,总镉0.076mg/L,砷0.262mg/L。首先用石灰作脱稳剂进行脱稳,当pH值为11.5时,脱稳沉淀效果最好。然后用阳离子聚丙烯酰胺作絮凝剂进行絮凝,当用量为2mg/L,pH值为8~9时,处理过的废水达到

GP 8978—1996 二级标准。

（6）某大型铜钼矿用臭氧氧化法除去浮钼尾矿中的有机浮选药剂。该矿浮选的尾矿废水中，残留的浮选药剂主要是煤油、Pi－053、钼友、松醇油和水玻璃等，试验证明：使用臭氧处理这些废水的条件是，在 1L 废水中投放臭氧速度为 5mg/min，处理时间为 10min，处理 pH 值最佳为 8 左右，效果最好。COD 除去率为 66% 左右。处理前和处理后的废水，分析结果表明，较大分子的浮选药剂被破坏分解为小分子，而失去浮选作用。经处理后的废水用来浮选铜钼矿，得到精矿产率 1.2%、铜品位 35.65%、回收率 89.81% 的铜精矿，和钼精矿产率 1.535%，钼品位 90%、钼回收率 85.01% 的钼精矿，对浮选过程不产生负面影响。

（7）青海某锑金矿氰化尾矿采用液氯氧化法解毒。炭浆尾矿自由氰为 155mg/L，试验结果是在氰化尾矿中加次氯酸钠 9.0g/L，反应时间为 1h，尾矿自由氰降低到 1.0mg/L。

附　录

附录1　我国检测的浮选药剂对毒性的测定数据

浮选药剂污染水源，受害者首先是鱼类和鱼类的饵料浮游生物，其次是人和其他哺乳动物。因此，一般药剂毒性应做鱼类和哺乳动物毒性试验。一些浮选药剂的毒性试验结果见附表1～附表3。

附表1　浮选药剂对鱼及水蚤类的毒性作用

浮选药剂	毒性临界值/mg·L⁻¹①				浮选药剂	毒性临界值/mg·L⁻¹①			
	鲈鱼	鲹鱼	水蚤	小溪水蚤		鲈鱼	鲹鱼	水蚤	小溪水蚤
油酸	大于2.000	大于2.000			溴化 C_{12}～C_{16} 烷基吡啶	5	4	0.2	1
对－甲苯胂酸	小于1.000（pH值）	小于1.000（pH值）	200	800（pH值）	溴化 C_{18} 烷基吡啶	0.75	0.73	小于0.1	0.1
塔尔油	10～20	20～40	40	40	C_{10}脂肪胺盐酸盐	2～3	3		2～3
C_{12}烷基苯磺酸盐	5～8	10	30	40	C_{12}脂肪胺盐酸盐	3～4	4		4
C_{10}～C_{15}烷基磺酸盐	12～15	50～60	10～20	150	C_{14}～C_{16}脂肪胺盐酸盐	4～5	5		4
鲸蜡基磺酸盐	6	10	30	30	T－1②	25～30	35～40		40
乙基钾黄药	2	6		大于10	T－2②	12～15	12～15		大于40
丁基钾黄药	15	20		50	T－3②	30	30		大于30
异戊基钾黄药	20	55		50	T－4②	20～30	20～30	80	60
25号黑药	50	60	小于50	100	T－5②	50	50	80	60
溴化 C_9 烷基吡啶	160	200	小于5	5	白精油②	5～10	10～15	10	60

①毒性临界值，即在3～4天内养鱼缸中第一次可以观察到明显的中毒症状的药剂浓度；

②T－1萜烯醇（α及β萜烯醇混合物含90%，其他萜烯及萜类水化物为10%）；T－2萜烯醇醋酸酯的混合物；T－3萜烯烃混合物，主要是二戊烯萜类，副成分为桉油醇、萜烯醇；T－4萜类烃，通式为 $C_{10}H_{16}$；T－5萜类混合物；白精油 C_7～C_8 烷烃混合物。

按附表1数据及浮选药剂对鱼类的毒性作用强弱，可以将其大致划分为5类，即：极毒性临界值小于1mg/L；强毒性临界值1~10mg/L；中等毒性临界值10~100mg/L；弱毒性临界值100~1000mg/L；实际上无毒毒性临界值大于1000mg/L。

附表2 鱼类对浮选药剂毒性试验结果

药剂名称	试验鱼类及毒性/mg·L⁻¹			试验单位
2号油	鱼类	48TLM①	7.447	株洲市卫生防疫站
		安全浓度	0.7477	株洲市药品检验所
新松醇油	鱼类	48TLM	8.740	株洲环保研究所
		安全浓度	0.874	
甘苄油	鱼类	48TLM	102.1	株洲市卫生防疫站
		安全浓度	10.21	株洲市药品检验所
松根油	草鱼②	安全浓度	60	中科院水生物研究所
乙基黄药	草鱼	安全浓度	50	中科院水生物研究所
甲酚黑药	草鱼	安全浓度	50	中科院水生物研究所
对-甲苯胂酸	鲤鱼	致死浓度	500	湖南有色冶金防治研究所
		不引起死亡	100	
苯乙烯膦酸	鲫鱼	24TLM	1479	湖南有色冶金防治研究所
		48TLM	1024	
		安全浓度	102.4	
苄基胂酸	鲢鱼	48TLM	510.5	株洲环保研究所
		安全浓度	51.05	
混合苯甲胂酸	鲢鱼	48TLM	497.5	株洲环保研究所
		安全浓度	49.76	
磺化酚焦油甲醛缩合物	草鱼	TLM	207	湖南冶金防护防治研究所

①TLM为48h半存活的浓度；

②草鱼体重2.6g，长6.6cm。

附表3 哺乳动物对浮选药剂毒性试验结果

药剂名称	被试动物及毒性/mg·kg⁻¹			试验单位
2号油	小白鼠口服	最大耐受量	1700	广州市医药工业研究所
		LD_{50}	1670±236	株洲卫生防疫站
新松醇油			2732±496	株洲药剂检验所
甘苄油			2810	株洲药剂检验所
丁醚油		最大耐受量	5400	广州医药工业研究所

续附表3

药剂名称	被试动物及毒性/mg·kg^{-1}			试验单位
丁黄药	小白鼠急性中毒	LD_{50}	1150±150	云南动物研究所
丁黄烯内酯			304±7.6	云南动物研究所
丁黄腈酯（OSN－43）			456±17	云南动物研究所
混合甲苯胂酸			30	株洲环保研究所
苄基胂酸			117	株洲环保研究所
苯乙烯膦酸	小白鼠口服	1500	仍能生存月余	湖南有色冶金防治研究所
802	雌性小白鼠	LD_{50}	750	包头市医学院
	雄性小白鼠	LD_{50}	430	
	雌性大白鼠	LD_{50}	1000	
	雄性大白鼠	LD_{50}	1470	

附录2　我国与选矿有关的污水排放标准

按我国GB 8978—1996标准，与选矿有关的各种污染物排放量见附表4和附表5。

附表4　第一类污染物最高允许排放浓度　(mg/L)

污染物	最高允许排放浓度	污染物	最高允许排放浓度
总　汞	0.05	烷基汞	不得检出
总　镉	0.1	总　铬	1.5
六价铬	0.5	总　砷	0.5
总　铅	1.0	总　镍	1.0
总　铍	0.005	总　银	0.5

附表5　第二类污染物最高允许排放浓度　(mg/L)

污 染 物	适用范围	一级标准	二级标准
pH值	一切排污单位	6～9	6～9
悬浮物（SS）	采矿、选矿、选煤工业	100	300
	脉金选矿	100	500
	边远地区砂金选矿	100	800
	城镇二级污水处理厂	20	30
石油类	一切排污单位	10	10
动植物油	一切排污单位	20	20
总氰化合物	电影洗片外其他排污单位	0.5	0.5

续附表5

污染物	适用范围	一级标准	二级标准
硫化物	一切排污单位	1.0	1.0
氨氮	排污单位	15	25
氟化物	排污单位	10	10
磷酸盐（以P计）	一切排污单位	0.5	1.0
阴离子表面活性剂	排污单位	5.0	10
总铜	一切排污单位	0.5	1.0
总锌	一切排污单位	2.0	5.0
总锰	排污单位	2.0	2.0

附录3　标准电极电位

附表6　标准电极电位

（25℃，一些水溶液中的标准电极电势（V，相对于NHE））

反应	电势/V	反应	电势/V
$Ag^+ + e \rightleftharpoons Ag$	0.7991	$Cr^{3+} + e \rightleftharpoons Cr^{2+}$	-0.424
$AgBr + e \rightleftharpoons Ag + Br^-$	0.0711	$Cr_2O_7^{2-} + 14H^+ + e \rightleftharpoons 2Cr^{3+} + 7H_2O$	1.36
$AgCl + e \rightleftharpoons Ag + Cl^-$	0.2223	$Cu^+ + e \rightleftharpoons Cu$	0.520
$AgI + e \rightleftharpoons Ag + I^-$	-0.1522	$Cu^{2+} + 2CN^- \rightleftharpoons Cu(CN)_2^-$	1.12
$Ag_2O + H_2O + 2e \rightleftharpoons 2Ag + 2OH^-$	0.342	$Cu^{2+} + e \rightleftharpoons Cu^+$	0.159
$Al^{3+} + 3e \rightleftharpoons Al$	-1.676	$Cu^{2+} + 2e \rightleftharpoons Cu$	0.340
$Au^+ + e \rightleftharpoons Au$	1.83	$Cu^{2+} + 2e \rightleftharpoons Cu\ (Hg)$	0.345
$Au^{3+} + 2e \rightleftharpoons Au^+$	1.36	$Eu^{3+} + e \rightleftharpoons Eu^{2+}$	-0.35
p-苯醌 $+ 2H^+ + 2e \rightleftharpoons$ 氢醌	0.6992	$\frac{1}{2}F_2 + H^+ + e \rightleftharpoons HF$	3.053
$Br_2(aq) + 2e \rightleftharpoons 2Br^-$	1.0874	$Fe^{2+} + 2e \rightleftharpoons Fe$	-0.44
$Ca^{2+} + 2e \rightleftharpoons Ca$	-2.84	$Fe^{3+} + e \rightleftharpoons Fe^{2+}$	0.771
$Cd^{2+} + 2e \rightleftharpoons Cd$	-0.4025	$Fe(CN)_6^{3-} + e \rightleftharpoons Fe(CN)_6^{4-}$	0.3610
$Cd^{2+} + 2e \rightleftharpoons Cd\ (Hg)$	-0.3515	$2H^+ + 2e \rightleftharpoons H_2$	0.000
$Ce^{4+} + e \rightleftharpoons Ce^{3+}$	1.72	$2H_2O + 2e \rightleftharpoons H_2 + 2OH^-$	-0.828
$Cl_2(g) + 2e \rightleftharpoons 2Cl^-$	1.3583	$H_2O_2 + 2H^+ + 2e \rightleftharpoons 2H_2O$	1.763
$HClO + H^+ + e \rightleftharpoons \frac{1}{2}Cl_2 + H_2O$	1.630	$2Hg^{2+} + 2e \rightleftharpoons Hg_2^{2+}$	0.9110
$Co^{2+} + 2e \rightleftharpoons Co$	-0.277	$Hg_2^{2+} + 2e \rightleftharpoons 2Hg$	0.7960
$Co^{3+} + e \rightleftharpoons Co^{2+}$	1.92	$Hg_2Cl_2 + 2e \rightleftharpoons 2Hg + 2Cl^-$	0.26816
$Cr^{2+} + 2e \rightleftharpoons Cr$	-0.90	$Hg_2Cl_2 + 2e \rightleftharpoons 2Hg + 2Cl^-$（饱和KCl）	0.2415

续附表6

反 应	电势/V	反 应	电势/V
$HgO + H_2O + 2e \rightleftharpoons Hg + 2OH^-$	0.0977	$Pd^{2+} + 2e \rightleftharpoons Pd$	0.915
$Hg_2SO_4 + 2e \rightleftharpoons 2Hg + SO_4^{2-}$	0.613	$Pt^{2+} + 2e \rightleftharpoons Pt$	1.188
$I_2 + 2e \rightleftharpoons 2I^-$	0.5355	$PtCl_4^{2-} + 2e \rightleftharpoons Pt + 4Cl^-$	0.758
$I_3^- + 2e \rightleftharpoons 3I^-$	0.536	$PtCl_6^{2-} + 2e \rightleftharpoons PtCl_4^{2-} + 2Cl^-$	0.726
$K^+ + e \rightleftharpoons K$	-2.925	$Ru(NH_3)_6^{3+} + e \rightleftharpoons Ru(NH_3)_6^{2+}$	0.10
$Li^+ + e \rightleftharpoons Li$	-3.045	$S + 2e \rightleftharpoons S^{2-}$	-0.447
$Mg^{2+} + 2e \rightleftharpoons Mg$	-2.356	$Sn^{2+} + 2e \rightleftharpoons Sn$	-0.1375
$Mn^{2+} + 2e \rightleftharpoons Mn$	-1.18	$Sn^{4+} + 2e \rightleftharpoons Sn^{2+}$	0.15
$Mn^{3+} + e \rightleftharpoons Mn^{2+}$	1.5	$Tl^+ + e \rightleftharpoons Tl$	-0.3363
$MnO_2 + 4H^+ + 2e \rightleftharpoons Mn^{2+} + 2H_2O$	1.23	$Tl^+ + e \rightleftharpoons Tl\ (Hg)$	-0.3338
$MnO_4^- + 8H^+ + 5e \rightleftharpoons Mn^{2+} + 4H_2O$	1.51	$Tl^{3+} + 2e \rightleftharpoons Tl^+$	1.25
$Na^+ + e \rightleftharpoons Na$	-0.2714	$U^{3+} + 3e \rightleftharpoons U$	-1.66
$Ni^{2+} + 2e \rightleftharpoons Ni$	-0.257	$U^{4+} + e \rightleftharpoons U^{3+}$	-0.52
$Ni(OH)_2 + 2e \rightleftharpoons Ni + 2OH^-$	-0.72	$UO_2^+ + 4H^+ + e \rightleftharpoons U^{4+} + 2H_2O$	0.273
$O_2 + 2H^+ + 2e \rightleftharpoons H_2O_2$	0.695	$UO_2^{2+} + e \rightleftharpoons UO_2^+$	0.163
$O_2 + 4H^+ + 4e \rightleftharpoons 2H_2O$	1.229	$V^{2+} + 2e \rightleftharpoons V$	-1.13
$O_2 + 2H_2O + 4e \rightleftharpoons OH^-$	0.401	$V^{3+} + e \rightleftharpoons V^{2+}$	-0.255
$O_3 + 2H^+ + 2e \rightleftharpoons O_2 + H_2O$	2.075	$VO^{2+} + 2H^+ + e \rightleftharpoons V^{3+} + H_2O$	0.337
$Pb^{2+} + 2e \rightleftharpoons Pb$	-0.1251	$VO_2^+ + 2H^+ + e \rightleftharpoons VO^{2+} + H_2O$	1.00
$Pb^{2+} + 2e \rightleftharpoons Pb\ (Hg)$	-0.1205	$Zn^{2+} + 2e \rightleftharpoons Zn$	-0.7626
$PbO_2 + 4H^+ + 2e \rightleftharpoons Pb^{2+} + 2H_2O$	1.468	$ZnO_2^{2-} + 2H_2O + 2e \rightleftharpoons Zn + 4OH^-$	-1.285
$PbO_2 + SO_4^{2-} + 4H^+ + 2e \rightleftharpoons PbSO_4 + 2H_2O$	1.698		
$PbSO_4 + 2e \rightleftharpoons Pb + SO_4^{2-}$	-0.3505		

注：表中的数据是来自 A. J. Bard，J. Jordan 和 R. Parsons 主编的《Standard Potentials in Aqueous Solutions》，(Marcel Dekker，New York，1985)。该书是在 IUPAC 的电化学和电分析化学委员会的支持下编撰的。另外的标准电势和热力学数据来自：(1) A. J. Bard and H. Lund，Eds.，"The Encyclopedia of the Electrochemistry of the Elements，" Marcel Dekker，New York，1973 ~ 1986； (2) G. Milazzo and Caroli， "Tables of Standard Electrode Potentials，" Wiley - Interscience，New York，1977。这些数据涉及的标准氢电极是基于在一个标准氢气压下的值。

附录4 未公开的药剂代号及其用途

药剂代号（共275个）	特点及用途
捕收剂	金银铜铅锌矿浮选
捕金灵	金银矿浮选
35号捕收剂、156号捕收剂	锑金矿
A2捕收剂与调整剂T12组合	浮铜矿代替原用药剂为石灰、黄药和松醇油
A666+25号黑药	浮金银矿
A66捕收剂	与调整剂T106配合使用，浮选锡铁山铅锌矿回收率最高
AP	浮硫化铜矿高选择性捕收剂
AT-680	与丁基铵黑药组合剂代替黄药，能提高Cu、Mo、Ag的回收率
B-130	浮氧化铜矿
B-306	捕收剂凤凰山铜矿
BK301C	能强化煤油对辉钼矿的捕收作用
BK310	对辉钼矿的捕收能力比煤油或柴油强，比黑药类捕收剂选择性好
BK-330	高效铜捕收剂
BK320	浮选含银铅锌矿
BK330	浮选硫化铜矿
BK905B	浮选硫化铜矿
BK906	浮选方铅矿
C-125	一种酯类捕收剂，对镍矿物的选择性好，C-125与丁基黄药组合用
CJ-112	镍矿物捕收剂
CSU-31	捕收剂有利于铜硫分离
CSU-ATJ	硫胺酯类，浮硫化铜矿
DLZ	对黄铜矿为化学吸附，对黄铁矿为物理吸附
EM2-510	浮选钛铁矿，采用EMZ-519作调整剂，EM2-518作抑制剂
EML3和EML6	螯合捕收剂浮难选铅、锌矿，闭路试验效果很好
EP	浮选硫化铜矿

F2-9538	快速浮选增效剂，强化金银铜矿物浮选
FH	新型组合捕收剂，对氧化了的硫化铜矿、氧化铜矿及氧化铅矿（经过硫化钠进行硫化）浮选的效果显著
FZ-9538	一种快速浮选增效剂，对金银有特殊的亲和作用
G-624	混合捕收剂，浮铅锌硫化矿
HP1	浮云南某铅锌矿，浮选结果优于丁基黄药
JT235	浮硫化铜矿
K404	对提高铜、金、银回收率效果较好
KM-109	捕收起泡剂，可降低铜精矿的含砷、硫量，浮选指标比乙、丁黄药好
LD	浮硫化铜矿
LP-01	浮硫化铜矿
MA	与乙硫氮混合捕收剂能提高铅锌矿浮选指标
MA-1、MA-2、MA-3	浮锑金矿比 Y89-3 好
MAC-10，MAC-12	浮高硫的铜矿石
MA+MOS2	浮硫化铜矿
MC	浮钼具有较好的选择性和捕收性
NXP-1	浮硫化铜矿的捕收剂，有起泡性
PL411	用于捕收磁选尾矿中的铜矿物
PN405	浮硫化铜、镍矿物，与 Y89-2 组合用稍优于或接近丁基黄药和 J-622
PZO	捕收剂，浮黄铜矿有高选择性兼有起泡性
PN4055	浮硫化铜矿，有起泡性，可与 ZY-111 组合
QF	浮金铜矿
含 $R_2C{=}O$ 基的奥气油	对辉钼矿的捕收力比柴油要好
SK	浮细粒金
SK9011	浮选金矿、铜锌矿、铅矿
SMG-1 SMG-5	浮含金银的硫化铜矿
T-208	捕收剂和 H407 起泡剂联用，指标优于或接近 Y89 和PN405
T-2K	浮含金银的硫化铜矿
WG	浮选含金铜矿，能提高精矿品位

WS	能大幅度提高铜精矿品位
XF－3	浮硫化铜矿
YK1－11	选铜选择性明显优于其他药剂，黝铜矿的新型捕收剂
YBJ	弱碱性浮铜矿物
Z－96	浮硫化铜矿
ZJ－1	是良好的浮金药剂，浮含金硫化矿
ZJ－02	对硫化铜矿和贵金属捕收力强，对黄铁矿捕收力弱
ZH	浮铜矿
ZY－1	金的好捕收剂，浮选含砷、锑、硫和碳的难选金矿用过
ZY－101	浮闪锌矿有利
ZY－111 和 PN－4055	使铜、金、银的回收率分别提高 1.176%、2.27% 和 6.47%

捕收剂	**浮钼、镍、硫的硫化矿**
A203＋2300	浮铜镍矿物
BF－3，BF－4	浮镍矿物比丁黄药的捕收力和选择性好，可降低镍精矿中的镁
C－125	浮镍矿物
F 药剂	浮辉钼矿
OSIM	浮铜镍矿
PN403＋Y89	代替丁黄药＋J－622 浮金川铜镍矿，可以降低精矿中的氧化镁
PN405	浮硫化镍矿
T208	浮镍矿物
TBC－114	浮辉钼矿
W－3、W－4	浮硫铁矿
YS－324	作铜钼混浮捕收剂
YS－511	作铜钼分离时的辉钼矿捕收剂
ZNBl，ZNB2，ZNB3	组合药方，对回收铜镍矿中的墨铜矿有利，可降精矿中的镁

捕收剂	**用于铁矿和磷灰石选矿**
20113－57GH	捕收剂用于反浮赤铁矿
ABSK	代替 OP－4 和脂肪酸浮选磷灰石
AW－02	一种磷矿捕收剂，药剂来源广、无毒、价格低，比 H907 好

CS1:CS2 = 1:1	阳离子捕收剂，铁矿石反浮选
[CS2:CS1] = 2 组合剂	铁矿反浮选脱硅，捕收能力与十二胺相当，但选择性更好
CYZ - 34，CY - 66	捕收剂，反浮选含石英、绿泥石等的铁矿
F - 66	提炼石油副产品，对磷灰石有较好的选择性和捕收力
FC - 9502	阴离子捕收剂，赤铁矿、稀土和萤石浮选
GE601，GE609	阳离子捕收剂，铁矿石反浮选
LKY	阳离子捕收剂，铁矿反浮选
LKD - 8 - 1	浮选赤铁矿
Gd	正反浮选磷灰石捕收剂
H969	磷灰石正浮选，可代 PS - 5
HDSS	反浮綦江铁矿石焙烧—磁选铁精矿，指标比 RA 系列较好
MG	为阴离子捕收剂反浮选铁精矿，也反浮选胶磷矿
Mg + GE609	用于难选胶磷矿反浮选
PA - 55	磷灰石矿反浮白云石
PA - 900B	8 ~ 9℃下可浮磷灰石
PA - 8042，PA - 9013	可在较低温下浮磷灰石，也可浮萤石
RA 系列	（包括 RA315、RA515、RA715、RA915）阴离子捕收剂可用于反浮铁矿中的硅，也可正浮铁矿石。RA515 用于齐大山选厂反浮赤铁矿比 MZ - 21 好。RA915 用于鞍山红山选厂比 MH - 88 好
RA315，RA515，RA715，RA915	阴离子捕收剂，铁矿反浮选，一般用于处理铁磁选粗精矿
RFE - 136	阴离子捕收剂反浮选鄂西含磷难选鲕状赤铁矿的焙烧 - 弱磁选精矿
RN - 665	螯合剂，铁矿正浮选捕收剂
S - 08	浮磷灰石可代替 ZX986
SH - A	氧化铁矿捕收剂
SKH	降低铁精矿中钾、钠含量较好的铁矿反浮捕收剂
TA - 03	阳离子捕收剂，选磷灰石反浮硅
TA55	磷矿反浮白云石、方解石，在弱酸性介质中对方解石有捕收作用
TS	用于从胶磷矿中反浮脉石

TXZ+硫酸	组合抑制剂，磷矿反浮选抑制伴生矿物
WHL-P1	油脂工业下脚制品，可在15℃浮磷灰石
YH-2	新型螯合捕收剂可以有效分选白云石和胶磷矿
YS-73	阳离子捕收剂，磁选铁精矿反浮选脱硅，15℃可用
ZP-02	可浮选铜尾矿中的磷灰石，其捕收力和选择性比油酸和氧化石蜡皂好

捕收剂	浮其他氧化矿
79B组合药剂	（由79A衍变而来）浮选钛铁矿、白钛矿、金红石等钛矿物
B-130	螯合剂，浮氧化铜矿
BF	捕收剂有起泡性，金川铜镍矿石，优于丁基黄药
BK-125	天青石捕收剂
BK423	金红石捕收剂
BK4233	膦酸类，金红石捕收剂
BY-a	为捕收剂，并用P-86为辅助捕收剂，从浮铅锌尾矿中浮锡
EA-715	可浮选白钨矿
EM2-510	浮选钛铁矿，采用EMZ-519作调整剂，EM2-518作抑制剂
F2	可从含量绿泥石高的磁选精矿中浮选钛铁矿
F69	与油酸浮选萤石低温捕收剂
F-305	对黑钨矿和白钨矿都有捕收性能
FB和TA-3	浮选原生和次生钨细泥FB浮黑钨矿，TA-3浮白钨矿
FM121	作钛铁矿捕收剂
FW	辅助捕收剂与苯甲羟肟酸组合浮选钽铌钨细泥
GE609	阳离子捕收剂用于反浮铁矿中的硅酸盐矿物
GY10	捕收白钨矿比氧化石蜡皂好
GYB、GYR组合剂	浮黑白钨矿，$Pb(NO_3)_2$作活化剂
GYB和ZL	浮黑、白钨矿物
H316	是H205的改性药剂，H316比H205能提高稀土回收率10.09%已用LF6、LF8代替
H-717	浮钛铁矿
K捕收剂	从浮钼、铋硫化矿的尾矿中浮白钨矿
KS-Ⅲ	一种多官能团复合型阴离子捕收剂，浮选东鞍山难选铁矿

LF系列（LF6，LF8）	较后用的稀土矿物捕收剂
MD－30和HDSS	捕收剂，反浮磁选精矿
F968XT\ROB\ZY\R－2\TAO1～3	都可浮选钛铁矿
MOS\MH\MH2	工业上最实用的钛铁矿捕收剂，MH2用于浮粗粒级
MOS，MZ－201	浮钛铁矿
OK2033	几种对氧化铜矿有较强捕收能力的药剂组合而成
OS－2	浮钨矿
Pr2000	浮选氧化铜矿，优于硫化后用黄药捕收
RFP－138	高磷铁矿反浮选降磷捕收剂
RJT	浮某一难选氧化钼矿
RL	浮硬水铝石
ROB	浮钛铁矿
R－3，RST	浮钛铁矿
TA－03	是较好浮选硅的捕收剂
TA－55	反浮选出白云石
TAB－3	对白钨矿具有较好的捕收能力而对萤石的捕收能力较弱
TAO	浮钛铁
TS	捕收剂反浮选磁铁精矿
TXLi－1	锂辉石的捕收剂
YS－73	阳离子捕收剂反浮硅，可在15℃的低温下使用
YSB－2	（一种改性脂肪酸皂）浮萤石
WF－01	浮选沙特Jalamid磷矿
XT、ZY	浮钛铁矿
ZJ3	浮锡石，高效低毒
ZNB1、ZNB2，ZNB3	组合药方可提高金川铜镍矿铜回收率
ZP－02	浮磷灰石比油酸有更强的捕收力和选择性
ZP－50	回收会理锌选矿厂尾矿中的氧化锌（先硫化）
ZY	钛铁矿捕收剂具有较好的捕收力和选择性

抑制剂	抑制硫化矿
CCE 组合剂	铜锌分离中用它对闪锌矿去活
CK	抑制黄铁矿很有效
CLS－01	铜铅分离时抑制方铅矿比 $K_2Cr_2O_7$、Na_2SO_3、$FeSO_4$、$ZnSO_4$ 等组合有效
D6	闪锌矿的抑制剂
DF3	代替石灰抑制黄铁矿，用于铜硫分离
DP－1、DP－2	抑制黄铁矿
DPS	对方铅矿和黄铜矿有抑制作用
DZ	抑制闪锌矿
DS＋YD	pH 值为 9 时抑制黄铁矿浮方铅矿
EM－421	毒砂、硫铁矿的高效抑制剂
GBS	对钙硅质细粒脉石矿物有选择性抑制作用
GW	抑制自然铋
GYZM	代替石灰可以降低铜精矿含铋，有利于后面提高铋回收率
GZT	抑制剂能抑制闪锌矿及其他铅锑矿中的硫化矿杂质
KS－MF	浮钾盐时用它抑制黏土
M－2	抑制石英
MAA 镁铵混合剂	抑制毒砂
MY	抑制闪锌矿
PALA	分子中有—COO—和—O ═C—NH_2 等亲水基，可抑制毒砂而不抑铁闪锌矿
RC	抑制黄铁矿和磁黄铁矿，成分中含羧基、磺酸基及羟基
RC	对浮铜抑硫化铁效果好
SK－118 和 KQ	对黄铁矿、磁黄铁矿和含镁矿物有特殊的抑制作用
T－206	氧化铜矿的抑制剂
TH	抑制富钴结壳基岩
TT＋水玻璃	用于白钨粗精矿加温精选作抑制剂
WL	浮钼抑铜的铜矿物抑制剂
Y－As	抑制剂可用于硫精矿降砷
YK3－09	复合抑制剂对方铅矿有抑制作用，能有效降低铜精矿中铅的含量

ZL－01＋CaO	浮铅抑制闪锌矿
YN－2	作硅酸盐抑制剂，（硬水铝石正浮选）
YY1	碳酸盐矿物的抑制剂，在磷矿正浮选中用

活化剂及其他调整剂

B－2	活化氧化铜矿物
BKN	絮凝闪锌精矿浓密机的溢流水
D2、D3	活化硫化铜矿物，直接加入磨矿机
L－1	活化闪锌矿，pH 值为 9
MHH－1	活化磁黄铁矿，用于磁黄铁矿和磁铁矿的分离
PB2	活化氧化铜矿，由两种螯合剂混合而成
PK	活化老尾矿中的铜、金、银
PDA 三元共聚物	处理赤泥比聚丙烯酰胺效果好
TS1、TS2	助滤剂
TF－1	分散剂，浮铝土矿分散伊利石
YO	活化被氰离子抑制过的闪锌矿活化氰化渣中的闪锌矿
YK－1	絮凝剂，对铝土矿选择絮凝
YX－1	选择絮凝剂，使一水硬铝石从伊利石的稳定分散矿浆中絮凝
ZM2	活化黄铁矿
起泡剂	11 号油、12 号油、111 号、204 号、24K、145 起泡剂、605 起泡剂、730 系列起泡剂（成分可依选别需要调整）、903 起泡剂、904 起泡剂、A－200 起泡剂、BK－201、BK－204、BK205（起泡力强起泡速度快）、BK206 起泡剂、FR 起泡剂、FRIM－ZPM、FX－127（选辉锑矿和煤）、ФРИМ－8С、ФРИМ－9С（后者浮钼指标比 MIBC 高）、JM－208、ОФС、RB7、RB8（浮黄铁矿）SDJ－2、SK－201、SK96、IXO－1、YC－111 起泡剂、矿友 321、矿友 322 起泡剂。

参考文献

[1] Fuerstenau D W. Froth Flotation 50th anniversary volume Rocky Mountain Fund. NewYork. 1962.

[2] Gaudin A M. Frotation 2ndedi. Mcgraw – Hill Book Company. Inc. New York. 1957.

[3] Глебоцк В А Классен В И，ПлакинИ. Н. Флотация. Госгортехиздат，Москва. 1961.

[4] Классен，В А. Мокросов В. А. Введение втеорию флотации. Научно – техниздат. 1959.

[5] GUSZTA’N TARJA’N Mineral Proccessing. Akademiai Kiado’. Budepesl 1986.

[6] 选矿手册编委会. 选矿手册（第三卷二分册）[M]. 北京：冶金工业出版社，2006.

[7] 见百熙. 浮选药剂 [M]. 北京：冶金工业出版社，1981.

[8] 王淀佐. 浮选剂作用原理及应用 [M]. 北京：冶金工业出版社，1982.

[9] 王淀佐，等. 矿物加工学 [M]. 北京：中国矿业大学出版社，2003.

[10] 朱建光，朱玉霜. 浮选药剂 [M]. 长沙：中南矿冶学院科技情报科，1982.

[11] 朱建光，周菁. 钛铁矿、金红石和稀土选矿技术 [M]. 长沙：中南大学出版社，2009.

[12] 龚明光. 泡沫浮选 [M]. 北京：冶金工业出版社，2007.

[13] 胡熙庚. 有色金属硫化矿选矿 [M]. 北京：冶金工业出版社，1984.

[14] 杨丽君，陈东，沈政昌. 320m^{3}充气机械搅拌式浮选机研究 [J]. 有色金属（选矿部分），2011.